# REPETITORIUM DER HÖHEREN MATHEMATIK

(LEHRSÄTZE · FORMELN · TABELLEN

VON

DR. ING. DR. PHIL. HEINZ EGERER
DIPLOM-INGENIEUR

MÜNCHEN UND BERLIN
VERLAG VON R. OLDENBURG
1908

# Vorwort.

In seiner Gestaltung entstanden als Resultat vom Verfasser seit Jahren geleiteter Vorbereitungskurse für das Ingenieur-Hochschulexamen, wendet sich die vorliegende Sammlung in erster Linie an diejenigen Berufe, denen die höhere Mathematik eine Hilfswissenschaft ist. Vor allem wurde kurze und präzise Fassung der Definitionen und Lehrsätze berücksichtigt; wenn auch noch die für Studierende zumal wünschenswerte Übersicht erzielt ist, so ist das erreicht, was der Verfasser anstrebte.

München, Ostern 1908.

H. Egerer.

# Inhaltsverzeichnis.

## VI. Elemente der analytischen Geometrie der Ebene.

### A. Gerade und Kegelschnitte in kartesischen und Polarkoordinaten.



### B. Synthetische Behandlung.



## VII. Elemente der Diskussion ebener Kurven.

## Berichtigungen.

S. 23 Zeile 6 v. u. lies $\sqrt[r]{a} : \sqrt[r]{b}$,

„ 44 „ 1 „ „ $x+\frac{x^3}{3}+\frac{x^5}{5}+\cdots$,

„ 48 „ 2 „ „ $\cos\varphi + i\sin\varphi$,

„ 91 „ 11 „ „ $\int_a^b f(x)\,dx$,

„ 151 „ 5 „ „ $(x-a)^2+(y-b)^2-r^2=0$.

# I. Längen-, Flächen- und Volumenberechnungen.

## § 1. Dreieck und Vieleck.

1. F Fläche, D bezw. $D_1$, $D_2$ Diagonalen, $\delta$ der zwischen ihnen liegende Winkel, a, b, c, d Seiten; beim regulären Vieleck ist a die Seite, r der Radius des umschriebenen, $\varrho$ der des eingeschriebenen Kreises.

2. **Reguläres Dreieck.**

$$a = {}^2/_3 h \sqrt{3} = r \sqrt{3} = 2 \varrho \sqrt{3};$$
$$h = {}^1/_2 a \sqrt{3} = {}^3/_2 r = 3 \varrho;$$
$$F = {}^1/_4 a^2 \sqrt{3} = {}^1/_3 h^2 \sqrt{3} = {}^3/_4 r^2 \sqrt{3} = 3 \varrho^2 \sqrt{3}.$$

3. **Gewöhnliches Dreieck** (siehe § 11).

4. **Quadrat.**

$$a = r \sqrt{2} = 2 \varrho = {}^1/_2 D \sqrt{2};$$
$$D = a \sqrt{2} = 2 r = 2 \varrho \sqrt{2};$$
$$F = a^2 = 2 r^2 = 4 \varrho^2 = {}^1/_2 D^2.$$

5. **Rechteck.**

$$D^2 = a^2 + b^2;$$
$$F = a b = {}^1/_2 D^2 \sin \delta.$$

6. **Rhombus.**

$$D_1^2 + D_2^2 = 4 a^2;$$
$$F = {}^1/_2 D_1 D_2 = a^2 \sin \gamma;$$

$\gamma$ Rhombuswinkel.

7. **Parallelogramm.**

$$D_1^2 + D_2^2 = 2 (a^2 + b^2);$$
$$F = b h = a b \sin \gamma = {}^1/_2 D_1 D_2 \sin \delta;$$

h Höhe auf b, $\gamma$ Winkel zwischen a und b.

8. **Trapez.**

$$F = {}^1/_2\,(a + b)\,h = {}^1/_2\,D_1 D_2 \sin\delta:$$

a und b die parallelen Seiten, h ihr Abstand.

9. **Kreisviereck.**

$$D_1 D_2 = ac + bd;$$

$$F = \sqrt{(s-a)(s-b)(s-c)(s-d)};$$

wenn $2s = a + b + c + d$.

10. **Gewöhnliches Viereck.**

$$F = {}^1/_2\,(h_1 + h_2)\,D_1 = {}^1/_2\,D_1 D_2 \sin\delta;$$

$h_1$ und $h_2$ die Höhen auf $D_1$ von den Ecken aus.

11. **Reguläres Fünfeck.**

$$a = {}^2/_5\,h\sqrt{25 - 10\sqrt{5}} = {}^1/_2\,r\sqrt{10 - 2\sqrt{5}} = 2\varrho\sqrt{5 - 2\sqrt{5}};$$

$$h = {}^1/_2\,a\sqrt{5 + 2\sqrt{5}} = {}^1/_4\,r\,(5 + \sqrt{5}) = \varrho\sqrt{5};$$

$$D = {}^1/_2\,a\,(\sqrt{5} + 1) = {}^1/_5\,h\sqrt{50 - 10\sqrt{5}} = {}^1/_2\,r\sqrt{10 + 2\sqrt{5}}$$
$$= \varrho\sqrt{10 - 2\sqrt{5}};$$

$$F = {}^1/_4\,a^2\sqrt{25 + 10\sqrt{5}} = h^2\sqrt{5 - 2\sqrt{5}} = {}^5/_8\,r^2\sqrt{10 + 2\sqrt{5}}$$
$$= 5\varrho^2\sqrt{5 - 2\sqrt{5}};$$

h die Höhe von einem Eckpunkt auf die symmetrisch gelegene Gegenseite.

12. **Reguläres Sechseck.**

$$a = r = {}^2/_3\,\varrho\sqrt{3};\quad \varrho = {}^1/_2\,a\sqrt{3} = {}^1/_2\,r\sqrt{3};$$

$$D_1 = 2a = 2r = {}^4/_3\,\varrho\sqrt{3};\quad D_2 = a\sqrt{3} = 2\varrho;$$

$$F = {}^3/_2\,a^2\sqrt{3} = {}^3/_2\,r^2\sqrt{3} = 2\varrho^2\sqrt{3}.$$

13. **Reguläres Achteck.**

$$a = r\sqrt{2 - \sqrt{2}} = 2\varrho\,(\sqrt{2} - 1);$$

$$D_1 = 2r,\ D_2 = 2\varrho,\ D_3 = r\sqrt{2};$$

$$F = 2a^2(\sqrt{2} + 1) = 2r^2\sqrt{2} = 8\varrho^2(\sqrt{2} - 1).$$

14. **Reguläres Zehneck.**

$$a = {}^1/_2\,r\,(\sqrt{5} - 1) = {}^2/_5\,\varrho\sqrt{25 - 10\sqrt{5}};$$

$$F = {}^5/_2\,a^2\sqrt{5 + 2\sqrt{5}} = {}^5/_4\,r^2\sqrt{10 - 2\sqrt{5}} = 2\varrho^2\sqrt{25 - 10\sqrt{5}}.$$

15. **Reguläres n-Eck** (siehe auch § 11).

$$a = 2\sqrt{r^2 - \varrho^2} = 2r\sin\frac{\pi}{n} = 2\varrho\,\mathrm{tg}\,\frac{\pi}{n};$$

$$F = {}^1/_4\, n a^2 \,\mathrm{cotg}\,\frac{\pi}{n} = {}^1/_2\, n r^2 \sin\frac{2\pi}{n} = n\varrho^2\,\mathrm{tg}\,\frac{\pi}{n}.$$

16. **Beliebiges Vieleck.**

Bestimmung des Flächeninhaltes durch Zerlegung in Dreiecke oder mit Zuhilfenahme eines rechtwinkligen Koordinatensystems (§ 66).

## § 2. Krummlinig begrenzte Flächen.

1. **Kreis.**

Umfang $U = 2r\pi = d\pi$; $F = r^2\pi = {}^1/_4\, d^2\pi$.

2. **Kreissektor (= Kreisausschnitt).** Wenn der zum Bogen b gehörige Zentriwinkel $\alpha$ im Bogenmaß $\mathrm{arc}\,\alpha = \alpha\,\frac{\pi}{180}$ ist, so ist $b = r\cdot\alpha\,\frac{\pi}{180}$ (Bogen gleich Radius mal Zentriwinkel);

$$F = {}^1/_2\, br = {}^1/_2\, r^2\,\mathrm{arc}\,\alpha = {}^1/_2\, r^2\,\frac{\alpha\pi}{180}.$$

3. **Kreissegment (= Kreisabschnitt).** Wenn $\alpha$ der Zentriwinkel in Grad, also $\mathrm{arc}\,\alpha = \alpha\,\frac{\pi}{180}$, so ist

$$F = {}^1/_2\, r^2\,(\mathrm{arc}\,\alpha - \sin\alpha).$$

4. **Kreisring.**

$$F = \pi\,(R^2 - r^2) = {}^1/_4\,\pi\,(D^2 - d^2) = 2\pi\varrho\delta;$$

R und r großer und kleiner, $\varrho$ mittlerer Radius, D und d Durchmesser, $\delta = R - r$.

5. **Kreisringstück.**

$$F = {}^1/_2\,(R^2 - r^2)\,\mathrm{arc}\,\alpha = \varrho\delta\,\mathrm{arc}\,\alpha;$$

(Bezeichnung wie 2. und 4.)

6. Bogenlängen und Flächen von **Kegelschnitten** und anderen Kurven siehe § 74, § 75 und Kurvendiskussion.

7. **Beliebige Fläche** (siehe § 62).

## § 3. Körper.

V Volumen, O Oberfläche, G Grundfläche, M Mantelfläche, a, b, c ...... Kanten, D, $D_1$ ...... Diagonalen, h Höhe, r und $\varrho$ die Radien der umschriebenen, bezw. eingeschriebenen Kugel.

1. **Würfel.**

$$a = \frac{2}{3} r \sqrt{3} = 2\varrho;$$
$$D = a\sqrt{3} = 2r = 2\varrho\sqrt{3};$$
$$O = 6a^2; \quad V = a^3.$$

2. **Quader.**

$$D^2 = a^2 + b^2 + c^2;$$
$$O = 2(ab + bc + ca); \quad V = abc.$$

3. **Prisma.**

$$V = Gh.$$

4. **Schief abgeschnittenes Prisma** (an beiden Enden).

a) dreiseitig. $V = \frac{1}{3} Q (a + b + c);$

Q der zu den parallelen Kanten a, b, c vertikale Querschnitt.

b) n-seitig. $V = Ql;$

l die Verbindungsstrecke der Endflächenschwerpunkte, Q der zu l vertikale Querschnitt.

5. **Pyramide.**

$$V = \frac{1}{3} Gh.$$

6. **Pyramidenstumpf.**

$$V = \frac{1}{3} h \left(G + g + \sqrt{Gg}\right);$$

g obere Deckfläche.

7. **Keil.**

$$V = \frac{1}{6} hb (2a + c);$$

ab Fläche des rechteckigen Keilrückens, c die zur Kante a parallele Schneidkante, h deren Entfernung vom Keilrücken.

8. **Reguläres Tetraeder.**

$$a = \frac{2}{3} r \sqrt{6} = 2\varrho\sqrt{6};$$
$$O = a^2\sqrt{3}; \quad V = \frac{1}{12} a^3 \sqrt{2}.$$

9. **Beliebiges Tetraeder.** § 106.

10. **Reguläres Oktaeder.**

$$a = r\sqrt{2} = \varrho\sqrt{6};$$
$$O = 2a^2\sqrt{3};\quad V = \tfrac{1}{3}a^3\sqrt{2}.$$

11. **Reguläres Dodekaeder.**

$$a = \tfrac{1}{3}r\sqrt{3}\,(\sqrt{5}-1) = \varrho\sqrt{50-22\sqrt{5}};$$
$$O = 3a^2\sqrt{25+10\sqrt{5}};$$
$$V = \tfrac{1}{4}a^3(15+7\sqrt{5}) = 4Fr;$$

F Seitenfläche.

12. **Reguläres Ikosaeder.**

$$a = \tfrac{1}{5}r\sqrt{50-10\sqrt{5}} = \varrho\sqrt{3}\,(3-\sqrt{5});$$
$$O = 5a^2\sqrt{3};\quad V = \tfrac{5}{12}a^3(3+\sqrt{5}) = \tfrac{20}{3}Fr;$$

F Seitenfläche.

13. **Kreiszylinder.**

$$M = 2r\pi h;$$
$$O = 2r\pi(h+r);\quad V = r^2\pi h.$$

14. **Schief abgeschnittener Kreiszylinder.**

$$M = r\pi(s_1+s_2);\quad V = \tfrac{1}{2}r^2\pi(s_1+s_2);$$

$s_1$ und $s_2$ die kürzeste bezw. längste Mantellinie.

15. **Kreiszylinderhuf.**

Die Grundfläche ist ein Kreissegment mit der Sehne 2a, der Höhe b und der Öffnung $2\alpha$; die größte Mantellinie ist s.

$$M = \frac{2rs}{b}\,[(b-r)\operatorname{arc}\alpha + a].$$

$$V = \frac{s^2}{3b}\,[a(3r^2-a^2) + 3r^2(b-r)\operatorname{arc}\alpha].$$

16. **Hohlzylinder.**

R, r, $\varrho$ großer bezw. kleiner, mittlerer Radius; $\delta = R - r$.

$$V = \pi h(R^2-r^2) = \pi h\delta(2R-\delta) = 2\pi h\delta\varrho.$$

17. **Kreiskegel.**

s Mantellinie, r Radius vom Grundkreis.

$$s = \sqrt{r^2+h^2};\quad M = r\pi s = r\pi\sqrt{r^2+h^2};$$
$$O = r\pi(r+s);\quad V = \tfrac{1}{3}r^2\pi h.$$

18. **Kegelstumpf.**

$$s = \sqrt{(R - r)^2 + h^2};$$
$$M = \pi s (R + r); \quad V = \frac{1}{3} \pi h (R^2 + r^2 + Rr).$$

s Mantellinie, R und r Radien vom Grund- und Deckkreis.

19. **Kugel.** $O = 4 r^2 \pi = d^2 \pi; \quad V = \frac{4}{3} r^3 \pi = \frac{1}{6} d^3 \pi.$

20. **Kugelzone.**

$$r^2 = a^2 + \left(\frac{a^2 - b^2 - h^2}{2h}\right)^2;$$
$$M = 2 r \pi h; \quad V = \frac{1}{6} \pi h (3 a^2 + 3 b^2 + h^2);$$

a und b Radien vom großen bezw. kleinen Zonenkreis.

21. **Kugelabschnitt (= Kalotte).**

$$a^2 = h (2r - h);$$
$$M = 2 r \pi h = \pi (a^2 + h^2);$$
$$V = \frac{1}{6} \pi h (3 a^2 + h^2) = \frac{1}{3} \pi h^2 (3r - h);$$

a Radius vom Grundkreis.

22. **Kugelausschnitt.**

$$O = r \pi (2h + a); \quad V = \frac{2}{3} r^2 \pi h;$$

a Radius vom Schnittkreis, h Höhe der Kalotte.

23. **Kugelkeil (= Kugelzweieck).**

$$M = 2 r^2 \operatorname{arc} \alpha; \quad V = \frac{2}{3} r^3 \operatorname{arc} \alpha.$$

24. **Ellipsoid.**

$$V = \frac{4}{3} a b c \pi;$$

a, b, c Halbaxen.

25. **Rotationsparaboloid.**

$$V = \frac{1}{2} r^2 \pi h;$$

h Höhe, r Radius vom Grenzkreis.

26. **Guldins Sätze** über Rotationskörper § 63.

27. **Prismatoid,** d. i. ein Körper, der oben und unten durch parallele Flächen, seitlich durch beliebige Ebenen begrenzt wird. G Grundfläche, S Mittelschnitt, D Deckfläche, h Abstand der Endflächen. Berechnung nach der Simpsonschen Regel § 62.

$$V = \frac{1}{6} h (G + 4S + D).$$

# II. Elemente der Trigonometrie.

## § 4. Goniometrische oder trigonometrische Funktionen.

Wenn $\triangle ABC$ rechtwinklig ist (Fig. 1), so ist definiert:

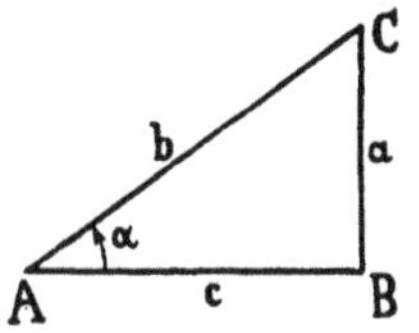


Fig. 1

1. **Sinusfunktion** von $\alpha$, abgekürzt $\sin \alpha = BC : AC$.
   (= Gegenkathete zu Hypotenuse.)
2. **Kosinusfunktion** von $\alpha$, abgek. $\cos \alpha = AB : AC$.
   (= Ankathete zu Hypotenuse.)
3. **Tangensfunktion,** abgek. $\operatorname{tg} \alpha = BC : AB$.
   (= Gegenkathete zu Ankathete.)
4. **Kotangensfunktion** von $\alpha$, abgek. $\operatorname{cotg} \alpha = AB : BC$.
   (= Ankathete zu Gegenkathete.)
5. **Secansfunktion** von $\alpha$, abgek. $\sec \alpha = AC : AB$.
   (= Hypotenuse zu Ankathete.)
6. **Kosecansfunktion** von $\alpha$, abgek. $\operatorname{cosec} \alpha = AC : BC$.
   (= Hypotenuse zu Gegenkathete.)

7. Man nennt Kosinus, Kotangens und Kosecans die **Kofunktionen** von Sinus, Tangens, Secans und umgekehrt.

8. Die trigonometrische Funktion von $\alpha$ ist gleich der Kofunktion des Komplementwinkels $90^0 - \alpha$,

$$f(\alpha) = \operatorname{cof}(90^0 - \alpha).$$

## § 5. Koordinaten.

1. **Koordinaten** sind Zahlen, durch deren Angabe die Lage eines Elementargebildes (Punkt, Gerade etc.) eindeutig bestimmt ist.

2. Das Plus- und Minuszeichen dient in der Mathematik zur Definition eines Richtungssinnes, z. B. links und rechts, oben und unten, Uhrzeiger- und Gegenuhrzeigersinn etc.

3. Unter Berücksichtigung des **Richtungssinnes** gilt für beliebig gelegene Punkte A, B, C auf einer Geraden oder auf einem Kreis.

$AB = -BA$ bezw. $\widehat{AB} = -\widehat{BA}$;

$AB + BA = 0$ „ $\widehat{AB} + \widehat{BA} = 0$;

$AB + BC + CA = 0$ „ $\widehat{AB} + \widehat{BC} + \widehat{CA} = 0$;

$AB + BC = AC$ „ $\widehat{AB} + \widehat{BC} = \widehat{AC}$;

$\widehat{AB}$ Kreisbogen von A nach B.

4. **Orientierung auf der Geraden.** Die Lage eines Punktes der Geraden ist durch Angabe einer Zahl bestimmt, d. i. die Koordinate des Punktes. Siehe auch § 77.

5. **Orientierung in der Ebene.** Ein Punkt der Ebene ist durch zwei Zahlen bestimmt, d. i. ist durch seine Koordinaten. Diejenigen beiden fixen Elemente, zu denen der Punkt durch die beiden Zahlen in Beziehung gesetzt wird, bilden das Koordinatensystem. Siehe auch § 77.

6. **Rechtwinkliges oder kartesisches Koordinatensystem.** Seine Elemente sind zwei Senkrechte, ihr Schnittpunkt ist der Koordinatenanfangspunkt (= Nullpunkt, Ursprung). Die (für den Beobachter meist) horizontale Axe wird Abszissen- oder x-Axe genannt, die vertikale Ordinaten- oder y-Axe (Fig. 2). **Abszisse** des Punktes P (= sein x) ist der in Richtung der x-Axe gemessene Weg von O nach P, d. i. OQ, so daß also $OQ = x$, $QO = -x$; **Ordinate** (= sein y) ist der in Richtung der y-Axe gemessene Weg von O nach P, d. i. OR, so daß also $OR = y$, $RO = -y$. $P = x|y$ bezw. $P = 3|2$ bedeutet: P hat die Abscisse x bezw. 3 und die Ordinate y bezw. 2.

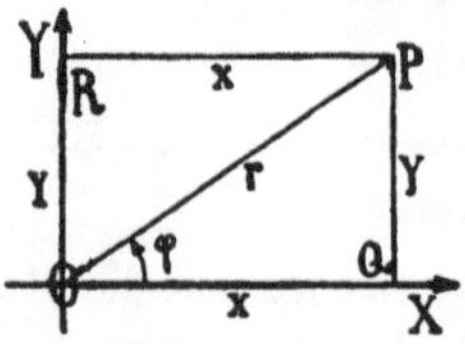

Fig. 2

## § 6.
## Erweiterte Definition der trigonometrischen Funktionen.

Die bisherigen Definitionen sind nur anwendbar auf Winkel $< 90^0$. Mit Benutzung eines rechtwinkligen Koordinatensystems (Fig. 2) — der **Radiusvektor** $OP = r = \sqrt{x^2 + y^2}$ ist stets positiv zu nehmen — ergeben sich folgende Definitionen:

1. **Sinus** von $\varphi$ ist das Verhältnis der Ordinate zum Radiusvektor, $\sin\varphi = \frac{y}{r}$.

2. **Kosinus** von $\varphi$ ist das Verhältnis der Abszisse zum Radiusvektor, $\cos\varphi = \frac{x}{r}$.

3. **Tangens** von $\varphi$ ist das Verhältnis der Ordinate zur Abszisse, $\operatorname{tg}\varphi = \frac{y}{x}$.

4. **Kotangens** von $\varphi$ ist das Verhältnis der Abszisse zur Ordinate, $\operatorname{cotg}\varphi = \frac{x}{y}$.

## § 7. Eigenschaften der trigonometrischen Funktionen.

1 Der **Sinus** ist im ersten und zweiten Quadranten positiv, im dritten und vierten negativ. Er nimmt im ersten und vierten Quadranten zu, im zweiten und dritten ab.

2. Die Sinusfunktion ist eine ungerade Funktion (s. § 35),

$$\sin(-a) = -\sin a.$$

3. Die Sinusfunktion ist eine periodische Funktion, ihre Periode ist $2\pi$; wenn k eine ganze Zahl, gilt

$$\sin(a + 2k\pi) = \sin a.$$

4. Für reelle Werte $a$ ist $\sin a$ stets ein echter Bruch mit den Extremwerten $\pm 1$.

5. Der **Kosinus** ist im ersten und vierten Quadranten positiv, im zweiten und dritten negativ. Er nimmt im ersten und zweiten Quadranten ab, im dritten und vierten zu.

6. Die Kosinusfunktion ist eine gerade Funktion (siehe § 35),

$$\cos(-\alpha) = \cos\alpha.$$

7. Die Kosinusfunktion ist periodisch, ihre Periode ist $2\pi$; wenn k eine ganze Zahl, gilt

$$\cos(\alpha + 2k\pi) = \cos\alpha.$$

8. Für reelle Werte $\alpha$ ist $\cos\alpha$ stets ein echter Bruch mit den Extremwerten $\pm 1$.

9. **Tangens** und **Kotangens** sind im ersten Quadranten positiv, im zweiten negativ, im dritten positiv usw. Tangens nimmt stets zu, Kotangens stets ab.

Tangens und Kotangens sind ungerade Funktionen (s. § 35),

$$\operatorname{tg}(-\alpha) = -\operatorname{tg}\alpha; \quad \operatorname{cotg}(-\alpha) = -\operatorname{cotg}\alpha.$$

11. Tangens und Kotangens sind periodische Funktionen, ihre Periode ist $\pi$; wenn k eine ganze Zahl, gilt

$$\operatorname{tg}(\alpha + k\pi) = \operatorname{tg}\alpha; \quad \operatorname{cotg}(\alpha + k\pi) = \operatorname{cotg}\alpha.$$

12. Für reelle Werte $\alpha$ kann $\operatorname{tg}\alpha$ und $\operatorname{cotg}\alpha$ jeden reellen Zahlenwert annehmen.

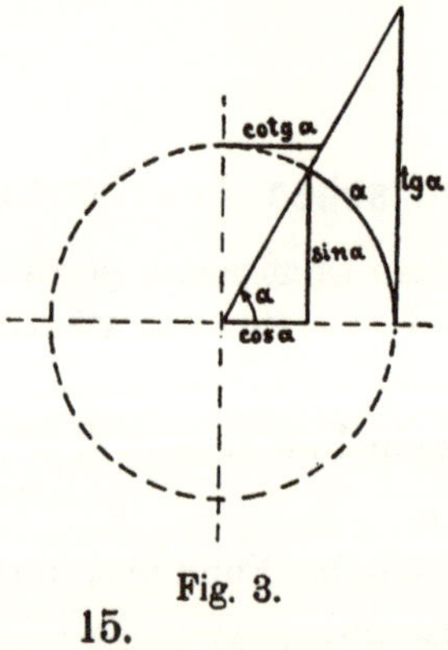


Fig. 3.

13. Die graphische Darstellung der trigonometrischen Funktionen siehe Kurven-Diskussion.

14. Am Einheitskreis (= Kreis mit Radius 1) ist dargestellt: $\sin\alpha$ durch die Vertikalprojektion des zu $\alpha$ gehörigen Radiusvektors, $\cos\alpha$ durch dessen Horizontalprojektion, $\operatorname{tg}\alpha$ durch das dem Radiusvektor entsprechende vertikale Tangentenstück, $\operatorname{cotg}\alpha$ durch das horizontale Tangentenstück (Fig. 3).

15.

| | 0° | 90° | 180° | 270° | 360° | 30° | 45° | 60° |
|---|---|---|---|---|---|---|---|---|
| sin | 0 | 1 | 0 | $-1$ | 0 | $\frac{1}{2}$ | $\frac{1}{2}\sqrt{2}$ | $\frac{1}{2}\sqrt{3}$ |
| cos | 1 | 0 | $-1$ | 0 | 1 | $\frac{1}{2}\sqrt{3}$ | $\frac{1}{2}\sqrt{2}$ | $\frac{1}{2}$ |
| tg | 0 | $\infty$ | 0 | $\infty$ | 0 | $\frac{1}{3}\sqrt{3}$ | 1 | $\sqrt{3}$ |
| cotg | $\infty$ | 0 | $\infty$ | 0 | $\infty$ | $\sqrt{3}$ | 1 | $\frac{1}{3}\sqrt{3}$ |

16.

| | $-\alpha$ | $90^0 \mp \alpha$ | $180^0 \mp \alpha$ | $270^0 \mp \alpha$ | $360^0 \mp \alpha$ |
|---|---|---|---|---|---|
| sin | $-\sin\alpha$ | $\cos\alpha$ | $\pm\sin\alpha$ | $-\cos\alpha$ | $\mp\sin\alpha$ |
| cos | $+\cos\alpha$ | $\pm\sin\alpha$ | $-\cos\alpha$ | $\mp\sin\alpha$ | $+\cos\alpha$ |
| tg | $-\operatorname{tg}\alpha$ | $\pm\operatorname{cotg}\alpha$ | $\mp\operatorname{tg}\alpha$ | $\pm\operatorname{cotg}\alpha$ | $\mp\operatorname{tg}\alpha$ |
| cotg | $-\operatorname{cotg}\alpha$ | $\pm\operatorname{tg}\alpha$ | $\mp\operatorname{cotg}\alpha$ | $\pm\operatorname{tg}\alpha$ | $\mp\operatorname{cotg}\alpha$ |

17. $$\sin^2\alpha + \cos^2\alpha = 1$$

18. $$\operatorname{tg}\alpha = \frac{\sin\alpha}{\cos\alpha}; \quad \operatorname{cotg}\alpha = \frac{\cos\alpha}{\sin\alpha}.$$

19. $$\operatorname{tg}\alpha \cdot \operatorname{cotg}\alpha = 1 \quad \text{oder} \quad \operatorname{cotg}\alpha = \frac{1}{\operatorname{tg}\alpha}.$$

20. $$1 + \operatorname{tg}^2\alpha = \frac{1}{\cos^2\alpha}; \quad 1 + \operatorname{cotg}^2\alpha = \frac{1}{\sin^2\alpha}.$$

21.

| Gegeben | Gefunden | | | |
|---|---|---|---|---|
| | $\sin\alpha$ | $\cos\alpha$ | $\operatorname{tg}\alpha$ | $\operatorname{cotg}\alpha$ |
| $\sin\alpha$ | | $\sqrt{1-\sin^2\alpha}$ | $\frac{\sin\alpha}{\sqrt{1-\sin^2\alpha}}$ | $\frac{\sqrt{1-\sin^2\alpha}}{\sin\alpha}$ |
| $\cos\alpha$ | $\sqrt{1-\cos^2\alpha}$ | | $\frac{\sqrt{1-\cos^2\alpha}}{\cos\alpha}$ | $\frac{\cos\alpha}{\sqrt{1-\cos^2\alpha}}$ |
| $\operatorname{tg}\alpha$ | $\frac{\operatorname{tg}\alpha}{\sqrt{1+\operatorname{tg}^2\alpha}}$ | $\frac{1}{\sqrt{1+\operatorname{tg}^2\alpha}}$ | | $\frac{1}{\operatorname{tg}\alpha}$ |
| $\operatorname{cotg}\alpha$ | $\frac{1}{\sqrt{1+\operatorname{cotg}^2\alpha}}$ | $\frac{\operatorname{cotg}\alpha}{\sqrt{1+\operatorname{cotg}^2\alpha}}$ | $\frac{1}{\operatorname{cotg}\alpha}$ | |

## § 8. Trigonometrische Funktionen von Winkelsummen und Winkelteilen.

1. $$\sin(\alpha \pm \beta) = \sin\alpha\cos\beta \pm \cos\alpha\sin\beta.$$

2. $$\cos(\alpha \pm \beta) = \cos\alpha\cos\beta \mp \sin\alpha\sin\beta.$$

3. $$\operatorname{tg}(\alpha \pm \beta) = \frac{\operatorname{tg}\alpha \pm \operatorname{tg}\beta}{1 \mp \operatorname{tg}\alpha\operatorname{tg}\beta}.$$

4. $$\operatorname{cotg}(\alpha \pm \beta) = \frac{\operatorname{cotg}\alpha \operatorname{cotg}\beta \mp 1}{\operatorname{cotg}\beta \pm \operatorname{cotg}\alpha}.$$

5. $$\sin 2\alpha = 2\sin\alpha\cos\alpha; \quad \sin\alpha = 2\sin\frac{\alpha}{2}\cos\frac{\alpha}{2}$$

6. $$\sin 3\alpha = 3\sin\alpha\cos^2\alpha - \sin^3\alpha = 3\sin\alpha - 4\sin^3\alpha.$$

7. $$\sin n\alpha = \binom{n}{1}\sin\alpha\cos^{n-1}\alpha - \binom{n}{3}\sin^3\alpha\cos^{n-3}\alpha + \binom{n}{5}\sin^5\alpha\cos^{n-5}\alpha - + \cdots$$

8. $$\cos 2\alpha = \cos^2\alpha - \sin^2\alpha = 2\cos^2\alpha - 1 = 1 - 2\sin^2\alpha$$
$$\cos\alpha = 2\cos^2\frac{\alpha}{2} - 1 = 1 - 2\sin^2\frac{\alpha}{2}.$$

9. $$\cos 3\alpha = \cos^3\alpha - 3\sin^2\alpha\cos\alpha = 4\cos^3\alpha - 3\cos\alpha.$$

10. $$\cos n\alpha = \cos^n\alpha - \binom{n}{2}\sin^2\alpha\cos^{n-2}\alpha + \binom{n}{4}\sin^4\alpha\cos^{n-4}\alpha - + \cdots$$

11. $$\operatorname{tg}2\alpha = \frac{2\operatorname{tg}\alpha}{1-\operatorname{tg}^2\alpha} = \frac{2}{\operatorname{cotg}\alpha - \operatorname{tg}\alpha}.$$

12. $$\operatorname{cotg}2\alpha = \frac{\operatorname{cotg}^2\alpha - 1}{2\operatorname{cotg}\alpha} = \frac{\operatorname{cotg}\alpha - \operatorname{tg}\alpha}{2}.$$

13. $$\operatorname{tg}3\alpha = \frac{3\operatorname{tg}\alpha - \operatorname{tg}^3\alpha}{1 - 3\operatorname{tg}^2\alpha}.$$

14. $$\operatorname{cotg}3\alpha = \frac{\operatorname{cotg}^3\alpha - 3\operatorname{cotg}\alpha}{3\operatorname{cotg}^2\alpha - 1}.$$

15. $$\sin\frac{\alpha}{2} = \sqrt{\frac{1-\cos\alpha}{2}} = \frac{1}{2}\left[\sqrt{1+\sin\alpha} - \sqrt{1-\sin\alpha}\right].$$

16. $$\cos\frac{\alpha}{2} = \sqrt{\frac{1+\cos\alpha}{2}} = \frac{1}{2}\left[\sqrt{1+\sin\alpha} + \sqrt{1-\sin\alpha}\right].$$

17. $$\operatorname{tg}\frac{\alpha}{2} = \sqrt{\frac{1-\cos\alpha}{1+\cos\alpha}} = \frac{\sin\alpha}{1+\cos\alpha} = \frac{1-\cos\alpha}{\sin\alpha}.$$

18. $$\operatorname{cotg}\frac{\alpha}{2} = \sqrt{\frac{1+\cos\alpha}{1-\cos\alpha}} = \frac{\sin\alpha}{1-\cos\alpha} = \frac{1+\cos\alpha}{\sin\alpha}.$$

## § 9. Summen und Produkte trigonometrischer Funktionen.

1. $\sin\alpha + \sin\beta = 2\sin\frac{\alpha+\beta}{2}\cos\frac{\alpha-\beta}{2}$.

2. $\sin\alpha - \sin\beta = 2\cos\frac{\alpha+\beta}{2}\sin\frac{\alpha-\beta}{2}$.

3. $\cos\alpha + \cos\beta = 2\cos\frac{\alpha+\beta}{2}\cos\frac{\alpha-\beta}{2}$.

4. $\cos\alpha - \cos\beta = -2\sin\frac{\alpha+\beta}{2}\sin\frac{\alpha-\beta}{2}$.

5. $\cos\alpha + \sin\alpha = \sqrt{2}\sin(45^0 + \alpha)$.

6. $\cos\alpha - \sin\alpha = \sqrt{2}\cos(45^0 + \alpha)$.

7. $1 + \cos\alpha = 2\cos^2\frac{\alpha}{2}$.

8. $1 - \cos\alpha = 2\sin^2\frac{\alpha}{2}$.

9. $\operatorname{tg}\alpha \pm \operatorname{tg}\beta = \frac{\sin(\alpha\pm\beta)}{\cos\alpha\cos\beta}$.

10. $\operatorname{cotg}\alpha \pm \operatorname{cotg}\beta = \frac{\sin(\beta\pm\alpha)}{\sin\alpha\sin\beta}$.

11. $\operatorname{cotg}\alpha + \operatorname{tg}\alpha = \frac{2}{\sin 2a} = \frac{1}{\sin\alpha\cos\alpha}$.

12. $\operatorname{cotg}\alpha - \operatorname{tg}\alpha = 2\operatorname{cotg}2\alpha$.

13. $\sin^2\alpha - \sin^2\beta = \cos^2\beta - \cos^2\alpha = \sin(\alpha+\beta)\sin(\alpha-\beta)$.

14. $\cos^2\alpha - \sin^2\beta = \cos^2\beta - \sin^2\alpha = \cos(\alpha+\beta)\cos(\alpha-\beta)$.

15. $2\sin\alpha\sin\beta = \cos(\alpha-\beta) - \cos(\alpha+\beta)$.

16. $2\cos\alpha\cos\beta = \cos(\alpha-\beta) + \cos(\alpha+\beta)$.

17. $2\sin\alpha\cos\beta = \sin(\alpha+\beta) + \sin(\alpha-\beta)$.

18. Wenn $\alpha+\beta+\gamma = 180^0$, so gilt

$$\operatorname{tg}\alpha + \operatorname{tg}\beta + \operatorname{tg}\gamma = \operatorname{tg}\alpha\operatorname{tg}\beta\operatorname{tg}\gamma.$$

$$\sin 2\alpha + \sin 2\beta + \sin 2\gamma = 4\sin\alpha\sin\beta\sin\gamma.$$

$$\sin 2\alpha + \sin 2\beta - \sin 2\gamma = 4\cos\alpha\cos\beta\sin\gamma.$$

$$\sin^2\alpha + \sin^2\beta + \sin^2\gamma = 2\cos\alpha\cos\beta\cos\gamma + 2.$$
$$\sin^2\alpha + \sin^2\beta - \sin^2\gamma = 2\sin\alpha\sin\beta\cos\gamma.$$
$$\sin\alpha + \sin\beta + \sin\gamma = 4\cos\alpha/_2\cos\beta/_2\cos\gamma/_2.$$
$$\cos\alpha + \cos\beta + \cos\gamma = 4\sin\alpha/_2\sin\beta/_2\sin\gamma/_2 + 1.$$

## § 10. Kreissfunktionen.

1. **arcsin a** ist definiert als der Bogen, dessen Sinus a ist. arcsin a hat unendlich viele Werte; wenn der Hauptwert $\alpha$ von arcsin a der Bogen zwischen $-{}^1/_2\pi$ und $+{}^1/_2\pi$ ist, dann ist

$$\arcsin a = (-1)^k\alpha + k\pi \cdots\cdots k \text{ ganze Zahl.}$$

2. **arccos a** ist definiert als der Bogen, dessen Kosinus a ist. arccos a hat unendlich viele Werte; wenn der Hauptwert $\alpha$ von arccos a der Bogen zwischen 0 und $\pi$ ist, dann ist

$$\arccos a = \pm\alpha + 2k\pi \cdots\cdots k \text{ ganze Zahl.}$$

3. **arctg a** ist definiert als der Bogen, dessen Tangens a ist. arctg a hat unendlich viele Werte; wenn der Hauptwert $\alpha$ von arctg a der Bogen zwischen $-{}^1/_2\pi$ und $+{}^1/_2\pi$ ist, dann ist

$$\text{arctg } a = \alpha + k\pi \cdots\cdots k \text{ ganze Zahl.}$$

4. **arccotg a** ist definiert als der Bogen, dessen Kotangens a ist. arccotg a hat unendlich viele Werte; wenn der Hauptwert $\alpha$ von arccotg a der Bogen zwischen 0 und $\pi$ ist, dann ist

$$\text{arccotg } a = \alpha + k\pi \cdots\cdots k \text{ ganze Zahl.}$$

5. $$\arcsin x + \arccos x = {}^1/_2\pi.$$
$$\text{arctg } x + \text{arccotg } x = {}^1/_2\pi.$$

6. $$\arcsin x = \arccos\sqrt{1-x^2} = \text{arctg}\frac{x}{\sqrt{1-x^2}}.$$

$$\arccos x = \arcsin\sqrt{1-x^2} = \text{arctg}\frac{\sqrt{1-x^2}}{x}.$$

$$\text{arctg } x = \arcsin\frac{x}{\sqrt{1+x^2}} = \arccos\frac{1}{\sqrt{1+x^2}} = \text{arccotg}\frac{1}{x}$$
$$= \frac{1}{2}\arcsin\frac{2x}{1+x^2} = \frac{1}{2}\arccos\frac{1-x^2}{1+x^2}$$
$$= \frac{1}{2}\text{arctg}\frac{2x}{1-x^2}.$$

7. $\arcsin x \pm \arcsin y = \arcsin\left[x\sqrt{1-y^2} \pm y\sqrt{1-x^2}\right]$
$= \arccos\left[\sqrt{(1-x^2)(1-y^2)} \mp xy\right].$

$\arccos x \pm \arccos y = \arcsin\left[y\sqrt{1-x^2} \pm x\sqrt{1-y^2}\right]$
$= \arccos\left[xy \mp \sqrt{(1-x^2)(1-y^2)}\right].$

8. $\operatorname{arctg} x \pm \operatorname{arctg} y = \operatorname{arctg} \frac{x \pm y}{1 \mp xy}.$

9. Die geeignete Wahl von x und y macht die rechte Gleichungsseite zu $\operatorname{arctg} 1 = \frac{1}{4}\pi$, z. B.

$$\operatorname{arctg} \tfrac{1}{2} + \operatorname{arctg} \tfrac{1}{3} = \operatorname{arctg} 1 = \tfrac{1}{4}\pi.$$

## § 11. Ebenes Dreieck.

Wenn a, b, c die Dreieckseiten, $\alpha, \beta, \gamma$ die Gegenwinkel, $\varrho$ und r die Radien des eingeschriebenen bezw. umschriebenen Kreises sind und $2s = a + b + c$ der halbe Umfang, so gilt

1. **Sehnensatz.**

$$a = 2r \sin \alpha.$$

2. **Sinussatz.**

$$a : b : c = \sin \alpha : \sin \beta : \sin \gamma.$$

3. **Tangentensatz (Npersche Gleichungen).**

$$(a + b) : (a - b) = \operatorname{tg} \frac{\alpha + \beta}{2} : \operatorname{tg} \frac{\alpha - \beta}{2}.$$

4. **Projektionssatz.**

$$a = b \cos \gamma + c \cos \beta.$$

5. **Tangentenformel.**

$$\operatorname{tg} \alpha = \frac{a \sin \gamma}{b - a \cos \gamma}.$$

6. **Kosinussatz.**

$$a^2 = b^2 + c^2 - 2bc \cos \alpha$$
$$= (b + c)^2 - 4bc \cos^2 \frac{\alpha}{2}$$
$$= (b - c)^2 + 4bc \sin^2 \frac{\alpha}{2}.$$

7. **Satz vom halben Winkel.**

$$\sin\frac{\alpha}{2} = \sqrt{\frac{(s-b)(s-c)}{bc}}; \quad \cos\frac{\alpha}{2} = \sqrt{\frac{s(s-a)}{bc}};$$

$$\operatorname{tg}\frac{\alpha}{2} = \sqrt{\frac{(s-b)(s-c)}{s(s-a)}} = \frac{\varrho}{s-a}.$$

8. $$\sin\alpha = \frac{2}{bc}\sqrt{s(s-a)(s-b)s-c)}.$$

9. **Mollweidesche Gleichung.**

$$\frac{a+b}{c} = \frac{\cos\frac{\alpha-\beta}{2}}{\cos\frac{\alpha+\beta}{2}}; \quad \frac{a-b}{c} = \frac{\sin\frac{\alpha-\beta}{2}}{\sin\frac{\alpha+\beta}{2}}.$$

10. **Höhenformel.**

$$h_a = b\sin\gamma = c\sin\beta.$$

11. Formel für die **Mittellinie.**

$$m_a = {}^1/_2\sqrt{2(b^2+c^2)-a^2}.$$

12. Formel für die **Winkelhalbierende.**

$$w_a = \frac{2\sqrt{bc\,s(s-a)}}{b+c} = \frac{\sqrt{bc\,[(b+c)^2-a^2]}}{b+c}.$$

13. $$\varrho = (s-a)\operatorname{tg}\frac{\alpha}{2}; \quad \varrho s = \varrho_a(s-a); \quad abc = 4r\varrho s.$$

$\varrho_i$ sind die Radien der angeschriebenen Kreise.

14. $$\varrho = 4r\sin\frac{\alpha}{2}\sin\frac{\beta}{2}\sin\frac{\gamma}{2};$$

$$s = 4r\cos\frac{\alpha}{2}\cos\frac{\beta}{2}\cos\frac{\gamma}{2}.$$

15. **Dreiecksinhalt.**

$$F = \frac{1}{2}a h_a = \frac{1}{2}ab\sin\gamma$$

$$= \sqrt{s(s-a)s-b)(s-c)} = \varrho s = \varrho_a(s-a) =$$

$$= \sqrt{\varrho\,\varrho_a\,\varrho_b\,\varrho_c} = 2r^2\sin\alpha\sin\beta\sin\gamma.$$

16. **Reguläres Polygon.**
s ist die Seite des eingeschriebenen, $\sigma$ die des umschriebenen n-Ecks, $2\alpha$ ist der zur Seite s, bezw. $\sigma$ gehörige Zentriwinkel.

a) eingeschriebenes Polygon.

$$s = 2r \sin\alpha;\ \alpha = \frac{\pi}{n};$$

$$\text{Inhalt} = {}^1/_2\, nr^2 \sin 2\alpha = {}^1/_4\, ns^2 \operatorname{cotg}\alpha.$$

b) umschriebenes Polygon.

$$\sigma = 2r\, \operatorname{tg}\alpha;$$

$$\text{Inhalt} = nr^2 \operatorname{tg}\alpha.$$

Sind $s'$ und $\sigma'$ die Seiten des eingeschriebenen, bezw. umschriebenen 2n-Ecks, so gilt

$$s' = \sqrt{2r^2 - r\sqrt{4r^2 - s^2}};$$

$$\sigma\sigma' = 2r\left[\sqrt{4r^2 + \sigma^2} - 2r\right].$$

## § 12. Sphärisches Dreieck.

a, b, c die Dreieckseiten und $\alpha, \beta, \gamma$ die Gegenwinkel, $2s = a + b + c$, $2\sigma = \alpha + \beta + \gamma$, $\varepsilon = \alpha + \beta + \gamma - \pi$ der **sphärische Exzess.**

1. **Sinussatz.**

$$\sin a : \sin b : \sin c = \sin\alpha : \sin\beta : \sin\gamma.$$

2. **Kosinussatz.**

$$\cos a = \cos b \cos c + \sin b \sin c \cos\alpha;$$

$$\cos\alpha = -\cos\beta \cos\gamma + \sin\beta \sin\gamma \cos a.$$

3. **Sinus-Kosinussatz.**

$$\cos a \sin b = \sin c \cos\alpha + \sin a \cos b \cos\gamma;$$

$$\cos a \sin c = \sin b \cos\alpha + \sin a \cos c \cos\beta;$$

$$\cos\alpha \sin\beta = \sin\gamma \cos a - \sin\alpha \cos\beta \cos c;$$

$$\cos\alpha \sin\gamma = \sin\beta \cos a - \sin\alpha \cos\gamma \cos b.$$

4. **Kotangentensatz.**

$$\operatorname{cotg} a \sin b = \operatorname{cotg}\alpha \sin\gamma + \cos b \cos\gamma$$

$$\operatorname{cotg}\alpha \sin\beta = \operatorname{cotg} a \sin c - \cos\beta \cos c.$$

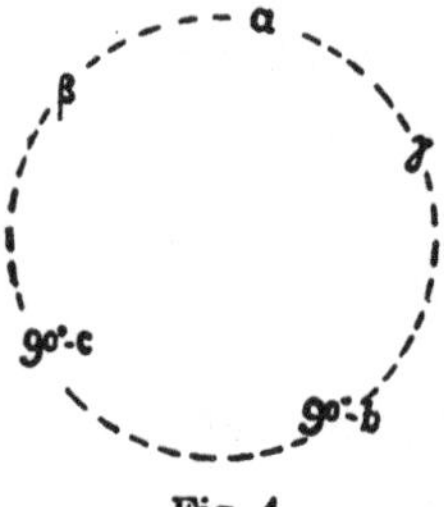

Fig. 4.

5. Für rechtwinklige Dreiecke gilt die **Nepersche Regel.** (Fig. 4; a ist die Hyotenuse, $\alpha = 90^0$). Der Kosinus eines Elementes ($a$, $90^0 - b$, $90^0 - c$, $\beta$, $\gamma$) ist gleich dem Produkt aus den Sinus der getrennten Elemente und auch gleich dem Produkt der Kotangens der anliegenden Elemente; also

$$\cos a = \cos b \cos c = \operatorname{cotg}\beta \operatorname{cotg}\gamma$$
$$\cos\gamma = \sin\beta \cos c = \operatorname{cotg} a \operatorname{tg} b$$
$$\sin b = \sin a \sin\beta = \operatorname{tg} c \operatorname{cotg}\gamma$$
$$\sin c = \sin a \sin\gamma = \operatorname{tg} b \operatorname{cotg}\beta$$
$$\cos\beta = \sin\gamma \cos b = \operatorname{cotg} a \operatorname{tg} c.$$

**6. Satz vom halben Winkel.**

$$\sin\frac{\alpha}{2} = \sqrt{\frac{\sin(s-b)\sin(s-c)}{\sin b \sin c}};$$

$$\cos\frac{\alpha}{2} = \sqrt{\frac{\sin s \sin(s-a)}{\sin b \sin c}};$$

$$\sin\frac{a}{2} = \sqrt{\frac{-\cos\sigma\cos(\sigma-\alpha)}{\sin\beta\sin\gamma}};$$

$$\cos\frac{a}{2} = \sqrt{\frac{\cos(\sigma-\beta)\cos(\sigma-\gamma)}{\sin\beta\sin\gamma}}.$$

**7. Gausssche Gleichungen.**

$$\sin\frac{\alpha}{2}\sin\frac{b+c}{2} = \sin\frac{a}{2}\cos\frac{\beta-\gamma}{2};$$

$$\sin\frac{\alpha}{2}\cos\frac{b+c}{2} = \cos\frac{a}{2}\cos\frac{\beta+\gamma}{2};$$

$$\cos\frac{\alpha}{2}\sin\frac{b-c}{2} = \sin\frac{a}{2}\sin\frac{\beta-\gamma}{2};$$

$$\cos\frac{\alpha}{2}\cos\frac{b-c}{2} = \cos\frac{a}{2}\sin\frac{\beta+\gamma}{2}.$$

8. **Nepersche Analogien.**

$$\operatorname{tg}\frac{a+b}{2}=\operatorname{tg}\frac{c}{2}\frac{\cos\frac{\alpha-\beta}{2}}{\cos\frac{\alpha+\beta}{2}};$$

$$\operatorname{tg}\frac{a-b}{2}=\operatorname{tg}\frac{c}{2}\frac{\sin\frac{\alpha-\beta}{2}}{\sin\frac{\alpha+\beta}{2}};$$

$$\operatorname{tg}\frac{\alpha+\beta}{2}=\operatorname{cotg}\frac{\gamma}{2}\frac{\cos\frac{a-b}{2}}{\cos\frac{a+b}{2}};$$

$$\operatorname{tg}\frac{\alpha-\beta}{2}=\operatorname{cotg}\frac{\gamma}{2}\frac{\sin\frac{a-b}{2}}{\sin\frac{a+b}{2}}.$$

9. $$\operatorname{tg}\frac{\varepsilon}{4}=\sqrt{\operatorname{tg}\frac{s}{2}\operatorname{tg}\frac{s-a}{2}\operatorname{tg}\frac{s-b}{2}\operatorname{tg}\frac{s-c}{2}}.$$

(l'Huiliersche Formel.)

10. **Fläche des sphärischen Dreiecks.**

Die Flächen von zwei sphärischen Dreiecken verhalten sich wie ihre sphärischen Exzesse.

$$F=r^2\operatorname{arc}\varepsilon.$$

# III. Elemente der niedern Algebra und Analysis.

## A. Grundoperationen.

### § 13. Summe und Differenz. Produkt und Quotient.

1. **Summensätze.**

$$a + b = b + a.$$
$$(a + b) + c = a + (b + c).$$

2. Die **Differenz** $a - b$ ist als ein gesuchter Summand definiert.

3. Solange a von $\infty$ verschieden, gilt

$$\left.\begin{array}{r} a - a = 0 \\ \infty - a = \infty \end{array}\right\} \infty - \infty \text{ unbestimmter Wert.}$$

4. Definition.

$$(+)(+) = +, \quad (+)(-) = -,$$
$$(-)(+) = -, \quad (-)(-) = +.$$

5. Bezeichnet $|n|$ den absoluten Wert der Zahl n, so ist

$$|a + b| \leqq |a| + |b|.$$

6. **Produktsätze.**

$$a \cdot b = b \cdot a.$$
$$(ab) \cdot c = a \cdot (bc).$$
$$(a + b) \cdot c = a \cdot c + b \cdot c.$$

7. Der **Quotient** $\frac{a}{b}$ ist definiert als ein gesuchter Faktor.

8. Solange a von $\infty$, bezw. von 0 verschieden, ist

$$\left.\begin{array}{r} a \cdot 0 = 0 \\ a \cdot \infty = \infty \end{array}\right\} \infty \cdot 0 \text{ unbestimmter Wert.}$$

9. Solange a von 0 und $\infty$ verschieden, ist $\frac{a}{a} = 1$.

10. Solange a von 0 verschieden, ist

$$\left.\begin{array}{l} \frac{0}{a} = 0 \\ \frac{a}{0} = \infty \end{array}\right| \frac{0}{0} \text{ unbestimmter Wert.}$$

11. Solange a von $\infty$ verschieden, ist

$$\left.\begin{array}{l} \frac{\infty}{a} = \infty \\ \frac{a}{\infty} = 0 \end{array}\right\} \frac{\infty}{\infty} \text{ unbestimmter Wert.}$$

12. $(a \pm b)^2 = a^2 \pm 2ab + b^2$.
$(a \pm b)^3 = a^3 \pm 3a^2b + 3ab^2 \pm b^3$.
$(a \pm b)^4 = a^4 \pm 4a^3b + 6a^2b^2 \pm 4ab^3 + b^4$.
$(a \pm b)^n$ siehe binomischer Lehrsatz.

13. $a^2 - b^2 = (a + b)(a - b)$.
$a^2 + b^2 = (a + ib)(a - ib)$.
$a^3 - b^3 = (a - b)(a^2 + ab + b^2)$.
$a^3 + b^2 = (a + b)(a^2 - ab + b^2)$.
$a^n + b^n$ siehe Moivrescher Satz.

14. Die **Proportion** $a : b = \alpha : \beta$ oder $a : \alpha = b : \beta$ definiert: a ist das Ebensovielfache von $\alpha$ wie b von $\beta$; die Proportion läßt sich also unter Einführung eines zunächst unbestimmt bleibenden **Proportionalitätsfaktors** auflösen in

$$\left.\begin{array}{l} a = \varrho\alpha \\ b = \varrho\beta \end{array}\right\}$$

Entsprechend löst sich $a:b:c = \alpha:\beta:\gamma$ oder $a:\alpha = b:\beta = c:\gamma$ auf in

$$a = \varrho\alpha, \quad b = \varrho\beta, \quad c = \varrho\gamma.$$

Damit lassen sich alle Formeln der korrespondierenden Addition und Subtraktion sofort anschreiben.

15. **Arithmetisches Mittel** x zweier Zahlen a und b

$$x = \frac{a + b}{2}$$

Arithmetisches Mittel x von n Zahlen $a_1, a_2 \cdots$

$$x = \frac{a_1 + a_2 + \cdots\cdots + a_n}{n} = \frac{\sum a}{n}$$

Verallgemeinertes arithmetisches Mittel von n Zahlen $a_1, a_2 \cdots\cdots$ mit den „Gewichten“ $p_1, p_2 \cdots\cdots$

$$x = \frac{a_1 p_1 + a_2 p_2 + \cdots + a_n p_n}{p_1 + p_2 + \cdots + p_n} = \frac{\sum a p}{\sum p}$$

(siehe hierzu Schwerpunktsatz, Ausgleichsrechnung).

16. Allgemein heißt man Mittel von n Zahlen diejenigen symmetrischen Funktionen dieser n Zahlen, welche sich auf a reduzieren, wenn man alle diese Zahlen gleich a setzt.

17. **Geometrisches Mittel** y von a und b

$$y = \sqrt{ab} \quad \text{oder} \quad a : y = y : b.$$

Geometrisches Mittel y von n Zahlen $a_1, a_2 \cdots\cdot a_n$

$$y = \sqrt[n]{a_1 a_2 \cdots\cdot a_n}.$$

18. **Harmonisches Mittel** z von a und b

$$z = \frac{2ab}{a+b} \quad \text{oder} \quad \frac{1}{z} = \frac{1}{2}\left(\frac{1}{a} + \frac{1}{b}\right).$$

Harmonisches Mittel z von n Zahlen $a_1, a_2 \cdots\cdot a_n$

$$\frac{1}{z} = \frac{1}{n}\left(\frac{1}{a_1} + \frac{1}{a_2} + \cdots\cdot + \frac{1}{a_n}\right).$$

## § 14. Potenz.

1. Definition. Solange m positiv und ganz und von Null verschieden, ist

$$a^m = a \cdot a \cdot a \cdots\cdots a \qquad \text{(m Faktoren)}.$$

2. Definition. Solange a von 0 und $\infty$ verschieden, ist

$$a^0 = 1.$$

3. Definition. Solange m ganz, gilt

$$a^{-m} = 1 : a^m.$$

4. **Potenzsätze.**

$$a^r \cdot a^s = a^{r+s}. \qquad a^r : a^s = a^{r-s} = 1 : a^{s-r}.$$

$$(a\,b)^m = a^m b^m. \qquad (a:b)^m = a^m : b^m.$$

$$(a^r)^s = a^{rs} = (a^s)^r.$$

5. Solange a von 0 bezw. von 0 und $\infty$ verschieden, ist

$$\left.\begin{aligned} 0^a &= 0 \\ \text{bezw. } a^0 &= 1 \end{aligned}\right\}\ 0^0 \text{ unbestimmter Wert.}$$

6. Solange a von 0 bezw. 0 und $\infty$ verschieden, ist

$$\left.\begin{aligned} \infty^a &= \infty \\ \text{bezw. } a^0 &= 1 \end{aligned}\right\}\ \infty^0 \text{ unbestimmter Wert.}$$

7. $$a^\infty = \left.\begin{matrix} 0 \\ 1 \\ \infty \end{matrix}\right\} \text{ wenn } |a| \begin{matrix} < \\ = \\ > \end{matrix} 1.$$

(siehe auch unbestimmte Formen).

8. Die Operationen von § 13 und § 14 nennt man **rationale** Operationen. Sie liefern eindeutige Werte für alle endlichen reellen Zahlen.

## § 15. Wurzeln.

1. Definition. $\sqrt[r]{a^s}$ ist diejenige Zahl, die mit r potenziert $a^s$ gibt. $a^s$ heißt Radikand, r Wurzelexponent, s Potenzexponent. Statt $\sqrt[r]{a^s}$ schreibt man auch $a^{s/r}$.

2. **Wurzelsätze.**

$$\sqrt[r]{a^s} = \left(\sqrt[r]{a}\right)^s = a^{s/r}.$$

$$\sqrt[r]{a\,b} = \sqrt[r]{a}\,\sqrt[r]{b}. \qquad \sqrt[r]{a:b} = \sqrt[r]{a} : \sqrt[r]{b}.$$

$$\sqrt[r]{\sqrt[s]{a}} = \sqrt[rs]{a} = \sqrt[s]{\sqrt[r]{a}}.$$

$$\sqrt[r]{a^s} = \sqrt[nr]{a^{ns}}.$$

$$\sqrt[r]{a}\,\sqrt[s]{a} = \sqrt[rs]{a^{r+s}}$$

3. $\sqrt[r]{a^s}$ nennt man eine **irrationale** Operation; sie ist r-deutig, da $\sqrt[r]{a^s}$ genau r Werte hat (siehe Moivrescher Lehr-

satz). Die Operationen der §§ 13, 14, 15 nennt man **algebraische.**

## § 16. Logarithmus.

1. Definition: $\overset{b}{\log} a$ ist diejenige Zahl, mit der man b potenzieren muß, um a zu erhalten. a heißt Numerus oder Logarithmand, b Basis des Logarithmus. Der Logarithmus ist ein gesuchter Potenzexponent.

2. **Logarithmensätze.**

$$a = b^{\overset{b}{\log} a}.$$

$$\overset{b}{\log}(rs) = \overset{b}{\log} r + \overset{b}{\log} s. \qquad \overset{b}{\log}(r:s) = \overset{b}{\log} r - \overset{b}{\log} s$$

$$\overset{b}{\log} a^m = m \overset{b}{\log} a. \qquad \overset{b}{\log} \sqrt[r]{a^s} = \frac{s}{r} \overset{b}{\log} a.$$

$$\overset{b}{\log} a = \overset{m}{\log} a : \overset{m}{\log} b \text{ für beliebiges m.}$$

$$\overset{b}{\log} b = 1, \text{ wenn b von 0 und } \infty \text{ und 1 verschieden.}$$

$$\overset{b}{\log} 1 = 0, \text{ wenn b von 0 und } \infty \text{ und 1 verschieden.}$$

$$\overset{b}{\log} 0 = \left\{ \begin{matrix} +\infty, \\ -\infty, \end{matrix} \text{ wenn } \begin{matrix} 0 < b < 1 \\ \infty > b > 1 \end{matrix} \right\}.$$

3. **Künstlicher und natürlicher Logarithmus.** $\log a$ abgekürzt statt $\overset{10}{\log} a$ ist der Briggsche oder künstliche oder Zehner-Logarithmus von a. $\lg a$ statt $\overset{e}{\log} a$ ist der natürliche Logarithmus von a; über $e = 2{,}718\,281\,828\,459 \cdots\cdots$ siehe Reihen.

4. **Übergang vom natürlichen zum künstlichen Logarithmensystem und umgekehrt.**

$$\log e = 0{,}434\,294\,481\,903 \cdots$$
$$\lg 10 = 2{,}302\,585\,092\,994 \cdots = M = 1 : \log e$$
$$\lg a = \log a : \log e = M \log a$$

d. h. der natürliche Logarithmus ist etwas mehr wie doppelt so groß als der künstliche.

# B. Kombinatorik.

## § 17. Die Zahlen n! und $\binom{n}{p}$.

1. Definition. Für positives ganzes n, größer als Null vorausgesetzt, gilt

$$n! = 1 \cdot 2 \cdot 3 \cdots\cdots (n-1) \cdot n. \quad \text{(n! sprich **n-Fakultät**)}$$

2. Definition.

$$0! = 1.$$

3. Sätze.

$$n! = (n-1)!\, n.$$

$$(\sqrt{n})^n \leqq n! \leqq \left(\frac{n+1}{2}\right)^n$$

4. Definition. Für positives ganzes p, größer als Null vorausgesetzt, gilt

$$\binom{n}{p} = \frac{n(n-1)(n-2)\cdots(n-p+2)(n-p+1)}{1 \cdot 2 \cdot 3 \quad (p-1) \cdot p}.$$

Zahlen von der Form $\binom{n}{p}$ — sprich **„n über p"** — heißen **Binomialkoeffizienten.**

5. Definition.

$$\binom{n}{0} = 1.$$

6. **Sätze über Binomialkoeffizienten.** Wenn neben p auch noch n positiv und ganz ist, gilt

$$\binom{n}{p} = \frac{n!}{(n-p)!\, p!}.$$

$$\binom{n}{p} = \binom{n}{n-p}.$$

$$\binom{n}{p} + \binom{n}{p+1} = \binom{n+1}{p+1}.$$

$$\binom{n}{n+p} = 0.$$

$$\binom{n}{p}=\binom{n-1}{p-1}+\binom{n-2}{p-1}+\binom{n-3}{p-1}+\cdots\cdots+\binom{p-1}{p-1}.$$

$$2^n=\binom{n}{0}+\binom{n}{1}+\binom{n}{2}+\cdots+\binom{n}{n}.$$

$$0=\binom{n}{0}-\binom{n}{1}+\binom{n}{2}-\binom{n}{3}+-\cdots+(-1)^n\binom{n}{n}.$$

## § 18. Permutationen, Kombinationen, Variationen.

1. Die Elemente a, b, c·····n bilden den **Zeiger** oder **Index** abc···n; sie sind im Zeiger dem **Rang** nach geordnet, so daß also b, c, ····n von höherem Rang sind als a. Irgend eine Anzahl dieser Elemente nach irgend einer Methode zusammengestellt bilden eine **Komplexion.** Permutationen, Kombinationen und Variationen sind spezielle Komplexionen. Die Umkehr der Rangfolge in einer Komplexion heißt **Inversion**: so hat z. B. die Komplexion bdca des Zeigers abcde··· die vier Invasionen ba, dc, da, ca.

2. Einen gegebenen Zeiger **permutieren** heißt ihn möglichst oft anders gruppieren. Sind alle Elemente des Zeigers verschieden, so ist die Zahl der **Permutationen**

$$P_n = n!$$

Sind $\alpha$ Elemente unter sich gleich, $\beta$ andere ebenfalls usw., so ist die Zahl der Permutationen

$$P'_n = \frac{n!}{\alpha!\,\beta!\cdots}$$

3. Einen gegebenen Zeiger von n Elementen zur $p^{ten}$ Klasse **kombinieren** heißt möglichst oft p verschiedene Elemente aus ihm herausgreifen; die Reihenfolge der Elemente ist dabei belanglos. Wiederholt sich kein Element, so ist die Zahl der **Kombinationen** dieser n Elemente zur $p^{ten}$ Klasse

$$C_{n,p}=\binom{n}{p}.$$

Darf sich jedes Element bis p-mal wiederholen, so ist

$$C'_{n,p}=\binom{n+p-1}{p}.$$

4. Einen gegebenen Zeiger von n Elementen zur $p^{ten}$ Klasse **variieren** heißt ihn zuerst zur $p^{ten}$ Klasse kombinieren und jede solche Kombination noch permutieren. Wiederholt sich kein Element, so ist die Zahl der **Variationen** dieser n Elemente zur $p^{ten}$ Klasse

$$V_{n,p} = \binom{n}{p} p!$$

Darf sich jedes Element bis p-mal wiederholen, so ist

$$V'_{n,p} = n^p$$

## § 19. Binomischer Lehrsatz.

1. **Allgemeinste Form.** $(x + a_1)(x + a_2) \cdots\cdots (x + a_n)$
$= x^n + x^{n-1} \sum C_n^1 + x^{n-2} \sum C_n^2 + \cdots\cdots + x \sum C_n^{n-1} + \sum C_n^n$
$= x^n + x^{n-1}(a + a_2 + \cdots + a_n) + x^{n-2}(a_1 a_2 + a_1 a_3 + \cdots\cdots a_{n-1} a_n)$
$+ x^{n-3}(a_1 a_2 a_3 + a_1 a_2 a_4 + \cdots) + \cdots\cdots + a_1 a_2 \cdots\cdots a_n$.

Der Koeffizient $\sum C_n^p$ von $x^{n-p}$ ist die Summe aller Kombinationen des Zeigers $a_1 a_2 \cdots a_n$ zur $p^{ten}$ Klasse.

2. **Spezielle Form.**

a) $(x + y)^m = x^m + \binom{m}{1} x^{m-1} y + \binom{m}{2} x^{m-2} y^2 + \cdots\cdots + \binom{m}{1} x y^{m-1} + y^m$,

b) $(1 + x)^m = 1 + \binom{m}{1} x + \binom{m}{2} x^2 + \cdots + \binom{m}{1} x^{m-1} + x^m$.

x und y beliebig, m positiv und ganz.

3. **Paskalsches Dreieck** oder Binomialtafel, d. i. Schema aller Binomialkoeffizienten $\binom{n}{p}$.

1
1 1
1 2 1
1 3 3 1
1 4 6 4 1
1 5 10 10 5 1
1 . . . . . . . . . . . . . 1
. . . . . . . . . . . . . . . . . . .

## § 20. Determinanten.

$$1.\quad \begin{vmatrix} a_{11} & a_{12} & a_{13} & \dots & a_{1n} \\ a_{21} & a_{22} & a_{23} & \dots & a_{2n} \\ a_{31} & a_{32} & a_{33} & \dots & a_{3n} \\ \vdots & & & & \\ a_{n1} & a_{n2} & a_{n3} & \dots & a_{nn} \end{vmatrix} = (a_{11}a_{22} \dots a_{nn}) = \sum \pm a_{11}a_{22} \dots a_{nn}$$

ist eine **Determinante $n^{ten}$ Grades.** Sie hat n Horizontalreihen oder **Zeilen,** n Vertikalreihen oder **Kolonnen** und $n^2$ **Elemente** $a_{ik}$. Man nennt $a_{11}\ a_{22} \dots a_{nn}$ **Hauptdiagonale,** $a_{11}$ **Kopf,** $a_{11}, a_{22}, \dots a_{nn}$ **Hauptelemente** der Determinante.

2. Eine Determinante wird **entwickelt**, indem man in der Hauptdiagonale die ersten Indices der Einzelelemente unverändert läßt, die zweiten aber möglichst oft permutiert (oder umgekehrt). Das Vorzeichen der einzelnen so entstehenden **Determinantenglieder** ist $+$ oder $-$, je nachdem die Anzahl der Inversionen der Indices gerad bezw. ungerad. Die Determinante $n^{ten}$ Grades hat n! Glieder.

$$3.\quad \begin{vmatrix} a_{11} & a_{12} \\ a_{21} & a_{22} \end{vmatrix} = a_{11}a_{22} - a_{12}a_{21}$$

Die **Determinante zweiten Grades** ist gleich Hauptdiagonale minus Nebendiagonale.

$$4.\quad \begin{vmatrix} a_{11} & a_{12} & a_{13} \\ a_{21} & a_{22} & a_{23} \\ a_{31} & a_{32} & a_{33} \end{vmatrix} = a_{11}a_{22}a_{33} - a_{11}a_{23}a_{32} - a_{12}a_{21}a_{32} + a_{12}a_{23}a_{31} + a_{13}a_{21}a_{32} - a_{13}a_{22}a_{31}.$$

$$5.\quad \begin{vmatrix} a_{11} & a_{12} & a_{13} \\ a_{21} & a_{22} & a_{23} \\ a_{31} & a_{32} & a_{33} \end{vmatrix} = \begin{vmatrix} a_{11} & a_{21} & a_{31} \\ a_{12} & a_{22} & a_{32} \\ a_{13} & a_{23} & a_{33} \end{vmatrix}$$

Der Wert einer Determinante ändert sich nicht, wenn man sie **stürzt** d. h. Zeilen und Kolonnen gegenseitig vertauscht.

6. Streicht man in einer Determinante $n^{ten}$ Grades p beliebige Zeilen und p beliebige Kolonnen, so bilden die doppelt

gestrichenen Elemente eine Determinante $p^{ten}$ Grades, die nicht gestrichene eine solche $n-p^{ten}$ Grades. Solche Determinanten heißen **Minoren**. Der Minor der doppelt gestrichenen Elemente heißt die **Adjungierte** zum Minor der nicht gestrichenen.

7. Ein Minor ist von **gerader** oder **ungerader Klasse**, je nachdem die Anzahl der Reihenvertauschungen, die man vornehmen muß, um ihn in eine Symmetriestellung zur Hauptdeterminante zu bringen, eine gerade bezw. ungerade ist. Versieht man die Adjungierte A eines gegebenen Minors B mit dem + bezw. — Zeichen je nach ihrer geraden bezw. ungeraden Klasse, so nennt man A die **algebraische Adjungierte** oder **Unterdeterminante** zum Minor B.

8. Den Minor eines Elementes $a_{ik}$ findet man, wenn man Zeile und Kolonne dieses Elementes streicht. Die Unterdeterminante $A_{ik}$ des Elementes $a_{ik}$ ist gleich dem Minor zu $a_{ik}$ versehen mit + oder — je nach der geraden bezw. ungeraden Klasse von $A_{ik}$.

$$9.\quad A = \begin{vmatrix} a_{11} & a_{12} & a_{13} \\ a_{21} & a_{22} & a_{23} \\ a_{31} & a_{32} & a_{33} \end{vmatrix} = a_{i1}A_{i1} + a_{i2}A_{i2} + a_{i3}A_{i3}$$

Eine Determinante wird entwickelt, indem man alle Elemente einer beliebigen Reihe mit ihren Unterdeterminanten multipliziert und die erhaltenen Produkte addiert.

$$10.\quad a_{i1}A_{k1} + a_{i2}A_{k2} + a_{i3}A_{k3} = 0$$

Multipliziert man alle Elemente einer beliebigen Reihe mit den Unterdeterminanten der entsprechenden Elemente einer Parallelreihe, so ist die Summe dieser Produkte gleich Null.

$$11.\quad \begin{vmatrix} a_{11} & a_{12} & a_{13} \\ a_{21} & a_{22} & a_{23} \\ a_{31} & a_{32} & a_{33} \end{vmatrix} = - \begin{vmatrix} a_{13} & a_{12} & a_{11} \\ a_{23} & a_{22} & a_{21} \\ a_{33} & a_{32} & a_{31} \end{vmatrix}$$

**Vertauschung zweier Parallelreihen** ändert das Vorzeichen der Determinante.

$$12.\quad \varrho \begin{vmatrix} a_{11} & a_{12} & a_{13} \\ a_{21} & a_{22} & a_{23} \\ a_{31} & a_{32} & a_{33} \end{vmatrix} = \begin{vmatrix} a_{11} & \varrho a_{12} & a_{13} \\ a_{21} & \varrho a_{22} & a_{23} \\ a_{31} & \varrho a_{32} & a_{33} \end{vmatrix}.$$

Eine Determinante wird mit einem Faktor **multipliziert**, indem man alle Elemente einer beliebigen Reihe mit diesem Faktor multipliziert. (Umkehr.)

$$13.\quad \begin{vmatrix} a_{11} & a_{12} & a_{11} \\ a_{21} & a_{22} & a_{21} \\ a_{31} & a_{32} & a_{31} \end{vmatrix} = 0 \qquad \begin{vmatrix} a_{11} & a_{12} & \varrho a_{11} \\ a_{21} & a_{22} & \varrho a_{21} \\ a_{31} & a_{32} & \varrho a_{31} \end{vmatrix} = 0$$

Determinanten mit **gleichen oder proportionalen Parallelreihen** haben den Wert Null.

$$14.\quad \begin{vmatrix} a_{11} & a_{12}+b_{12} & a_{13} \\ a_{21} & a_{22}+b_{22} & a_{23} \\ a_{31} & a_{32}+b_{32} & a_{33} \end{vmatrix} = \begin{vmatrix} a_{11} & a_{12} & a_{13} \\ a_{21} & a_{22} & a_{23} \\ a_{31} & a_{32} & a_{33} \end{vmatrix} + \begin{vmatrix} a_{11} & b_{12} & a_{13} \\ a_{21} & b_{22} & a_{23} \\ a_{31} & b_{32} & b_{33} \end{vmatrix}.$$

Sind die Elemente einer Reihe **Binome**, so ist die Determinante gleich der Summe von zwei neuen Determinanten, deren jede in der betreffenden Reihe anstatt des Binoms einen entsprechenden Summanden hat. (Umkehr.)

$$15.\quad \begin{vmatrix} a_{11} & a_{12} & a_{13} \\ a_{21} & a_{22} & a_{23} \\ a_{31} & a_{32} & a_{33} \end{vmatrix} = \begin{vmatrix} a_{11} & a_{12}+\varrho a_{11} & a_{13} \\ a_{21} & a_{22}+\varrho a_{21} & a_{23} \\ a_{31} & a_{32}+\varrho a_{31} & a_{33} \end{vmatrix}.$$

Eine Determinante ändert ihren Wert nicht, wenn man zu einer Reihe das Vielfache einer Parallelreihe addiert.

16. Eine Determinante $n^{ten}$ Grades wird auf eine solche $n-1^{ten}$ Grades **reduziert**, indem man unter Anwendung des vorhergehenden Satzes $n-1$ Elemente einer Reihe zu Null macht.

17. **Das Produkt** zweier Determinanten

$$A = \begin{vmatrix} a_{11} & a_{12} & a_{13} \\ a_{21} & a_{22} & a_{23} \\ a_{31} & a_{32} & a_{33} \end{vmatrix} \text{ und } B = \begin{vmatrix} b_{11} & b_{12} & b_{13} \\ b_{21} & b_{22} & b_{23} \\ b_{31} & b_{32} & b_{33} \end{vmatrix} \text{ ist}$$

$$\begin{vmatrix} a_{11}b_{11}+a_{12}b_{12}+a_{13}b_{13}, & a_{11}b_{21}+a_{12}b_{22}+a_{13}b_{23}, & a_{11}b_{31}+a_{12}b_{32}+a_{13}b_{33} \\ a_{21}b_{11}+a_{22}b_{12}+a_{23}b_{13}, & a_{21}b_{21}+a_{22}b_{22}+a_{23}b_{23}, & a_{21}b_{31}+a_{22}b_{32}+a_{23}b_{33} \\ a_{31}b_{11}+a_{32}b_{12}+a_{33}b_{13}, & a_{31}b_{21}+a_{32}b_{22}+a_{33}b_{23}, & a_{31}b_{31}+a_{32}b_{32}+a_{33}b_{33} \end{vmatrix}$$

18. Sollen zwei Determinanten A und B von ungleichem Grad multipliziert werden, so bringt man die Determinante geringeren Grades auf den höheren durch Hinzufügung neuer Elemente.

$$A = \begin{vmatrix} a_{11} & a_{12} \\ a_{21} & a_{22} \end{vmatrix} = \begin{vmatrix} a_{11} & a_{12} & 0 & 0 \\ a_{21} & a_{22} & 0 & 0 \\ 0 & 0 & 1 & 0 \\ 0 & 0 & 0 & 1 \end{vmatrix} \quad \text{(siehe auch 20).}$$

19. Das System von p Parallelreihen einer Determinante $n^{ten}$ Grades heißt eine **Matrix.** Aus ihr lassen sich $\binom{n}{p}$ Determinanten $p^{ten}$ Grades, Minoren $p^{ten}$ Grades, bilden. Man entwickelt eine Determinante, indem man jeden Minor dieser Matrix mit seiner Unterdeterminante multipliziert und die erhaltenen Produkte addiert.

$$20. \quad \begin{vmatrix} a_{11} & a_{12} & a_{13} & a_{14} & a_{15} \\ a_{21} & a_{22} & a_{23} & a_{24} & a_{25} \\ 0 & 0 & a_{33} & a_{34} & a_{35} \\ 0 & 0 & a_{43} & a_{44} & a_{45} \\ 0 & 0 & a_{53} & a_{54} & a_{55} \end{vmatrix} = \begin{vmatrix} a_{11} & a_{12} \\ a_{21} & a_{22} \end{vmatrix} \cdot \begin{vmatrix} a_{33} & a_{34} & a_{35} \\ a_{43} & a_{44} & a_{45} \\ a_{53} & a_{54} & a_{55} \end{vmatrix}$$

21. Sind $A_{ik}$ die Unterdeterminanten der Elemente $a_{ik}$ der Determinante $A = (a_{11}a_{22} \cdots a_{nn})$, so nennt man $\mathbf{A} = (A_{11}A_{12} \cdots A_{nn})$ die **reziproke Determinante** zu A. Bezeichnet man die Unterdeterminante der Elemente $A_{ik}$ der neuen Determinante mit $\mathbf{A}_{ik}$, so gilt

$$\mathbf{A}_{ik} = a_{ik}A^{n-2} \text{ und } \mathbf{A} = A^{n-1} .$$

22. Ist $a_{ik} = a_{ki}$, so heißt die Determinante **symmetrisch;** dann ist auch $A_{ik} = A_{ki}$.

# C. Reihenlehre.

## § 21. Grenzwert.

1. Nähern sich die Elemente $u_0, u_1, u_2, \cdots u_n \cdots$ in dieser Folge mehr und mehr dem Wert g, ohne ihn aber zu erreichen (so daß also zu einem beliebig klein gegebenen Wert $\varepsilon$ sich immer noch ein Element $u_{n+r}$ angeben läßt, das der Bedingung $g - u_{n+r} < \varepsilon$ genügt), so nennt man die Zahlenfolge

$$u_0, u_1, u_2 \cdots u_n \cdots$$

eine **konvergente Zahlenfolge** und schreibt (limes = Grenzwert)

$$\lim_{n=\infty} u_n = g.$$

2.
$$\lim_{x=g} f(x) = G.$$

Nähert sich x dem Wert g, dann nähert sich f(x) dem Wert G, d. h. wird der Unterschied zwischen x und g verschwindend klein (= kleiner als eine beliebig klein angenommene Zahl $\varepsilon$), dann auch der Unterschied zwischen f(x) und G.

3. Man spricht von einer Grenze zur Rechten oder Grenze zur Linken, wenn f(x) die in 2. angegebene Eigenschaft nur rechts oder links von $x = g$ hat.

4. Eine Funktion f(x) ist **stetig** im Intervall $a \leqq x \leqq b$, wenn sie in diesem Intervall entweder beständig zu- oder beständig abnimmt und gleichzeitig an jeder Stelle dieses Intervalls einen bestimmten endlichen Wert hat. (Ausführlicheres über Stetigkeit siehe Funktionen.)

5. Nehmen die an der Stelle $x_0, y_0 \cdots$ stetigen Funktionen $u, v \cdots$ von $x, y \cdots$ dort die Werte $u_0, v_0 \cdots$ an und ist $F(u, v \cdots)$ an der Stelle $u_0, v_0 \cdots$ stetig, so ist an der Stelle $x_0, y_0 \cdots$

$$\lim F(u, v \cdots) = F(\lim u, \lim v \cdots).$$

6. Der Grenzwert einer Funktion, die sich rational aus andern stetigen Funktionen zusammensetzt, ist gleich der entsprechenden rationalen Funktion der Grenzwerte der Einzelfunktionen, solange sie endlich bleibt

$$\lim R[u(x), v(x) \cdots] = R[\lim u(x), \lim v(x) \cdots]$$

7. Solange u und v endlich und stetig, ist

$$\lim (u+v) = \lim u + \lim v$$
$$\lim (uv) = \lim u \cdot \lim v$$
$$\lim (cu) = c \lim u, \text{ wenn } c \text{ konstant.}$$
$$\lim (u:v) = \lim u : \lim v.$$

## Spezielle Grenzwerte.

8. $$\lim_{n=\infty} \left(\frac{a}{b}\right)^n = \left.\begin{matrix} 0 \\ 1 \\ \infty \end{matrix}\right\}, \text{ wenn } a \begin{matrix} < \\ = \\ > \end{matrix}\Big\} b.$$

$$\lim_{n=\infty} \left(\frac{a}{b}\right)^n \text{ unbestimmt, wenn } \lim a = \lim b.$$

9. $$\lim_{a=b} \frac{a^n - b^n}{a-b} = n a^{n-1} \quad \Big| \quad \lim_{\delta=0} \frac{(x+\delta)^n - x^n}{\delta} = n x^{n-1}$$

$$\lim_{\delta=0} \frac{(1+\delta)^n - 1}{\delta} = n.$$

10. $$\lim_{n=\infty} \frac{x^n}{n!} = 0.$$

11. $$\lim_{\omega=\infty} \left(1 + \frac{1}{\omega}\right)^\omega = \lim_{\delta=0} (1+\delta)^{1/\delta} = e$$

$$e = 2,718\,281\,828\,459 \cdots$$

$$\lim_{n=\infty} \left(1 + \frac{x}{n}\right)^n = e^x \quad \Big| \quad \lim_{n=\infty} \left[1 + \frac{f(x)}{n}\right]^n = e^{\lim f(x)}.$$

12. $$\lim_{n=\infty} n\left(\sqrt[n]{x} - 1\right) = \lg x \quad \Big| \quad \lim_{n=\infty} \frac{n}{\sqrt[n]{n!}} = e$$

$$\lim_{n=\infty} \frac{1}{n} \sqrt[n]{(n+1)(n+2)\cdots 2n} = \frac{4}{e} \quad \Big| \quad \lim_{n=\infty} n\, e^{-nx^2} = 0$$

$$\lim_{n=\infty} \frac{1}{n}\left(1 + \frac{1}{2} + \frac{1}{3} + \cdots + \frac{1}{n}\right) = 0$$

$$\lim_{n=\infty} \frac{1^r + 2^r + \cdots + n^r}{n^{r+1}} = \frac{1}{r+1} \text{ für } r+1 > 0.$$

13. $\lim\limits_{x=0} \frac{a^x - 1}{x} = \lg a$ | $\lim\limits_{x=0} \frac{e^x - 1}{x} = 1$

$\lim\limits_{x=-\infty} (e^x x^m) = 0$ | $\lim\limits_{x=0} x^x = 1$

$\lim\limits_{x=0} \frac{a^x - b^x}{x} = \lg a - \lg b$ | $\lim\limits_{x=0} x \sqrt[x]{e} = \infty.$

14. $\lim\limits_{x=0} \frac{\sin x}{x} = 1$ | $\lim\limits_{x=0} \frac{\operatorname{tg} x}{x} = 1$

$\lim\limits_{x=0} \frac{\sin mx}{x} = m$ | $\lim\limits_{x=0} \frac{\operatorname{tg} mx}{x} = m$

$\lim\limits_{x=0} \frac{\arcsin x}{x} = 1$ | $\lim\limits_{x=0} \frac{\operatorname{arctg} x}{x} = 1.$

15. $\lim\limits_{x=0} \frac{1 - \cos x}{x} = 0$ | $\lim\limits_{x=0} x \sin\frac{1}{x} = 0$

$\lim\limits_{x=0} \frac{e^x - e^{\sin x}}{x - \sin x} = 1$ | $\lim\limits_{x=\infty} \frac{x - \sin x}{x + \cos x} = 1.$

16. $\lim\limits_{x=\infty} \frac{\lg x}{x} = 0$ | $\lim\limits_{x=0} \frac{\lg x}{x^n} = 0 \qquad (n > 0)$

$\lim\limits_{x=0} \frac{\lg(1 + x)}{x} = 1$ | $\lim\limits_{x=0} \frac{\lg(1 + nx)}{x} = n$

$\lim\limits_{x=\infty} \frac{\lg(1 + nx)}{x} = 0$ | $\lim\limits_{x=0} x \lg x = 0.$

## § 22. Reihen- und Konvergenzsätze
(siehe auch Differentialrechnung).

1. Eine **Reihe** ist eine Summe von Zahlen, die nach einem bestimmten Gesetz gebildet sind. Die Reihe heißt **endlich** oder **unendlich**, je nachdem die Anzahl der Glieder eine endliche oder unendlich große ist. Das $n^{te}$, sogenannte allgemeine Glied ist jenes, das an $n^{ter}$ Stelle steht und das Gesetz der

Reihenbildung erkennen läßt. (In diesem Paragraphen werden nur Reihen mit reellen Gliedern behandelt; über komplexe Reihen siehe: komplexe Zahlen.)

2. Läßt man die Gliederzahl einer unendlichen Reihe mehr und mehr wachsen, so nähert sich die Summe der Glieder einem Grenzwert. Diesen nennt man die **Summe der Reihe.**

$$S_n = u_0 + u_1 + u_2 + \cdots + u_n + \cdots$$

$$S = \lim_{n=\infty} S_n = \lim_{n=\infty} [u_0 + u_1 + u_2 + \cdots + u_n + \cdots]$$

S ist die Summe der Reihe $S_n$.

3. Eine Reihe ist **konvergent,** wenn ihre Summe eine bestimmte endliche Zahl ist; sie ist **divergent,** wenn ihre Summe unendlich ist; sie ist unbestimmt, wenn ihre Summe nicht angegeben werden kann (speziell oszillierend, wenn die Summe periodisch verschiedene Werte annimmt).

4. Daß die Glieder $u_i$ stets abnehmen, also $\lim_{n=\infty} u_n = 0$, ist eine notwendige, aber noch nicht hinreichende Bedingung für eine konvergente Reihe.

5. **Die geometrische Reihe**

$$S_n = 1 + x + x^2 + \cdots + x^n + \cdots \qquad \left(S = \frac{1-x^n}{1-x}\right)$$

ist für $x \geqq 1$ divergent,
für $-1 < x < 1$ konvergent,
für $x = -1$ oszillierend,
für $x < -1$ divergent.

6. **Die harmonische Reihe**

$$1 + \frac{1}{2} + \frac{1}{3} + \frac{1}{4} + \cdots + \frac{1}{n} + \cdots$$

ist divergent.

7. Bricht man die Reihe nach dem $n^{ten}$ Glied ab, so vernachlässigt man einen Rest, den **Reihenrest.** Ist die Reihe konvergent, so kann man an so später Stelle abbrechen, daß dieser Rest $R_n$ unter jede noch so kleine Zahl sinkt, also $\lim R_n = 0$ wird.

8. Wenn der Rest der Reihe unter jede noch so kleine Zahl gebracht werden kann, so ist die Reihe konvergent.

9. Eine Reihe mit beständig abnehmenden Gliedern ist konvergent, wenn von einer bestimmten endlichen Stelle ab die Vorzeichen der Reihenglieder periodisch wechseln.

10. Eine Reihe heißt **einfach** oder **bedingt konvergent**, wenn ihre Glieder, alle positiv genommen, keine konvergente Reihe bilden; **unbedingt konvergent** heißt sie, wenn sie unabhängig vom Vorzeichen der Glieder konvergiert.

11. **Reihenvergleich.** Sind von einer bestimmten endlichen Stelle ab die Glieder der zu untersuchenden Reihe stets kleiner (größer) als die Glieder einer bekannten konvergenten (divergenten) Reihe, so ist auch die zu untersuchende Reihe konvergent (divergent).

12. **Konvergenzkriterien.**

$$\text{I. } \lim_{n=\infty} \frac{u_n}{u_{n+1}} \left.\begin{matrix} > \\ < \\ = \end{matrix}\right\} 1 \quad \begin{matrix} \text{konvergente Reihe.} \\ \text{divergente Reihe.} \\ \text{unbestimmt.} \end{matrix}$$

$$\text{II. } \lim_{n=\infty} \sqrt[n]{u_n} \quad \left.\begin{matrix} < \\ > \\ = \end{matrix}\right\} 1 \quad \begin{matrix} \text{konvergente Reihe.} \\ \text{divergente Reihe.} \\ \text{unbestimmt.} \end{matrix}$$

$$\text{III. } \lim_{n=\infty} n \left[\frac{u_n}{u_{n+1}} - 1\right] \left.\begin{matrix} > \\ < \\ = \end{matrix}\right\} 1 \quad \begin{matrix} \text{konvergente Reihe.} \\ \text{divergente Reihe.} \\ \text{unbestimmt.} \end{matrix}$$

13. **Spezielle Zahlenreihen.**

$$\frac{\pi}{3} = 1 + \frac{1}{3 \cdot 2^3} + \frac{3}{4} \cdot \frac{1}{5 \cdot 2^5} + \frac{3 \cdot 5}{4 \cdot 6} \cdot \frac{1}{7 \cdot 2^7} + \cdots$$

$$\frac{\pi^2}{6} = 1 + \frac{1}{2^2} + \frac{1}{3^2} + \frac{1}{4^2} + \cdots$$

$$\frac{\pi^4}{90} = 1 + \frac{1}{2^4} + \frac{1}{3^4} + \cdots$$

$$e = 1 + \frac{1}{1!} + \frac{1}{2!} + \frac{1}{3!} + \cdots$$

$$\sqrt{2} = 1 + \frac{1}{2} - \frac{1\cdot 1}{2\cdot 4} + \frac{1\cdot 1\cdot 3}{2\cdot 4\cdot 6} - \frac{1\cdot 1\cdot 3\cdot 5}{2\cdot 4\cdot 6\cdot 8} + \cdots$$

$$\lg 2 = 4\left[\frac{1}{1\cdot 2\cdot 3} + \frac{1}{5\cdot 6\cdot 7} + \frac{1}{9\cdot 10\cdot 11} + \cdots\right]$$

## § 23. **Arithmetische Reihen.**

a) **erster Ordnung.**

1. $a + (a + d) + (a + 2d) + \cdots + (a + [n - 1]\,d)$.
   letztes Glied $z = a + (n - 1)\,d$.
   Summe $s = \frac{1}{2}n\,(a + z)$.

2. $S(n) = 1 + 2 + 3 + \cdots + n = \frac{1}{2}n\,(n + 1)$.
   $a + (a + 1) + (a + 2) + \cdots + z = \frac{1}{2}(a + z)(z - a + 1)$.
   $2 + 4 + 6 + \cdots + 2n = n\,(n + 1)$.
   $1 + 3 + 5 + \cdots + (2n - 1) = n^2$.

b) **höherer Ordnung.**

3.

| | |
|---|---|
| $y_0 \quad y_1 \quad y_2 \quad y_3 \; \ldots \; y_n$ | Hauptreihe. |
| $\Delta y_0 \quad \Delta y_1 \quad \Delta y_2 \; \ldots$ | erste Differenzreihe. |
| $\Delta^2 y_0 \quad \Delta^2 y_1 \; \ldots$ | zweite Differenzreihe. |
| $\Delta^3 y_0 \; \ldots$ | . . . . . . . . |
| . . . | |
| $\Delta^n y_0 \; \ldots$ | $n^{te}$ Differenzreihe. |

4. **Bildungsgesetz** der Haupt- und Differenzreihen.

$$\Delta^r y_s = \Delta^r y_{s-1} + \Delta^{r+1} y_{s-1}.$$
$$\Delta^r y_s = \Delta^{r-1} y_{s+1} - \Delta^{r-1} y_s.$$

5. Die Hauptreihe heißt eine **arithmetische Reihe $n^{ter}$ Ordnung,** wenn die $n^{te}$ Differenzreihe konstante Glieder hat.

6. $\Delta^n y_0 = y_n - \binom{n}{1} y_{n-1} + \binom{n}{2} y_{n-2} - \cdots + (-1)^n y_n$

$$y_n = y_0 + \binom{n}{1}\Delta y_0 + \binom{n}{2}\Delta^2 y_0 + \cdots + \Delta^n y_0.$$

7. **Summe** der n ersten Glieder der Hauptreihe

$$\sum = y_0 + y_1 + y_2 + \cdots + y_{n-1}$$

$$= \binom{n}{1} y_0 + \binom{n}{2} \Delta y_0 + \binom{n}{3} \Delta^2 y_0 + \cdots + \Delta^{n-1} y_0,$$

wenn die Reihe $n^{ter}$ Ordnung ist. Ist die Reihe $k^{ter}$ Ordnung, dann ist

$$y_n = y_0 + \binom{n}{1} \Delta y_0 + \binom{n}{2} \Delta^2 y_0 + \cdots + \binom{n}{k} \Delta^k y_0 .$$

$$\sum = \binom{n}{1} y_0 + \binom{n}{2} \Delta y_0 + \binom{n}{3} \Delta^2 y_0 + \cdots + \binom{n}{k+1} \Delta^k y_0 .$$

8. **Spezielle arithmetische Reihen.**

$$S(x^2) = 1^2 + 2^2 + 3^2 + \cdots + x^2 = \frac{x^3}{3} + \frac{x^2}{2} + \frac{x}{6} .$$

$$S(x^3) = 1^3 + 2^3 + 3^3 + \cdots + x^3 = \frac{x^4}{4} + \frac{x^3}{2} + \frac{x^2}{4} .$$

$$S(x^4) = 1^4 + 2^4 + 3^4 + \cdots + x^4 = \frac{x^5}{5} + \frac{x^4}{2} + \frac{x^3}{3} - \frac{x}{30} .$$

$$S(x^n) = 1^n + 2^n + 3^n + \cdots + x^n = \frac{x^{n+1}}{n+1} + \frac{x^n}{2} + \frac{1}{2}\binom{n}{1} B_2 x^{n-}$$

$$- \frac{1}{4}\binom{n}{3} B_4 x^{n-3} + \frac{1}{6}\binom{n}{5} B_6 x^{n-5} - + \cdots$$

$B_2$, $B_4$, $B_6 \cdots$ heißen die Bernoullischen Zahlen.

$$B_2 = \frac{1}{6}, \quad B_4 = \frac{1}{30}, \quad B_6 = \frac{1}{42}, \quad B_8 = \frac{1}{30}, \quad B_{10} = \frac{5}{66} \cdots$$

## § 24. Geometrische Reihen.

$$a + aq + aq^2 + \cdots + aq^{n-1};$$

letztes Glied $z = aq^{n-1}$.

$$\text{Summe } S = \frac{a(q^n - 1)}{q - 1} = \frac{qz - a}{q - 1} .$$

Für $n = \infty$ und $|q| < 1$ ist $S = \dfrac{a}{1 - q}$.

Speziell wird für $|x|<1$

$$\lim_{n=\infty}(1+x+x^2+\cdots+x^n+\cdots)=\frac{1}{1-x}.$$

## § 25. Zinsrechnung, Zinseszins und Rentenrechnung.

K das zu verzinsende Kapital, p die Prozente, n die Anzahl der Jahre, die das Kapital verzinst wird, Z der in n Jahren entstandene Zins, $K_n = K + Z$ das Kapital mit Zins nach n Jahren, R die jährlich vom Kapital genommene oder hinzugefügte Summe (= Rente), r der Teil des Jahres, nach dem die Zinsen zum Kapital geschlagen werden, k der Diskontfaktor pro $^1/_r$ Jahr.

### a) Einfacher Zins.

1. $Z = K\frac{np}{100}$ und $K = \frac{100\,Z}{np}$.

$$K_n = K\frac{100+np}{100} \text{ und } K = \frac{100\,K_n}{100+np}.$$

2. **Mittlerer Zahltermin.** Hat man die Kapitale $K_1, K_2 \cdots$ zu bezahlen nach $n_1, n_2 \cdots$ Jahresteilen, so ist der Wert dieser Kapitalien äquivalent dem Kapital $\sum K$, zahlbar nach

$$n = \frac{\sum Kn}{\sum K} \text{ Jahresteilen}$$

### b) Zinseszins.

3. Wenn die Zinsen stetig zum Kapital geschlagen werden und selbst Zinsen tragen (= **stetige Verzinsung**).

$$K_n = Ke^{\frac{pn}{100}}.$$

4. Wenn die Zinsen jeden $r^{ten}$ **Teil des Jahres** zum Kapital hinzukommen

$$K_n = Kk^{rn}, \qquad \text{wo } k = 1 + \frac{p}{100\cdot r}.$$

5. Wenn die Zinsen **halbjährlich** zum Kapital hinzukommen

$$K_n = Kk^{2n}, \qquad \text{wo } k = 1 + \frac{p}{100\cdot 2}.$$

6. Wenn die Zinsen **jährlich** zum Kapital hinzukommen

$$K_n' = Kk^n, \qquad \text{wo } k = 1 + \frac{p}{100}.$$

7. Der **Barwert** K eines nach n Jahren fälligen Kapitals $K_n$ ist bei Annahme von jährlichen Zinseszinsen

$$K = \frac{K_n}{k^n}, \qquad \text{wo } k = 1 + \frac{p}{100}.$$

c) **Rentenrechnung.**

8. Wird zum Kapital K am Ende eines jeden Jahres eine gleichbleibende Summe R hinzugefügt bezw. weggenommen, so ist

$$K_n = Kk^n \pm R\frac{k^n - 1}{k - 1}.$$

9. Wird jährlich eine gleichbleibende Summe R zurückgelegt, so ist sie in n Jahren angewachsen zu

$$S = R\frac{k^n - 1}{k - 1}.$$

10. Soll das Kapital K nach n Jahren aufgezehrt sein, so ist jährlich wegzunehmen (= n Jahre fortlaufende **Rente** aus K)

$$R = K\frac{k^n(k - 1)}{k^n - 1}.$$

11. Der **Barwert** einer n Jahre laufenden Rente R

$$B = R\frac{k^n - 1}{k^n(k - 1)}.$$

12. **Annuität.** Das Kapital K wird bei jährlicher Entnahme der Summe R, falls R größer ist als die Zinsen von K, aufgezehrt [bezw. die Schuld K wird bei jährlicher Zahlung von R **amortisiert**] sein in

$$n = \frac{\log R - \log[R - K(k - 1)]}{\log k} \text{ Jahren.}$$

## § 26. Potenzreihen.

1. **Potenzreihe** ist eine Reihe, die nach ganzen Potenzen von x fortschreitet.

$$S_n = a_0 + a_1x + a_2x^2 + \cdots + a_nx^n + \cdots$$

2. Ihr **Konvergenzkriterium** ist

$$|x| < \lim_{n=\infty} \left| \frac{a_n}{a_{n+1}} \right|$$

3. Eine Reihe mit variablen Gliedern ist in einem Bereich **gleichmäßig konvergent**, wenn sich zu einem beliebig klein gegebenem Wert $\varepsilon$ ein Index n so finden läßt, daß der Reihenrest $R_m$ stets kleiner bleibt als $\varepsilon$, unabhängig von der Wahl der Variablen innerhalb dieses Bereiches. ($m \geq n$).

4. Innerhalb des Bereiches $|x| < \lim \left| \frac{a_n}{a_{n+1}} \right|$ konvergiert die Potenzreihe $S_n$ gleichmäßig.

5. Innerhalb des Konvergenzbereiches ist die Summe der Reihe $S_n$ eine stetige Funktion von x.

6. Die Summe von zwei konvergenten Reihen ist wieder konvergent.

7. Die Summe oder das Produkt von zwei unbedingt konvergenten Reihen ist wieder unbedingt konvergent.

8. Das Produkt zweier konvergenter Reihen ist wieder konvergent, wenn wenigstens eine der Reihen unbedingt konvergent ist.

9. Eine Funktion von x kann stets in eine Potenzreihe entwickelt werden, aber nur in eine einzige.

10. Hat man zwei verschiedene Entwicklungen einer Funktion in Potenzreihen, so sind dieselben gliedweise identisch. Wenn also

$$f(x) = a_0 + a_1 x + a_2 x^2 + \cdots + a_n x^n + \cdots$$

und nach einer anderen Methode

$$f(x) = b_0 + b_1 x + b_2 x^2 + \cdots + b_n x^n \cdots$$

gefunden wird, so ist

$$a_0 = b_0, \; a_1 = b_1, \; a_2 = b_2, \cdots a_i = b_i .$$

11. Um f(x) in eine Reihe zu verwandeln, wird man

$$f(x) = a_0 + a_1 x + a_2 x^2 + \cdots + a_n x^n + \cdots$$

ansetzen und dann nach irgend einer Methode $a_i$ berechnen, meist nach der **Methode der unbestimmten Koeffizienten** (Methode der vorigen Nummer).

12. **Inversion von Reihen.** Hat man y in eine nach Potenzen von x fortlaufende Reihe verwandelt, also

$$y = a_0 + a_1x + a_2x^2 + \cdots$$

so kann man x in eine nach Potenzen von y fortlaufende Reihe verwandeln, indem man setzt

$$x = A_0 + A_1y + A_2y^2 + \cdots = A_0 + A_1(a_0 + a_1x + a_2x^2 + \cdots)$$
$$+ A_2(a_0 + a_1x + a_2x^2 + \cdots)^2 + \cdots$$

und dann nach der Methode von 10 vergleicht.

## § 27. Rekurrente Reihen.

1. Eine rationale echt gebrochene Funktion von x läßt sich in eine nach Potenzen von x fortschreitende Reihe verwandeln, derart daß die späteren Koeffizienten der Reihe sich linear durch die vorhergehenden ausdrücken (= **Rekursion**). Diese Reihe erhält man entweder durch einfaches Ausdividieren oder nach der Methode der unbestimmten Koeffizienten.

2. Die Anzahl der Koeffizienten, welche zur Berechnung der nächstfolgenden bekannt sein müssen, gibt die **Ordnung** der Reihe an. Die Ordnung der Reihe ist gleich dem Grad des Nenners der die Reihe definierenden Funktion.

3. Das **Rekursionsgesetz** heißt $a_n + B\,a_{n-1} = 0$ für die rekurrente Reihe erster Ordnung

$$\frac{A}{1 + Bx} = a_0 + a_1x + a_2x^2 + \cdots$$
$$= A(1 - Bx + B^2x^2 - B^3x^3 + - \cdots).$$

Das Rekursionsgesetz heißt

$$a_n + B_1a_{n-1} + B_2a_{n-2} + \cdots + B_ra_{n-r} = 0$$

für die rekurrente Reihe $r^{ter}$ Ordnung

$$\frac{A_0 + A_1x + A_2x^2 + \cdots + A_{r-1}x^{r-1}}{1 + B_1x + B_2x^2 + \cdots + B_rx^r} = a_0 + a_1x + a_2x^2 + \cdots$$

4. Die Summe einer unendlichen rekurrenten Reihe ist stets eine rationale echt gebrochene Funktion.

5. Denkt man sich diese echt gebrochene Funktion in Partialbrüche zerlegt

$$\frac{A_0 + A_1 x + \cdots + A_{r-1} x^{r-1}}{1 + B_1 x + \cdots + B_r x^r} = \frac{C_1}{1-\gamma_1 x} + \frac{C_2}{1-\gamma_2 x} + \cdots + \frac{C_r}{1-\gamma_r x}$$

$$= C_1(1 + \gamma_1 x + \gamma_1^2 x^2 + \cdots + \gamma_1^n x^n + \cdots)$$
$$+ C_2(1 + \gamma_2 x + \gamma_2^2 x^2 + \cdots \quad \gamma_2^n x^n + \cdots)$$
$$\cdots + \cdots$$
$$+ C_r(1 + \gamma_r x + \gamma_r^2 x^2 + \cdots + \gamma_r^n x^n + \cdots),$$

so lassen sich die Koeffizienten $a_i$ der rekurrenten Reihe durch

$$a_0 = C_1 + C_2 + \cdots + C_r = \sum C,$$
$$a_1 = C_1\gamma_1 + C_2\gamma_2 + \cdots C_r\gamma_r = \sum C\gamma,$$
$$\vdots$$
$$a_n = C_1\gamma_1^n + C_2\gamma_2^n + \cdots + C_r\gamma_r^n = \sum C\gamma^n$$

darstellen.

6. Die **Konvergenz**untersuchung der rekurrenten Reihe ist durch Angabe der $C_i$ und $\gamma_i$ ermöglicht. Die Reihe konvergiert, wenn

$$x < \lim_{n=\infty} \left| \frac{a_n}{a_{n+1}} \right| = \lim_{n=\infty} \left| \frac{\sum C\gamma^n}{\sum C\gamma^{n+1}} \right|.$$

## § 28. **Binomialreihe.**

1. $(1+x)^m = 1 + \binom{m}{1} x + \binom{m}{2} x^2 + \cdots + \binom{m}{n} x^n + \cdots$

Die Binomialreihe konvergiert für beliebiges m, wenn $|x| < 1$; für $x = 1$, wenn $m > -1$; für $x = \pm 1$, wenn $m > 0$.

2. $(x+y)^n = x^n \left(1 + \frac{y}{x}\right)^n = x^n \left(1 - \frac{y}{x+y}\right)^{-n}.$

3. **Näherungsformeln.**

$$\sqrt{1 \pm x} = 1 \pm \frac{x}{2},$$

$$\frac{1}{\sqrt{1 \pm x}} = 1 \mp \frac{x}{2}, \qquad \sqrt[3]{1 \pm x} = 1 \pm \frac{x}{3},$$

wenn x klein gegen 1 ist.

$\sqrt{a^2 \pm b} = a \pm \frac{b}{2a}$, | $\sqrt[3]{a^3 \pm b} = a \pm \frac{b}{3a^2}$,

wenn b klein gegen a ist.

4. **Wurzelziehen.** Entweder nach der vorhergehenden Nummer angenähert; oder nach folgenden Beispielen:

$$\sqrt{50} = \sqrt{49+1} = 7\sqrt{1+\tfrac{1}{49}} = 7\left(1+\frac{1}{49}\right)^{1/2};$$

$$\left(1+\frac{1}{49}\right)^{1/2} = 1 + \frac{1}{2}\cdot\frac{1}{49} - \frac{1}{8}\frac{1}{49^2} + \frac{1}{16}\cdot\frac{1}{49^3} - \frac{5}{128}\cdot\frac{1}{49^4} + \cdots$$

$$\sqrt[3]{120} = \sqrt[3]{125-5} = 5\sqrt[3]{1-\tfrac{1}{25}} = 5\left(1-\frac{1}{25}\right)^{1/3};$$

$$\sqrt[4]{5} = \frac{1}{2}\sqrt[4]{80} = \frac{1}{2}\sqrt[4]{81-1} = \frac{3}{2}\sqrt[4]{1-\tfrac{1}{81}} = \frac{3}{2}\left(1-\frac{1}{81}\right)^{1/4}.$$

## § 29. Exponential- und logarithmische Reihen.

1. $e^x = 1 + \frac{x}{1!} + \frac{x^2}{2!} + \cdots + \frac{x^n}{n!} + \cdots$

konvergiert für endliches x.

2. $e = 1 + \frac{1}{1!} + \frac{1}{2!} + \frac{1}{3!} + \cdots + \frac{1}{n!} + \cdots$

$= 2{,}718\,281\,828\,459 \cdots$

3. $a^x = e^{x \lg a} = 1 + \frac{x \lg a}{1!} + \frac{(x \lg a)^2}{2!} + \cdots + \frac{(x \lg a)^n}{n!} + \cdots$

konvergiert für endliches x.

4. $\lg(1+x) = \frac{x}{1} - \frac{x^2}{2} + \frac{x^3}{3} - \frac{x^4}{4} + \cdots$

konvergiert für $|x| < 1$, ebenso

$$\lg(1-x) = -\frac{x}{1} - \frac{x^2}{2} - \frac{x^3}{3} - \cdots \quad \text{und}$$

$$\lg\frac{1+x}{1-x} = 2\left[x + \frac{x^3}{3} + \frac{x^5}{x} + \cdots\right].$$

5. $\lg z = 2\left[\frac{z-1}{z+1} + \frac{1}{3}\left(\frac{z-1}{z+1}\right)^3 + \frac{1}{5}\left(\frac{z-1}{z+1}\right)^5 + \cdots\right]$

konvergiert für endliches positives z.

6. $\lg\frac{a}{b} = 2\left[\frac{a-b}{a+b} + \frac{1}{3}\left(\frac{a-b}{a+b}\right)^3 + \frac{1}{5}\left(\frac{a-b}{a+b}\right)^5 + \cdots\right]$

konvergiert für a : b positiv und endlich; $a = x^2$, $b = x^2 - 1$ gibt

7. $\lg x = {}^1/_2 \lg(x^2 - 1) + R_x$;

$$R_x = \frac{1}{2x^2-1} + \frac{1}{3}\left(\frac{1}{2x^2-1}\right)^3 + \frac{1}{5}\left(\frac{1}{2x^2-1}\right)^5 + \cdots$$

konvergiert für endliches x.

8. **Logarithmenberechnung.** Für $x = 2$ und $x = 3$ wird die letzte Reihe

$$\lg 2 = \frac{1}{2}\lg 3 + \frac{1}{7} + \frac{1}{3}\cdot\frac{1}{7^3} + \frac{1}{5}\cdot\frac{1}{7^5} + \cdots$$

$$\lg 3 = \frac{3}{2}\lg 2 + \frac{1}{17} + \frac{1}{3}\cdot\frac{1}{17^3} + \frac{1}{5}\cdot\frac{1}{17^5} + \cdots$$

und damit lg 2 und lg 3 beliebig genau.

Alle andern Logarithmen lassen sich auf lg 2 und lg 3 sowie auf die Reihe

$$R_x = \frac{1}{2x^2-1} + \frac{1}{3}\left(\frac{1}{2x^2-1}\right)^3 + \frac{1}{5}\left(\frac{1}{2x^2-1}\right)^5 + \cdots$$

zurückführen, z. B.

$$\lg 7 = \frac{1}{2}\lg 48 + R_7 = \frac{1}{2}\lg 3 + 2\lg 2 + R_7\,.$$

## § 30. Trigonometrische und zyklometrische Reihen.

1. $\sin x = \frac{x}{1!} - \frac{x^3}{3!} + \frac{x^5}{5!} - + \cdots$

und $\cos x = 1 - \frac{x^2}{2!} + \frac{x^4}{4!} - \frac{x^6}{6!} + - \cdots$

konvergieren für endliches x.

2. $$\operatorname{tg} x = x + \frac{x^3}{3} + \frac{2x^5}{3 \cdot 5} + \frac{17x^7}{3^2 \cdot 5 \cdot 7} + \cdots$$

$$= \sum_1^\infty \frac{2^{2n}(2^{2n}-1)}{(2n)!} \cdot B_{2n} x^{2n-1}$$

und $$\operatorname{cotg} x = \frac{1}{x} - \frac{x}{3} - \frac{x^3}{3^2 \cdot 5} - \frac{2x^5}{3^3 \cdot 5 \cdot 7} - \cdots$$

$$= \frac{1}{x}\left[1 - \sum_1^\infty \frac{2^{2n}}{(2n)!} B_{2n} x^{2n}\right]$$

konvergieren für $|x| < {}^1/_2\pi$. $B_{2n}$ sind die Bernoullischen Zahlen (siehe arithmetische Reihen).

3. $$\sin mx = \binom{m}{1}\cos^{m-1} x \sin x - \binom{m}{3}\cos^{m-3} x \sin^3 x$$

$$+ \binom{m}{5}\cos^{m-5} x \sin^5 x - + \cdots$$

$$\cos mx = \cos^m x - \binom{m}{2}\cos^{m-2} x \sin^2 x + \binom{m}{4}\cos^{m-4} x \sin^4 x$$

$$- \binom{m}{6}\cos^{m-6} x \sin^6 x + - \cdots$$

4. $$(-1)^{\frac{m}{2}} 2^{m-1} \sin^m x = \cos mx - \binom{m}{1}\cos(m-2)x$$

$$+ \binom{m}{2}\cos(m-4)x \cdots + \frac{1}{2}(-1)^{\frac{m}{2}}\binom{m}{\frac{m}{2}} \text{ für gerade m.}$$

$$(-1)^{\frac{m-1}{2}} 2^{m-1} \sin^m x = \sin mx - \binom{m}{1}\sin(m-2)x$$

$$+ \binom{m}{2}\sin(m-4)x \cdots + (-1)^{\frac{m-1}{2}}\binom{m}{\frac{m-1}{2}} \sin x \text{ für ungerade m.}$$

$$2^{m-1}\cos^m x = \cos mx + \binom{m}{1}\cos(m-2)x + \binom{m}{2}\cos(m-4)x + \cdots$$

$$+ \frac{1}{2}\binom{m}{\frac{m}{2}} \text{ für gerade m.}$$

$$= \cos mx + \binom{m}{1} \cos(m-2)x + \binom{m}{2} \cos(m-4)x + \cdots$$

$$+ \cdots \binom{m}{\frac{m-1}{2}} \cos x \text{ für ungerade } m.$$

5. $$\frac{1 - x\cos\alpha}{1 - 2x\cos\alpha + x^2} = 1 + x\cos\alpha + x^2\cos 2\alpha + \cdots$$

$$1 + \frac{x\sin\alpha}{1 - 2x\cos\alpha + x^2} = 1 + x\sin\alpha + x^2\sin 2\alpha + \cdots$$

6. Über die Reihen $a_0 + a_1 x\cos\alpha + a_2 x^2 \cos 2\alpha + \cdots$

$b_0 + b_1 x\sin\alpha + b_2 x^2 \sin 2\alpha + \cdots$

siehe Fouriersche Reihe.

7. $$\arcsin x = x + \frac{1\cdot x^3}{2\cdot 3} + \frac{1\cdot 3\cdot x^5}{2\cdot 4\cdot 5} + \frac{1\cdot 3\cdot 5\cdot x^7}{2\cdot 4\cdot 6\cdot 7} + \cdots$$

$$= \sum_0^\infty \frac{1\cdot 3\cdot 5 \cdots (2n-1)\, x^{2n+1}}{2\cdot 4\cdot 6 \cdots 2n\,(2n+1)}$$

konvergiert für $|x| \leq 1$.

$$\operatorname{arctg} x = x - \frac{x^3}{3} + \frac{x^5}{5} - \frac{x^7}{7} + \cdots$$

konvergiert für $|x| \lesseqgtr 1$.

$$\frac{\pi}{4} = \operatorname{arctg} 1 = 1 - \frac{1}{3} + \frac{1}{5} - \frac{1}{7} + \cdots \quad \text{(Leibnizsche Reihe)}$$

konvergiert langsam.

$$\frac{\pi}{4} = \operatorname{arctg}\frac{1}{2} + \operatorname{arctg}\frac{1}{3} = 2\operatorname{arctg}\frac{1}{3} + \operatorname{arctg}\frac{1}{7} \text{ konvergiert rasch.}$$

$$\frac{\pi}{6} = \arcsin\frac{1}{2} \text{ konvergiert langsamer.}$$

# D. Komplexe Zahlen.

## § 31. Allgemeine Definitionen.

1. **Definition.** i ist die Zahl, die mit sich selbst multipliziert $-1$ gibt.

2. $i = \sqrt{-1}$, $i^2 = -1$, $i^3 = -i$, $i^4 = 1$.
$i^{4n} = 1$, $i^{4n+1} = i$, $i^{4n+2} = -1$, $i^{4n+3} = -i$.

3. $a + ib$ **Normalform** oder **komplexe Form** der komplexen Zahl; auf diese Form $a + ib$, wo a und b reelle Größen sind, läßt sich jede komplexe Variable und Funktion bringen. In der **Gaussschen Zahlenebene** stellt der Punkt z die komplexe Zahl $z = a + ib$ dar. Der **Modul** $\varrho = \sqrt{a^2 + b^2}$ ist der **Absolutwert** von $a + ib$.

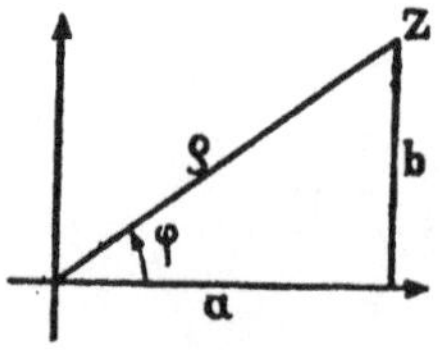


Fig. 5.

$$\varrho = |z| = |a + ib|.$$

$$\varphi = \operatorname{arctg} \frac{y}{x} \text{ ist das } \textbf{Argument}.$$

4. Die Zahl 1 hat den Modul 1 und das Argument $2k\pi$; i hat 1 bezw. $\frac{1}{2}\pi + 2k\pi$; $-1$ hat 1 bezw. $\pi + 2k\pi$; $-i$ hat 1 bezw. $\frac{3}{2}\pi + 2k\pi$, k immer als ganze Zahl vorausgesetzt.

5. **Konjugiert komplexe Zahlen** sind $a + ib$ und $a - ib$; sie haben gleichen Modul, entgegengesetzt gleiches Argument.

6. Sind zwei komplexe Zahlen $z_1 = a_1 + ib_1$, $z_2 = a_2 + ib_2$ einander gleich, so gilt

$$a_2 = a_1,\quad b_2 = b_1,\quad \varrho_2 = \varrho_1,\quad \varphi_2 = \varphi_1 + 2k\pi.$$

7. Wenn $a + ib = 0$, so ist $a = 0$, $b = 0$.

8. **Schreibweise** der komplexen Zahlen

$$a + ib = \varrho(\cos\varphi + \sin\varphi) = \varrho e^{\varphi i}$$
$$= \varrho[\cos(\varphi + 2k\pi) + i\sin(\varphi + 2k\pi)] = \varrho e^{(\varphi + 2k\pi)i}.$$

9. Für die komplexen Zahlen gelten dieselben Gesetze wie für die reellen; die Gesetze lassen sich für komplexe Zahlen noch erweitern.

## § 32. Summe und Differenz. Produkt und Quotient komplexer Zahlen.

1. Definition.

$$z_1 + z_2 = (a_1 + i\,b_1) + (a_2 + i\,b_2)$$
$$= (a_1 + a_2) + i\,(b_1 + b_2).$$

2. **Summensätze.**

$$z_1 + z_2 = z_2 + z_1.$$
$$(z_1 + z_2) + z_3 = z_1 + (z_2 + z_3).$$

3. Komplexe Zahlen werden addiert, indem man die Module graphisch addiert. (Siehe Vektoren.)

4. Wenn $\varrho$ der Modul der Summe, so gilt

$$\varrho \leqq \varrho_1 + \varrho_2$$
oder $$|z_1 + z_2| \leqq |z_1| + |z_2|.$$

Der Absolutwert (= Modul) der Summe zweier komplexer Zahlen ist kleiner oder höchstens gleich der Summe der Absolutwerte der Einzelzahlen.

5. Die Summe konjugiert komplexer Zahl ist reell.

6. Definition. $z_1 - z_2$ ist die Zahl, die zu $z_2$ addiert $z_1$ gibt.

7. Definition.

$$z_1 \cdot z_2 = (a_1 + i\,b_1)\,(a_2 + i\,b_2)$$
$$= (a_1 a_2 - b_1 b_2) + i\,(a_1 b_2 + a_2 b_1).$$

8. **Produktsätze.**

$$z_1 \cdot z_2 = z_2 \cdot z_1$$
$$(z_1 z_2) \cdot z_3 = z_1 \cdot (z_2 z_3)$$
$$(z_1 + z_2) \cdot z_3 = z_1 \cdot z_3 + z_2 \cdot z_3.$$

9. $$z_1 z_2 = \varrho_1 (\cos\varphi_1 + i \sin\varphi_1) \cdot \varrho_2 (\cos\varphi_2 + i \sin\varphi_2)$$
$$= \varrho_1 \varrho_2 [\cos(\varphi_1 + \varphi_2) + i \sin(\varphi_1 + \varphi_2)].$$

Komplexe Zahlen werden multipliziert, indem man ihre Module multipliziert und ihre Argumente addiert.

10. Definition. $z_1 : z_2 = z$ ist die Zahl, die mit $z_2$ multipliziert $z_1$ gibt.

11. $\frac{z_1}{z_2} = \frac{\varrho_1(\cos\varphi_1 + i\sin\varphi_1)}{\varrho_2(\cos\varphi_2 + i\sin\varphi_2)} = \frac{\varrho_1}{\varrho_2}[\cos(\varphi_1 - \varphi_2) + i\sin(\varphi_1 - \varphi_2)]$

Komplexe Zahlen werden dividiert, indem man ihre Module entsprechend dividiert und ihre Argumente entsprechend von einander subtrahiert.

12. Das Produkt konjugiert komplexer Zahlen ist reell.

## § 33. Potenz komplexer Zahlen.

1. Definition. (n positiv und ganz und größer als 0)
$z^n = z \cdot z \cdot z \cdots z$ (n Faktoren).

2. Definition.

$$z^0 = 1. \qquad z^{-n} = 1 : z^n.$$

3. Definition. ($\lambda$ und $\mu$ ganz und relativ prim)
$z^{\lambda/\mu}$ ist die Zahl, die mit $\mu$ potenziert $z^\lambda$ gibt.
Schreibweise $z^{\lambda/\mu} = \sqrt[\mu]{z^\lambda}$.

4. **Moivrescher Satz.**

$$\begin{aligned} z^{\lambda/\mu} &= [\varrho(\cos\varphi + i\sin\varphi)]^{\lambda/\mu} \\ &= \varrho^{\lambda/\mu}\left[\cos\frac{\lambda\varphi + 2k\pi}{\mu} + i\sin\frac{\lambda\varphi + 2k\pi}{\mu}\right]. \end{aligned}$$

Speziell für ganzes n

$$\begin{aligned} z^n &= [\varrho(\cos\varphi + i\sin\varphi)]^n \\ &= \varrho^n(\cos n\varphi + i\sin n\varphi). \end{aligned}$$

5. Summe, Differenz, Produkt, Quotient und Potenz mit ganzzahligen Exponenten sind rationale, also eindeutige Operationen. $z^{\lambda/\mu}$ hat $\mu$ Werte; diese haben alle den gleichen Modul, ihre Argumente unterscheiden sich um $k \cdot \frac{2\pi}{\mu}$, ganzzahliges k vorausgesetzt. In der Gaussschen Ebene liegen daher die $\mu$ Werte symmetrisch auf dem Kreis um den Nullpunkt mit dem Modul $\varrho^{\lambda/\mu}$.

6. Speziell

$$\sqrt[n]{1} = \cos\left(k\frac{2\pi}{n}\right) + i\sin\left(k\frac{2\pi}{n}\right).$$

$$\sqrt[n]{-1} = \cos\frac{(2k+1)\pi}{n} + i\sin\frac{(2k+1)\pi}{n}.$$

7. Definition. Wenn die irrationale Zahl n definiert ist durch $\lim_{\alpha=0}(a+\alpha) < n < \lim_{\beta=0}(b-\beta)$, so ist

$$\lim_{\alpha=0} z^{a+\alpha} < z^{n} < \lim_{\beta=0} z^{b-\beta}.$$

(Komplexe Exponenten siehe im nächsten Paragraphen.)

# E. Funktionen und Gleichungen.

## § 34. Allgemeine Definitionen.

1. Eine Zahl ist entweder von unveränderlichem Wert, dann heißt sie **Konstante**; oder innerhalb bestimmter Grenzen veränderlich, dann heißt sie **Veränderliche** oder **Variable**. Meist bezeichnet man diese mit den letzten Buchstaben des Alphabets x, y, z, u, v....

(Zu unterscheiden von der Variablen ist die **Unbekannte**, die einen konstanten, aber nicht bekannten Wert hat.)

2. **Variabilitätsbereich.** Eine Variable kann unbegrenzt variieren oder nur innerhalb gegebener Grenzen.

Die Variable x kann in dem gegebenen Bereich **kontinuierlich** oder **stetig** variieren, d. h. sie kann jeden Wert dieses Bereiches annehmen; oder sie kann **unstetig, diskontinuierlich** (= sprungweise) variieren, d. h. sie kann nicht jeden Wert des Bereiches annehmen.

3. Hängt eine Variable y von einer (oder mehreren) andern Variablen ab, so daß also jedem Wert der letzteren ein bestimmter Wert der ersteren entspricht, so heißt sie eine **Funktion** derselben.

Schreib- und Sprechweise $y = f(x)$ oder y ist eine Funktion von x, d. h. y ist abhängig von x.

x heißt die **Unabhängige**, auch **Argument**, y die **Abhängige** oder **Funktion.**

4. $y = f(x)$ heißt eine Funktion einer Unabhängigen.

$z = F(x, y)$ oder $z = \varphi(u, v, w)$ heißen Funktionen mehrerer Unabhängigen.

5. Durch die Darstellung $F(x, y) = 0$ ist im allgemeinen ebenfalls jedem Wert von x ein bestimmter Wert (oder mehrere) y zugewiesen und damit eine Funktion y von x definiert. Man nennt $F(x, y) = 0$ oder $\Phi(x, y, z) = 0$ **unentwickelte** oder **implizite** Funktionen im Gegensatz zu den **entwickelten** oder **expliziten** Funktionen $y = f(x)$ bezw. $z = \varphi(x, y)$.

Durch diese implizite Darstellung d. i. durch eine Gleichung definiert man meist die nichteinfachen Funktionen (siehe den nächsten Paragraphen).

6. $y = f(x)$ heißt eine **eindeutige** oder **mehrdeutige** Funktion, je nachdem jedem Wert x einer oder mehrere Werte y zugeordnet sind.

7. Ist y eine Funktion von x, dann auch x von y; diese Funktion nennt man die **inverse** zur ersten, z. B. $x = \arcsin y$ ist invers zu $y = \sin x$.

8. y heißt eine **stetige Funktion** von x, solange bei unendlich kleiner Änderung der Unabhängigen x auch die Abhängige y sich nur unendlich wenig ändert.

**Bedingung der Stetigkeit.** Die Funktion f(x) ist an der Stelle $x = x_0$ stetig, wenn dort mit verschwindend kleinem $\delta$ und $\varepsilon$

$$\lim_{\delta=0,\, \varepsilon=0} [f(x + \delta) - f(x - \varepsilon)] = 0.$$

Die Funktion f(x) ist in einem gegebenen Bereich stetig, wenn sie an jeder Stelle des Bereiches stetig ist.

9. $F(x, y \cdots)$ heißt eine **stetige Funktion** von $x, y \cdots$, solange einer unendlich kleinen Änderung der Unabhängigen $x, y \cdots$ eine unendlich kleine Änderung der Funktion entspricht.

Die Funktion $F(x, y \cdots)$ ist an der Stelle $x_0, y_0 \cdots$ stetig, wenn dort mit verschwindend kleinem $\delta$ und $\varepsilon$

$$\lim_{\delta=0,\, \varepsilon=0} [F(x + \delta, y + \delta, \cdots) - F(x - \varepsilon, y - \varepsilon, \cdots)] = 0\,.$$

10. Mit Funktionen operiert man im allgemeinen nur, solange sie endlich und stetig sind.

11. Trägt man in einem rechtwinkligen Koordinatensystem die x als Abszissen, die durch die Funktion f(x) zugewiesenen y als Ordinaten auf, so wird jedes Paar dieser zusammengehörigen Größen x und y durch einen Punkt $P = x|y$ dargestellt und die stetige Funktion selbst durch eine Kurve.

12. **Einteilung der Funktionen.**

- Transzendente
- Algeoraische
  - Irrationale
  - Rationalo
    - ganze
    - gebrochene
      - echt
      - unecht.

13. Die einfachste aller Funktionen ist die **ganze rationale**; die allgemeinste ganze rationale Funktion **$m^{ten}$ Grades** von x ist

$$G_m(x) = a_0 x^m + a_1 x^{m-1} + a_2 x^{m-2} + \cdots + a_{m-1} x + a_m .$$

Zu einer rationalen ganzen Funktion einer oder mehrerer Variablen setzen sich die Variablen durch eine endliche Anzahl von Summen, Differenzen und Produkten zusammen. Die ganze rationale Funktion ist eindeutig und solange stetig, als sie endlich ist.

14. Zur **rationalen Funktion** (einer oder mehrerer Variablen) setzen sich die Variablen durch eine endliche Anzahl von Summen, Differenzen, Produkten und Quotienten zusammen.

Die rationale Funktion ist eindeutig und solange stetig, als sie endlich ist.

Jede Funktion, die sich rational aus andern stetigen Funktionen zusammensetzt, ist solange stetig, als sie endlich ist.

Die allgemeinste rationale Funktion von x ist

$$R(x) = \frac{a_0 x^m + a_1 x^{m-1} + a_2 x^{m-2} + \cdots + a_{m-1} x + a_m}{b_0 x^n + b_1 x^{n-1} + b_2 x^{n-2} + \cdots + b_{n-1} x + b_n};$$

sie ist **echt gebrochen**, wenn $m < n$ (Grad n),
sie ist **unecht gebrochen**, wenn $m \geqq n$ (Grad m).

15. Zur **algebraischen Funktion** (einer oder mehrerer Variablen) setzen sich die Variablen durch eine endliche Anzahl von Summen, Differenzen, Produkten, Quotienten und Potenzen mit konstanten rationalen Exponenten zusammen.

16. Alle nicht algebraischen Funktionen heißen **transzendente.**

17. Eine Funktion $H(x, y, z \cdots)$ heißt **homogen**, wenn sie die Bedingung erfüllt

$$H(\varrho x, \varrho y, \varrho z \cdots) = \varrho^n H(x, y, z \cdots).$$

n ist die **Dimension** der Funktion; die Funktion ist in jedem Summanden von der $n^{\text{ten}}$ Dimension.

$$x\frac{\partial H}{\partial x} + y\frac{\partial H}{\partial y} + z\frac{\partial H}{\partial z} + \cdots = nH(x, y, z \cdots).$$

18. Eine Funktion heißt **symmetrisch** in ihren Variablen, wenn sie sich nicht ändert bei Vertauschung derselben.

Jede symmetrische Funktion läßt sich rational und ganz durch die **symmetrischen Grundfunktionen** ausdrücken. Von $x_1, x_2, x_3 \cdots x_n$ heißen letztere

$$S_1 = x_1 + x_2 + \cdots + x_n = \sum C_n^1.$$
$$S_2 = x_1x_2 + x_1x_3 + \cdots + x_{n-1}x_n = \sum C_n^2.$$
$$S_3 = x_1x_2x_3 + x_1x_2x_4 + \cdots + x_{n-2}x_{n-1}x_n = \sum C_n^3.$$
$$\vdots$$
$$S_n = x_1x_2x_3 \cdots x_n = \sum C_n^n.$$

19. Eine Funktion heißt **gerade** bezüglich der Variablen x, wenn die Vertauschung von $+x$ mit $-x$ die Funktion nicht ändert (wenn also das Vorzeichen von x belanglos ist):

$$f(-x) = f(x).$$

20. Eine Funktion heißt **ungerade** bezüglich einer Variablen, wenn die Vertauschung von $+x$ mit $-x$ nur das Vorzeichen der Funktion ändert, wenn also $f(-x) = -f(+x)$.

21. Jede Funktion befolgt ein Gesetz, durch welches sie direkt definiert werden kann **(Funktionsgesetz).** z. B. ist der Logarithmus definiert durch $f(x \cdot y) = f(x) + f(y)$; die Exponentialfunktion durch $f(x + y) = f(x) \cdot f(y)$.

## § 35. Die einfachsten transzendenten Funktionen komplexer Variabler.

1. Sind die Elemente einer Reihe komplex, so hat man eine **komplexe Reihe.** Diese ist konvergent, wenn die Reihe der reellen Teile und die Reihe der imaginären für sich konvergent ist.

2. Eine komplexe Reihe ist **unbedingt konvergent,** wenn die Reihe der Moduln konvergent ist.

3. Definition.

$$e^z = 1 + \frac{z}{1!} + \frac{z^2}{2!} + \frac{z^3}{3!} + \cdots$$

$$a^z = e^{z(\lg a + 2k\pi i)}.$$

$$\sin z = z - \frac{z^3}{3!} + \frac{z^5}{5!} - \frac{z^7}{7!} + - \cdots$$

$$\cos z = 1 - \frac{z^2}{2!} + \frac{z^4}{4!} - \frac{z^6}{6!} + - \cdots$$

4. $e^{\pm ix} = \cos x \pm i \sin x.$

$$\cos x = \frac{e^{ix} + e^{-ix}}{2}. \qquad \sin x = \frac{e^{ix} - e^{-ix}}{2i}.$$

5. $e^{2k\pi i} = 1.$ $\qquad e^{(2k+1)\pi i} = -1.$

$$e^{(2k+1/2)\pi i} = i. \qquad i^i = \frac{1}{\sqrt{e^\pi}}.$$

6. $e^z = e^{x+iy} = e^x(\cos y + i \sin y).$

$$a^z = a^{x+iy} = a^x[\cos(y \lg a) + i \sin(y \lg a)].$$

7. Definition des **Logarithmus.** $\zeta = \lg z$ ist definiert als eine Wurzel der Gleichung $e^\zeta = z$.

8. $\lg z$ hat unendlich viele Werte, von denen einer für reelle positive z reell ist, der Hauptwert. Ist z reell negativ oder überhaupt nicht reell, so sind alle Werte $\lg z$ imaginär.

$$\lg z = \lg \varrho + i(\varphi + 2k\pi).$$

$$\lg 1 = 2k\pi i. \qquad \lg(-1) = (2k+1)\pi i.$$

$$\lg i = (2k + 1/2)\pi i.$$

9. Definition.

$$\operatorname{tg} z = \frac{\sin z}{\cos z} \text{ und } \operatorname{cotg} z = \frac{\cos z}{\sin z}.$$

10, Definition der **hyperbolischen Funktionen** von z.

$$\textbf{Sinus hyperbolicus} \text{ von } z = \operatorname{Sin} z = \frac{e^z - e^{-z}}{2}.$$

$$\textbf{Kosinus hyperbolicus} \text{ von } z = \operatorname{Cos} z = \frac{e^z + e^{-z}}{2}.$$

$$\textbf{Tangens hyperbolicus} \text{ von } z = \operatorname{Tg} z = \frac{\operatorname{Sin} z}{\operatorname{Cos} z}.$$

$$\textbf{Kotangens hyperbolicus} \text{ von } z = \operatorname{Cotg} z = \frac{\operatorname{Cos} z}{\operatorname{Sin} z}.$$

11. Sin z und Cos z sind periodische Funktionen mit der Periode $2\pi i$. Sin z ist eine ungerade, Cos z eine gerade Funktion.

$$\operatorname{Cos} z + \operatorname{Sin} z = e^z. \qquad \operatorname{Cos} z - \operatorname{Sin} z = e^{-z}.$$
$$\operatorname{Cos}^2 z - \operatorname{Sin}^2 z = 1.$$

12. Tg z und Cotg z sind periodische Funktionen; ihre Periode ist $\pi i$. Tg z und Cotg z sind ungerade Funktionen.

13. Für reelle z kann Sin z jeden reellen Zahlenwert, Cos z jeden positiven reellen Zahlenwert $\geqq 1$ annehmen; Tg z bleibt stets ein echter Bruch, Cotg z stets ein unechter.

14. $\sin x = -i \operatorname{Sin} ix. \qquad \cos x = \operatorname{Cos} ix.$

$\operatorname{tg} x = -i \operatorname{Tg} ix. \qquad \operatorname{cotg} x = i \operatorname{Cotg} ix.$

15. $\sin ix = i \operatorname{Sin} x. \qquad \cos ix = \operatorname{Cos} x.$

$\operatorname{tg} ix = i \operatorname{Tg} x. \qquad \operatorname{cotg} ix = -i \operatorname{Cotg} x.$

16. $\sin(x \pm iy) = \sin x \cos iy \pm \cos x \sin iy.$

$= \sin x \operatorname{Cos} y \pm i \cos x \operatorname{Sin} y.$

$\cos(x \pm iy) = \cos x \cos iy \mp \sin x \sin iy.$

$= \cos x \operatorname{Cos} y \mp i \sin x \operatorname{Sin} y.$

17. **Regel** zur Bildung von Formeln für Hyperbelfunktionen: In den Formeln der trigonometrischen Funktionen setze man i Sin statt sin und Cos statt cos, ebenso i Tg statt tg.

18. $\operatorname{Sin} z = \frac{z}{1!} + \frac{z^3}{3!} + \frac{z^5}{5!} + \cdots$

$\operatorname{Cos} z = 1 + \frac{z^2}{2!} + \frac{z^4}{4!} + \cdots$

19. Definition der **Kreisfunktionen.** $\zeta = \arcsin z$ ist eine Wurzel der Gleichuug $z = \sin \zeta$. Entsprechend ist arccos z. arctg z, arccotg z definiert. Die Kreisfunktionen sind unendlich vieldeutig. Über **Hauptwerte** siehe Trigonometrie.

20. Wenn $2\sigma = \sqrt{(1+x)^2 + y^2} + \sqrt{(1-x)^2 + y^2}$,

$2\tau = \sqrt{(1+x)^2 + y^2} - \sqrt{(1-x)^2 + y^2}$, so ist

$$\arcsin(x + iy) = (-1)^k \left[\arcsin \tau + i \lg(\sigma + \sqrt{\sigma^2 - 1})\right] + k\pi.$$

$$\arccos(x + iy) = \pm \left[\arccos \tau - i \lg(\sigma + \sqrt{\sigma^2 - 1})\right] + 2k\pi.$$

$$\operatorname{acrtg}(x + iy) = k\pi + \frac{1}{2} \operatorname{arctg} \frac{2x}{1 - (x^2 + y^2)} + \frac{i}{4} \lg \frac{x^2 + (1+y)^2}{x^2 + (1-y)^2}.$$

21. Speziell sind die **Hauptwerte** (siehe Trigonometrie).

$$\arcsin x = \frac{\pi}{2} + i \lg(x + \sqrt{x^2 - 1}).$$

$$\arccos x = -i \lg(x + \sqrt{x^2 - 1}).$$

$$\operatorname{arctg} x = \frac{1}{2i} \lg \frac{1 + ix}{1 - ix}.$$

$$\arcsin iy = i \lg(y + \sqrt{1 + y^2}).$$

$$\arccos iy = \frac{\pi}{2} - i \lg(y + \sqrt{1 + y^2}).$$

$$\operatorname{arctg} iy = \frac{i}{2} \lg \frac{1 + y}{1 - y}.$$

22. Definition. $\zeta = \operatorname{Ar\,Sin} z$ ist eine Wurzel der Gleichung $z = \operatorname{Sin} \zeta$. Entsprechend $\operatorname{Ar\,Cos} z \cdots$. Die Ar-Funktionen sind unendlich vieldeutig. Ihre **Hauptwerte** sind

23. $\operatorname{Ar\,Sin} z = \lg(z + \sqrt{z^2 + 1})$. $\operatorname{Ar\,Cos} z = \lg(z + \sqrt{z^2 - 1})$.

$\operatorname{Ar\,Tg} z = \frac{1}{2} \lg \frac{1 + z}{1 - z}$. $\operatorname{Ar\,Cotg} z = \frac{1}{2} \lg \frac{z + 1}{z - 1}$.

## § 36. Funktionen komplexer Variabler.

1. Wenn $w = u + iv$ eine Funktion der Variabeln x, y ist, also $w = u(x, y) + iv(x, y)$, so braucht deswegen $w = u + iv$ noch keine Funktion der Größe $z = x + iy$ sein.

2. Definition. Man nennt $w = u + iv$ eine **reguläre Funktion** (oder **Funktion** schlechtweg) der Variablen $z = x + iy$ in einem bestimmten Bereich der z-Ebene, wenn in diesem Bereich u und v eindeutige und stetige Funktionen von x und y sind, ihre ersten Ableitungen nach x und y wenigstens abteilungsweise stetig sind und der Relation genügen.

$$\frac{\partial u}{\partial x} = \frac{\partial v}{\partial y}, \quad \frac{\partial u}{\partial y} = -\frac{\partial v}{\partial x}.$$

3. Die beiden Teile u und v der Funktion $w = u + iv$ genügen der **Laplaceschen Differentialgleichung**

$$\frac{\partial^2 u}{\partial x^2} + \frac{\partial^2 v}{\partial y^2} = 0.$$

Wegen dieser Gleichung ist dem reellen Teil u der Funktion $w = f(z)$ bis auf eine Additionskonstante ein ganz bestimmter imaginärer Teil v zugeordnet.

4. **Abbildung.** Durch die Funktion $w = f(z)$ wird (unter Zuhilfenahme der Gaussschen Darstellung komplexer Zahlen) jedem Punkt der z-Ebene ein Punkt der w-Ebene zugeordnet: Die z-Ebene wird auf die w-Ebene abgebildet. Jeder Kurve der z-Ebene entspricht eine bestimmte Kurve der w-Ebene: ihre Abbildung, jedem Flächenstück der z-Ebene ein bestimmtes Flächenstück der w-Ebene: seine Abbildung.

5. **Eigenschaft dieser Abbildung $w = f(z)$.** Diese Abbildung ist **konform** oder **winkeltreu** (isogonal): je zwei Kurven der z-Ebene schneiden sich unter dem gleichen Winkel wie ihre Abbildungen in der w-Ebene; das unendlich kleine Dreieck $z_1 z_2 z_3$ der z-Ebene ist ähnlich der unendlich kleinen Abbildung $w_1 w_2 w_3$ der w-Ebene.

Hat an der untersuchten Stelle z die Ableitung $\frac{dw}{dz}$ den Modul a und das Argument $\alpha$, so gibt a das Vergrößerungsverhältnis und $\alpha$ den Drehwinkel unendlich kleiner Strecken an dieser Stelle an, d. h. die Strecke ds hat in der Abbildung die Länge ads; dreht man die Strecke ds um den Winkel $\alpha$, so ist sie ihrer Abbildung parallel.

Die Konformität der Abbildung erleidet eine Unterbrechung an den Stellen, für welche $\frac{dw}{dz} = 0$ ist.

Den Axenparallelen der w-Ebene u = constans, v = constans entspricht in der z-Ebene als Abbildung ein System von Orthogonalkurven. Dieselben teilen die z-Ebene in unendlich kleine Quadrate: sie bilden ein **isometrisches** oder **isothermes Kurvensystem.**

Man nennt die Linien u = constans **Niveaulinien**, die v = constans **Stromkurven** (ausgehend von der stationären wirbelfreien Strömung einer inkompressiblen reibungsfreien Flüssigkeit).

## § 37. Lineare Gleichungen.

1. Eine Gleichung ist **homogen,** wenn alle Summanden bezüglich der Unbekannten gleicher Dimension sind.

Aus homogenen Gleichungen kann man nur das Verhältnis der Unbekannten ermitteln. Für ein System von n homogen auftretenden Unbekannten sind zur Ermittlung dieser Verhältnisse n — 1 Gleichungen notwendig.

2. Dividiert man die homogenen Gleichungen durch eine der Unbekannten und setzt für die nun auftretenden Verhältnisse der Unbekannten neue Unbekannte ein, so wird aus dem System der n — 1 homogenen linearen Gleichungen für n Unbekannte ein ihm äquivalentes System von n — 1 unhomogenen linearen Gleichungen mit n — 1 Unbekannten.

Beispiel. Aus $a_1 x + b_1 y + c_1 z = 0,$
$a_2 x + b_2 y + c_2 z = 0$ wird

$$a_1 \frac{x}{z} + b_1 \frac{y}{z} + c_1 = 0, \qquad a_1 \xi + b_1 \eta + c_1 = 0,$$
oder
$$a_2 \frac{x}{z} + b_2 \frac{y}{z} + c_2 = 0 \qquad a_2 \xi + b_2 \eta + c_2 = 0.$$

3. Die Determinanten liefern einfache Formeln für die Lösung linearer Gleichungen. Wenn abkürzungsweise gesetzt wird die Matrix $\begin{vmatrix} a_1 & b_1 & c_1 \\ a_2 & b_2 & c_2 \end{vmatrix}$ für das Verhältnis der aus ihr bildbaren Determinanten (Vorzeichen je nach der Klasse), also

$$\begin{vmatrix} a_1 & b_1 & c_1 \\ a_2 & b_2 & c_2 \end{vmatrix} = \begin{vmatrix} b_1 & c_1 \\ b_2 & c_2 \end{vmatrix} : - \begin{vmatrix} a_1 & c_1 \\ a_2 & c_2 \end{vmatrix} : \begin{vmatrix} a_1 & b_1 \\ a_2 & b_2 \end{vmatrix},$$

so hat man als Lösung des Systems

$$\left.\begin{array}{l} a_1x + b_1y + c_1z = 0 \\ a_2x + b_2y + c_2z = 0 \end{array}\right\}$$

$$x : y : z = \begin{vmatrix} a_1 & b_1 & c_1 \\ a_2 & b_2 & c_2 \end{vmatrix} = (b_1c_2 - b_2c_1) : (c_1a_2 - c_2a_1) : (a_1b_2 - a_2b_1)$$

und als Lösung des Systems

$$\left.\begin{array}{l} a_1x + b_1y + c_1 = 0 \\ a_2x + b_2y + c_2 = 0 \end{array}\right\}$$

$$x : y : 1 = \begin{vmatrix} a_1 & b_1 & c_1 \\ a_2 & b_2 & c_2 \end{vmatrix} = (b_1c_2 - b_2c_1) : (c_1a_2 - c_2a_1) : (a_1b_2 - a_2b_1).$$

4. Entsprechend ist die Lösung des Systems

$$\left.\begin{array}{l} a_1x + b_1y + c_1z + d_1u = 0 \\ a_2x + b_2y + c_2z + d_2u = 0 \\ a_3x + b_3y + c_3z + d_3u = 0 \end{array}\right\} x : y : z : u = \begin{vmatrix} a_1 & b_1 & c_1 & d_1 \\ a_2 & b_2 & c_2 & d_2 \\ a_3 & b_3 & c_3 & d_3 \end{vmatrix}$$

und die des Systems

$$\left.\begin{array}{l} a_1x + b_1y + c_1z + d_1 = 0 \\ a_2x + b_2y + c_2z + d_2 = 0 \\ a_3x + b_3y + c_3z + d_3 = 0 \end{array}\right\} x : y : z : 1 = \begin{vmatrix} a_1 & b_1 & c_1 & d_1 \\ a_2 & b_2 & c_2 & d_2 \\ a_3 & b_3 & c_3 & d_3 \end{vmatrix}.$$

5. Die Bedingung für das Zusammenbestehen der drei linearen homogenen Gleichungen mit drei Unbekannten

$$\left.\begin{array}{l} a_1x + b_1y + c_1z = 0 \\ a_2x + b_2y + c_2z = 0 \\ a_3x + b_3y + c_3z = 0 \end{array}\right\} \text{ ist } \begin{vmatrix} a_1 & b_1 & c_1 \\ a_2 & b_2 & c_2 \\ a_3 & b_3 & c_3 \end{vmatrix} = 0.$$

Allgemein: Damit n homogene lineare Gleichungen mit n Unbekannten **zusammenbestehen** können („verträglich sind"), muß die Determinante des Gleichungssystems verschwinden.

6. Die Bedingung für das Zusammenbestehen der drei linearen unhomogenen Gleichungen mit zwei Unbekannten

$$\left.\begin{array}{l} a_1x + b_1y + c_1 = 0 \\ a_2x + b_2y + c_2 = 0 \\ a_3x + b_3y + c_3 = 0 \end{array}\right\} \text{ ist } \begin{vmatrix} a_1 & b_1 & c_1 \\ a_2 & b_2 & c_2 \\ a_3 & b_3 & c_3 \end{vmatrix} = 0.$$

Allgemein: Damit $n + 1$ unhomogene lineare Gleichungen mit n Unbekannten zusammenbestehen können (verträglich sind), muß die Determinante des Gleichungssystems verschwinden.

7. **Resultante** zweier oder mehrerer Gleichungen ist diejenige Funktion der Koeffizienten beider Gleichungen, deren Verschwinden das Vorhandensein gemeinsamer Wurzeln (= Zusammenbestehen oder Verträglichkeit der Gleichungen) angibt.

8. Die Resultante eines Systems von n linearen homogenen Gleichungen mit n Unbekannten ist die Determinante des Gleichungssystems.

9. Die Resultante eines Systems von $n + 1$ linearen unhomogenen Gleichungen mit n Unbekannten ist die Determinante des Gleichungssystems.

## § 38.

## Algebraische Gleichungen mit einer Unbekannten.

1. $f(x) = 0$ ist die allgemeinste Gleichung mit einer Unbekannten. Je nachdem die Funktion $f(x)$ transzendent oder algebraisch ist, unterscheidet man **transzendente** und **algebraische** Gleichungen.

2. Jede algebraische Gleichung $f(x) = 0$ kann so umgeformt werden, daß die linke Gleichungsseite eine rationale ganze Funktion $G_n(x)$ wird. Eine allgemeine transzendente Gleichung ist ebensowenig algebraisch lösbar wie eine allgemeine algebraische Gleichung von höherem als vom vierten Grad. Für solche Gleichungen hat man Näherungslösungen, mechanische, graphische Lösungen etc. (siehe die folgenden Paragraphen).

3. $G_n(x) = a_0 x^n + a_1 x^{n-1} + a_2 x^{n-2} + \cdots + a_{n-1} x + a_n = 0$ ist die **allgemeinste Gleichung** $n^{ten}$ **Grades** in x. ($a_0$ wird von nun ab immer gleich 1 vorausgesetzt, indem man sich die Gleichung mit $a_0$ dividiert denkt.) Sind alle Koeffizienten reell, so nennt man die Gleichung **reell.** Diejenigen Werte von x, welche die Gleichung befriedigen, also $G(x)$ zu Null machen, heißen **Wurzeln** der Gleichung $G(x) = 0$. Dann ist $\alpha$ eine Wurzel von $f(x) = 0$, wenn $f(\alpha) = 0$ wird.

4. Die **graphische Darstellung** der Gleichung $G(x) = 0$ ist eine Parabel $n^{ter}$ Ordnung. Durch ihre Schnittpunkte mit der x-Axe sind die Wurzeln $\alpha$ der Gleichung bestimmt.

5. Ist $\alpha$ eine Wurzel der Gleichung $f(x) = 0$, so ist $x - \alpha$ ein Faktor der Gleichung.

6. $\alpha$ ist eine **Doppelwurzel** der Gleichung $f(x) = 0$, wenn gleichzeitig $f(\alpha) = 0$ und $f'(\alpha) = 0$.

$\alpha$ ist eine **r-fache Wurzel** der Gleichung $f(x) = 0$, wenn gleichzeitig $f(\alpha) = 0$, $f'(\alpha) = 0$, $f''(\alpha) = 0 \cdots f^{(r-1)}(\alpha) = 0$, $f^{(r)}(\alpha)$ aber von Null verschieden ist.

7. **Diskriminante** einer Gleichung ist diejenige Funktion der Gleichungskoeffizienten, deren Verschwinden das Vorhandensein einer mehrfachen Wurzel anzeigt.

8. Die Diskriminante einer Gleichung ist die Resultante der Gleichung und ihrer Ableitung.

9. **Fundamentalsatz der Algebra.** Jede Gleichung hat mindestens e i n e Wurzel.

10. Die Gleichung $n^{ten}$ Grades hat n Wurzeln.

11. Die Wurzeln $\alpha_i$ der Gleichung

$$x^n + a_1 x^{n-1} + a_2 x^{n-2} + \cdots + a_{n-1} x + a_n = 0$$

sind mit den Koeffizienten $a_i$ verbunden durch die Relation

$$-a_1 = \sum C_n^1 = \alpha_1 + \alpha_2 + \alpha_3 + \cdots + \alpha_n.$$

$$+a_2 = \sum C_n^2 = \alpha_1 \alpha_2 + \alpha_1 \alpha_3 + \cdots \alpha_{n-1} \alpha_n.$$

$$-a_3 = \sum C_n^3 = \alpha_1 \alpha_2 \alpha_3 + \alpha_1 \alpha_2 \alpha_4 + \cdots \alpha_{n-2} \alpha_{n-1} \alpha_n.$$

$$\vdots$$

$$(-1)^n a_n = \sum C_n^n = \alpha_1 \alpha_2 \alpha_3 \cdots \alpha_n.$$

12. Ist $\alpha + i\beta$ eine Wurzel der Gleichung $G(x) = 0$, dann auch $\alpha - i\beta$, oder: die **imaginären Wurzeln** kommen nur paarweis konjugiert vor.

13. Eine Gleichung ungeraden Grades hat mindestens eine reelle Wurzel.

14. Eine Gleichung geraden Grades, deren letztes Glied negativ ist, hat mindestens zwei reelle Wurzeln.

15. Wenn eine vollständige Gleichung nur reelle positive Wurzeln hat, so weist sie nur Zeichenwechsel auf.

16. Wenn eine vollständige Gleichung nur reelle negative Wurzeln hat, so weist sie nur Zeichenfolgen auf.

17. Eine Gleichung hat höchstens soviel positive reelle Wurzeln als Zeichenwechsel und höchstens soviel negative reelle als Zeichenfolgen (Deskartessche Zeichenregel).

18. Eine vollständige Gleichung mit reellen Wurzeln hat genau so viel positive Wurzeln, als Zeichenwechsel, und genau so viel negative, als Zeichenfolgen vorhanden sind.

19. Der **Sturm**sche **Satz** gibt 1. die Zahl aller reellen Wurzeln an, 2. schließt dieselben beliebig genau zwischen zwei Werte a und b ein.

Wenn die Gleichung $f(x) = 0$, so sind die **Sturmschen Funktionen** definiert: $S_1 = f(x)$, $S_2 = f'(x)$, $S_3$ ist der negative Rest von $S_1 : S_2$, $S_4$ der negative Rest von $S_2 : S_3$ etc. Die letzte Sturmsche Funktion ist eine Konstante. Da nur die Vorzeichen der Sturmschen Funktionen maßgebend sind, so kann man jede solche Funktion mit einer beliebigen positiven Zahl multiplizieren, um die Division zu vereinfachen. Der Sturmsche Satz lautet: Um die Anzahl der reellen Wurzeln zwischen a und b zu bestimmen, gebe man für die Werte a und b alle Sturmschen Funktionen an, beachte aber nur die Vorzeichen der einzelnen Funktionen. Der Überschuß der Vorzeichenwechsel bei a über die bei b gibt die Anzahl der reellen Wurzeln zwischen a und b.

Will man die Anzahl aller reellen Wurzeln der Gleichung, so wähle man $a = +\infty$ und $b = -\infty$.

20. Zwischen a und b liegt keine oder eine gerade Anzahl von Wurzeln, wenn $f(a)$ und $f(b)$ gleiches Vorzeichen haben.

21. Zwischen a und b liegt eine ungerade Anzahl von Wurzeln, also mindestens eine, wenn f(a) und f(b) ungleiches Vorzeichen haben.

22. Setzt man in die Gleichung f(x) stetig aufeinanderfolgende Werte von x ein, so wechselt sie beim Passieren einer Wurzel (ausgenommen zwei-, vier-, sechsfache etc. Wurzel) das Vorzeichen.

23. Werden in einer Gleichung $G_n(x) = 0$ die r letzten Koeffizienten Null, also

$$G_n(x) = x^n + a_1 x^{n-1} + \cdots a_r x^r + 0 \cdot x^{r-1} + \cdots + 0 \cdot x + 0 = 0,$$

so hat sie r-mal die Wurzel Null.

24. Werden in der Gleichung $G_n(x)$ die r ersten Koeffizienten Null, also

$$G_n(x) = 0 \cdot x^n + 0 \cdot x^{n-1} + \cdots + 0 \cdot x^{n-r+1} + a_r x^{n-r} + \cdots + a_n = 0,$$

so hat sie r-mal die Wurzel $\infty$.

25. Eine Gleichung mit fehlendem zweitem Glied $a_1 x^{n-1}$ heißt **reduziert.** Die Summe der Wurzeln einer reduzierten Gleichung ist also Null.

Soll die Gleichung $G_n(x) = 0$ reduziert werden, so substituiert man $x = y - \frac{a_1}{n}$ und erhält die neue Gleichung

$$y^n + b_2 y^{n-2} + b_3 y^{n-3} + \cdots + b_{n-1} y + b_n = 0.$$

## § 39. Binomische Gleichungen.

$x^n + a = 0$ heißt eine **binomische Gleichung.** Sie wird mit dem Moivreschen Satz gelöst. Die Gleichung hat n Wurzeln, die alle den gleichen Modul haben und einen Argumentunterschied von $k\frac{2\pi}{n}$; d. h. in der Gaussschen Zahlenebene liegen alle Wurzeln symmetrisch auf einem Kreis mit dem Radius $\varrho = |\sqrt[n]{a}|$ um den Nullpunkt.

## § 40. Quadratische Gleichungen.

$ax^2 + bx + c = 0$ hat als **Diskriminante** $D = b^2 - 4ac$. Die beiden Wurzeln der Gleichung sind

$$\left.\begin{matrix} x_1 \\ x_2 \end{matrix}\right\} = \frac{-b \pm \sqrt{b^2 - 4ac}}{2a}.$$

Dieselben lassen sich auch nach der Relation zwischen Wurzeln und Koeffizienten sehr oft rasch auffinden durch

$$ac = ax_1 \cdot ax_2$$
$$-b = ax_1 + ax_2.$$

$$x_1 \text{ und } x_2 \text{ sind} \begin{cases} \text{reell und verschieden für} & D > 0, \\ \text{reell und gleich für} & D = 0, \\ \text{konjugiert imaginär für} & D < 0. \end{cases}$$

## § 41. Kubische Gleichungen.

1. Die Gleichung $G_3(x) = x^3 + a_1x^2 + a_2x + a_3 = 0$ wird man immer zuerst so zu lösen versuchen, daß man durch Erraten oder mit der Relation zwischen Wurzeln und Koeffizienten eine Wurzel aufsucht. Hat man eine solche gefunden, etwa $\alpha$, so sind die übrigen $\beta$ und $\gamma$ als Wurzeln einer quadratischen Gleichung bestimmt. Diese erhält man, indem man $G_3(x) = 0$ mit $x - \alpha$ dividiert. Oder man findet $\beta$ und $\gamma$ unmittelbar durch die Beziehungen

$$-a_1 = \alpha + \beta + \gamma,$$
$$+a_2 = \alpha\beta + \alpha\gamma + \beta\gamma,$$
$$-a_3 = \alpha\beta\gamma.$$

2. Hat man die Gleichung $y^3 + a_1y^2 + a_2y + a_3 = 0$ durch die Substitution $y = x - a_1 : 3$ auf die

**Form von Cardano** $x^3 + px + q = 0$

reduziert, so findet man eine Wurzel in der Form

$$x_1 = \sqrt[3]{u} + \sqrt[3]{v}.$$

u und v sind die Wurzeln der

**Resolvente** $y^2 + qy - \left(\frac{p}{3}\right)^3 = 0.$

Die **Diskriminante** der Resolvente,

$$D = \left(\frac{q}{2}\right)^2 + \left(\frac{p}{3}\right)^3,$$

ist auch diejenige der Cardanischen Gleichung.

3. Dann ist eine Wurzel $x_1$ der Gleichung

$$x_1 = \sqrt[3]{-\frac{q}{2} + \sqrt{D}} + \sqrt[3]{-\frac{q}{2} - \sqrt{D}};$$

die beiden andern $x_2$ und $x_3$ sind

$$x_2 = \varepsilon\sqrt[3]{-\frac{q}{2} + \sqrt{D}} + \varepsilon^2\sqrt[3]{-\frac{q}{2} - \sqrt{D}},$$

$$x_3 = \varepsilon^2\sqrt[3]{-\frac{q}{2} + \sqrt{D}} + \varepsilon\sqrt[3]{-\frac{q}{2} - \sqrt{D}}.$$

$\varepsilon$ und $\varepsilon^2$ sind die konjugiert imaginären Wurzeln von $\sqrt[3]{1}$, also

$$\varepsilon = -\frac{1}{2} + \frac{i}{2}\sqrt{3}, \quad \varepsilon^2 = -\frac{1}{2} - \frac{i}{2}\sqrt{3}.$$

4. $D \gtreqless 0$:
- $>$: 1 reelle, 2 konjugiert imaginäre Wurzeln,
- $=$: 3 reelle Wurzeln, 2 sind gleich,
- $<$: 3 reelle Wurzeln in imaginärer Form.

5. Im letzten Fall liefert die Cardanische Formel die drei Wurzeln in imaginärer Form: **Casus irreducibilis.** In diesem Fall setzt man, wenn die Gleichung $x^3 - px \pm q = 0$,

$$\cos\varphi = \sqrt{\left(\frac{q}{2}\right)^2 : \left(\frac{p}{3}\right)^3}$$

und erhält die drei Wurzeln für $k = 0, 1, 2$ durch

$$x = \mp 2\sqrt{\frac{p}{3}} \cos\frac{\varphi + 2k\pi}{3}$$

6. **Trigonometrische Lösung** der Cardanischen Gleichung $x^3 + px \pm q = 0$. Man setzt

$$\operatorname{cotg} 2\psi = \sqrt{\left(\frac{q}{2}\right)^2 : \left(\frac{p}{3}\right)^3},$$

$$\operatorname{tg}\varphi = \sqrt[3]{\operatorname{tg}\psi},$$

und erhält als Lösung

$$x = \mp 2\sqrt{\frac{p}{3}}\cotg 2\varphi\,.$$

7. **Annäherungslösung** siehe § 44.

## § 42. Biquadratische Gleichungen.

1. $x^4 + a_1x^3 + a_2x^2 + a_3x + a_4 = 0$. Man versucht zuerst eine Lösung entsprechend den Angaben 1 des vorigen Paragraphen.

2. Hat man die Gleichung $y^4 + a_1y^3 + a_2y^2 + a_3y + a_4 = 0$ durch die Substitution $y = x - a_1 : 4$ reduziert auf die Normalform

$$x^4 + rx^2 + sx + t = 0,$$

so findet man deren Wurzeln in der Form

$$x = \sqrt{u} + \sqrt{v} + \sqrt{w}\,.$$

u, v und w sind die Wurzeln der **Resolvente**

$$y^3 + \frac{r}{2}y^2 + \frac{y}{4}\left(\frac{r^2}{4} - t\right) - \frac{s^2}{64} = 0.$$

3. Ist s positiv, dann sind die vier Wurzeln

$$x_1 = -\sqrt{u} + \sqrt{v} + \sqrt{w}, \quad x_2 = +\sqrt{u} - \sqrt{v} + \sqrt{w},$$
$$x_3 = \sqrt{u} + \sqrt{v} - \sqrt{w}, \quad x_4 = -\sqrt{u} - \sqrt{v} - \sqrt{w}.$$

Ist s negativ, dann ist

$$x_1 = \sqrt{u} - \sqrt{v} - \sqrt{w}, \quad x_2 = -\sqrt{u} + \sqrt{v} - \sqrt{w},$$
$$x_3 = -\sqrt{u} - \sqrt{v} + \sqrt{w}, \quad x_4 = +\sqrt{u} + \sqrt{v} + \sqrt{w}.$$

## § 43. Reziproke Gleichungen.

1. **Reziprok** heißt eine Gleichung, wenn mit a auch 1 : a eine Wurzel ist.

2. Die symmetrischen Koeffizienten einer reziproken Gleichung sind stets gleich oder stets entgegengesetzt gleich.

3. Eine reziproke Gleichung ungeraden Grades hat entweder $-1$ oder $+1$ als Wurzel und kann daher durch Division mit $x + 1$ bezw. $x - 1$ um einen Grad erniedrigt werden.

4. Eine reziproke Gleichung vom Grad 2k wird durch Division mit $x^k$ und die darauffolgende Substitution

$$x + \frac{1}{x} = y \quad \text{bezw.} \quad x - \frac{1}{x} = y$$

auf eine Gleichung vom Grad k transformiert.

## § 44. **Näherungs- und graphische Lösungen.**

1. Eine allgemeine Gleichung $G_n(x) = 0$ von höherem als viertem Grad läßt sich algebraisch nicht mehr lösen, ebensowenig eine allgemeine transzendente Gleichung. Numerische Gleichungen lassen sich mit Näherungsmethoden beliebig genau lösen.

2. Eine **erste Annäherung** liefert die graphische Darstellung (siehe 6) der Funktion f(x) der Gleichung $f(x) = 0$, oder irgend einer der § 38 angegebenen Sätze.

3. Ist der Fehler h zwischen dem Annäherungswert a und dem wahren Wert x — also $x = a + h$ — klein genug, so liefert die **Newtonsche Näherungsformel** eine genauere Annäherung durch Angabe von

$$h = -\frac{f(a)}{f'(a)},$$

wenn $f(x) = 0$ die gegebene Gleichung ist.

4. Kennt man zwei Annäherungswerte $a_1$ und $a_2$, zwischen denen der wahre Wert x liegt, so ergibt die **„Regula falsi"** angenähert

$$x = a_1 + \frac{(a_2 - a_1)\, f(a_1)}{f(a_1) - f(a_2)}.$$

Die „Regula falsi" ist besonders bei transzendenten Gleichungen anzuwenden.

5. **Wurzelgrenzen.** a ist eine obere (untere) Grenze der reellen Wurzeln der Gleichung $f(x) = 0$, wenn alle Werte $x > a$ $(x < a)$ keinen Vorzeichenwechsel mehr in f(x) hervorrufen.

6. **Graphische Lösungen** (siehe hierzu Kurvenkonstruktionen).

a) Kubische Gleichung $x^3 + ax^2 + bx + c = 0$. Die Abszissen der drei Schnittpunkte der Kurve $y = x^2(x + a)$ mit der Geraden $y = -bx - c$ sind die drei Wurzeln.

Ist die kubische Gleichung in der reduzierten Form $x^3 + px + q = 0$ gegeben, so kann man die drei Wurzeln auch finden als Abszissen der Schnittpunkte (den Nullpunkt ausgeschlossen) des Kreises durch den Ursprung um den Mittelpunkt $-\frac{q}{2} \,\Big|\, \frac{1-p}{2}$ [Kreisgleichung $x^2 + y^2 + qx + (p-1)y = 0$] und der Parabel $y = x^2$.

b) Biquadratische Gleichung

$$x^4 + ax^3 + bx^2 + cx + d = 0.$$

Die Abszissen der vier Schnittpunkte der Kurve $y = x^2(x^2 + ax + b)$ mit der Geraden $y = -cx - d$ sind die vier Wurzeln.

Ist die biquadratische Gleichung in der reduzierten Form $x^4 + rx^2 + sx + t = 0$ gegeben, so kann man die vier Wurzeln auch finden als Abszissen der Schnittpunkte des Kreises um den Mittelpunkt $-\frac{s}{2} \,\Big|\, \frac{1-r}{2}$ mit dem Radius $\frac{1}{2}\sqrt{(r-1)^2 + s^2 - 4t}$ [Kreisgleichung

$$x^2 + y^2 + sx + (r-1)y + t = 0]$$

und der Parabel $y = x^2$.

c) **Beliebige Gleichung $f(x) = 0$.** Man zerlegt die linke Gleichungsseite $f(x)$ in der Form $f(x) = f_1(x) - f_2(x)$, dann findet man die Wurzeln als Abszissen der Schnittpunkte der Kurven $y = f_1(x)$ und $y = f_2(x)$.

Beispiel. Die Wurzeln der Gleichung $x \sin x + (x+1)e^x = 0$ findet man als Abszissen der Schnittpunkte der Kurven $y = (x+1)e^x$ und $y = -x \sin x$.

## § 45. **Simultane Gleichungen.**

1. Zwei oder mehrere gleichzeitig bestehende Gleichungen für eine oder mehrere Unbekannte nennt man **simultane Gleichungen.**

2. Bestehen zwei Gleichungen für die nämliche Unbekannte simultan, so muß ihre Resultante verschwinden (siehe lineare Gleichungen). Die beiden Gleichungen haben dann einen in der Unbekannten mindestens linearen Faktor gemeinsam.

3. Die **Resultante zweier Gleichungen** ist das Eliminationsresultat der Unbekannten aus beiden Gleichungen.

4. Die Resultante zweier Gleichungen findet man nach 2. entweder als letzten konstanten Rest der fortgesetzten Division beider Gleichungen bezw. ihrer Reste (nach der Methode der Aufsuchung eines gemeinschaftlichen Teilers) oder nach der **Sylvesterschen Methode** (siehe lineare Gleichungen). Man multipliziert jede der beiden Gleichungen $f(x) = 0$ und $\varphi(x) = 0$ mit $x, x^2, x^3 \cdots$ und setzt $x^2 = y$, $x^3 = z \cdots$, bis man eine Gleichung mehr als Unbekannte hat. Dann ist die Resultante der beiden simultanen Gleichungen die Determinante des neu erhaltenen Gleichungssystems.

Beispiel. Die Resultante von $\begin{cases} ax^2 + bx + c = 0 \\ \alpha x^3 + \beta x + \gamma = 0 \end{cases}$

ist auch die Resultante von

$$\left.\begin{array}{lllll} & ay & + bx & + c & = 0 \\ \alpha z & & + \beta x & + \gamma & = 0 \\ & az + by & + cx & & = 0 \\ \alpha u & & + \beta y & + \gamma x & = 0 \\ au + bz & + cy & & & = 0 \end{array}\right| , \text{ d. i. } \begin{vmatrix} 0 & 0 & a & b & c \\ 0 & \alpha & 0 & \beta & \gamma \\ 0 & a & b & c & 0 \\ \alpha & 0 & \beta & \gamma & 0 \\ a & b & c & 0 & 0 \end{vmatrix}.$$

5. Die Resultante der zwei Gleichungen $m^{ten}$ Grades

$$\left.\begin{array}{l} a_0 x^m + a_1 x^{m-1} + \cdots + a_{m-1} x + a_m = 0 \\ b_0 x^m + b_1 x^{m-1} + \cdots + b_{m-1} x + b_m = 0 \end{array}\right\}$$

wird erhalten als Resultante der zwei Gleichungen $(m-1)^{ten}$ Grades

$$x^{m-1}(b_0 a_1 - a_0 b_1) + x^{m-2}(b_0 a_2 - a_0 b_2) + \cdots \cdots \\ + x(b_0 a_{m-1} - a_0 b_{m-1}) + (b_0 a_m - a_0 b_m) = 0.$$

$$x^{m-1}(a_0 b_m - b_0 a_m) + x^{m-2}(a_1 b_m - b_1 a_m) + \cdots \cdots \\ + x(a_{m-2} b_m - b_{m-2} a_m) + (a_{m-1} b_m - b_{m-1} a_m) = 0.$$

6. Die Resultante der zwei Gleichungen zweiten Grades

$$\left.\begin{array}{l} A_0x^2 + A_1x + A_2 = 0 \\ B_0x^2 + B_1x + B_2 = 0 \end{array}\right\}$$

ist die Resultante der zwei linearen Gleichungen

$$\left.\begin{array}{l} x(B_0A_1 - A_0B_1) + (B_0A_2 - A_0B_2) = 0 \\ x(A_0B_2 - B_0A_2) + (A_1B_2 - B_1A_2) = 0 \end{array}\right\},$$

d. i. deren Determinante

$$(A_0B_1 - B_0A_1)\,(A_1B_2 - B_1A_2) - (A_2B_0 - B_2A_0)^2.$$

7. Die Lösung zweier Gleichungen mit zwei Unbekannten x und y ergibt sich im allgemeinen als Lösung der Resultante der beiden Gleichungen für x, wenn man y als bekannte Größe betrachtet. Diese Resultante ist im allgemeinen vom $m \cdot n^{ten}$ Grad, falls die erste der beiden Gleichungen vom $m^{ten}$, die zweite vom $n^{ten}$ Grad in den Unbekannten war. Das Gleichungspaar hat $m \cdot n$ Wertepaare als Lösungen.

Beispiel. $\left\{\begin{array}{l} a_{11}x^2 + 2a_{12}xy + a_{22}y^2 + 2a_{13}x + 2a_{23}y + a_{33} = 0 \\ b_{11}x^2 + 2b_{12}xy + b_{22}y^2 + 2b_{13}x + 2b_{23}y + b_{33} = 0 \end{array}\right.$

oder $\left\{\begin{array}{l} A_0x^2 + A_1x + A_2 = 0 \\ B_0x^2 + B_1x + B_2 = 0 \end{array}\right.$

hat als Resultante

$$R = (A_0B_1 - B_0A_1)\,(A_1B_2 - B_1A_2) - (A_2B_0 - B_2A_0)^2.$$

$R = 0$ ist (nach Substitution der $A_i$ und $B_i$) eine Gleichung vierten Grades in y.

## § 46. Partialbruchzerlegung.

1. Ein **Partialbruch** ist eine echt gebrochene rationale Funktion von möglichst niederm Grad.

2. Jede echt gebrochene rationale Funktion läßt sich in eine Summe von Partialbrüchen zerlegen.

3. $\frac{\varphi(x)}{f(x)}$ läßt sich, falls $(x - x_\mu)^m$ ein Faktor von f(x) ist, zerlegen in

$$\frac{\varphi(x)}{f(x)} = \frac{A_\mu}{(x - x_\mu)^m} + F(x).$$

4. Um eine unecht gebrochene rationale Funktion möglichst zu vereinfachen, zerlege man sie in eine ganze und eine echt gebrochene rationale Funktion als Summanden.

5. Jede Funktion

$$\frac{\varphi(x)}{f(x)} = \frac{\varphi(x)}{(x - x_1)^\alpha (x - x_2)^\beta \cdots}$$

kann man sich entstanden denken dadurch, daß man die Summe

$$\frac{A_\alpha}{(x - x_1)^\alpha} + \frac{A_{\alpha-1}}{(x - x_1)^{\alpha-1}} + \cdots + \frac{A_1}{x - x_1}$$

$$+ \frac{B_\beta}{(x - x_2)^\beta} + \frac{B_{\beta-1}}{(x - x_2)^{\beta-1}} + \cdots + \frac{B_1}{x - x_2} + \cdots$$

auf den gemeinsamen Nenner $(x - x_1)^\alpha (x - x_2)^\beta \cdots$ gebracht hat.

6. Um $\frac{\varphi(x)}{f(x)}$ in Partialbrüche zu zerlegen, wird man zunächst f(x) in seine Faktoren zerlegen. Je nachdem diese Faktoren alle reell oder einige imaginär sind, ob sie alle verschieden oder einige auch gleich sind, unterscheidet man folgende Fälle:

Ia alle Faktoren sind reell und verschieden,
Ib alle Faktoren sind reell, einige auch gleich,
II einige Faktoren sind imaginär.

7. **Fall Ia:** Alle Faktoren von f(x) sind reell und verschieden.

$$\frac{\varphi(x)}{f(x)} = \frac{\varphi(x)}{(x - x_1)(x - x_2)(x - x_3)\cdots(x - x_n)}$$

$$= \frac{A_1}{x - x_1} + \frac{A_2}{x - x_2} + \frac{A_3}{x - x_3} + \cdots + \frac{A_n}{x - x_n}.$$

Zur Bestimmung der $A_\mu$ ist die einfachste Methode folgende: Man multipliziert die beiden Gleichungsseiten mit $x - x_\mu$ und setzt dann $x = x_\mu$; man erhält

$$A_\mu = \frac{\varphi(x_\mu)}{(x_\mu - x_1)\cdots(x_\mu - x_{\mu-1})(x_\mu - x_{\mu+1})\cdots(x_\mu - x_n)}$$

$$= \frac{\varphi(x_\mu)}{f'(x_\mu)}.$$

8. **Fall Ib:** Alle Faktoren sind reell, einzelne sind gleich.

$$\frac{\varphi(x)}{f(x)} = \frac{\varphi(x)}{(x - x_1)^\alpha (x - x_2)^\beta \cdots (x - x_n)(x - x_{n+1})\cdots}$$

$$= \frac{A_\alpha}{(x - x_1)^\alpha} + \frac{A_{\alpha-1}}{(x - x_1)^{\alpha-1}} + \cdots + \frac{A_2}{(x - x_1)^2} + \frac{A_1}{x - x_1}$$

$$+ \frac{B_\beta}{(x - x_2)^\beta} + \frac{B_{\beta-1}}{(x - x_2)^{\beta-1}} + \cdots + \frac{B_2}{(x - x_2)^2} + \frac{B_1}{x - x_2}$$

$$+ \cdots\cdots\cdots\cdots\cdots\cdots$$

$$+ \frac{K}{x - x_n} + \frac{L}{x - x_{n+1}} + \cdots$$

Zur Bestimmung von $A_\alpha$, $B_\beta$, C, D$\cdots$ d. i. derjenigen Zähler, deren Nenner in der höchsten Potenz vorkommt, verwendet man am einfachsten die oben angegebenen Methode. Die Zähler $A_{\alpha-\mu}$, $B_{\beta-\mu}$ lassen sich nach dieser Methode nicht unmittelbar bestimmen. Erst wenn man die Partialbrüche mit bekannten Zählern $A_\alpha$, $B_\beta\cdots$ auf die linke Seite geschafft und dort vereinfacht hat, läßt sich diese Methode neuerdings zur Ermittlung von $A_{\alpha-1}$, $B_{\beta-1}\cdots$ anwenden. Andere Methoden siehe 10.

9. **Fall II:** Einzelne der Faktoren sind konjugiert imaginär.

$$\frac{\varphi(x)}{f(x)} = \frac{\varphi(x)}{(x + a + ib)(x + a - ib)(x + c + id)(x + c - id)\cdots}$$

$$= \frac{A}{x + a + ib} + \frac{B}{x + a - ib} + \frac{C}{x + c + id} + \frac{D}{x + c - id} + \cdots$$

Zur Ermittlung der (imaginären) Zähler A, B, C, D···· verwendet man wieder die in 7. angegebene Methode. Man erhält dann die Partialbrüche in komplexer Form, die man nach den Sätzen des § 35 in reeller Form zusammenfassen kann.

Oder man will von vornherein jede imaginäre Zahl vermeiden, dann setzt man

$$\frac{\varphi(x)}{f(x)} = \frac{Px + Q}{(x + a)^2 + b^2} + \frac{Sx + T}{(x + c)^2 + d^2} + \cdots$$

$$\text{wo } (x + a)^2 + b^2 = (x + a + ib)(x + a - ib),$$
$$(x + c)^2 + d^2 = (x + c + id)(x + c - id), \cdots$$

und ermittelt P, Q, S, T···· nach einer der folgenden Methoden.

10. **Allgemeine Methoden** der Ermittlung der Partialbruchzähler.

a) Methode der unbestimmten Koeffizienten. Man multipliziert beiderseits mit dem Generalnenner sämtlicher Partialbrüche (§ 26. 10).

b) Die Gleichung

$$\frac{\varphi(x)}{f(x)} = \frac{A_\alpha}{(x - x_a)^\alpha} + \cdots + \frac{K}{x - x_k} + \cdots$$

ist eine Identität, die also für jeden Wert von x gilt; man kann sich beliebig viele Gleichungen zur Ermittlung der unbekannten Zähler verschaffen, wenn man $x = 0, 1, -1, 2, -2$ usw. setzt (am besten nur in Verbindung mit der Methode 7. anzuwenden, wo diese nicht ausreicht).

## § 47. **Interpolation.**

1. **Interpolieren** heißt zu zwei gegebenen Systemen von Unabhängigen (= Argumenten) und ihnen zugeordneten abhängigen Größen (= Funktionswerten) angenähert den algebraischen Zusammenhang beider Systeme aufstellen und daraus für einen weitern gegebenen Argumentwert den zugehörigen Funktionswert aufsuchen.

2. **Graphische Interpolation.** Kennt man die wahre Abhängigkeit der gegebenen Werte, d. h. kann man die Abhängigkeit durch eine Funktionsgleichung darstellen, so läßt sich dieselbe in rechtwinkligen Koordinaten durch eine Kurve darstellen. Dieselbe Kurve kann man aber angenähert beliebig genau je nach der Anzahl der vorgenommenen Messungen durch diese Messungsergebnisse selbst wiedergeben. Zu einem weitern gegebenen Argumentwert als Abscisse findet man dann graphisch den zugehörigen Funktionswert als Ordinate.

3. **Methode der Proportionalteilung.** Sind die Beobachtungen für den geforderten Zweck hinreichend eng an einander gereiht, so kann man den Bogen zwischen zwei Punkten der Kurve durch eine Gerade ersetzen. Man nimmt also an, daß die Funktion in dem durch die beiden Punkte gegebenen Intervall proportional variiert. (Interpolation bei schon vorhandenen genaueren Tabellen: **Partes proportionales**).

4. Aufsuchen der Funktion in **rationaler ganzer Form.**

a) Man setzt $y = a_0 + a_1 x + a_2 x^2 + \cdots + a_{n-1} x^{n-1}$, falls man für n Argumente $x_i$ die zugehörigen Funktionswerte $y_i$ hat, und ermittelt aus den n Gleichungen

$$y_i = a_0 + a_1 x_i + a_2 x_i^2 + \cdots + a_{n-1} x_i^{n-1},$$

die n Koeffizienten $a_0, a_1, \cdots a_{n-1}$.

b) **Newtonsche Interpolationsmethode:** falls die Argumente $x_i$ eine arithmetische Reihe erster Ordnung

$$x_0, \; x_1 = x_0 + \alpha, \; x_2 = x_0 + 2\alpha, \; \cdots \; x_n = x_0 + n\alpha$$

bilden, präsentiert sich die gesuchte Funktion als eine arithmetische Reihe $n^{ter}$ Ordnung

$$y = y_0 + \frac{x - x_1}{1!\alpha} \Delta y_0 + \frac{(x - x_1)(x - x_2)}{2!\alpha^2} \Delta^2 y_0 + \cdots \frac{(x - x_1) \cdots (x - x_n)}{n!\alpha^n} \Delta^n y_0 .$$

$\Delta^k y_0$ ist das Anfangsglied der $k^{ten}$ Differenzenreihe der Hauptreihe

$$y_0, \; y_1, \; y_2 \; \cdots \; y_n .$$

c) **Lagrangesche Interpolationsmethode** für zwei beliebige Reihen von Argumenten $x_i$ und Abhängigen $y_i$. Zu einem beliebigen x findet man das zugehörige y nach

$$y = \sum_{i=0}^{i=n} \frac{(x-x_0)(x-x_1)\cdots(x-x_{i-1})(x-x_{i+1})\cdots(x-x_n)}{(x_i-x_0)(x_i-x_1)\cdots(x_i-x_{i-1})(x_i-x_{i+1})\cdots(x_i-x_n)} y_i$$

$$= \sum_{i=0}^{i=n} \frac{f(x)}{x-x_i} \cdot \frac{y_i}{f'(x_i)},$$

wenn man $f(x) = (x-x_0)\cdots(x-x_n)$ setzt.

# IV. Elemente der Differentialrechnung.

## § 48. Unendlich kleine und unendlich große Werte.

1. Unendlich klein heißt eine Größe, wenn sie als Grenzwert Null hat; oder in anderer Ausdrucksweise: wenn sie gegen Null konvergiert. Unendlich klein und Null sind also zu unterscheiden: der Unterschied zwischen beiden ist kleiner als jede angebbare Größe.

2. Sind $\alpha$ und $\beta$ zwei unendlich kleine Größen und ist $\lim \frac{\alpha}{\beta}$ eine endliche, von Null verschiedene Zahl, so nennt man $\alpha$ und $\beta$ von gleicher Ordnung; ist $\lim \frac{\alpha}{\beta} = 0$, so heißt $\alpha$ unendlich klein höherer Ordnung als $\beta$; ist $\lim \frac{\beta}{\alpha} = 0$, so heißt $\alpha$ von niedrigerer Ordnung.

3. Ist $\lim \frac{\alpha}{\beta^n}$ eine endliche von Null verschiedene Größe, so sagt man, $\alpha$ ist von der $n^{ten}$ Ordnung unendlich klein gegenüber $\beta$.

4. Wenn $\alpha$ unendlich klein oder unendlich groß ist, so ist $a\alpha$ von derselben Ordnung unendlich klein bezw. unendlich groß, falls a eine endliche von Null verschiedene Zahl ist.

5. Die Summe einer endlichen Zahl unendlich kleiner Summanden ist ebenfalls unendlich klein und zwar von derselben Ordnung wie der Summand niedrigster Ordnung.

6. Der Grenzwert der Summe der unendlich kleinen $\alpha_i$ ändert sich nicht, wenn man zu jedem $\alpha_i$ noch eine unendlich kleine Größe $\varepsilon_i$ höherer Ordnung als $\alpha_i$ hinzufügt.

## § 49. Ableitung reeller Funktionen einer Variablen.

1. Ändert sich die Unabhängige (= Argument) x um $\Delta x$, so wird sich im allgemeinen die Abhängige oder Funktion $y = f(x)$ um einen Betrag $\Delta y = \Delta f(x)$ ändern. Ist die Änderung $\Delta x$ der Unabhängigen x unendlich klein, so wird es im allgemeinen auch die Änderung $\Delta y$ der Funktion sein.

2. Die unendlich kleinen Änderungen von x und y heißen **Differentiale** (im Gegensatz zu den endlichen, den **Differenzen**).

3. **Differenzenquotient** ist das Verhältnis der Funktionsänderung $\Delta y$ zur entsprechenden Argumentänderung $\Delta x$.

$$\frac{\Delta y}{\Delta x} \text{ oder } \frac{\Delta f(x)}{\Delta x} = \frac{f(x + \Delta x) - f(x)}{\Delta x}.$$

4. **Differentialquotient** ist das Verhältnis der unendlich kleinen Funktionsänderung $dy = df(x)$ zur entsprechenden unendlich kleinen Argumentänderung $dx$.

5. Solange die Funktion $f(x)$ endlich und stetig ist, hat sie immer einen Differentialquotient.

6. **Ableitung** oder **Derivirte** $f'(x)$ einer Funktion $f(x)$ ist der Grenzwert des Differenzenquotienten, falls $\Delta x$ unendlich klein wird.

$$f'(x) = \lim_{\Delta x = 0} \frac{f(x + \Delta x) - f(x)}{\Delta x}.$$

7. Der Differentialquotient einer Funktion ist gleich der Ableitung dieser Funktion. Die gegebene Funktion heißt **Stammfunktion.**

$$\frac{dy}{dx} = f'(x) = \lim_{\Delta x = 0} \frac{f(x + \Delta x) - f(x)}{\Delta x}.$$

8. Verschiedene **Schreibweisen** für $\frac{dy}{dx}$.

$$\frac{df(x)}{dx} = f'(x) = \frac{dy}{dx} = y'.$$

9. **Geometrische Deutung** der Ableitung $f'(x)$. Sie ist gleich der Richtung der durch $y = f(x)$ dargestellten Kurve an der Stelle x (siehe Kurvendiskussion),

$$f'(x) = \operatorname{tg}\tau.$$

10. Das **Differential einer Funktion** ist gleich der Ableitung der Funktion multipliziert mit dem Differential der Unabhängigen,

$$d f(x) = f'(x) \cdot dx.$$

11. Die Ableitung einer **Additionskonstanten** ist Null.

| | |
|---|---|
| $\frac{d[f(x)+C]}{dx} = \frac{df(x)}{dx}$ | $d[f(x)+C] = d f(x)$ |
| $\frac{dC}{dx} = 0$ | $dC = 0$ |

12. Eine **Multiplikationskonstante** bleibt beim Differenzieren erhalten.

| | |
|---|---|
| $\frac{d[Cf(x)]}{dx} = C\frac{df(x)}{dx}$ | $d[Cf(x)] = C d f(x).$ |

13. Eine **Summe** wird differenziert, indem man jeden Summanden differenziert. Wenn u eine Abkürzung für $u(x)$, v für $v(x)$, entsprechend $u'$ für $u'(x)$ und $v'$ für $v'(x)$,

| | |
|---|---|
| $\frac{d(u+v)}{dx} = \frac{du}{dx} + \frac{dv}{dx} = u' + v'$ | $d(u+v) = du + dv.$ |

14. Ableitung eines **Produktes.**

| | |
|---|---|
| $\frac{d(uv)}{dx} = v\frac{du}{dx} + u\frac{dv}{dx} = vu' + uv'$ | $d(uv) = v\,du + u\,dv$ |
| $\frac{d(uvw)}{dx} = u'vw + v'wu + w'uv$ | $d(uvw) = vw\,du + wu\,dv + uv\,dw.$ |

15. Ableitung eines **Quotienten.**

| | |
|---|---|
| $\frac{d\left(\frac{u}{v}\right)}{dx} = \frac{v\frac{du}{dx} - u\frac{dv}{dx}}{v^2} = \frac{vu' - uv'}{v^2}$ | $d\frac{u}{v} = \frac{v\,du - u\,dv}{v^2}.$ |

16. Ableitung der **Funktion einer Funktion.** Ist y eine Funktion von u und u eine Funktion von x, so ist die Ableitung von y nach x gleich dem Produkt der Ableitung von y nach u mal der Ableitung von u nach x.

$$\frac{dy}{dx} = \frac{dy}{du} \cdot \frac{du}{dx}.$$

17. Eine im Intervall $a \leqq x \leqq b$ konvergente Potenzreihe für x gibt in diesem Intervall differenziert wieder eine konvergente Reihe. Die Reihe wird differenziert, indem man gliedweise jeden Summanden differenziert.

18. **Ableitung spezieller Funktionen.**

| | |
|---|---|
| $\frac{dx^m}{dx} = m x^{m-1}.$ | $dx^m = m x^{m-1} dx.$ |
| $\frac{d\sqrt{x}}{dx} = \frac{1}{2\sqrt{x}}.$ | $d\sqrt{x} = \frac{dx}{2\sqrt{x}}.$ |
| $\frac{d\frac{1}{x}}{dx} = -\frac{1}{x^2}.$ | $d\frac{1}{x} = -\frac{dx}{x^2}.$ |
| $\frac{d\sin x}{dx} = \cos x.$ | $d\sin x = \cos x\, dx.$ |
| $\frac{d\cos x}{dx} = -\sin x.$ | $d\cos x = -\sin x\, dx.$ |
| $\frac{d\,\mathrm{tg}\, x}{dx} = \frac{1}{\cos^2 x}.$ | $d\,\mathrm{tg}\, x = \frac{dx}{\cos^2 x}.$ |
| $\frac{d\,\mathrm{cotg}\, x}{dx} = \frac{-1}{\sin^2 x}.$ | $d\,\mathrm{cotg}\, x = \frac{-dx}{\sin^2 x}.$ |
| $\frac{da^x}{dx} = a^x \lg a.$ | $da^x = a^x \lg a\, dx.$ |
| $\frac{de^x}{dx} = e^x.$ | $de^x = e^x dx.$ |
| $\frac{d\arcsin x}{dx} = \frac{1}{\sqrt{1-x^2}}.$ | $d\arcsin x = \frac{dx}{\sqrt{1-x^2}}.$ |
| $\frac{d\arccos x}{dx} = \frac{-1}{\sqrt{1-x^2}}.$ | $d\arccos x = \frac{-dx}{\sqrt{1-x^2}}.$ |

$$\frac{d \operatorname{arctg} x}{dx} = \frac{1}{1+x^2}.$$

$$\frac{d \operatorname{arc\,cotg} x}{dx} = \frac{-1}{1+x^2}.$$

$$\frac{d \lg x}{dx} = \frac{1}{x}.$$

$$\frac{d \overset{a}{\log} x}{dx} = \frac{1}{x \lg a}.$$

$$\frac{d \operatorname{Sin} x}{dx} = \operatorname{Cos} x.$$

$$\frac{d \operatorname{Cos} x}{dx} = \operatorname{Sin} x.$$

$$\frac{d \operatorname{Tg} x}{dx} = \frac{1}{\operatorname{Cos}^2 x}.$$

$$\frac{d \operatorname{Cotg} x}{dx} = -\frac{1}{\operatorname{Sin}^2 x}.$$

$$\frac{d u^v}{dx} = u^v \left[\frac{v}{u} u' + v' \lg u\right].$$

$$d \operatorname{arctg} x = \frac{dx}{1+x^2}.$$

$$d \operatorname{arc\,cotg} x = \frac{-dx}{1+x^2}.$$

$$d \lg x = \frac{dx}{x}.$$

$$d \overset{a}{\log} x = \frac{dx}{x \lg a}.$$

$$d \operatorname{Sin} x = \operatorname{Cos} x \, dx.$$

$$d \operatorname{Cos} x = \operatorname{Sin} x \, dx.$$

$$d \operatorname{Tg} x = \frac{dx}{\operatorname{Cos}^2 x}.$$

$$d \operatorname{Cotg} x = -\frac{dx}{\operatorname{Sin}^2 x}.$$

$$d u^v = u^v \left[\frac{v}{u} u' + v' \lg u\right] dx.$$

18. Ist die Funktion y in **impliziter Form** gegeben, oder in der **Parameterdarstellung** (Simultandarstellung), so erhält man die Ableitung nach § 50 und 51.

## § 50. Ableitung reeller Funktionen mehrerer Variabler.

1. **Partielle Ableitung.** Die Darstellung $z = f(x, y)$ macht z von den beiden Variablen x und y abhängig. Einer Änderung nur von x entspricht eine partielle Änderung von z, ebenso einer Änderung nur von y eine (natürlich andere) partielle Änderung von z.

$$\frac{\partial z}{\partial x} = \frac{\partial f(x, y)}{\partial x} = \lim_{\Delta x = 0} \frac{f(x + \Delta x, y) - f(x, y)}{\Delta x}.$$

$$\frac{\partial z}{\partial y} = \frac{\partial f(x, y)}{\partial y} = \lim_{\Delta y = 0} \frac{f(x, y + \Delta y) - f(x, y)}{\Delta y}.$$

2. **Totale Ableitung** von $z = F(u, v)$, wenn $u = u(x)$, $v = v(x)$. Damit ist auch z von x abhängig, kann also total nach x differenziert werden. Nach Definition ist

$$\frac{dz}{dx} = \lim_{\Delta x = 0} \frac{\Delta z}{\Delta x} = \lim_{\Delta x = 0} \frac{F(u + \Delta u, v + \Delta v) - F(u, v)}{\Delta x}.$$

Satz. $$\frac{dz}{dx} = \frac{\partial F(u, v)}{\partial u} \cdot \frac{du}{dx} + \frac{\partial F(u, v)}{\partial v} \cdot \frac{dv}{dx}.$$

Abgekürzt:

$$\frac{dF(u, v)}{dx} = \frac{\partial F}{\partial u} \cdot \frac{du}{dx} + \frac{\partial F}{\partial v} \cdot \frac{dv}{dx}. \quad \Bigg| \quad dF(u, v) = \frac{\partial F}{\partial u} du + \frac{\partial F}{\partial v} dv.$$

3. Für $u = x$, $v = y$ wird speziell $z = F(x, y)$ und damit

$$\frac{dF(x, y)}{dx} = \frac{\partial F}{\partial x} + \frac{\partial F}{\partial y} \cdot \frac{dy}{dx} \quad \Bigg| \quad dF(x, y) = \frac{\partial F}{\partial x} dx + \frac{\partial F}{\partial y} dy.$$

Wenn $F_1$ und $F_2$ Abkürzungen sind für $\frac{\partial F}{\partial x}$ bezw. $\frac{\partial F}{\partial y}$, so wird für $z = F(x, y)$ unter der Voraussetzung $y = v(x)$

$$\frac{dF(x, y)}{dx} = F_1 + F_2 \frac{dy}{dx}. \quad \Bigg| \quad dF(x, y) = F_1 dx + F_2 dy.$$

4. Für die **implizit gegebene Funktion** $F(x, y) = 0$ ist

$$F_1 dx + F_2 dy = 0 \quad \text{oder} \quad \frac{dy}{dx} = -\frac{F_1}{F_2}.$$

5. Sind x und y **willkürliche Variable**, so ist

$$dF(x, y) = F_1 dx + F_2 dy.$$

Ebenso, wenn $x, y, z \cdots$ willkürliche Variable sind und $F_1$, $F_2$, $F_3 \cdots$ Abkürzungen statt der partiellen Ableitungen wie oben,

$$dF(x, y, z \cdots) = F_1 dx + F_2 dy + F_3 dz + \cdots$$

## § 51. Ableitung höherer Ordnung.

1. Die $n^{te}$ **Ableitung** der Funktion $f(x)$ nach x oder der $n^{te}$ **Differentialquotient** dieser Funktion ist die einfache Ableitung der $n - 1^{ten}$ Ableitung nach x.

2. Verschiedene **Schreibweisen** für die zweite Ableitung bezw. den zweiten Differentialquotienten

$$f''(x) = y'' = \frac{d^2 f(x)}{dx^2} = \frac{d^2 y}{dx^2}.$$

$$f''(x) = \frac{d f'(x)}{dx} = \frac{dy'}{dx} = \dots$$

und für die $n^{te}$ Ableitung bezw. den $n^{ten}$ Differentialquotienten

$$f^{(n)}(x) = y^{(n)} = \frac{d^n f(x)}{dx^n} = \frac{d^n y}{dx^n}.$$

3. Die zweite Ableitung $f''(x)$ läßt sich unmittelbar aus der Stammfunktion $f(x)$ berechnen nach

$$f''(x) = \lim_{\Delta x = 0} \frac{f(x + 2\Delta x) - 2f(x + \Delta x) + f(x)}{\Delta x^2}.$$

Die $n^{te}$ Ableitung nach

$$f^{(n)}(x) = \lim_{\Delta x = 0} \frac{f(x + n\Delta x) - \binom{n}{1} f(x + (n-1)\Delta x) + \cdots (-1)^n f(x)}{\Delta x^n}.$$

4. Höhere Ableitungen **spezieller Funktionen.**

$$\frac{dx^m}{dx^k} = m(m-1)\cdots(m-k+1)x^{m-k} \dots (k \leq m)$$

$$\frac{dx^m}{dx^m} = m!$$

$$\frac{d\,G_m(x)}{dx^m} = m!\, a_0$$ [$G_m(x)$ rationale ganze Funktion $m^{ten}$ Grades; siehe § 34].

$$\frac{d^n \overset{a}{\log} x}{dx^n} = \frac{(-1)^{n-1}(n-1)!}{x^n \lg a}. \qquad \frac{d^n a^x}{dx} = a^x (\lg a)^n.$$

$$\frac{d^n \sin x}{dx^n} = \sin\left(n\frac{\pi}{2} + x\right). \qquad \frac{d^n \cos x}{dx^n} = \cos\left(n\frac{\pi}{2} + x\right).$$

$$\frac{d^n(uv)}{dx} = u\,v^{(n)} + \binom{n}{1} u'\,v^{(n-1)} + \binom{n}{2} u''\,v^{(n-2)} + \dots$$

$= (u + v)^{(n)}$ symbolisch; d. h. nach Ausführung der Potenzoperation lese man die Summanden $\binom{n}{p} u^p v^{n-p}$ als $\binom{n}{p} u^{(p)} v^{(n-p)}$.

**5. Höhere partielle und totale Ableitungen von Funktionen mehrerer Variabler.**

a) gegeben $z = f(x, y)$; es bezeichnet

$$f_{11} = \frac{\partial^2 z}{\partial x^2} = \frac{\partial f_1}{\partial x}, \qquad f_{22} = \frac{\partial^2 z}{\partial y^2} = \frac{\partial f_2}{\partial y}.$$

$$f_{12} = \frac{\partial^2 z}{\partial x \partial y} = \frac{\partial f_1}{\partial y} \quad = \quad f_{21} = \frac{\partial^2 z}{\partial y \partial x} = \frac{\partial f_2}{\partial x}.$$

Dann ist $dz = f_1\, dx + f_2\, dy$;

$$d^2 z = f_{11}\, dx^2 + 2 f_{12}\, dx\, dy + f_{22}\, dy^2$$
$$= [f_1\, dx + f_2\, dy]^{(2)} \text{ symbolisch}$$

$d^n z = [f_1\, dx + f_2\, dy]^{(n)}$ symbolisch, d. h. nach Ausführung der Potenzoperation lese man die Produkte $f_1{}^p f_2{}^{n-p}$ als Produkte von Differentialquotienten, z. B. $f_1{}^2$ als $f_{11}$, $f_1{}^2 f_2$ als $f_{112}$ etc.

b) gegeben $u = F(x, y, z)$; wenn bezeichnet

$$F_{11} = \frac{\partial^2 F}{\partial x^2} = \frac{\partial F_1}{\partial x} \text{ etc.}$$

dann ist $F_{12} = F_{21}$, $F_{13} = F_{31}$, $F_{23} = F_{32}$ etc.

$$d^n F = [F_1\, dx + F_2\, dy + F_3\, dz]^{(n)} \text{ symbolisch.}$$

c) gegeben $F(x, y) = 0$; dann ist

$$y' = \frac{dy}{dx} = -\frac{F_1}{F_2}.$$

$$y'' = \frac{d^2 y}{dx^2} = -\frac{F_1{}^2 F_{22} - 2 F_1 F_2 F_{12} + F_2{}^2 F_{11}}{F_2{}^3}.$$

d) gegeben $F(x, y, z) = 0$; $z$ kann als Funktion $z = f(x, y)$ von $x$ und $y$ dargestellt gedacht werden; man erhält die partiellen Ableitungen $f_1$ und $f_2$ aus

$$F_1 + F_3 f_1 = 0, \qquad F_2 + F_3 f_2 = 0$$

und hieraus $f_{11}$, $f_{12}$, $f_{22}$.

6. **Eulers Satz** über homogene Funktionen. Ist $F(x, y, z \cdots)$ homogen in den Variabeln und von $k^{ter}$ Dimension, so ist

$$x\frac{\partial F}{\partial x} + y\frac{\partial F}{\partial y} + z\frac{\partial F}{\partial z} + \cdots = k F(x, y, z \cdots)$$

7. Höhere Ableitungen **simultan gegebener Funktionen.** Sind x und y Funktionen der nämlichen Unabhängigen t, also $x = u(t)$, $y = v(t)$, so wird

$$dx = \frac{du(t)}{dt} dt = u' dt \quad \text{und} \quad dy = v' dt.$$

$$y' = \frac{dy}{dx} = \frac{v'}{u'}. \qquad y'' = \frac{d^2y}{dx^2} = \frac{u'v'' - v'u''}{(u')^3}.$$

8. Höhere Ableitungen **invers gegebener Funktionen.** Ist x als Funktion von y dargestellt, so ist

$$\frac{dy}{dx} = 1 : \frac{dx}{dy}. \qquad \frac{d^2y}{dx^2} = -\frac{d^2x}{dy^2} : \left(\frac{dx}{dy}\right)^3.$$

## § 52. Taylorsche und Mac-Laurinsche Reihe.

(siehe hierzu Reihenlehre).

1. **Erster Mittelwertsatz** der Differentialrechnung. Ist f(x) im Intervall $x_0 \leq x \leq x_0 + h$ endlich und derivierbar, so gibt es in diesem Intervall einen Punkt der durch $y = f(x)$ dargestellten Kurve, in dem die Tangente mit der Sekante durch die Endkurvenpunkte des Intervalles gleiche Richtung hat. Wenn $0 \leq \Theta \leq 1$, so ist

$$f(x_0 + h) - f(x_0) = h \cdot f'(x_0 + \Theta h).$$

2. **Zweiter Mittelwertsatz** der Differentialrechnung. Sind f(x) und F(x) im Intervall $x_0 \leq x \leq x_0 + h$ endlich und derivierbar und wird die Ableitung F'(x) in diesem Intervall nicht Null, so gilt für $0 \leq \Theta \leq 1$

$$\frac{f(x_0 + h) - f(x_0)}{F(x_0 + h) - F(x_0)} = \frac{f'(x_0 + \Theta h)}{F'(x_0 + \Theta h)}.$$

3. Erste Form der **Taylorschen Reihe.** Sind die n ersten Ableitungen von $f(x)$ im Intervall $x_0 \leqq x \leqq x_0 + h$ stetig und endlich, so gilt

$$f(x+h) = f(x) + \frac{h}{1!} f'(x) + \frac{h^2}{2!} f''(x) + \cdots + \frac{h^n}{n!} f^{(n)}(x) + R,$$

$$R = \frac{h^{n+1}}{(n+1)!} f^{(n+1)}(x_0 + \Theta h) \cdots (0 \leqq \Theta \leqq 1).$$

Die Reihe ist konvergent, wenn $\lim\limits_{n=\infty} R = 0$ ist im angebenen Intervall.

4. Die Ableitung einer innerhalb eines bestimmten Gebietes konvergenten Reihe ist in diesem Gebiet wieder konvergent.

5. Zweite Form der **Taylorschen Reihe.**

$$f(x) = f(x_0) + \frac{x - x_0}{1!} f'(x_0) + \frac{(x - x_0)^2}{2!} f''(x_0) + \cdots$$
$$+ \frac{(x - x_0)^n}{n!} f^{(n)}(x_0) + R,$$

$$R = \frac{(x - x_0)^{n+1}}{(n+1)!} f^{(n+1)}[x_0 + \Theta(x - x_0)].$$

Die Reihe ist nach steigenden Potenzen von $x - x_0$ geordnet, wobei $x_0$ beliebig. Setzt man $x_0 = 0$, so hat man die

6. **Mac-Laurinsche** oder **Sterlingsche Reihe.**

$$f(x) = f(0) + \frac{x}{1!} f'(0) + \frac{x^2}{2!} f''(0) + \cdots + \frac{x^n}{n!} f^{(n)}(0) + R,$$

$$R = \frac{x^{n+1}}{(n+)!} f^{(n+1)}[\Theta x].$$

7. **Taylorsche Reihe für zwei Variable.**

Erste Form.

$$F(x+h, y+k) = F(x, y) + \frac{1}{1!}[F_1 h + F_2 k]$$

$$+ \frac{1}{2!}[F_1 h + F_2 k]^{(2)} + \cdots + \frac{1}{n!}[F_1 h + F_2 k]^{(n)} + R,$$

$$R = \frac{1}{(n+1)!}\left[\frac{\partial F(x + \Theta h, y + \Theta k)}{\partial x} h + \frac{\partial F(x + \Theta h, y + \Theta k)}{\partial y} k\right]^{(n+1)}$$

in symbolischer Form (siehe § 51,5).

Zweite Form.

$$F(x, y) = F(x_0, y_0) + \frac{1}{1!}[(x - x_0) F_1 + (y - y_0) F_2]$$
$$+ \frac{1}{2!}[(x - x_0) F_1 + (y - y_0) F_2]^{(2)}$$
$$+ \cdot \; . \; . \; . \; . \; . \; . \; . \; . \; . \; . \; . \; . \; .$$
$$+ \frac{1}{n!}[(x - x_0) F_1 + (y - y_0) F_2]^{(n)} + R \text{ symbolisch.}$$

$F_1$, $F_2$, $F_{11}$ usw. sind in der zweiten Form die partiellen Ableitungen an der Stelle $x_0$, $y_0$, also Konstante.

8. **Taylorsche Reihe für drei Variable** (zweite Form).

$$F(x, y, z) = F(x_0, y_0, z_0) + \frac{1}{1!}[(x - x_0) F_1 + (y - y_0) F_2 + (z - z_0) F_3]$$
$$+ \frac{1}{2!}[(x - x_0) F_1 + (y - y_0) F_2 + (z - z_0) F_3]^{(2)}$$
$$+ \cdot \; . \; . \; . \; . \; . \; . \; . \; . \; . \; . \; . \; . \; . \; .$$
$$+ \frac{1}{n!}[(x - x_0) F_1 + (y - y_0) F_2 + (z - z_0) F_3]^{(n)} + R$$

symbolisch. $F_1$, $F_2$, $F_3$, $F_{11}$ usw. sind wieder die partiellen Ableitungen an der Stelle $x_0$, $y_0$, $z_0$, also Konstante.

## § 53. Unbestimmte Formen.

1. $\frac{0}{0}$. Ist für $x = a$ sowohl $f(x)$ wie $\varphi(x)$ Null, so nimmt $\frac{f(x)}{\varphi(x)}$ für $x = a$ die unbestimmte Form $\frac{0}{0}$ an. Dann erhält man den Wert dieses Bruches nach

$$\lim_{x=a} \frac{f(x)}{\varphi(x)} = \lim_{x=a} \frac{f'(x)}{\varphi'(x)} \, .$$

Nimmt auch $\frac{f'(x)}{\varphi'(x)}$ die Form $\frac{0}{0}$ an, so wiederholt man das Verfahren, also

$$\lim_{x=a} \frac{f'(x)}{\varphi'(x)} = \lim_{x=a} \frac{f''(x)}{\varphi''(x)} \quad \text{etc.}$$

2. $\frac{\infty}{\infty}$. Nimmt $\frac{f(x)}{\varphi(x)}$ für $x = a$ die Form $\frac{\infty}{\infty}$ an, so verfährt man wie bei 1.

$$\lim_{x=a} \frac{f(x)}{\varphi(x)} = \lim_{x=a} \frac{f'(x)}{\varphi'(x)} \text{ etc.}$$

3. $0 \cdot \infty$. Wenn $f(x) \cdot \varphi(x)$ für $x = a$ die Form $0 \cdot \infty$ annimmt, so mache man $\varphi(x) = \frac{1}{1/\varphi(x)} = \frac{1}{\psi(x)}$; dann wird $\frac{f(x)}{\psi(x)}$ aus $f(x) \cdot \varphi(x)$, also Formel 1 anzuwenden sein.

4. $\infty - \infty$. Wenn $f(x) - \varphi(x)$ für $x = a$ die Form $\infty - \infty$ annimmt, so verwandle man durch die Substitution $f(x) = \frac{1}{F(x)}$, $\varphi(x) = \frac{1}{\Phi(x)}$ die Differenz $f(x) - \varphi(x)$ in den Quotienten $\frac{\Phi(x) - F(x)}{F(x) \cdot \Phi(x)}$ und wende Formel 1 an.

5. $0^0$, $\infty^0$, $1^\infty$. Durch Logarithmieren werden diese Ausdrücke auf die vorhergehenden Fälle zurückgeführt. Ist z. B. $f(a) = 0$, $\varphi(a) = 0$, so wird $G = f(x)^{\varphi(x)}$ für $x = a$ die Form $0^0$ annehmen, also $\lg G = \varphi(x) \cdot \lg f(x)$ die Form $0 \cdot \infty$. Man bestimmt $\lim \lg G = \lg \lim G$ nach 3., alsdann $\lim G$ durch Delogarithmieren.

6. Die Funktionen $e^x$, $x^n$, $\lg x$ werden für $x = \infty$ auch unendlich und zwar in dieser Reihenfolge, d. h. $e^x$ wird für große Werte von x viel eher groß als $x^n$ oder gar $\lg x$.

## § 54. Maxima und Minima.

1. $y = f(x)$ erreicht ein Extremum, wenn $f'(x) = 0$, und zwar ein

$$\left.\begin{array}{l}\text{Maximum}\\ \text{Minimum}\end{array}\right\} \text{wenn } f'(x) = 0 \text{ und } f''(x) \lessgtr 0.$$

Ist $f''(x) = 0$, so ist Bedingung für den Eintritt eines extremen Funktionswertes $f'''(x) = 0$; dann entscheidet $f^{(4)}x$ entsprechend statt $f''(x)$ usw.

$y = \frac{u(x)}{v(x)}$ erreicht ein

$$\left.\begin{matrix}\text{Maximum}\\\text{Minimum}\end{matrix}\right\}\text{für } v u' - u v' = 0 \text{ und } v u'' - u v'' \begin{matrix}<\\>\end{matrix} 0.$$

$y = \frac{1}{v(x)}$ erreicht ein

$$\left.\begin{matrix}\text{Maximum}\\\text{Minimum}\end{matrix}\right\}\text{für } v' = 0 \text{ und } - v'' \begin{matrix}<\\>\end{matrix} 0.$$

2. **$F(x, y) = 0$.** y erreicht ein Extremum für jene Wertepaare x, y, für welche $F_1 = 0$ nebst $F = 0$, und zwar ein

$$\left.\begin{matrix}\text{Maximum}\\\text{Minimum}\end{matrix}\right\}\text{für } - \frac{F_{11}}{F_2} \begin{matrix}<\\>\end{matrix} 0.$$

3. $\left.\begin{matrix}x = u(t)\\y = v(t)\end{matrix}\right\}$. y erreicht ein Extremum für jene Werte t, für welche $v' = 0$ und zwar ein

$$\left.\begin{matrix}\text{Maximum}\\\text{Minimum}\end{matrix}\right\}\text{wenn } \frac{v''}{u'^2} \begin{matrix}<\\>\end{matrix} 0.$$

4. **$z = f(x, y)$.** Die Werte von x und y, die einen extremen Wert von z ergeben, sind bestimmt durch die zwei Gleichungen $f_1 = 0$ und $f_2 = 0$ unter der Bedingung, daß $f_{11} f_{22} - f_{12}^2 > 0$; man hat ein

$$\left.\begin{matrix}\text{Maximum}\\\text{Minimum}\end{matrix}\right\}\text{wenn } f_{11} \text{ und } f_{22} \text{ beide } \begin{matrix}<\\>\end{matrix} 0.$$

5. **Maxima und Minima mit Nebenbedingungen.** Ist für das Bestehen eines Extremums der Funktion $U = F(x, y, z)$ das Mitbestehen der Gleichungen $G(x, y, z) = 0$ und $H(x, y, z) = 0$ Bedingung, so hat man, wenn willkürlich unter Einführung von zwei Faktoren $\lambda$ und $\mu$

$$v = F + \lambda G + \mu H \text{ gesetzt wird,}$$

folgende fünf Gleichungen

$$\left.\begin{aligned}\frac{\partial v}{\partial x} &= F_1 + \lambda G_1 + \mu H_1 = 0, \\ \frac{\partial v}{\partial y} &= F_2 + \lambda G_2 + \mu H_2 = 0, \\ \frac{\partial v}{\partial z} &= F_3 + \lambda G_3 + \mu H_3 = 0, \\ G = 0, & \qquad H = 0\end{aligned}\right|$$

für die zwei Hilfsgrößen $\lambda$, $\mu$ und die drei Bestimmungsgrößen x, y, z des extremen Wertes U.

Allgemeine Aufgabe. Ist für das Bestehen eines extremen Wertes der Funktion $U = F(x_1, x_2, x_3 \cdots x_{n+k})$ das Mitbestehen der k Gleichungen

$$\left.\begin{aligned}G_1(x_1, x_2, \cdots x_{n+k}) &= 0, \\ \cdots\cdots\cdots & \\ G_k(x_1, x_2, \cdots x_{n+k}) &= 0\end{aligned}\right|$$

Bedingung, so hat man, wenn willkürlich unter Einführung von k Faktoren $\lambda_1, \lambda_2 \cdots \lambda_k$

$$v = F + \lambda_1 G_1 + \lambda_2 G_2 + \cdots \lambda_k G_k$$

gesetzt wird, folgende $n + 2k$ Gleichungen

$$\left.\begin{aligned}\frac{\partial v}{\partial x_1} &= \frac{\partial F}{\partial x_1} + \lambda_1 \frac{\partial G_1}{\partial x_1} + \cdots + \lambda_k \frac{\partial G_k}{\partial x_1} = 0, \\ &\cdots\cdots\cdots\cdots\cdots \\ &\cdots\cdots\cdots\cdots\cdots \\ \frac{\partial v}{\partial x_{n+k}} &= \frac{\partial F}{d x_{n+k}} + \lambda_1 \frac{\partial G_1}{\partial x_{n+k}} + \cdots + \lambda_k \frac{\partial G_k}{\partial x_{n+k}} = 0, \\ G_1 = 0, &\quad G_2 = 0, \cdots G_k = 0\end{aligned}\right|$$

zur Bestimmung der k eingeführten Hilfsfaktoren $\lambda_1, \lambda_2 \cdots \lambda_k$ und der $n + k$ Bestimmungsgrößen $x_1, x_2, \cdots x_{n+k}$ des extremen Wertes U.

# V. Elemente der Integralrechnung.

## § 55. Bestimmtes und unbestimmtes Integral.

1. $f(x)$ sei eine im Bereich von $x = a$ bis $x = b$ endliche und stetige Funktion. Teilt man diesen Bereich in n Teile $\delta$ und nimmt $f(x)$ in den einzelnen Teilbereichen $\delta_i$ den Wert $f_i$ an, so nennt man den Ausdruck

$$\lim_{n=\infty} \sum_1^n f_i \, \delta_i ,$$

falls man die Teilbereiche unendlich klein, also n unendlich groß werden läßt, das **bestimmte Integral** der Funktion $f(x)$ zwischen den Grenzen a und b und schreibt dafür

$$\int_b^a f(x)\, dx \quad \text{oder} \int_{x=a}^{x=b} f(x)\, dx .$$

a nennt man die **untere,** b die **obere Grenze.**

Geometrisch läßt sich das bestimmte Integral $\int_{x=a}^{x=b} f(x)\, dx$ deuten als die durch die Kurve $y = f(x)$, die x-Axe und die Grenzordinaten $x = a$ und $x = b$ eingeschlossene Fläche.

2. **Uneigentliche bestimmte Integrale.** Wird die Funktion im Bereich $a \leq x \leq b$ unendlich oder ist eine der Grenzen unendlich groß, so ist das bestimmte Integral von a bis b aus $f(x)$ definiert:

a) Wenn $b = \infty$,

$$\int_a^b f(x)\, dx = \lim_{\omega=\infty} \int_a^\omega f(x)\, dx .$$

b) Wenn $f(b) = \infty$,

$$\int_a^b f(x)\,dx = \lim_{\delta=0} \int_a^{b-\delta} f(x)\,dx.$$

c) Wenn für $x = x_1$ im geg. Intervall $f(x_1) = \infty$,

$$\int_a^b f(x)\,dx = \lim_{\delta=0} \int_a^{x_1-\delta} f(x)\,dx + \lim_{\varepsilon=0} \int_{x_1+\varepsilon}^b f(x)\,dx.$$

3. Macht man die obere Grenze variabel, so ist das Integral aus $f(x)$ von a bis $x$ eine Funktion dieser oberen Grenze $x$; sie heißt **Integralfunktion.** Dieselbe ist immer stetig.

4. Die Funktion $\varphi(x) = \int f(x)\,dx$ definiert diejenige Funktion $\varphi(x)$, deren Ableitung $f(x)$ ist. Bis auf eine Additionskonstante ist damit $\varphi(x)$ festgelegt. Man nennt $\varphi(x)$ das **unbestimmte Integral** aus $f(x)$.

5. **Bestimmtes und unbestimmtes Integral.** Der Zusammenhang zwischen dem unbestimmten Integral $\varphi(x) = \int f(x)\,dx$ und dem bestimmten $\int_a^b f(x)\,dx$ ist gegeben durch

$$\int_a^b f(x)\,dx = \Big[\varphi(x)\Big]_a^b = \varphi(b) - \varphi(a).$$

6. $\int du = u + C$. $\quad\big|\ \int f(x)\,dx = \varphi(x) + C$.

7. $\int a f(x)\,dx = a \int f(x)\,dx$

8. $\int [u(x) + v(x) + \cdots]\,dx = \int u(x)\,dx + \int v(x)\,d(x) + \cdots$.

9. $\int_a^b f(x)\,dx = -\int_b^a f(x)\,dx$.

$$\int_a^c f(x)\,dx = \int_a^b f(x)\,dx + \int_b^c f(x)\,d(x).$$

10. **Mittelwertsatz** der Integralrechnung. Sind $f(x)$ und $\varphi(x)$ im Bereich von a bis b stetig, wechselt außerdem $\varphi(x)$ in diesem Bereich nie das Vorzeichen, so gilt für $0 < \Theta < 1$

$$\int_a^b f(x) \cdot \varphi(x)\,dx = f[a + \Theta(b - a)] \int_a^b \varphi(x)\,dx.$$

Für $\varphi(x) = 1$ wird speziell

$$\int f_1(x)\,dx = (b-a)\,f\,[a + \Theta\,(b-a)].$$

11. Ist eine Potenzreihe in einem bestimmten Bereich konvergent, so ist sie in diesem Bereich gliedweis integrierbar.

12. $\frac{d}{db}\int_a^b f(x)\,dx = f(b).$ $\quad\frac{d}{da}\int_a^b f(x)\,dx = -f(a).$

13. Sind die Grenzen a und b Funktionen von y, so ist

$$\frac{\partial}{\partial y}\int_a^b f(x, y)\,dx = \int_a^b \frac{\partial f(x, y)}{\partial y}\,dx + f(b, y)\frac{db}{dy} - f(a, y)\frac{da}{dy}.$$

Sind a und b konstant, dann ist

$$\frac{\partial}{\partial y}\int_a^b f(x, y)\,dx = \int_a^b \frac{\partial f(x, y)}{\partial y}\,dx.$$

14. $\int_a^b dx \int_c^d f(x, y)\,dy = \int_c^d dy \int_a^b f(x, y)\,dx.$

15. $\iint f(x)\,dx\,dx = x\int f(x)\,dx) - \int x\,f(x)\,dx.$

16. $f(x, y)$ sei eine im ebenen Bereich S endliche und stetige Funktion. Teilt man diesen Bereich in n ebene Teilbereiche $\sigma$ und nimmt $f(x, y)$ in den einzelnen Teilbereichen $\sigma_i$ die Werte $f_i$ an, so nennt man den Ausdruck

$$\lim_{n=\infty} \sum_1^n f_i\,\sigma_i,$$

falls man die Teilbereiche unendlich klein, also n unendlich groß macht, das bestimmte **Doppelintegral** der Funktion $f(x, y)$ über den Bereich S oder das bestimmte **Flächenintegral** und schreibt dafür

$$\iint_S f(x, y)\,dx\,dy.$$

Entsprechend definiert man das **dreifache Integral** etc.

Geometrisch läßt sich das bestimmte Doppelintegral deuten als das durch die Fläche $z = f(x, y)$, die Ebene $z = 0$ und einen gegebenen Zylinder $F(x, y) = 0$ eingeschlossene Volumen.

17. Ist die den Bereich S begrenzende Kurve s, so läßt sich immer eine Funktion F(x, y) derart finden, daß der Wert des über den Bereich S sich erstreckenden Doppelintegrals

$$\iint_S f(x, y)\, dx\, dy$$

nur von den Wertepaaren der Funktion F(x, y) auf der Kurve s abhängt,

$$\iint_S f(x, y)\, dx\, dy = \int_s F(x, y)\, dy .$$

Dann ist
$$\frac{\partial F(x, y)}{\partial x} = f(x, y).$$

18. $$\int_a^b\int_c^d f(x, y)\, dx\, dy = \int_a^b dx \int_c^d f(x, y)\, dy = \int_c^d dy \int_a^b f(x, y)\, dx.$$

19. Ist in einem bestimmten Bereich die Kurve s simultan dargestellt durch $x = u(t)$, $y = v(t)$, sind ferner P und Q in diesem Bereich stetige Funktionen von x und y mit stetigen ersten Ableitungen nach diesen Variablen, so ist das längs der Kurve s sich erstreckende **Kurvenintegral**

$$\int_a^b (P\, dx + Q\, dy)$$

definiert durch

$$\int_a^b (P\, dx + Q\, dy) = \int_a^b \left(P \frac{dx}{dt} + Q \frac{dy}{dt}\right) dt.$$

Begrenzt die Kurve s das Gebiet S, so gilt

$$\int_s (P\, dx + Q\, dy) = \iint_S \left(\frac{\partial Q}{\partial x} - \frac{\partial P}{\partial y}\right) dx\, dy$$

Damit ist das Kurvenintegral in ein Flächenintegral übergeführt.

Unter der weiteren Voraussetzung $\frac{\partial P}{\partial y} = \frac{\partial Q}{\partial x}$ ist das über beliebige Kurven $s_i$ (zwischen dem Anfangspunkt $x_0 | y_0$ und dem Endpunkt $x | y$ des bereits bestimmten Bereiches) genommene Kurvenintegral unabhängig von diesem Kurvenweg $s_i$

$$\int_{s_1} (P\, dx + Q\, dy) = \int_{s_2} (P\, dx + Q\, dy).$$

### 20. Substitution neuer Variabler.

a) $\int F[f(x)]\,dx$ geht durch die Substitution $f(x) = y$ oder invers $x = u(y)$ über in

$$\int F[f(x)]\,dx = \int F(y) \cdot u'(y)\,dy.$$

b) Entsprechend ist das bestimmte Integral

$$\int_{x=a}^{x=b} F[f(x)]\,dx = \int_{y=f(a)}^{y=f(b)} F(y)\,u'(y)\,dy.$$

c) Das Doppelintegral $\iint F(x, y)\,dx\,dy$ wird durch die Substitution

$$x = u(\xi, \eta), \quad y = v(\xi, \eta)$$

$$\iint F(x, y)\,dx\,dy = \iint F(u, v) \cdot D \cdot d\xi\,d\eta,$$

wenn
$$D = \begin{vmatrix} \frac{\partial x}{\partial \xi} & \frac{\partial y}{\partial \xi} \\ \frac{\partial x}{\partial \eta} & \frac{\partial y}{\partial \eta} \end{vmatrix}.$$

d) Das dreifache Integral $\iiint F(x, y, z)\,dx\,dy\,dz$ wird durch die Substitution

$$x = u(\xi, \eta, \zeta), \quad y = v(\xi, \eta, \zeta), \quad z = w(\xi, \eta, \zeta)$$

$$\iiint F(x, y, z)\,dx\,dy\,dz = \iiint F(u, v, w) \cdot D \cdot d\xi\,d\eta\,d\zeta,$$

wenn
$$D = \begin{vmatrix} \frac{\partial x}{\partial \xi} & \frac{\partial y}{\partial \xi} & \frac{\partial z}{\partial \xi} \\ \frac{\partial x}{\partial \eta} & \frac{\partial y}{\partial \eta} & \frac{\partial z}{\partial \eta} \\ \frac{\partial x}{\partial \zeta} & \frac{\partial y}{\partial \zeta} & \frac{\partial z}{\partial \zeta} \end{vmatrix}.$$

### 21. Allgemeiner Weg beim Aufsuchen des unbestimmten Integrals.

**Substitution.** I. Wenn das vorgelegte Integral Ähnlichkeit hat mit einem bereits bekannten, so sucht man es durch eine passende Substitution in die bekannte Form überzuführen.

II. Integrale von der Form $\int \frac{f'(x)\,dx}{f(x)}$ haben als Lösung $\lg f(x)$.

(Substitution $f(x) = u$.)

III. Integrale von der Form $\int F[f(x)]\, f'(x)\,dx$ werden gelöst durch die Substitution $f(x) = u$.

IV. **Zerlegung in Summanden,** wenn der Ausdruck nicht unmittelbar integrierbar ist. (Partialbruchzerlegung.)

V. **Partielle Integration.**

$$\int u\,dv = uv - \int v\,du.$$

Vom neuen Integral $\int v\,du$ hofft man, daß es entweder leichter löslich ist als $\int u\,dv$ oder in brauchbarer Form mit diesem zusammenhängt.

VI. Läßt sich die zu integrierende Funktion im Bereich von a bis b in eine konvergente **Reihe** verwandeln

$$f(x) = u_0 + u_1 + u_2 + \cdots + \cdots, \quad \text{so ist}$$

$$\int_a^b f(x)\,dx = \int_a^b (u_0 + u_1 + u_2 + \cdots)\,dx.$$

VII. **Näherungsweise** läßt sich jedes bestimmte Integral auswerten nach den in § 62 gegebenen Methoden.

(In den nachfolgenden Paragraphen wird auf diese Ziffern I—VII verwiesen.)

## § 56. Spezielle unbestimmte Integrale rationaler Funktionen.

Jede rationale Funktion läßt sich integrieren, die gebrochene durch Partialbruchzerlegung. Das Integral erscheint immer zusammengesetzt aus rationalen, logarithmischen und arctg-Funktionen.

1. $\int x^m\,dx = \frac{x^{m+1}}{m+1}$.

2. $\int (ax + b)^m\,dx = \frac{(ax+b)^{m+1}}{a(m+1)} \cdots\cdots (1)$.

3. $$\int x^m (ax+b)^n dx = \frac{x^m (ax+b)^{n+1}}{a(m+n+1)} - \frac{mb}{a(m+n+1)} \int x^{m-1} (ax+b)^n dx$$

$$= \frac{x^{m+1}(ax+b)^n}{(m+n+1)} + \frac{nb}{m+n+1} \int x^m (ax+b)^{n-1} dx \cdots\cdot (V).$$

4. $$\int \frac{dx}{x} = \lg x.$$

5. $$\int \frac{dx}{x+a} = \lg(x+a) \cdots\cdot (II).$$

6. $$\int \frac{dx}{ax+b} = \frac{1}{a} \lg(ax+b) \cdots\cdot (II).$$

7. $$\int \frac{dx}{x^2} = -\frac{1}{x} \cdots\cdot (1).$$

8. $$\int \frac{dx}{1+x^2} = \operatorname{arctg} x + C_1 = -\operatorname{arccotg} x + C_2.$$

9. $$\int \frac{dx}{1-x^2} = \lg \sqrt{\frac{1+x}{1-x}} \cdots\cdot (\S\ 46).$$

10. $$\int \frac{dx}{x^2+a^2} = \frac{1}{a} \operatorname{arctg} \frac{x}{a} \cdots\cdot (8).$$

11. $$\int \frac{dx}{x^2-a^2} = \frac{1}{2a} \lg \frac{x-a}{x+a} \cdots\cdot (\S\ 46).$$

12. $$\int \frac{dx}{a+bx^2} = \frac{1}{\sqrt{ab}} \operatorname{arctg}\left(x\sqrt{\frac{b}{a}}\right) \cdots\cdot (10)$$

13. $$\int \frac{dx}{a-bx^2} = \frac{1}{2\sqrt{ab}} \lg \frac{\sqrt{ab}+bx}{\sqrt{ab}-bx} \cdots\cdot (11)$$

(12 und 13:) $a > 0,\ b > 0.$

14. $$\int \frac{dx}{(x+a)(x+b)} = \frac{1}{b-a} \lg \frac{x+a}{x+b} \cdots\cdot (\S\ 46).$$

15. $$\int \frac{dx}{(x+a)^2} = -\frac{1}{x+a} \cdots\cdot (7).$$

16. $$\int \frac{dx}{(x+a)^2+b^2} = \frac{1}{b} \operatorname{arctg} \frac{x+a}{b} \cdots\cdot (10).$$

17. $\int \frac{dx}{(x+a)^2 - b^2} = \frac{1}{2b} \lg \frac{x+a-b}{x+a+b} \cdots (11).$

18. $\int \frac{dx}{ax^2 + bx + c}$ wird auf die Formen 15, 16 oder 17 zurückgeführt durch quadratische Ergänzung des Nenners.

19. $\int \frac{x\,dx}{x^2 \pm a^2} = \frac{1}{2} \lg (x^2 \pm a^2) \cdots (II).$

20. $\int \frac{Px + Q}{(x+a)^2} dx = P \lg (x+a) - \frac{Q - Pa}{x+a} \cdots (IV).$

21. $$\int \frac{Px + Q}{(x+a)^2 + b^2} dx = \frac{P}{2} \lg [(x+a)^2 + b^2] + (Q - Pa) \int \frac{dx}{(x+a)^2 + b^2} \cdots (IV).$$

22. $$\int \frac{Px + Q}{(x+a)^2 - b^2} dx = \frac{Q - Pa}{2b} \lg \frac{x+a-b}{x+a+b} + \frac{P}{2} \lg [(x+a)^2 - b^2] \cdots (\S\ 46).$$

23. $\int \frac{Px + Q}{ax^2 + bx + c} dx$ wird auf die Formen 20, 21 oder 22 zurückgeführt durch quadratische Ergänzung des Nenners.

24. $\int \frac{dx}{x^n} = \frac{-1}{(n-1)\, x^{n-1}} \cdots (1).$

25. $\int \frac{dx}{(ax+b)^n} = \frac{-1}{a\,(n-1)\,(ax+b)^{n-1}} \cdots (24).$

26. $$\int \frac{dx}{(x^2+1)^n} = \frac{x}{2\,(n-1)\,(x^2+1)^{n-1}} + \frac{2n-3}{2\,(n-1)} \int \frac{dx}{(x^2+1)^{n-1}} \cdots (V).$$

27. $\int \frac{dx}{[(x+a)^2 + b^2]^n} = \frac{1}{b^{2n-1}} \int \frac{du}{(u^2+1)^n} \cdots (x + a = bu).$

28. $\int \frac{dx}{(ax^2 + bx + c)^n}$ wird durch quadratische Ergänzung

des Nenners zurückgeführt auf $\int \frac{dx}{(x+r)^{2n}}$ .... (24) oder auf $\int \frac{dx}{[(x+r)^2+s^2]^n}$ .... (27) oder auf $\int \frac{dx}{[(x+r)^2-s^2]^n}$ .... (§ 46).

29. $$\int \frac{(Px+Q)\,dx}{[(x+a)^2+b^2]^n} = -\frac{P}{2(n-1)[(x+a)^2+b^2]^{n-1}} + \frac{Q-Pa}{b^{2n-1}}\int \frac{du}{(u^2+1)^n} \dots (x+a=bu).$$

30. $\int \frac{(Px+Q)\,dx}{(ax^2+bx+c)^n}$ wird durch quadratische Ergänzung des Nenners zurückgeführt auf $\int \frac{(Px+Q)\,dx}{(x+r)^{2n}}$ .... (§ 46) oder auf $\int \frac{(Px+Q)\,dx}{[(x+r)^2-s^2]^n}$ .... (§ 46) oder auf $\int \frac{(Px+Q)\,dx}{[(x+r)^2+s^2]^n}$ .... (29).

## § 57. Spezielle unbestimmte Integrale irrationaler Funktionen.

a) Die zu integrierende Funktion enthält neben x nur noch die n[te] Wurzel eines linearen Ausdrucks, beide Größen x und $\sqrt[n]{\frac{ax+b}{cx+d}}$ aber in rationaler Form; man substituiert $\sqrt[n]{\frac{ax+b}{cx+d}} = z$, dann geht mit $x = \frac{z^n d - b}{a - cz^n}$ und $dx = \frac{nz^{n-1}(ad-bc)}{(a-cz^n)^2}dz$ obige Funktion in eine rationale von z über, also

$$\int R\left(x, \sqrt[n]{\frac{ax+b}{cx+d}}\right)dx = \int R\left(\frac{z^n d - b}{a - cz^n}, z\right)\frac{nz^{n-1}(ad-bc)}{(a-cz^n)^2}dz.$$

1. $$\int \sqrt{ax+b}\,dx = \frac{2}{3a}\left(\sqrt{ax+b}\right)^3.$$

2. $$\int \frac{dx}{\sqrt{ax+b}}\,dx = \frac{2}{a}\sqrt{ax+b}.$$

3. $$\int \frac{Px + Q}{\sqrt{ax+b}}\, dx = \frac{2}{3a^2}(3Qa - 2Pb + Pax)\sqrt{ax+b}.$$

4. $$\int \frac{\sqrt{ax+b}}{Px+Q}\, dx = \frac{2}{P}\left[z - \int \frac{C\, dz}{Pz^2 + C}\right];$$
$$z = \sqrt{ax+b}, \quad C = Qa - Pb;$$

5. $$\int \frac{dx}{(Px+Q)\sqrt{ax+b}} = 2\int \frac{dz}{Pz^2 + C};$$
$$z = \sqrt{ax+b}, \quad C = Qa - Pb.$$

b) Die zu integrierende Funktion enthält in rationaler Form neben x noch den Wurzelausdruck

$$X = \sqrt{ax^2 + bx + c}.$$

Zunächst versuche man durch die quadratische Ergänzung des Radikanden das vorliegende Integral

$$\int R(x, X)\, dx = \int R(x, \sqrt{ax^2 + bx + c})\, dx$$

auf eine der nachstehenden Formen überzuführen.

6. $$\int \frac{dx}{\sqrt{1 - x^2}} = \arcsin x + C_1 = -\arccos x + C_2.$$

7. $$\int \frac{dx}{\sqrt{a^2 - x^2}} = \arcsin \frac{x}{a} + C_1 = -\arccos \frac{x}{a} + C_2 \cdots (6).$$

8. $$\int \frac{dx}{\sqrt{x^2 \pm a^2}} = \lg(x + \sqrt{x^2 \pm a^2}) \cdots (x + \sqrt{x^2 \pm a^2} = u).$$

9. $$\int \sqrt{a^2 - x^2}\, dx = \frac{x}{2}\sqrt{a^2 - x^2} + \frac{a^2}{2}\arcsin \frac{x}{a} \cdots (18 \text{ und } 20).$$

10. $$\int \sqrt{x^2 \pm a^2}\, dx = \frac{x}{2}\sqrt{x^2 \pm a^2} \pm \frac{a^2}{2}\lg(x + \sqrt{x^2 \pm a^2}) \cdots$$
(18 und 21).

11. $$\int \frac{x\, dx}{\sqrt{a^2 - x^2}} = -\sqrt{a^2 - x^2}.$$

12. $$\int \frac{x\, dx}{\sqrt{x^2 \pm a^2}} = \sqrt{x^2 \pm a^2}.$$

13. $\int x\sqrt{a^2-x^2}\,dx = -\frac{1}{3}(a^2-x^2)\sqrt{a^2-x^2} \;\ldots\ (30).$

14. $\int x\sqrt{x^2 \pm a^2}\,dx = \frac{1}{3}(x^2 \pm a^2)\sqrt{x^2 \pm a^2} \;\ldots\ (31).$

15. $\int \frac{dx}{x\sqrt{a^2-x^2}} = -\frac{1}{a}\lg\frac{a+\sqrt{a^2-x^2}}{x} \;\ldots\ (\sqrt{\ } = u).$

16. $\int \frac{dx}{x\sqrt{x^2+a^2}} = -\frac{1}{a}\lg\frac{a+\sqrt{x^2+a^2}}{x} \;\ldots\ (\sqrt{\ } = u).$

17. $\int \frac{dx}{x\sqrt{x^2-a^2}} = -\frac{1}{a}\arcsin\frac{a}{x} \;\ldots\ (\sqrt{\ } = u).$

18. $\int \frac{\sqrt{a^2-x^2}}{x}\,dx = a^2\int\frac{dx}{x\sqrt{a^2-x^2}} - \int\frac{x\,dx}{\sqrt{a^2-x^2}};$

kommt die Wurzel im Zähler vor, so wird sie meist in den Nenner geschafft.

19. $\int \frac{\sqrt{x^2 \pm a^2}}{x}\,dx$ wie 18.

20. $\int \frac{x^2\,dx}{\sqrt{a^2-x^2}} = -\frac{x\sqrt{a^2-x^2}}{2} + \frac{a^2}{2}\arcsin\frac{x}{a} \;\ldots\ (26).$

21. $\int \frac{x^2\,dx}{\sqrt{x^2 \pm a^2}} = \frac{x\sqrt{x^2 \pm a^2}}{2} \mp \frac{a^2}{2}\lg(x+\sqrt{x^2 \pm a^2}) \;\ldots\ (27).$

22. $\int \frac{dx}{x^2\sqrt{a^2-x^2}} = -\frac{\sqrt{a^2-x^2}}{a^2 x} \;\ldots\ (28).$

23. $\int \frac{dx}{x^2\sqrt{x^2 \pm a^2}} = \mp\frac{\sqrt{x^2 \pm a^2}}{a^2 x} \;\ldots\ (29).$

24. $\int x^2\sqrt{a^2-x^2}\,dx$ und $\int x^2\sqrt{x^2 \pm a^2}\,dx$ wie 18.

25. $\int \frac{\sqrt{a^2-x^2}}{x^2}\,dx$ und $\int \frac{\sqrt{x^2 \pm a^2}}{x^2}\,dx$ wie 18.

26. $$\int \frac{x^m\,dx}{\sqrt{a^2-x^2}} = -\frac{x^{m-1}\sqrt{a^2-x^2}}{m} + \frac{(m-1)\,a^2}{m}\int\frac{x^{m-2}\,dx}{\sqrt{a^2-x^2}} \quad \ldots\ldots (V).$$

27. $$\int \frac{x^m\,dx}{\sqrt{x^2\pm a^2}} = \frac{x^{m-1}\sqrt{x^2\pm a^2}}{m} \mp \frac{(m-1)\,a^2}{m}\int\frac{x^{m-2}\,dx}{\sqrt{x^2\pm a^2}} \quad \ldots\ldots (V).$$

28. $$\int \frac{dx}{x^m\sqrt{a^2-x^2}} = -\frac{\sqrt{a^2-x^2}}{(m-1)\,a^2 x^{m-1}} + \frac{m-2}{(m-1)\,a^2}\int\frac{dx}{x^{m-2}\sqrt{a^2-x^2}} \quad \ldots\ldots (V).$$

29. $$\int \frac{dx}{x^m\sqrt{x^2\pm a^2}} = \mp\frac{\sqrt{x^2\pm a^2}}{(m-1)\,a^2 x^{m-1}} \mp \frac{m-2}{(m-1)\,a^2}\int\frac{dx}{x^{m-2}\sqrt{x^2\pm a^2}} \quad \ldots\ldots (V).$$

30. $$\int x^m\sqrt{a^2-x^2}\,dx = \frac{x^{m+1}\sqrt{a^2-x^2}}{m+2} + \frac{a^2}{m+2}\int\frac{x^m\,dx}{\sqrt{a^2-x^2}} \quad \text{wie 18.}$$

31. $$\int x^m\sqrt{x^2\pm a^2}\,dx = \frac{x^{m+1}\sqrt{x^2\pm a^2}}{m+2} \pm \frac{a^2}{m+2}\int\frac{x^m\,dx}{\sqrt{x^2\pm a^2}} \quad \text{wie 18.}$$

32. $$\int \frac{\sqrt{a^2-x^2}}{x^m}\,dx = -\frac{\sqrt{a^2-x^2}}{(m-1)\,x^{m-1}} - \frac{1}{m-1}\int\frac{dx}{x^{m-2}\sqrt{a^2-x^2}} \quad \text{wie 18.}$$

33. $$\int \frac{\sqrt{x^2\pm a^2}}{x^m}\,dx = -\frac{\sqrt{x^2\pm a^2}}{(m-1)\,x^{m-1}} + \frac{1}{m-1}\int\frac{dx}{x^{m-2}\sqrt{x^2\pm a^2}} \quad \text{wie 18.}$$

Oft führen nach erfolgter quadratischer Ergänzung folgende Substitutionen auf bekannte transzendente Integrale:

$$x = a\cos t \text{ oder } x = a\sin t \text{ bei } \sqrt{a^2 - x^2},$$
$$x = a\,\mathrm{tg}\,t \text{ bei } \sqrt{a^2 + x^2}, \quad x = \frac{a}{\cos t} \text{ bei } \sqrt{x^2 - a^2}.$$

Führt die quadratische Ergänzung auf kein bekanntes Integral, so führt man die irrationale Funktion in eine rationale über durch die Substitution

34. $X = \sqrt{ax^2 + bx + c} = z - x\sqrt{a}$,

wenn $a > 0$; dann ist $z = x\sqrt{a} + \sqrt{ax^2 + bx + c}$ und

$$\int R[x, X]\,dx = \int R\left[\frac{z^2 - c}{2z\sqrt{a} + b}, \frac{z^2\sqrt{a} + bz + c\sqrt{a}}{2z\sqrt{a} + b}\right] \cdot \frac{z^2\sqrt{a} + bz + c\sqrt{a}}{(2z\sqrt{a} + b)^2}\,2\,dz.$$

35. $X = \sqrt{ax^2 + bx + c} = zx - \sqrt{c}$,

wenn $c > 0$; dann ist $z = \frac{1}{x}\left[\sqrt{c} + \sqrt{ax^2 + bc + c}\right]$ und

$$\int R[x, X]\,dx = \int R\left[\frac{2z\sqrt{c} + b}{z^2 - a}, \frac{z^2\sqrt{c} + bz + a\sqrt{c}}{z^2 - a}\right] \cdot \frac{-(z^2\sqrt{c} + bz + a\sqrt{c})}{(z^2 - a)^2}\,2\,dz.$$

36. $X = \sqrt{ax^2 + bx + c} = z(\alpha x - \beta)$,

wenn $b^2 - 4ac > 0$, also $ax^2 + bx + c = (\alpha x + \beta)(\gamma x + \delta)$;

dann ist $z = \sqrt{\frac{\gamma x + \delta}{\alpha x + \beta}}$ und

$$\int R[x, X]\,dx = \int R\left[\frac{\beta z^2 - \delta}{\gamma - \alpha z^2}, \frac{(\beta\gamma - \alpha\delta)z}{\gamma - \alpha z^2}\right] \cdot \frac{\beta\gamma - \alpha\delta}{(\gamma - \alpha z^2)^2}\,2z\,dz.$$

37. Wenn $a < 0$, $c < 0$, $b^2 - 4ac <$, setze man

$$X = \sqrt{ax^2 + bx + c} = i\sqrt{a_1x^2 + b_1x + c_1},$$

so daß $a_1 = -a$ wie $c_1 = -c$ positiv wird und $b_1 = -b$. Dann wende man 34 oder 35 an. Das Intregal ist dann imaginär.

38. Im **allgemeinsten Fall** führt folgende Methode zum Ziel. Die zu integrierende Funktion $R(x, X)$, wo

$$X = \sqrt{ax^2 + bx + c},$$

ist im allgemeinsten Fall von der Form

$$\frac{AX + B}{CX + D};$$

A, B, C, D sind wie die noch folgenden Funktionen E, F, G, g, f, $\varphi$ rational und ganz in x. Die Multiplikation von Zähler und Nenner mit $CX - D$ macht den Nenner rational, so daß

$$R(x, X) = E + F \cdot X$$

wird. Der erste Summand ist rational, der zweite wird auf die Form $\frac{G}{X}$ gebracht. Im allgemeinsten Fall ist G eine gebrochene Funktion von der Form $g + \frac{f}{\varphi}$. Damit ist dann das vorgelegte Integral reduziert auf

$$\int R(x, X)\, dx = \int E\, dx + \int \left(g + \frac{f}{\varphi}\right) \frac{dx}{X}.$$

Die in x ganze rationale Funktion g ist von der Form

$$a_0 x^n + a_1 x^{n-1} + \cdots + a_n,$$

die echt gebrochene Funktion $f : \varphi$ läßt sich in Partialbrüche zerlegen von der Form

$$\frac{C}{(x - c)^n} \text{ bezw. } \frac{Px + Q}{[(x - c)^2 + d^2]^n}.$$

Damit ist dann das Integral $\int \left(g + \frac{f}{\varphi}\right) \frac{dx}{X}$ reduziert auf eine Summe von Integralen — **Normalintegrale** — von der Form

$$\int \frac{x^m\, dx}{X}, \quad \int \frac{dx}{(x - c)^n X}, \quad \int \frac{(Px + Q)\, dx}{[(x - c)^2 + d^2]^n X}.$$

Ist X durch quadratische Ergänzung bereits auf die Form $\sqrt{a^2 - x^2}$ bezw. $\sqrt{x^2 \pm a^2}$ gebracht, so werden diese Normalintegrale unmittelbar oder mittelbar nach vorhergegangener passender Substitution nach den Formeln 1 bis 33 berechnet.

## § 58. Spezielle unbestimmte Integrale transzendenter Funktionen.

1. $\int \sin x \, dx = -\cos x$.

2. $\int \cos x \, dx = \sin x$.

3. $\int \operatorname{tg} x \, dx = -\lg \cos x \cdots$ (II).

4. $\int \operatorname{cotg} x \, dx = \lg \sin x \cdots$ (II).

5. $\int \arcsin x \, dx = x \arcsin x + \sqrt{1-x^2} \cdots$ (V).

6. $\int \arccos x \, dx = x \arccos x - \sqrt{1-x^2} \cdots$ (V).

7. $\int \operatorname{arctg} x \, dx = x \operatorname{arctg} x - \frac{1}{2} \lg(1+x^2) \cdots$ (V).

8. $\int \operatorname{arccotg} x \, dx = x \operatorname{arccotg} x + \frac{1}{2} \lg(1+x^2) \cdots$ (V).

9. $\int e^x \, dx = e^x$.

10. $\int a^x \, dx = \frac{a^x}{\lg a}$.

11. $\int \lg x \, dx = x(\lg x - 1) \cdots$ (V).

12. $\int \overset{a}{\log} x \, dx = \frac{x}{\lg a} (\lg x - 1) \cdots$ (11).

13. $\int \sin x \cos x \, dx = {}^1/_2 \sin^2 x + C_1 = -{}^1/_4 \cos 2x + C_2 \cdots$ (I).

14. $\int \frac{dx}{\sin x \cos x} = \lg \operatorname{tg} x + C_1 = -\lg \operatorname{cotg} x + C_2 \cdots$ (II).

15. $\int \frac{dx}{\sin x} = \lg \operatorname{tg} \frac{x}{2} + C_1 = -\lg \operatorname{cotg} \frac{x}{2} + C_2 \cdots$ (14).

16. $\int \frac{dx}{\cos x} = \lg \operatorname{cotg} \left(\frac{\pi}{4} - \frac{x}{2}\right) + C_1 = \lg \operatorname{tg} \left(\frac{\pi}{4} + \frac{x}{2}\right) + C_2 \cdots$ (15).

17. $\int \frac{dx}{1+\cos x} = \operatorname{tg} \frac{x}{2} \cdots (x = 2t)$.

18. $\int \frac{dx}{1-\cos x} = -\operatorname{cotg} \frac{x}{2} \cdots (x = 2t)$.

19. $\int \frac{dx}{1+\sin x} = -\operatorname{tg}\left(\frac{\pi}{4}-\frac{x}{2}\right)$ .... (17 .

20. $\int \frac{dx}{1-\sin x} = \operatorname{cotg}\left(\frac{\pi}{4}-\frac{x}{2}\right)$ .... (18).

21. $\int \frac{dx}{a+b\cos x} = \frac{2}{\sqrt{a^2-b^2}} \operatorname{arctg}\left(\sqrt{\frac{a-b}{a+b}} \operatorname{tg}\frac{x}{2}\right)$ für $a^2 > b^2$,

$= \frac{1}{\sqrt{b^2-a^2}} \lg \frac{b+a\cos x+\sin x \cdot \sqrt{b^2-a^2}}{a+b\cos x}$ für $a^2 < b^2$ nach 32.

22. $\int \frac{dx}{a+b\sin x} = -\int \frac{du}{a+b\cos u}$ .... $\left(x=\frac{\pi}{2}-u\right)$.

23. $\int \frac{dx}{\sin x+\cos x} = \frac{1}{\sqrt{2}} \lg\operatorname{tg}\left(\frac{x}{2}+\frac{\pi}{8}\right)$ .... (16).

24. $\int \frac{\cos x\, dx}{a+b\cos x} = \frac{x}{b} - \frac{a}{b} \int \frac{dx}{a+b\cos x}$ .... (IV).

25. $\int \frac{\sin x\, dx}{a+b\cos x} = -\frac{1}{b} \lg(a+b\cos x)$ .... (II).

26. $\int \frac{dx}{\sin^2 x} = -\operatorname{cotg} x$.

27. $\int \frac{dx}{\cos^2 x} = \operatorname{tg} x$.

28. $\int \sin^2 x\, dx = -\frac{\sin x\cos x}{2} + \frac{x}{2}$ .... (V).

29. $\int \cos^2 x\, dx = \frac{\sin x\cos x}{2} + \frac{x}{2}$ .... (V).

30. $\int \frac{dx}{\sin^2 x\cos^2 x} = \operatorname{tg} x - \operatorname{cotg} x$ .... (IV).

$$\left(\frac{1}{\sin^2 x} + \frac{1}{\cos^2 x} = \frac{1}{\sin^2 x\cos^2 x}\right).$$

31. $\int \frac{dx}{1-a^2\sin^2 x} = \frac{1}{\sqrt{1-a^2}} \operatorname{arctg}\left(\sqrt{1-a^2}\operatorname{tg} x\right)$ .... (32).

32. $\int f(\sin x, \cos x, \operatorname{tg} x, \operatorname{cotg} x)\, dx$ $\left(\text{wird für } \operatorname{tg}\frac{x}{2} = t\right)$

$$= \int f\left(\frac{2t}{1+t^2}, \frac{1-t^2}{1+t^2}, \frac{2t}{1-t^2}, \frac{1-t^2}{2t}\right)\frac{2\,dt}{1+t^2}.$$

33. $\int \sin ax \sin bx\, dx = \frac{\sin(a-b)x}{2(a-b)} - \frac{\sin(a+b)x}{2(a+b)} \cdots (V).$

34. $\int \cos ax \cos bx\, dx = \frac{\sin(a-b)x}{2(a-b)} + \frac{\sin(a+b)x}{2(a+b)} \cdots (V)$

35. $\int \sin ax \cos bx\, dx = -\frac{\cos(a+b)x}{2(a+b)}$

$$-\frac{\cos(a-b)x}{2(a-b)} \cdots (V).$$

36. $\int \sin^m x\, dx = \frac{\sin^{m-1} x \cos x}{-m} + \frac{m-1}{m}\int \sin^{m-2} x\, dx \cdots (V).$

37. $\int \sin^{2n+1} x\, dx = -\int (1-t^2)^n dt \cdots (\cos x = t).$

38. $\int \cos^m x\, dx = \frac{\cos^{m-1} x \sin x}{m} + \frac{m-1}{m}\int \cos^{m-2} x\, dx \cdots (V).$

39. $\int \cos^{2n+1} x\, dx = \int (1-t^2)^n dt \cdots (\sin x = t).$

40. $\int \operatorname{tg}^n x\, dx = \int \frac{t^n\, dt}{1+t^2} \cdots (\operatorname{tg} x = t);$

$$\text{oder} = \frac{\operatorname{tg}^{n-1} x}{n-1} - \int \operatorname{tg}^{n-2} x\, dx \cdots (V).$$

41. $\int \operatorname{cotg}^n x\, dx = -\int \frac{t^n\, dt}{1+t^2} \cdots (\operatorname{cotg} x = t);$

$$\text{oder} = -\frac{\operatorname{cotg}^{n-1} x}{n-1} - \int \operatorname{cotg}^{n-2} x\, dx \cdots (V).$$

42. $\int \sin^m x \cos^n x\, dx = \frac{\sin^{m+1} x \cos^{n-1} x}{m+n}$

$$+\frac{n-1}{m+n}\int \sin^m x \cos^{n-2} x\, dx;$$

$$\text{oder} = -\frac{\sin^{m-1}x\cos^{n+1}x}{m+n} + \frac{m-1}{m+n}\int \sin^{m-2}x\cos^{n}x\,dx \cdots (V).$$

43. $\int \cos^m x \sin^{2n+1}x\,dx = -\int t^m(1-t^2)^n dt \cdots (\cos x = t)$.

44. $\int \sin^m x \cos^{2n+1}x\,dx = \int t^m(1-t^2)^n dt \cdots (\sin x = t)$.

45. $$\int \frac{\sin^m x}{\cos^n x}dx = \frac{\sin^{m+1}x}{(n-1)\cos^{n-1}x} + \frac{n-m-2}{n-1}\int \frac{\sin^m x\,dx}{\cos^{n-2}x} \cdots (V).$$

46. $$\int \frac{\cos^n x}{\sin^m x}dx = \frac{-\cos^{n+1}x}{(m-1)\sin^{m-1}x} + \frac{m-n-2}{m-1}\int \frac{\cos^n x}{\sin^{m-2}x}dx \cdots (V).$$

47. $$\int \frac{dx}{\sin^m x} = \frac{-\cos x}{(m-1)\sin^{m-1}x} + \frac{m-2}{m-1}\int \frac{dx}{\sin^{m-2}x} \cdots (46).$$

48. $$\int \frac{dx}{\cos^n x} = \frac{\sin x}{(n-1)\cos^{n-1}x} + \frac{n-2}{n-1}\int \frac{dx}{\cos^{n-2}x} \cdots (45).$$

49. $$\int \frac{dx}{\sin^{2m}x} = -\int (1+t^2)^{m-1}dt \cdots (\operatorname{cotg} x = t).$$

50. $$\int \frac{dx}{\cos^{2m}x} = \int (1+t^2)^{m-1}dt \cdots (\operatorname{tg} x = t).$$

51. $\int x\cos x\,dx = x\sin x + \cos x \cdots (57)$.

52. $\int x\sin x\,dx = -x\cos x + \sin x \cdots (56)$.

53. $$\int \frac{\sin x\,dx}{x} = x - \frac{1}{3}\cdot\frac{x^3}{3!} + \frac{1}{5}\cdot\frac{x^5}{5!} - + \cdots (VI)$$

definiert den **Integralsinus** $\mathrm{Si}(x)$.

54. $$\int \frac{\cos x\,dx}{x} = \lg x - \frac{1}{2}\cdot\frac{x^2}{2!} + \frac{1}{4}\cdot\frac{x^4}{4!} - + \cdots (VI)$$

definiert den **Integralkosinus** $\mathrm{Ci}(x)$.

55. $\int \frac{x + \sin x}{1 + \cos x} dx = x \operatorname{tg} \frac{x}{2} \cdots (32)$.

56. $\int x^m \sin x \, dx = -x^m \cos x + m \int x^{m-1} \cos x \, dx \cdots (V)$.

57. $\int x^m \cos x \, dx = x^m \sin x - m \int x^{m-1} \sin x \, dx \cdots (V)$.

58. $\int \frac{\sin x \, dx}{x^n} = \frac{-\sin x}{(n-1) x^{n-1}} + \frac{1}{n-1} \int \frac{\cos x \, dx}{x^{n-1}} \cdots (56)$.

59. $\int \frac{\cos x \, dx}{x^n} = \frac{-\cos x}{(n-1) x^{n-1}} - \frac{1}{n-1} \int \frac{\sin x \, dx}{x^{n-1}} \cdots (57)$.

60. $\int x e^x dx = e^x (x - 1) \cdots (V)$.

61. $\int x a^x dx = \frac{a^x (x \lg a - 1)}{(\lg a)^2} \cdots (60)$.

62. $\int x^m e^x dx = x^m e^x - m \int x^{m-1} e^x dx \cdots (V)$

$$= x^m e^x \left[1 - \binom{m}{1} \frac{1!}{x} + \binom{m}{2} \frac{2!}{x^2} - \cdots + (-1)^m \frac{m!}{x^m}\right].$$

63. $\int x^m a^x dx = \frac{1}{(\lg a)^{m+1}} \int u^m e^u du \cdots (x \lg a = u)$

$$= \frac{x^m a^x}{\lg a} \left[1 - \binom{m}{1} \frac{1!}{x \lg a} + \binom{m}{2} \frac{2!}{(x \lg a)^2} - + \cdots + (-1)^m \frac{m!}{(x \lg a)^m}\right].$$

64. $\int \frac{e^x dx}{x} = \lg x + \frac{x}{1!} + \frac{1}{2} \cdot \frac{x^2}{2!} + \frac{1}{3} \cdot \frac{x^3}{3!} + \cdots (VI)$

definiert den **Integrallogarithmus** Li (x).

65. $\int \frac{e^x dx}{x^m} = \frac{-e^x}{(m-1) x^{m-1}} + \frac{1}{m-1} \int \frac{e^x dx}{x^{m-1}} \cdots (62)$.

66. $\int \frac{dx}{1 + e^x} = \lg \frac{e^x}{1 + e^x} \cdots (1 + e^x = u)$.

67. $\int \frac{dx}{a + b e^{mx}} = \frac{1}{a m} [m x - \lg (a + b e^{mx})] \cdots (a + b e^{mx} = u)$.

68. $\int \frac{dx}{a e^{mx} + b e^{-mx}} = \frac{1}{m \sqrt{ab}} \operatorname{arctg}\left[e^{mx} \sqrt{\frac{a}{b}}\right] \cdots (e^{mx} = u).$

69. $\int \frac{x e^x dx}{(1+x)^2} = \frac{e^x}{1+x} \cdots (1 + x = u).$

70. $\int \sqrt{1+a^x}\, dx = \frac{2\sqrt{1+a^x}}{\lg a}$

$+ x - 2 \overset{a}{\log} (1 + \sqrt{1+a^x}) \cdots (\sqrt{\phantom{x}} = u).$

71. $\int \frac{dx}{\sqrt{a+bc^x}} = \frac{1}{\sqrt{a}} \overset{c}{\log} \frac{\sqrt{a+bc^x} - \sqrt{a}}{\sqrt{a+bc^x} + \sqrt{a}} \cdots (\sqrt{\phantom{x}} = u).$

72. $\int e^{ax} \cos bx\, dx = e^{ax} . \frac{a \cos bx + b \sin bx}{a^2 + b^2} \cdots (V).$

73. $\int e^{ax} \sin bx\, dx = e^{ax} . \frac{a \sin bx - b \cos bx}{a^2 + b^2} \cdots (V).$

74. $\int x \lg x\, dx = \frac{x^2 (2 \lg x - 1)}{4} \cdots (V).$

75. $\int \frac{dx}{\lg x} = \int \frac{e^u du}{u} \cdots (\lg x = u).$

76. $\int \frac{\lg x\, dx}{x} = \frac{1}{2} (\lg x)^2 \cdots (\lg x = u).$

77. $\int x^n \lg x\, dx = \frac{x^{n+1}}{n+1} \lg x - \frac{x^{n+1}}{(n+1)^2} \cdots (V).$

78. $\int \frac{(\lg x)^n dx}{x} = \frac{1}{n+1} (\lg x)^{n+1} \cdots (\lg x = u).$

79. $\int \frac{\lg x\, dx}{(a+bx)^n} = \frac{-\lg x}{b(n-1)(a+bx)^{n-1}}$

$+ \frac{1}{b(n-1)} \int \frac{dx}{x(a+bx)^{n-1}} \cdots (V).$

80. $\int \sin (\lg x)\, dx = \frac{x}{2} \left[\sin (\lg x) - \cos (\lg x)\right] \cdots (V).$

81. $\int \cos (\lg x)\, dx = \frac{x}{2} \left[\sin (\lg x) + \cos (\lg x)\right] \cdots (V).$

82. $\int \frac{\lg(\lg x)\,dx}{x} = \lg x \cdot \lg(\lg x) - \lg x \cdots (V).$

83. $\int x \arcsin x\,dx$

$$= \frac{1}{4}\left[\arcsin x \cdot (2x^2 - 1) + x\sqrt{1 - x^2}\right] \cdots (x = \sin u).$$

84. $\int x \arccos x\,dx$

$$= \frac{1}{4}\left[\arccos x \cdot (2x^2 - 1) - x\sqrt{1 - x^2}\right] \cdots (x = \cos u).$$

85. $\int x \operatorname{arctg} x\,dx = \frac{1}{2}\left[\operatorname{arctg} x \cdot (x^2 + 1) - x\right] \cdots (x = \operatorname{tg} u).$

86. $\int x \operatorname{arccotg} x\,dx$

$$= \frac{1}{2}\left[\operatorname{arccotg} x \cdot (x^2 + 1) + x\right] \cdots (x = \operatorname{cotg} u).$$

## § 59. Spezielle bestimmte Integrale.

1. $\int_0^\infty \frac{dx}{a + bx^2} = \frac{\pi}{2\sqrt{ab}} \cdots (a > 0,\ b > 0).$

2. $\int_0^{\sqrt{\frac{a}{b}}} \frac{dx}{a + bx^2} = \int_{\sqrt{\frac{a}{b}}}^\infty \frac{dx}{a + bx^2} = \frac{\pi}{4\sqrt{ab}}.$

3. $\int_0^1 \frac{dx}{x^2 + x + 1} = \frac{\pi}{3\sqrt{3}}.$

4. $\int_0^1 \frac{dx}{x^2 - x + 1} = \frac{2\pi}{3\sqrt{3}}.$

5. $\int_0^\infty \frac{dx}{(1 + x)\sqrt{x}} = \pi.$

6. $$\int_0^1 \frac{dx}{\sqrt{1-x^2}} = \frac{\pi}{2}.$$

7. $$\int_0^{\sqrt{\frac{a}{b}}} \frac{dx}{\sqrt{a-bx^2}} = \frac{\pi}{2\sqrt{b}}.$$

8. $$\int_0^1 \frac{x\,dx}{\sqrt{1-x^2}} = 1.$$

9. $$\int_0^1 \frac{x^{2n}\,dx}{\sqrt{1-x^2}} = \frac{1\cdot3\cdot5\cdots(2n-1)}{2\cdot4\cdot6\cdots\quad 2n}\cdot\frac{\pi}{2}.$$

10. $$\int_0^1 \frac{x^{2n+1}\,dx}{\sqrt{1-x^2}} = \frac{2\cdot4\cdot6\cdots\quad 2n}{1\cdot3\cdot5\cdots(2n+1)}.$$

11. $$\int_0^{\frac{\pi}{2}} \frac{dx}{a+b\cos x} = \frac{1}{\sqrt{a^2-b^2}}\arccos\frac{b}{a}\cdots(a>b),$$
$$= \frac{1}{\sqrt{b^2-a^2}}\lg\frac{b+\sqrt{b^2-a^2}}{b}\cdots(a<b),$$
$$= \frac{1}{a}\cdots\cdots\cdots(a=b).$$

12. $$\int_0^\infty \frac{\sin ax}{\sin bx}\,dx = 0\cdots(a<b).$$

13. $$\int_0^\infty \frac{\sin ax}{x}\,dx = \frac{\pi}{2}\cdots(a>0),$$
$$= 0\cdots(a=0),$$
$$= -\frac{\pi}{2}\cdots(a<0).$$

14. $$\int_0^\infty \frac{\cos ax}{x}\,dx = \infty.$$

15. $$\int_0^{\frac{\pi}{4}} \operatorname{tg} x \, dx = \frac{1}{2} \lg 2 .$$

16. $$\int_0^{\frac{\pi}{2}} x \operatorname{tg} x \, dx = \infty .$$

17. $$\int_0^{\frac{\pi}{2}} \sin^{2n} x \, dx = \int_0^{\frac{\pi}{2}} \cos^{2n} x \, dx$$
$$= \frac{1 \cdot 3 \cdot 5 \cdots (2n-1)}{2 \cdot 4 \cdot 6 \cdots\cdots 2n} \cdot \frac{\pi}{2} .$$

18. $$\int_0^{\frac{\pi}{2}} \sin^{2n+1} x \, dx = \int_0^{\frac{\pi}{2}} \cos^{2n+1} x \, dx$$
$$= \frac{2 \cdot 4 \cdot 6 \cdots\cdots 2n}{1 \cdot 3 \cdot 5 \cdots (2n+1)} .$$

19. $$\int_0^{\pi} \sin ax \sin bx \, dx = \int_0^{\pi} \cos ax \cos bx \, dx = 0 .$$

20. $$\int_0^{\infty} e^{-x} \, dx = 1 .$$

21. $$\int_0^{\infty} e^{-px^2} dx = \frac{1}{2} \sqrt{\frac{\pi}{p}} .$$

22. $$\int_0^{\infty} e^{-x} x^n \, dx = n! \cdots \text{(n ganzzahlig)} .$$

## § 60. Elliptische Integrale.

1. Integrale von der Form $\int R(x, X)\,dx$, wobei $R(x, X)$ eine rationale Funktion von x und X ist, X selber aber mit x verknüpft ist durch die Gleichung

$$X^m + G_1 X^{m-1} + G_2 X^{m-2} + \cdots + G_{m-1} X + G_m = 0.$$

$G_i$ als ganze rationale Funktion von x vorausgesetzt, heißen **Abelsche Integrale** (= Integrale algebraischer Funktionen).

2. Genügt speziell X einer Gleichung zweiten Grades, ist also $X = \sqrt{G(x)}$, so wird das Abelsche Integral ein **hyperelliptisches Integral** (im weitesten Sinn).

3. Ist G(x) vierten Grades von x, also

$$X = \sqrt{ax^4 + bx^3 + cx^2 + dx + e},$$

so nennt man $\int R(x, X)\,dx$ ein **elliptisches Integral.**

4. Hyperelliptisches Integral im engern Sinn nennt man $\int R(x, X)\,dx$ dann, wenn die $X = \sqrt{G(x)}$ definierende Funktion G(x) vom höhern als vom vierten Grad ist.

5. Die Lösung des Integrals

$$\int R(x, X)\,dx = \int R\left(x, \sqrt{ax^4 + bx^3 + cx^2 + dx + e}\right)dx$$

läßt sich durch passende Substitutionen und Umformungen zurückführen auf die Lösung der drei **elliptischen Normalintegrale** (erster, zweiter und dritter Gattung):

$$F(k, \varphi) = \int_0^{\varphi} \frac{d\varphi}{\sqrt{1 - k^2 \sin^2\varphi}}.$$

$$E(k, \varphi) = \int_0^{\varphi} \sqrt{1 - k^2 \sin^2\varphi}\, d\varphi.$$

$$\Pi(n, k, \varphi) = \int_0^{\varphi} \frac{d\varphi}{(1 + n \sin^2\varphi)\sqrt{1 - k^2 \sin^2\varphi}}.$$

k heißt der **Modul,** $\varphi$ die **Amplitude** der Normalintegrale, n der **Parameter** des Normalintegrals dritter Gattung; $|k| < 1$.

6. Durch eine lineare Substitution $y = \frac{pt+q}{t+1}$ bei günstiger Wahl von p und q und elementare Umformung geht $\int R(y, Y)\,dy$ mit $Y = \sqrt{ay^4 + by^3 + cy^2 + dy + e}$ zunächst über in

$$\int F(t^2, T)\,t\,dt + \int G(t^2)\,dt + \int H(t^2)\frac{dt}{T}$$

mit F, G, H als rationalen Funktionen ihrer Argumente und

$$T = \sqrt{\pm(t^2 + \lambda)(t^2 + \mu)}.$$

Das erste Integral findet durch die Substitution $t^2 = x$ seine Lösung, das zweite ist ein solches rationaler Funktionen, das dritte läßt sich durch die Substitution $t^2 = \frac{\alpha x^2 + \beta}{\gamma x^2 + \delta}$ bei günstiger Wahl von $\alpha$, $\beta$, $\gamma$, $\delta$ immer auf die Form

$$L\int_0^x \frac{dx}{\sqrt{(1-x^2)(1-k^2x^2)}} + M\int_0^x \frac{\sqrt{1-k^2x^2}}{\sqrt{1-x^2}}\,dx$$
$$+ N\int_0^x \frac{dx}{(1+nx^2)\sqrt{(1-x^2)(1-k^2x^2)}}$$

bringen, L, M, N als algebraische Funktionen von x vorausgesetzt. Die drei auftretenden Integrale sind die elliptischen Normalintegrale. Die Substitution $x = \sin\varphi$ macht

$$\int_0^x \frac{dx}{\sqrt{(1-x^2)(1-k^2x^2)}} = \int_0^\varphi \frac{d\varphi}{\sqrt{1-k^2\sin^2\varphi}} = F(k, \varphi);$$

$$\int_0^x \frac{\sqrt{1-k^2x^2}}{\sqrt{1-x^2}}\,dx = \int_0^\varphi \sqrt{1-k^2\sin^2\varphi}\,d\varphi = E(k, \varphi);$$

$$\int_0^x \frac{dx}{(1+nx^2)\sqrt{(1-x^2)(1-k^2x^2)}} = \int_0^\varphi \frac{d\varphi}{(1+n\sin^2\varphi)\sqrt{(1-k^2\sin^2\varphi}}$$
$$= \Pi(n, k, \varphi).$$

7. $$\int_0^x \frac{dx}{\sqrt{1-x^2}\sqrt{1-k^2x^2}} = \int_0^x \frac{dx}{\sqrt{1-x^2}} + \frac{1}{2}k^2 \int_0^x \frac{x^2\,dx}{\sqrt{1-x^2}} + \frac{1\cdot 3}{2\cdot 4}k^4 \int_0^x \frac{x^4\,dx}{\sqrt{1-x^2}} + \cdots,$$

oder wenn man

$$g_0 = 1,\quad g_1 = \frac{1}{2},\quad g_2 = \frac{1\cdot 3}{2\cdot 4}, \cdots\quad g_n = \frac{1\cdot 3\cdot 5\cdots(2n-1)}{2\cdot 4\cdot 6\cdots\cdots 2n}$$

setzt und ebenso

$$G_1 = \frac{x}{g_0},\quad G_2 = \frac{x}{g_0} + \frac{x^3}{3g_1},\quad G_3 = \frac{x}{g_0} + \frac{x^3}{3g_1} + \frac{x^5}{5g_2}, \cdots$$

$$G_n = \frac{x}{g_0} + \frac{x^3}{3g_1} + \frac{x^5}{5g_2} + \cdots + \frac{x^{2n-1}}{(2n-1)g_{n-1}},$$

$$\int_0^x \frac{dx}{\sqrt{1-x^2}\sqrt{1-k^2x^2}} = \arcsin x \cdot \sum_0^\infty g_n{}^2 k^{2n} - \sqrt{1-x^2}\sum_1^\infty g_n{}^2 k^{2n} G_n,$$

gleichmäßig konvergente Reihe, so lange $kx$ ein echter Bruch).

8. Für $x = 1$ wird dieses Integral

$$K = \int_0^1 \frac{dx}{\sqrt{1-x^2}\sqrt{1-k^2x^2}} = \frac{\pi}{2}\sum_0^\infty g_n{}^2 k^{2n}$$
$$= \frac{\pi}{2}\left[1 + \left(\frac{1}{2}\right)^2 k^2 + \left(\frac{1\cdot 3}{2\cdot 4}\right)^2 k^4 + \left(\frac{1\cdot 3\cdot 5}{2\cdot 4\cdot 6}\right)^2 k^6 + \cdots\right].$$

9. $$\int_0^x \frac{\sqrt{1-k^2x^2}}{\sqrt{1-x^2}}\,dx = \sum_0^\infty \frac{g_n k^{2n}}{1-2n}\int_0^x \frac{x^{2n}\,dx}{\sqrt{1-x^2}}$$
$$= \arcsin x \sum_0^\infty \frac{g_n{}^2 k^{2n}}{1-2n} - \sqrt{1-x^2}\sum_1^\infty \frac{g_n{}^2 k^{2n}}{1-2n} G_n.$$

10. Für $x = 1$ wird dieses Integral

$$E = \int_0^1 \frac{\sqrt{1-k^2x^2}}{\sqrt{1-x^2}}\,dx = \frac{\pi}{2}\sum_0^\infty \frac{g_n{}^2 k^{2n}}{1-2n}$$
$$= \frac{\pi}{2}\left[1 - \left(\frac{1}{2}\right)^2 k^2 - \left(\frac{1\cdot 3}{2\cdot 4}\right)^2 \frac{k^4}{3} - \left(\frac{1\cdot 3\cdot 5}{2\cdot 4\cdot 6}\right)^2 \frac{k^6}{5} - \cdots\right].$$

11. Von den **unvollständigen Integralen**

$$F(k,\varphi)=\int_0^{\varphi}\frac{d\varphi}{\sqrt{1-k^2\sin^2\varphi}},\quad E(k,\varphi)=\int_0^{\varphi}\sqrt{1-k^2\sin^2\varphi}\,d\varphi$$

sind Spezialfälle die **vollständigen Integrale**

$$K=F\left(k,\frac{\pi}{2}\right)=\int_0^{\frac{\pi}{2}}\frac{d\varphi}{\sqrt{1-k^2\sin^2\varphi}}\cdots\text{ (siehe 8)},$$

$$E=E\left(k,\frac{\pi}{2}\right)=\int_0^{\frac{\pi}{2}}\sqrt{1-k^2\sin^2\varphi}\,d\varphi\cdots\text{ (siehe 10)}.$$

12. $$F(k,\varphi)=a_0\varphi-\frac{a_2}{2}\sin 2\varphi+\frac{a_4}{4}\sin 4\varphi-\frac{a_6}{6}\sin 6\varphi+\cdots.$$

$$E(k,\varphi)=b_0\varphi+\frac{b_2}{2}\sin 2\varphi-\frac{b_4}{4}\sin 4\varphi+\frac{b_6}{6}\sin 6\varphi-\cdots.$$

Die Koeffizienten $a_i$ und $b_i$ sind gegeben durch

a) $$\pi a_0=2K,$$
$$\pi k^2 a_2=\pi k^2\lambda a_0-8E,$$
$$3a_4=2(\lambda a_2-a_0),$$
$$5a_6=4\lambda a_4-3a_2,$$
$$7a_8=6\lambda a_6-5a_4,\ \cdots$$
$$(n-1)a_n=(n-2)\lambda a_{n-2}-(n-3)a_{n-4},$$

n geradzahlig und größer als 4 vorausgesetzt;
$\lambda$ ist gegeben durch $\lambda k^2=2(2-k^2)$.

b) $$\pi b_0=2E,$$
$$3\pi k^2 b_2=\pi k^2\lambda b_0-8(1-k^2)K,$$
$$5b_4=2(\lambda b_2-b_0),$$
$$7b_6=4\lambda b_4-b_2,$$
$$9b_8=6\lambda b_6-3b_4,\ \cdots$$
$$(n+1)b_n=(n-2)\lambda b_{n-2}-(n-5)b_{n-4},$$

n geradzahlig und größer als 4 vorausgesetzt, $\lambda$ wie oben.

Die $b_i$ sind mit den $a_i$ verknüpft durch

$$8b_2=k^2(2a_0-a_4)$$

und $$4n\,b_n=k^2(a_{n-2}-a_{n+2})\text{ für jedes } n>2.$$

## § 61. Fouriersche Reihe.

1. Sind m und n ganze Zahlen, so gilt von den Integralen

$$\frac{2}{\pi}\int_0^{\pi}\cos m x \cos n x \, d x \quad \text{und} \quad \frac{2}{\pi}\int_0^{\pi}\sin m x \sin n x \, d x$$

a) sie nehmen für $m = n = 0$ den Wert 2 bezw. 0 an;

b) sie nehmen für $m = n \lessgtr 0$ den Wert 1 an;

c) sie nehmen für $m \lessgtr n$ den Wert 0 an.

2. Die Reihe

$$\frac{1}{2} A_0 + \sum_1^{\infty} [A_k \cos k x + B_k \sin k x]$$

heißt eine **trigonometrische Reihe.**

3. Sind die Koeffizienten $A_k$ und $B_k$ dieser Reihe bestimmt durch

$$A_k = \frac{1}{\pi}\int_0^{2\pi} F(x) \cos k x \, d x,$$

$$B_k = \frac{1}{\pi}\int_0^{2\pi} F(x) \sin k x \, d x,$$

so heißt die Reihe eine **Fouriersche Reihe.**

4. Ist die im Intervall von 0 bis $2\pi$ stetige Funktion $F(x)$ definiert durch eine in diesem Intervall gleichmäßig konvergente Reihe

$$\frac{1}{2} A_0 + \sum_1^{\infty} [A_k \cos k x + B_k \sin k x],$$

so sind die Koeffizienten $A_k$ und $B_k$ bestimmt durch

$$A_k = \frac{1}{\pi}\int_0^{2\pi} F(x) \cos k x \, d x,$$

$$B_k = \frac{1}{\pi}\int_0^{2\pi} F(x) \sin k x \, d x.$$

5. Die Funktion $F(x)$ ist im Intervall von a bis b **willkürlich** definiert, wenn für jede Stelle dieses Intervalls die Funktion willkürlich definiert ist.

6. Durch eine solche willkürliche Definition der Funktion $F(x)$ im Intervall von a bis b ist in diesem Intervall eine endliche oder unendlich große Anzahl von Unstetigkeitsstellen und Extremwertstellen gegeben. An jeder dieser Unstetigkeitsstellen kann $F(x)$ um einen endlichen oder unendlich großen Wert sich ändern.

7. Die im Intervall von a bis b willkürlich definierte Funktion $F(x)$ ist in diesem Intervall **integrierbar,** wenn sie den Bedingungen genügt: Die Anzahl der Extremwertstellen ist endlich, die Anzahl der Unstetigkeitsstellen ist endlich und die Änderung an jeder Unstetigkeitsstelle ist endlich.

8. Ist die Funktion $F(x)$ im Intervall von a bis b endlich, hat sie ferner in diesem Intervall keine unendlich große Anzahl von Extremwertstellen und Unstetigkeitsstellen, so läßt sie sich in eine Fouriersche Reihe entwickeln. In einem gewöhnlichen Punkt ist der Wert der Reihe gleich dem Wert der Funktion in diesem Punkt. An einer Unstetigkeitsstelle ist der Wert der Reihe das Mittel aus den Grenzwerten der Funktion zu beiden Seiten der Unstetigkeitsstelle. Die Funktion läßt sich nur auf eine Weise in eine Fouriersche Reihe verwandeln.

9. Der Wert der Funktion in einem bestimmten Punkt hängt nur ab vom Verhalten der Funktion in der Umgebung dieses Punktes.

## § 62. Näherungsrechnung für bestimmte Integrale.

1. Liegt $f(x)$ im Bereich von a bis b stets zwischen $\varphi(x)$ und $\psi(x)$, ist also

$$\varphi(x) \leqq f(x) \leqq \psi(x)$$

in diesem Bereich, so gilt in diesem, sobald $\varphi(x)$ und $\psi(x)$ stetig und endlich in ihm sind,

$$\int_a^b \varphi(x)\,dx \leqq \int_a^b f(x)\,dx \leqq \int_a^b \psi(x)\,dx\,.$$

2. Die durch $\int_a^b f(x)\,dx$ dargestellte Fläche bezw. die Strecke $b - a$ teilt man in n gleiche Teile. Wenn $h = \frac{b-a}{n}$ ist und $y_0$, $y_1, y_2, \cdots y_n$ die den Abscissen $a$, $a + h$, $a + 2h, \cdots a + nh$ entsprechenden Funktionswerte sind, dann ist **angenähert** (umso genauer, je größer n)

$$\int_a^b f(x)\,dx = h\,[y_0 + y_1 + y_2 + \cdots y_{n-2} + y_{n-1}]$$
$$= h\,[y_1 + y_2 + y_3 + \cdots y_{n-1} + y_n]$$

(Rechtecksformel)

$$= \frac{h}{2}\left[y_0 + 2y_1 + 2y_2 + \cdots + 2y_{n-1} + y_n\right] + K$$

(Trapezformel).

Das Korrekturglied K dient zur Abschätzung des Fehlers. Ist $0 < \Theta < 1$, so wird

$$K = -\frac{h^2}{12}\left[f'(b) - f'(a)\right] + \frac{\Theta}{384} h^4 \left[f'''(b) - f'''(a)\right].$$

3. **Simpsonsche Regel.** Man teilt die Strecke $b - a$ in eine gerade Anzahl Teile $h = \frac{b-a}{n}$; dann ist mit $0 < \Theta < 1$

$$\int_b^a f(x)\,dx = \frac{h}{3}\left[y_0 + 4y_1 + 2y_2 + 4y_3 + 2y_4 + \cdots + 2y_{n-2}\right.$$
$$\left. + 4y_{n-1} + y_n\right] + \frac{\Theta}{288} h^4 \left[f'''(b) - f'''(a)\right].$$

Das Korrekturglied dient wieder zur Abschätzung des Fehlers.

## § 63. Anwendung der Integralrechnung auf Geometrie und Mechanik.

Man nennt **Rektifikation** die Bestimmung der Bogenlänge s einer ebenen oder räumlichen Kurve, **Quadratur** die Bestimmung des Flächeninhaltes F, den eine ebene Kurve in ihrer Ebene mit anderen Elementen bildet, **Komplanation** die Bestimmung der Oberfläche O eines Körpers und **Kubatur** die Bestimmung des Volumens V eines Körpers.

a) **Rektifikation.**

1. Der Bogen s ist begrenzt durch zwei Ordinaten $x_0$ und x. Das Bogenelement ds zwischen zwei unendlich benachbarten Ordinaten ist

$$ds = \sqrt{dx^2 + dy^2} = dx\sqrt{1 + \left(\frac{dy}{dx}\right)^2},$$

die Bogenlänge s der Kurve ist

$$s = \int_{x_0}^{x} dx \sqrt{1 + \left(\frac{dy}{dx}\right)^2}.$$

2. Der Bogen s ist begrenzt durch zwei Radienvektoren $\varphi_0$ und $\varphi$. Das Bogenelement ds zwischen zwei unendlich benachbarten Radienvektoren ist

$$ds = \sqrt{dr^2 + (r\,d\varphi)^2} = d\varphi \sqrt{r^2 + \left(\frac{dr}{d\varphi}\right)^2},$$

die Bogenlänge s der Kurve ist

$$ds = \int_{\varphi_0}^{\varphi} d\varphi \sqrt{r^2 + \left(\frac{dr}{d\varphi}\right)^2}$$

3. Der Bogen s einer Raumkurve ist begrenzt durch zwei Parameter $t_0$ und t. Wenn die Gleichung der Raumkurve

$$x = \varphi(t), \quad y = \psi(t), \quad z = \chi(t),$$

so ist das Bogenelement

$$ds = \sqrt{dx^2 + dy^2 + dz^2} = dt \sqrt{\left(\frac{dx}{dt}\right)^2 + \left(\frac{dy}{dt}\right)^2 + \left(\frac{dz}{dt}\right)^2},$$

die Bogenlänge s der Kurve ist

$$s = \int_{t_0}^{t} d \sqrt{\left(\frac{dx}{dt}\right)^2 + \left(\frac{dy}{dt}\right)^2 + \left(\frac{dz}{dt}\right)^2}.$$

b) **Quadratur.**

4. Die Fläche F ist begrenzt durch die Kurve $y = f(x)$, die x-Axe und zwei Ordinaten $x_0$ und x. Das Flächenelement zwischen zwei unendlich benachbarten Ordinaten ist $dF = y\,dx$, die Fläche F der Kurve ist

$$F = \int_{x_0}^{x} y\,dx = \int_{x_0}^{x} f(x)\,dx.$$

5. Die Fläche F ist begrenzt durch zwei Kurven $y = f_1(x)$ und $y = f_2(x)$. Das Flächenelement ist

$$dF = [f_1(x) - f_2(x)]\,dx,$$

die Fläche von $x_0$ bis x ist

$$F = \int_{x_0}^{x} [f_1(x) - f_2(x)]\,dx.$$

6. Die Fläche F ist begrenzt durch eine geschlossene Kurve $F(x, y) = 0$. An der Stelle x sind die beiden Ordinaten $y_1$ und $y_2$, das Flächenelement ist

$$dF = (y_1 - y_2)\,dx,$$

die Fläche zwischen den die Fläche begrenzenden und die Kurve berührenden Ordinaten $x = a$ und $x = b$ ist

$$F = \int_a^b (y_1 - y_2)\,dx.$$

7. Die Fläche F ist begrenzt durch die Kurve $r = f(\varphi)$ und zwei Radienvektoren $\varphi_0$ und $\varphi$. Das Flächenelement zwischen zwei unendlich benachbarten Radienvektoren ist

$$dF = {}^1/_2\, r^2\, d\varphi,$$

die Fläche F der Kurve ist

$$F = \frac{1}{2}\int_{\varphi_0}^{\varphi} r^2\, d\varphi.$$

8. Die Fläche F ist begrenzt durch zwei Kurven $r_1 = f_1(\varphi)$ und $r_2 = f_2(\varphi)$. Das Flächenelement ist

$$dF = {}^1/_2\,(r_1^2 - r_2^2)\,d\varphi,$$

die Fläche von $\varphi_0$ bis $\varphi$ ist

$$F = \frac{1}{2}\int_{\varphi_0}^{\varphi}(r_1^2 - r_2^2)\,d\varphi.$$

9. Die Fläche F ist begrenzt im schiefwinkligen Koordinatensystem durch die Kurve $\eta = f(\xi)$, die $\xi$-Axe und zwei Ordinaten $\xi_0$ und $\xi$. Das Flächenelement zwischen zwei unendlich benachbarten Ordinaten ist $dF = \eta\, d\xi \sin\omega$, wenn $\omega$ der Winkel der Koordinatenaxen, die Fläche der Kurve ist

$$F = \sin\omega \int_{\xi_0}^{\xi} \eta\, d\xi.$$

c) **Komplanation.**

10. Oberfläche O eines Rotationskörpers. Das Oberflächenelement, gebildet durch das um die x-Axe bezw. y-Axe rotierende Bogenelement ds, ist

$$dO = ds \cdot 2y\pi \quad \text{bezw.} \quad dO = ds \cdot 2x\pi,$$

die Oberfläche, gebildet durch den um die x-Axe bezw. y-Axe rotierenden Bogen von $x_0$ bis x ist

$$O = 2\pi \int_{x_0}^{x} y\,ds = 2\pi \int_{x_0}^{x} y \sqrt{1 + \left(\frac{dy}{dx}\right)^2}\,dx \cdots (\text{x-Axe}),$$

$$O = 2\pi \int_{x_0}^{x} x\,ds = 2\pi \int_{x_0}^{x} x \sqrt{1 + \left(\frac{dy}{dx}\right)^2}\,dx \cdots (\text{y-Axe}).$$

11. Oberfläche O eines Rotationskörpers bei Polarkoordinaten. Das Oberflächenelement ist bei Rotation um die x- bezw. y-Axe

$$dO = ds \cdot 2\pi r \sin\varphi \quad \text{bezw.} \quad dO = ds \cdot 2\pi r \cos\varphi,$$

die Oberfläche von $\varphi_0$ bis $\varphi$ ist

$$O = 2\pi \int_{\varphi^0}^{\varphi} r \sin\varphi \sqrt{r^2 + \left(\frac{dr}{d\varphi}\right)^2}\, d\varphi \cdots \text{(x-Axe)},$$

$$O = 2\pi \int_{\varphi_0}^{\varphi} r \cos\varphi \sqrt{r^2 + \left(\frac{dr}{d\varphi}\right)^2}\, d\varphi \cdots \text{(y-Axe)}.$$

12. **Erste Guldinsche Regel.** Die Oberfläche, die durch den rotierenden Bogen entsteht, ist gleich dem Produkt aus der Bogenlänge mal dem Weg des Bogenschwerpunkts.

13. Oberfläche O eines durch die Fläche $z = f(x, y)$ begrenzten Körpers. Das Oberflächenelement dO hat als Projektion auf die z-Ebene $dx\,dy = dO \cos\gamma$, die Oberfläche O ist

$$O = \iint \frac{dx\,dy}{\cos\gamma} = \int_a^b dx \int_{y_1}^{y_2} \sqrt{1 + p^2 + q^2}\, dy$$

$$= \int_c^d dy \int_{x_1}^{x_2} \sqrt{1 + p^2 + q^2}\, dx.$$

p und q sind die partiellen Ableitungen von z nach x und y. a, b, $y_1$ und $y_2$ bezw. c, d, $x_1$ und $x_2$ siehe 20.

**Übergang zu Zylinder-Koordinaten** $x = r\cos\varphi$, $y = r\sin\varphi$.

$$O = \iint \sqrt{r^2 + r^2\left(\frac{\partial z}{\partial r}\right)^2 + \left(\frac{\partial z}{\partial \varphi}\right)^2}\, d\varphi\, dr.$$

**Übergang zu sphärischen Koordinaten**

$$x = r\cos\varphi\cos\psi, \quad y = r\sin\varphi\cos\psi, \quad z = r\sin\psi.$$

Das Oberflächenelement ist $dO = r^2 \cos\psi\, d\varphi\, d\psi$, die Fläche ist

$$O = \iint r^2 \cos\psi\, d\varphi\, d\psi.$$

## d) Kubatur.

14. Volumen V eines Rotationskörpers, gebildet durch die Kurve $y = f(x)$. Das Volumelement dV ist eine Scheibe, gebildet durch das um die x- bezw. y-Axe rotierende Flächenelement dF.

$$dV = y^2\pi \cdot dx \quad \text{bezw.} \quad dV = x^2\pi \cdot dy.$$

Das Volumen V, gebildet durch die um eine der Axen rotierende Fläche F von $x_0$ bis x ist

$$V = \pi \int_{x_0}^{x} y^2 dx \cdots (x\text{-Axe}),$$

$$V = \pi \int_{y_0}^{y} x^2 dy \cdots (y\text{-Axe}).$$

15. Volumen V eines Rotationskörpers, gebildet durch die Kurve $r = f(\varphi)$. Das Volumelement dV wird gebildet durch den um die x- bezw. y-Axe rotierenden unendlich kleinen Sektor dF und ist

$$dV = {}^2/_3 \pi r^3 \sin\varphi\, d\varphi \quad \text{bezw.} \quad dV = {}^2/_3 \pi r^3 \cos\varphi\, d\varphi.$$

Das Volumen V, gebildet durch die um eine der Axen rotierende Fläche F von $\varphi_0$ bis $\varphi$ ist

$$V = \frac{2}{3} \pi \int_{\varphi_0}^{\varphi} r^3 \sin\varphi\, d\varphi \cdots (x\text{-Axe}),$$

$$V = \frac{2}{3} \pi \int_{\varphi_0}^{\varphi} r^3 \cos\varphi\, d\varphi \cdots (y\text{-Axe}).$$

16. **Zweite Guldinsche Regel.** Das Volumen, das durch die rotierende Fläche F entsteht, ist gleich dem Produkt aus dieser Fläche mal dem Weg des Flächenschwerpunktes.

17. Volumen eines beliebigen Körpers. Als Volumelement nimmt man wenn möglich eine Scheibe, deren Querschnitt Q als Funktion nur von x (oder einer anderen Variablen allein) dargestellt werden kann, wenn dx die unendlich kleine Höhe der Scheibe ist. Dann ist

$$V = \int_{x_0}^{x_1} Q\, dx.$$

18. Volumen eines Körpers, begrenzt durch die Fläche $z = f(x, y)$ oben, die z-Ebene unten, die Ebenen $x = a$, $x = b$ seitlich und die Ebenen $y = c$, $y = d$ vorn und hinten. Der unendlich kleine Quader ist $d^3V = dx\, dy\, dz$,

die unendlich dünne Säule (als Integral der Quader in der z-Richtung) ist $d^2V = z\,dx\,dy$, die unendlich dünne Scheibe (als Integral der Säulen in der y-bezw. x-Richtung) ist

$$dV = dx \int_{y=c}^{y=d} z\,dy \quad \text{bezw.} \quad dV = dy \int_{x=a}^{x=b} z\,dx,$$

das Volumen (als Integral der Scheiben) ist

$$V = \int_{x=a}^{x=b}\int_{y=c}^{y=d} z\,dx\,dy = \int_{x=a}^{x=b} dx \int_{y=c}^{y=d} z\,dy = \int_{y=c}^{y=d} dy \int_{x=a}^{x=b} z\,dx.$$

19. Volumen, begrenzt durch die Fläche $z = f(x, y)$ oben, die z-Ebene unten, durch die Ebenen $x = a$, $x = b$ seitlich und die Zylinderflächen $y_1 = f_1(x)$, $y_2 = f_2(x)$ vorn und hinten.

$$d^3V = dx\,dy\,dz, \qquad d^2V = z\,dx\,dy,$$

$$dV = dx \int_{y_1 = f_1(x)}^{y_2 = f_2(x)} z\,dy, \qquad V = \int_{x=a}^{x=b} dx \int_{y_1 = f_1(x)}^{y_2 = f_2(x)} z\,dy.$$

20. Volumen, begrenzt durch die Fläche $z = f(x, y)$ oben, die z-Ebene unten und seitlich durch den Zylinder $F(x, y) = 0$.

$$d^3V = dx\,dy\,dz, \qquad d^2V = z\,dx\,dy,$$

$$dV = dx \int_{y=y_1}^{y=y_2} z\,dy, \qquad V = \int_{x=a}^{x=b} dx \int_{y=y_1}^{y=y_2} z\,dy.$$

$x = a$ und $x = b$ sind den Zylinder berührende und ihn begrenzende Ebenen, $y_1$ und $y_2$ sind die Werte von $y$ aus $F(x, y) = 0$ an der allgemeinen Stelle x.

21. Volumen, begrenzt durch zwei Flächen $z = \Phi(x, y)$ unten und $z = \Psi(x, y)$ oben und den Zylinder $F(x, y) = 0$ seitlich.

$$d^3V = dx\,dy\,dz, \qquad d^2V = (\Psi - \Phi)\,dx\,dy,$$

$$dV = dx \int_{y=y_1}^{y=y_2} (\Psi - \Phi)\,dy, \quad V = \int_{x=a}^{x=b} dx \int_{y=y_1}^{y=y_2} (\Psi - \Phi)\,dy.$$

a, b, $y_1$ und $y_2$ wie 20.

22. Volumen, begrenzt durch zwei Flächen $z = \Phi(x, y)$ unten und $z = \Psi(x, y)$ oben. Die beiden Flächen schneiden sich in einer Raumkurve, deren Projektion auf die z-Ebene $F(x, y) = 0$ ist. Der Projektionszylinder tritt jetzt an Stelle des begrenzenden Zylinders von 21.

$$d^3V = dx\,dy\,dz, \qquad d^2V = (\Psi - \Phi)\,dx\,dy,$$

$$dV = dx\int_{y=y_1}^{y=y_2}(\Psi - \Phi)\,dy, \quad V = \int_{x=a}^{x=b} dx \int_{y=y_1}^{y=y_2}(\Psi - \Phi)\,dy.$$

a, b, $y_1$, $y_2$ wie 20.

23. Volumen, begrenzt durch die geschlossene Fläche $\Phi(x, y, z) = 0$. An Stelle des begrenzenden Zylinders der Formeln 21 und 22 tritt jetzt der Umrißzylinder $F(x, y) = 0$.

$$d^3V = dx\,dy\,dz, \qquad d^2V = (z_2 - z_1)\,dx\,dy,$$

$$dV = dx\int_{y=y_1}^{y=y_2}(z_2 - z_1)\,dy, \quad V = \int_{x=a}^{x=b} dx \int_{y=y_1}^{y=y_2}(z_2 - z_1)\,dy.$$

a, b, $y_1$, $y_2$ wie vorher, $z_2$ und $z_1$ sind die Werte von z aus $\Phi(x, y, z) = 0$ an der allgemeinen Stelle x, y.

## e) Schwerpunkt und statisches Moment.

24. **Schwerpunktsatz.** $m_1$, $m_2$, $m_3$, $\cdots$ sind Massenteilchen; $\mathfrak{r}_1$, $\mathfrak{r}_2$, $\mathfrak{r}_3$, $\cdots$ die von einem festen Anfangspunkt zu diesen gezogenen Vektoren (siehe Vektoren),

$$M = \sum m = m_1 + m_2 + \cdots$$

die Gesamtmasse, $\mathfrak{s}$ der vom Anfangspunkt 0 aus zum Schwerpunkt gezogene Vektor.

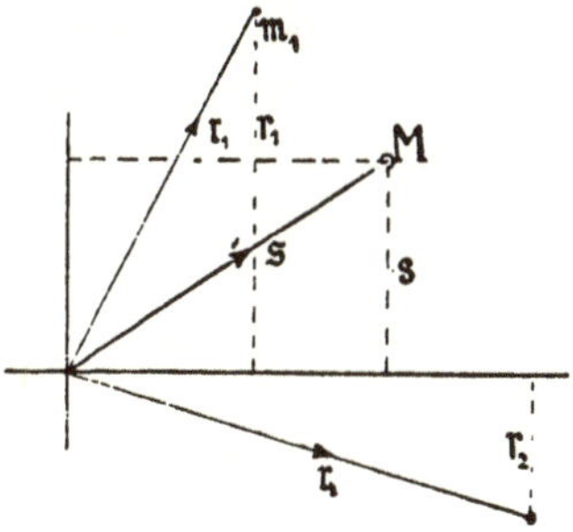


Fig. 6.

$$M\mathfrak{s} = \sum m\mathfrak{r}.$$

25. Projiziert man alle Vektoren auf eine durch den Anfangspunkt 0 gehende Axe (in Figur 6 die Lotrechte), so erhält man die analytische Form des Satzes

$$Ms = \sum mr.$$

s ist die Projektion von $\mathfrak{s}$ auf die Axe, r diejenige von $\mathfrak{r}$.

26. Bestimmt man ein rechtwinkliges Koordinatensystem durch zwei Vertikale in 0, oder im Fall eines räumlichen Problems durch drei Vertikale in 0, so nimmt der Schwerpunktsatz die Form an

$$M\xi = \sum mx, \quad M\eta = \sum my, \quad M\zeta = \sum mz.$$

$\xi|\eta$ bezw. $\xi|\eta|\zeta$ sind die Koordinaten des Schwerpunktes, $x|y$ bezw. $x|y|z$ die des einzelnen Massenpunktes; $\sum mr$, $\sum mx$, $\sum my$, $\sum mz$ nennt man das **statische Moment** oder **Drehmoment** des untersuchten Körpers (= Bogen, Fläche, Volumen etc.) für die jeweilige Axe als gedachte Drehaxe.

27. Statisches Moment des ebenen Bogens s zwischen den Grenzordinaten $x_0$ und $x_1$. Das Bogenelement ds hat das statische Moment yds für die x-Axe und xds für die y-Axe. Der Bogen s hat das Drehmoment

$$D_x = \int y\,ds = \int_{x_0}^{x} y\sqrt{1 + \left(\frac{dy}{dx}\right)^2}\,dx \cdots (x\text{-Axe}),$$

$$D_y = \int x\,ds = \int_{x_0}^{x} x\sqrt{1 + \left(\frac{dy}{dx}\right)^2}\,dx \cdots (y\text{-Axe}).$$

28. Statisches Moment des ebenen Bogens s zwischen den Grenzradienvektoren $\varphi_0$ und $\varphi$. Das Bogenelement ds hat bei Polarkoordinaten das statische Moment $ds \cdot r\cos\varphi$ für die y-Axe und $ds \cdot r\sin\varphi$ für die x-Axe. Der Bogen s hat das Drehmoment

$$D_x = \int_{\varphi_0}^{\varphi} r\sin\varphi\sqrt{r^2 + \left(\frac{dr}{d\varphi}\right)^2}\,d\varphi \cdots (x\text{-Axe}),$$

$$D_y = \int_{\varphi_0}^{\varphi} r\cos\varphi\sqrt{r^2 + \left(\frac{dr}{d\varphi}\right)^2}\,d\varphi \cdots (y\text{-Axe}).$$

29. Schwerpunkt $\xi|\eta$ des ebenen Bogens s

$$\xi s = D_y, \quad \eta s = D_x.$$

30. Statisches Moment der Fläche F zwischen den Grenzordinaten $x_0$ und x. Das Flächenelement dF hat das Drehmoment $\frac{1}{2}\,y\,dF$ für x-Axe und x dF für die y-Axe. Die Fläche F hat das Drehmoment

$$D_x = \frac{1}{2}\int y\,dF = \frac{1}{2}\int_{x_0}^{x} y^2\,dx \cdots (x\text{-Axe}),$$

$$D_y = \int x\,dF = \int_{x_0}^{x} xy\,dx \cdots (y\text{-Axe}).$$

31. Statisches Moment der Fläche F zwischen den Grenzradienvektoren $\varphi_0$ und $\varphi$. Das Flächenelement dF hat bei Polarkoordinaten das Drehmoment $^2/_3\, r \sin\varphi\, dF$ für die x-Axe und $^2/_3\, r \cos\varphi\, dF$ für die y-Axe. Die Fläche F hat das Drehmoment

$$D_x = \frac{1}{3}\int_{\varphi_0}^{\varphi} r^3 \sin\varphi\, d\varphi \cdots (x\text{-Axe}),$$

$$D_y = \frac{1}{3}\int_{\varphi_0}^{\varphi} r^3 \cos\varphi\, d\varphi \cdots (y\text{-Axe}).$$

32. Schwerpunkt $\xi|\eta$ der Fläche F.

$$\xi F = D_y, \quad \eta F = D_x.$$

33. Der Schwerpunkt der Rotationsoberfläche 0 liegt auf der Rotationsaxe; vom Abstand $\xi$ vom Ursprung gilt

$$\xi 0 = 2\pi \int xy\,ds = 2\pi \int_{x_0}^{x} xy \sqrt{1 + \left(\frac{dy}{dx}\right)^2}\,dx.$$

34. Der Schwerpunkt des Rotationsvolumens V liegt auf der Rotationsaxe; vom Abstand $\xi$ vom Ursprung gilt

$$\xi V = \pi \int_{x_0}^{x} xy^2\,dx.$$

### f) Trägheitsmoment.

35. Trägheitsmoment einer Strecke L. Das Streckenelement dL mit der Masse m hat für die x-Axe das Trägheitsmoment $d\Theta_x = my^2$. .

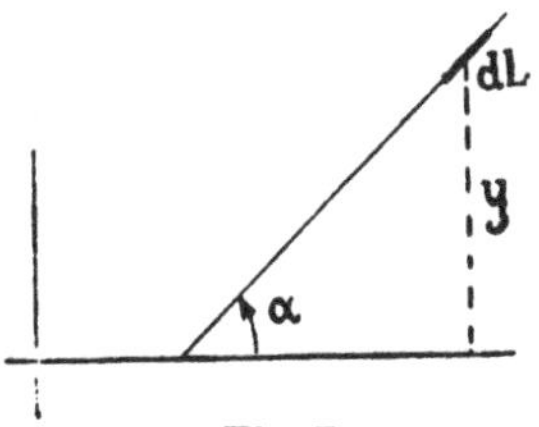

Fig. 7.

Die Strecke L mit der über die ganze Länge gleichförmig verteilten Masse $M = L\mu$, wenn $\mu$ die Masse pro

Längeneinheit ist, hat für die x-Axe das Trägheitsmoment

$$\Theta_x = \frac{1}{3} M L^2 \sin^2 \alpha \cdots (m = \mu\, dL).$$

36. **Trägheitsmoment einer Fläche.** Wenn die Masse pro Flächeneinheit gleich 1 angenommen wird, hat das Flächenelement dF das Trägheitsmoment

$$d\Theta_x = {}^1/_3\, y^3\, dx \quad \text{und} \quad d\Theta_y = x^2 y\, dx,$$

die ganze Fläche F von $x_0$ bis x das Trägheitsmoment

$$\Theta_x = \frac{1}{3}\int_{x_0}^{x} y^3\, dx \cdots (\text{x-Axe}),$$

$$\Theta_y = \int_{x_0}^{x} x^2 y\, dx \cdots (\text{y-Axe}).$$

37. **Polares Trägheitsmoment der Fläche F** ist das Trägheitsmoment für eine durch den Anfangspunkt senkrecht zur Fläche stehende Axe.

$$\Theta_z = \Theta_x + \Theta_y = \int_{x_0}^{x} \left(\frac{1}{3} y^3 + x^2 y\right) dx.$$

38. **Trägheitsmoment einer Rotationsoberfläche** (Masse pro Flächeneinheit = 1 gesetzt).

$$d\Theta = 2\pi y\, ds \cdot y^2,$$

$$\Theta = 2\pi \int_{x_0}^{x} y^3 \sqrt{1 + \left(\frac{dy}{dx}\right)^2}\, dx.$$

39. **Trägheitsmoment eines Rotationsvolumens** (Masse pro Volumeneinheit = 1 gesetzt). Die Kreisscheibe vom Radius y und der Dicke dx hat das Trägheitsmoment $d\Theta = {}^1/_2 \pi y^4\, dx$. Der Rotationskörper von $x_0$ bis x hat das Trägheitsmoment

$$\Theta = \frac{\pi}{2} \int_{x_0}^{x} y^4\, dx.$$

# VI. Elemente der analytischen Geometrie der Ebene.

## A. Gerade und Kegelschnitte in kartesischen und Polarkoordinaten.

### § 64. Koordinatentransformation.

1. **Koordinatenbegriff:** Kartesische Koordinaten siehe § 5.

Die Fixelemente eines **Polarkoordinatensystems** sind der **Anfangspunkt** und der **Anfangsstrahl.** Polarkoordinaten sind r und $\varphi$; dabei bedeutet $P = r|\varphi$ bezw. $P = 3|2$: P hat vom Anfangspunkt die Entfernung r bezw. 3 und vom Anfangsstrahl die Bogenentfernung $\varphi$ bezw. 2, d. h. der Winkel vom Anfangsstrahl bis zum Radiusvektor nach P hat als Bogenmaß $\varphi$ bezw. 2)

2. **Parallelverschiebung.** Der neue Ursprung hat gegenüber dem alten System die Koordinaten $x_0|y_0$. Die alten Koordinaten seien $x|y$, die neuen $x'|y'$.

$$\left.\begin{array}{l} x = x' + x_0 \\ y = y' + y_0 \end{array}\right\}. \qquad \left.\begin{array}{l} x' = x - x_0 \\ y' = y - y_0 \end{array}\right\}.$$

3. **Drehung des rechtwinkligen Systems** um den Winkel $\varphi$.

$$\left.\begin{array}{l} x = x' \cos\varphi - y' \sin\varphi \\ y = x' \sin\varphi + y' \cos\varphi \end{array}\right\}. \qquad \left.\begin{array}{l} x' = x \cos\varphi + y \sin\varphi \\ y' = -x \sin\varphi + y \cos\varphi \end{array}\right\}.$$

4. **Rechtwinklige und schiefwinklige Koordinaten.** $\alpha$ ist der Winkel von der x-Axe zur x'-Axe, $\beta$ der Winkel von der x-Axe zur y'-Axe.

$$\left.\begin{aligned} x &= x' \cos\alpha + y' \cos\beta \\ y &= x' \sin\alpha + y' \sin\beta \end{aligned}\right\}.$$

$$\left.\begin{aligned} x' \sin(\beta - \alpha) &= x \sin\beta - y \cos\beta \\ y' \sin(\beta - \alpha) &= - x \sin\alpha + y \cos\alpha \end{aligned}\right\}.$$

5. **Parallelverschiebung und Drehung.** Superposition aus 2 und 3 bezw. 4.

6. **Rechtwinklige und Polarkoordinaten.**

$$\left.\begin{aligned} x &= r \cos\varphi \\ y &= r \sin\varphi \end{aligned}\right\}. \qquad \left.\begin{aligned} r &= \sqrt{x^2 + y^2} \\ \operatorname{tg}\varphi &= \frac{y}{x} \end{aligned}\right\}.$$

7. **Schiefwinklige und Polarkoordinaten.** Wenn $\omega$ der Axenwinkel, so ist

$$\left.\begin{aligned} x \sin\omega &= r \sin(\omega - \varphi) \\ y \sin\omega &= r \sin\varphi \end{aligned}\right\}. \qquad \left.\begin{aligned} r \sin\varphi &= y \sin\omega \\ r \cos\varphi &= x + y \cos\omega \\ r^2 &= x^2 + y^2 + 2xy \cos\omega \end{aligned}\right\}.$$

## § 65. Strecke.

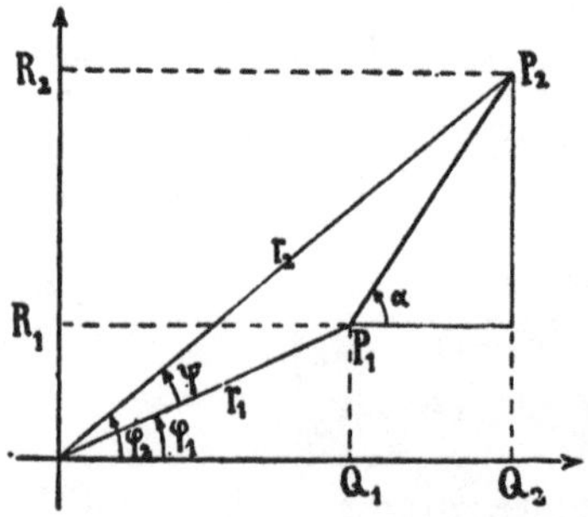


Fig. 8.

1. Bezeichnet man mit r den **Radiusvektor** von P, d. i. den Fahrstrahl von 0 nach P, mit $\varphi$ den **Richtungswinkel** von 0P, d. i. den Winkel von der x-Axe aus im positiven Sinn (in der Mathematik ist das nach willkürlicher Festsetzung der Gegenuhrzeigersinn) zur Strecke 0P, so gelten die Beziehungen

$$\left.\begin{aligned} x &= r \cos\varphi \\ y &= r \sin\varphi \end{aligned}\right\}. \qquad \left.\begin{aligned} r &= \sqrt{x^2 + y^2} \\ \operatorname{tg}\varphi &= \frac{y}{x} \end{aligned}\right\}.$$

x und y sind die **Projektionen des Radiusvektors** auf die x- bezw. y-Axe. Insofern man das Vorzeichen von x und y mitzählt oder nicht, hat man den **Richtungssinn** der Strecke 0P, d. i. die Richtung von 0 nach P, mitberücksichtigt oder nicht.

Als **Richtung einer Strecke** definiert man die trigonometrische Tangente des Richtungswinkels, die Richtung des Radiusvektors 0P ist also $\operatorname{tg}\varphi = \frac{y}{x}$.

2. Liegen $P_1$ und $P_2$ auf der x-Axe bezw. y-Axe, so ist unter Berücksichtigung des Richtungssinnes die **Entfernung** von $P_1$ nach $P_2$

$$P_1P_2 = x_2 - x_1 = X \quad \text{bezw.} \quad P_1P_2 = y_2 - y_1 = Y.$$

3. Sind $P_1$ und $P_2$ durch die Bögen $\varphi_1$ und $\varphi_2$ auf einem Kreis festgelegt, so ist ihre **Winkelentfernung**

$$P_1P_2 = \varphi_2 - \varphi_1 = \Phi.$$

4. Liegen $P_1$ und $P_2$ beliebig in der Ebene, so sind unter Berücksichtigung des Richtungssinnes die **Projektionen** auf die x- bezw. y-Richtung (Fig. 8)

$$Q_1Q_2 = x_2 - x_1 = X \quad \text{bezw.} \quad R_1R_2 = y_2 - y_1 = Y.$$

5. Vernachlässigt man den Richtungssinn, so gilt, wenn $P_1P_2 = d$,

$$Q_1Q_2 = d\cos\alpha \quad \text{bezw.} \quad R_1R_2 = d\cos(90^\circ - \alpha),$$

d. h. die **Projektion einer Strecke** d auf eine Gerade ist gleich dem Produkt aus Originalstrecke mal dem Kosinus des Neigungswinkels.

6. Der Richtungswinkel der Strecke $P_1P_2$ ist $\alpha$, die **Richtung von $P_1P_2$** also

$$\operatorname{tg}\alpha = \frac{y_2 - y_1}{x_2 - x_1} = \frac{Y}{X} = \frac{\text{y-Projektion}}{\text{x-Projektion}}.$$

7. Ohne Rücksichtnahme auf den Richtungssinn ist die **Entfernung zweier Punkte $P_1$ und $P_2$**

$$P_1P_2 = (\pm)\sqrt{(x_2 - x_1)^2 + (y_2 - y_1)^2} = \sqrt{X^2 + Y^2} = R,$$

d. h. die Strecke $P_1P_2$ ist gleich der Wurzel aus der Summe der Quadrate der x- und y-Projektionen.

Entfernung $P_1 P_2$ in schiefwinkligen Koordinaten, wenn $\omega$ der Axenwinkel.

$$d = (\pm) \sqrt{(x_2 - x_1)^2 + (y_2 - y_1)^2 + 2(x_2 - x_1)(y_2 - y_1)\cos\omega}.$$

Entfernung $P_1 P_2$ in Polarkoordinaten.

$$d = (\pm) \sqrt{r_1^2 + r_2^2 - 2 r_1 r_2 \cos(\varphi_2 - \varphi_1)}.$$

8. **Winkel $\psi$ der Radienvektoren** $r_1$ und $r_2$.

$$\left.\begin{aligned} \sin\psi &= \frac{x_1 y_2 - x_2 y_1}{r_1 r_2} \\ \cos\psi &= \frac{x_1 x_2 + y_1 y_2}{r_1 r_2} \end{aligned}\right|, \quad \operatorname{tg}\psi = \frac{x_1 y_2 - x_2 y_1}{x_1 x_2 + y_1 y_2}.$$

9. **Teilungsverhältnis.** Der Teilpunkt $P = x|y$ auf der Strecke $P_1 P_2$ oder auf deren Verlängerung teilt die Strecke $P_1 P_2$ im Verhältnis $\lambda = PP_1 : PP_2$ (Def.).

Kennt man außer den Koordinaten von $P_1$ und $P_2$ auch noch die von P, so erhält man:

$$\lambda = \frac{x - x_1}{x - x_2} = \frac{y - y_1}{y - y_2}.$$

Ist außer $P_1$ und $P_2$ noch $\lambda$ bekannt, so erhält man

$$x = \frac{\lambda x_2 - x_1}{\lambda - 1} \text{ und } y = \frac{\lambda y_2 - y_1}{\lambda - 1},$$

bezw. wenn $\lambda = m : n$,

$$x = \frac{m x_2 - n x_1}{m - n} \text{ und } y = \frac{m y_2 - n y_1}{m - n}.$$

Festsetzung. Liegt der Teilpunkt P auf der Strecke $P_1 P_2$ (= innere Teilung), so wird $\lambda$ negativ; positiv aber, wenn P außerhalb $P_1 P_2$ liegt (= äußere Teilung).

10. **Mittelpunkt einer Strecke.** Seine Koordinaten $x|y$ sind das arithmetische Mittel der Koordinaten der Endpunkte.

$$x = \frac{x_1 + x_2}{2}, \quad y = \frac{y_1 + y_2}{2}.$$

## § 66. **Dreieck und Vieleck. Punktsystem.**

1. Wird eine beliebige Fläche so umlaufen, daß die Fläche immer links liegt, so hat sie positiven Inhalt (Def.).

2. $$\triangle ABC = -\triangle ACB$$
oder $$\triangle ABC + \triangle ACB = 0.$$

3. Das **Dreieck,** das der Ursprung mit zwei Punkten $P_1$ und $P_2$ bildet, hat den Inhalt (Fig. 8)

$$\triangle OP_1P_2 = \frac{1}{2}(x_1 y_2 - x_2 y_1) = \frac{1}{2}\begin{vmatrix} x_1 & y_1 \\ x_2 & y_2 \end{vmatrix}.$$

4. **Dreiecksfläche** $P_1 P_2 P_3$.

$$\triangle P_1 P_2 P_3 = {}^1/_2(x_1 y_2 - x_2 y_1) + {}^1/_2(x_2 y_3 - x_3 y_2) + {}^1/_2(x_3 y_1 - x_1 y_3)$$
$$= \frac{1}{2}\begin{vmatrix} x_1 & y_1 & 1 \\ x_2 & y_2 & 1 \\ x_3 & y_3 & 1 \end{vmatrix}.$$

5. Die Koordinaten des Schwerpunktes der Dreiecksfläche sind das arithmetische Mittel der Koordinaten der Eckpunkte.

$$x = \frac{x_1 + x_2 + x_3}{3}, \qquad y = \frac{y_1 + y_2 + y_3}{3}.$$

6. Die **Projektion eines Polygons** $P_1 P_2 \cdots P_n$ auf irgend eine Gerade ist Null, wenn man den einzelnen Seiten $P_1P_2$, $P_2P_3$ etc. und damit ihren Projektionen einen Richtungssinn in der angegebenen Reihenfolge beilegt.

7. Die **Fläche des Polygons** $P_1 P_2 \cdots P_n$ ist

$$F = {}^1/_2(x_1 y_2 - x_2 y_1) + {}^1/_2(x_2 y_3 - x_3 y_2) + \cdots + {}^1/_2(x_{n-1} y_n - x_n y_{n-1}) + {}^1/_2(x_n y_1 - x_1 y_n).$$

8. **Schwerpunktsatz.** Die materiellen Punkte $P_1, P_2 \cdots$ mit den Massenteilchen $m_1, m_2 \cdots$ bilden das Massensystem M, dessen Schwerpunkt $S = \xi | \eta$ bestimmt ist durch

$$\xi = \frac{\Sigma m x}{\Sigma m} = \frac{m_1 x_1 + m_2 x_2 + \cdots}{m_1 + m_2 + \cdots},$$
$$\eta = \frac{\Sigma m y}{\Sigma m} = \frac{m_1 y_1 + m_2 y_2 + \cdots}{m_1 + m_2 + \cdots}.$$

$D_x = \Sigma my$ bezw. $D_y = \Sigma mx$ sind die Drehmomente der Gesamtmasse für die x- bezw. y-Axe als gedachte Drehaxe.

## § 67. Kurvengleichung.

1. **Kurve** ist eine wenigstens in Intervallen kontinuierliche Linie, deren einzelne Punkte gesetzmäßig aufeinanderfolgen.

2. Jede explizite oder implizite Funktion zweier Variablen kann durch eine ebene Kurve dargestellt werden. Jedem Wertepar $x|y$ der endlich und stetig vorausgesetzten Funktion $F(x, y) = 0$ ordnet man einen Punkt $P = x|y$ zu. Den unendlich vielen stetig und gesetzmäßig aufeinanderfolgenden Werteparen $x|y$ der Funktion entsprechen dann unendlich viele stetig und gesetzmäßig aufeinanderfolgende Punkte, die eine Kurve bilden. Man nennt dann die Funktion $F(x, y) = 0$ die Gleichung dieser Kurve (siehe 5).

3. Aufgabe der **Kurvendiskussion:** Zu einer gegebenen Gleichung die sie darstellende Kurve und deren Eigenschaften aufsuchen, oder zu einer durch ihre Eigenschaften gegebenen Kurve die Gleichung auffinden und aus dieser neue Eigenschaften ableiten.

4. Der **laufende Punkt** einer Kurve ist der allgemeine Punkt der Kurve. Was vom laufenden Punkt gilt, gilt auch von den speziellen Punkten. Gewöhnlich bezeichnet man den laufenden Punkt mit $P = x|y$, spezielle Punkte durch Indices $P_0 = x_0|y_0$, $P_1 = x_1|y_1$ etc.

5. **Gleichung einer Kurve** ist der analytische Ausdruck der Eigenschaften des laufenden Punktes bezw. seiner Koordinaten.

6. Der Punkt $P_1 = x_1|y_1$ liegt auf der Kurve $F(x, y) = 0$, wenn von ihm dasselbe wie vom laufenden Punkt gilt, d. h. wenn $F(x_1, y_1) = 0$. Man sagt: $P_1 = x_1|y_1$ muß die Kurvengleichung erfüllen.

## § 68. Geradengleichungen.

**1. Gerade durch zwei gegebene Punkte $P_1$ und $P_2$.**

$$\frac{x - x_1}{x_2 - x_1} = \frac{y - y_1}{y_2 - y_1}$$

oder

$$\begin{vmatrix} x & y & 1 \\ x_1 & y_1 & 1 \\ x_2 & y_2 & 1 \end{vmatrix} = 0$$

oder

$$x = \frac{\lambda x_2 - x_1}{\lambda - 1}, \qquad y = \frac{\lambda y_2 - y_1}{\lambda - 1}$$

(Parameterdarstellung).

**Parameter:** Verfügbare Konstante, meist derart, daß jedem ihrer Werte ein bestimmtes geometrisches Gebilde zugeordnet ist, hier je ein Punkt. Siehe § 77.

2. Drei Punkte $P_1$, $P_2$ und $P_3$ liegen auf einer Geraden, wenn für sie gilt

$$\begin{vmatrix} x_1 & y_1 & 1 \\ x_2 & y_2 & 1 \\ x_3 & y_3 & 1 \end{vmatrix} = 0.$$

3. **Abschnittsgleichung.** Gegeben sind die Abschnitte m und n auf der x- bezw. y-Axe.

$$\frac{x}{m} + \frac{y}{n} - 1 = 0.$$

Charakteristisch an ihr ist, daß das absolute Glied, d. h. das von x und y freie, $-1$ ist.

4. **Normalgleichung.** Gegeben ist das Lot p vom Ursprung auf die Gerade und der Neigungswinkel $\alpha$ dieses Lotes (der bis 360° gezählt werden muß im Gegensatz zum Richtungswinkel, der nur bis 180° gezählt wird).

$$x \cos \alpha + y \sin \alpha - p = 0.$$

Symbolisch $N = 0$, wenn N ein Symbol, eine Abkürzung für

$$x \cos \alpha + y \sin a - p$$

ist. Die geometrische Deutung von N siehe § 69. 6.

Charakteristisch an der Normalgleichung ist: Die Koeffizienten von x und y geben quadriert und addiert 1.

5. **Richtungsgleichung.** Gegeben ist die Richtung $\lambda = \operatorname{tg}\varphi$ der Geraden und der Abschnitt n auf der y-Axe.

$$y = x \operatorname{tg}\varphi + n.$$

6. **Gerade durch $P_0$ mit gegebener Richtung** $\lambda = \operatorname{tg}\varphi$.

$$y - y_0 = \operatorname{tg}\varphi \cdot (x - x_0).$$

7. **Gerade durch den Nullpunkt** mit der Richtung $\lambda = \operatorname{tg}\varphi$.

$$y = \lambda x.$$

Charakteristisch ist das Fehlen des absoluten Gliedes.

8. **Allgemeine Geradengleichung.**

$$ax + by + c = 0.$$

Symbolisch $G = 0$, wenn G ein Symbol für $ax + by + c$ ist.

**Diskussion** der allgemeinen Geradengleichung. Man bringt die allgemeine Gleichung auf die Abschnittsgleichung und findet die Abschnitte auf den Axen

$$m = -\frac{c}{a}, \quad n = -\frac{c}{b}.$$

Man bringt die allgemeine Gleichung auf die Richtungsgleichung und findet die Richtung der Geraden

$$\operatorname{tg}\varphi = -\frac{a}{b}.$$

Man bringt die allgemeine Gleichung auf die Normalgleichung, indem man sie mit $\pm\sqrt{a^2 + b^2}$ dividiert, und findet

$$\cos\alpha = \frac{a}{\pm\sqrt{a^2+b^2}}, \quad \sin\alpha = \frac{b}{\pm\sqrt{a^2+b^2}}, \quad p = \frac{-c}{\pm\sqrt{a^2 \pm b^2}}.$$

Festsetzung: Das Vorzeichen der Wurzel ist entgegengesetzt dem von c.

| | | |
|---|---|---|
| $a = 0$ | Parallele zur x-Axe: $by + c = 0$ oder | $y = B$; |
| $a = 0,\ c = 0$ | x-Axe: | $y = 0$; |
| $b = 0$ | Parallele zur y-Axe: $ax + c = 0$ oder | $x = A$; |
| $b = 0,\ c = 0$ | y-Axe: | $x = 0$; |
| $c = 0$ | Gerade durch $0 \vert 0$: $ax + by = 0$ oder | $y = \lambda x$; |
| $a = 0,\ b = 0$ | Unendlich ferne Gerade. | |

9. **Unendlich ferne Punkte.** Jede Gerade hat einen und nur einen unendlich fernen Punkt (Definition).

Die **unendlich ferne Gerade** ist die Gesamtheit aller unendlich fernen Punkte (Definition).

10. **Geradengleichung in schiefwinkligen Koordinaten.**
Gerade durch zwei Punkte $P_1$ und $P_2$: wie 1.
Abschnittsgleichung: wie 3.
Gerade durch $P_0$ mit geg. Richtungswinkel $\varphi$.

$$y - y_0 = \frac{\sin\varphi}{\sin(\omega - \varphi)}(x - x_0).$$

Gerade durch den Nullpunkt mit geg. Richtungswinkel $\varphi$.

$$y = x\frac{\sin\varphi}{\sin(\omega - \varphi)}.$$

Allgemeine Geradengleichung: wie 8.

11. **Geradengleichung in Polarkoordinaten.**
Gerade durch $P_1 = r_1|\varphi_1$ und $P_2 = r_2|\varphi_2$.

$$r\,r_1 \sin(\varphi - \varphi_1) + r\,r_2 \sin(\varphi_2 - \varphi) + r_1 r_2 \sin(\varphi_1 - \varphi_2) = 0.$$

Gerade durch $P_0$ mit gegebenem Richtungswinkel $\psi$.

$$r\sin(\varphi - \psi) = r_0 \sin(\varphi_0 - \psi).$$

Allgemeine Geradengleichung, zugleich Normalform, auf welche sich jede Geradengleichung bringen läßt.

$$r\cos(\varphi - a) = p.$$

p ist der Abstand des Nullpunktes von der Geraden, $m = \frac{p}{\cos a}$ der Abschnitt auf dem Anfangsstrahl, $a$ der Neigungswinkel des Lotes p, $-\operatorname{cotg} a$ die Richtung $\operatorname{tg}\psi$ der Geraden.

## § 69. Gerade und Gerade. Gerade und Punkt.

Die beiden Geraden seien entweder in der Normalform vorausgesetzt:

$$N_1 \equiv x\cos a_1 + y\sin a_1 - p_1 = 0,$$
$$N_2 \equiv x\cos a_2 + y\sin a_2 - p_2 = 0,$$

oder in der allgemeinen Gleichungsform:

$$G_1 \equiv a_1 x + b_1 y + c_1 = 0,$$
$$G_2 \equiv a_2 x + b_2 y + c_2 = 0.$$

Übergang: $$N = \frac{ax + by + c}{\pm\sqrt{a^2 + b^2}} = \frac{G}{\pm\sqrt{a^2 + b^2}}$$

1. **Winkel $\psi$ zweier Geraden** ist der Winkel von der ersten zur zweiten im positiven Sinn, also $\psi = \varphi_2 - \varphi_1$.

a) Normalform: $\psi = \alpha_2 - \alpha_1$.

b) Allgemeine Gleichung: $\operatorname{tg}\psi = \dfrac{a_1 b_2 - a_2 b_1}{a_1 a_2 + b_1 b_2}$.

$G_1 = 0$ und $G_2 = 0$ **parallel**, wenn $a_1 b_2 - a_2 b_1 = 0$
oder $\operatorname{tg}\varphi_2 = \operatorname{tg}\varphi_1$.

$G_1 = 0$ und $G_2 = 0$ **senkrecht**, wenn $a_1 a_2 + b_1 b_2 = 0$
oder $\operatorname{tg}\varphi_2 = -\dfrac{1}{\operatorname{tg}\varphi_1}$.

2. **Parallele** zu $G \equiv ax + by + c = 0$.
$$ax + by + c' = 0.$$

3. **Senkrechte** zu $G \equiv ax + by + c = 0$.
$$bx - ay + c' = 0.$$

4. **Schnittpunkt $P_0$ zweier Geraden.**

$$\left.\begin{array}{l} G_1 \equiv a_1 x + b_1 y + c_1 = 0 \\ G_2 \equiv a_2 x + b_2 y + c_2 = 0 \end{array}\right\} \text{siehe lineare Gleichungen.}$$

$$x_0 : y_0 : 1 = \begin{vmatrix} a_1 & b_1 & c_1 \\ a_2 & b_2 & c_2 \end{vmatrix}$$
$$= (b_1 c_2 - b_2 c_1) : (c_1 a_2 - c_2 a_1) : (a_1 b_2 - a_2 b_1).$$

5. Drei Gerade $$\left\{\begin{array}{l} G_1 \equiv a_1 x + b_1 y + c_1 = 0 \\ G_2 \equiv a_2 x + b_2 y + c_2 = 0 \\ G_3 \equiv a_3 x + b_3 y + c_3 = 0 \end{array}\right.$$

schneiden sich in einem Punkt, wenn die Determinante

$$D = \begin{vmatrix} a_1 & b_1 & c_1 \\ a_2 & b_2 & c_2 \\ a_3 & b_3 & c_3 \end{vmatrix}$$

des Gleichungssystems verschwindet.

Dann müssen sich drei Zahlen $\lambda_1$, $\lambda_2$, $\lambda_3$ finden lassen, so daß

$$\lambda_1 G_1 + \lambda_2 G_2 + \lambda_3 G_3 = 0.$$

6. **Abstand d des Punktes $P_0$ von der Geraden.**

a) Normalform. $P_0$ hat von der Geraden $N = 0$ den Abstand

$$d = x_0 \cos \alpha + y_0 \sin \alpha - p.$$

Geometrische Bedeutung von N: Ein variabler Punkt $P = x|y$ hat von der Geraden $N = 0$ den Abstand N.

b) Allgemeine Gleichung. $P_0$ hat von der Graden $G = 0$ den Abstand

$$d = \frac{ax_0 + by_0 + c}{\pm \sqrt{a^2 + b^2}}.$$

Geometrische Bedeutung von G: G ist der Abstand des variablen Punktes $P = x|y$ von der Geraden $G = 0$, multipliziert mit dem konstanten Faktor $\pm \sqrt{a^2 + b^2}$.

Der Nullpunkt hat von jeder Geraden, die nicht durch ihn hindurchgeht, negativen Abstand. Durch eine Gerade wird das ebene Gebiet in zwei Hälften zerlegt; die Punkte, die auf derselben Seite wie der Ursprung liegen, haben negativen Abstand von der Geraden.

7. **Geraden-** oder **Strahlenbüschel** durch P ist die Gesamtheit aller Geraden der Ebene durch diesen Punkt P, den Träger des Büschels.

a) Geradenbüschel durch den Schnittpunkt von $N_1 = 0$ mit $N_2 = 0$.

$$N_1 - \lambda N_2 = 0.$$

$\lambda$ heißt der Parameter; jedem Wert von $\lambda$ ist eine Gerade zugewiesen und umgekehrt; $\lambda$ darf nur linear vorkommen.

$$\lambda = \frac{N_1}{N_2}$$

stellt das **Verhältnis der Abstände** des laufenden Punktes der Büschelgeraden $N_1 - \lambda N_2 = 0$ von den beiden Grundgeraden $N_1 = 0$ und $N_2 = 0$ vor.

b) Geradenbüschel durch den Schnittpunkt von $G_1 = 0$ mit $G_2 = 0$.

$$G_1 - \lambda G_2 = 0.$$

c) Geradenbüschel durch den Punkt $P_0 = x_0 | y_0$.

$$y - y_0 = \lambda (x - x_0).$$

Der Parameter $\lambda$ stellt die Richtung der einzelnen Büschelgeraden vor.

8. **Winkelhalbierende zweier Geraden.**

a) Normalform. Zu $N_1 = 0$ und $N_2 = 0$ ist sie (innere und äußere Winkelhalbierende)

$$N_1 \pm N_2 = 0.$$

b) Allgemeine Gleichung. Zu $G_1 = 0$ und $G_2 = 0$ ist sie

$$\frac{G_1}{\sqrt{a_1^2 + b_1^2}} \pm \frac{G_2}{\sqrt{a_2^2 + b_2^2}} = 0.$$

9. **Geradenschar** ist der Verein aller jener Geraden, welche eine gegebene Kurve umhüllen. (Das Büschel ist ein spezieller Fall der Schar.)

$$x\,u(\lambda) + y\,v(\lambda) + w(\lambda) = 0.$$

u, v und w sind beliebige Funktionen des Parameters $\lambda$.

## § 70. Gemeinsame Entstehung aller Kegelschnitte.

(Siehe hiezu Kurvendiskussion §§ 83 und 85.)

1. Alle Kurven zweiter Ordnung heißen **Kegelschnitte**.

2. Jeder Kegelschnitt hat zwei reelle oder imaginäre unendlich ferne Punkte, also auch zwei reelle oder imaginäre **Asymptoten**.

Die **Ellipse** hat zwei imaginäre, die **Hyperbel** zwei reelle und verschiedene, die **Parabel** zwei zusammenfallende Asymptoten.

Der **Kreis** ist eine spezielle Ellipse.

3. Ellipse, Hyperbel und Parabel werden aus einem Kegel (der mathematische Kegel setzt sich von der Spitze aus nach zwei Seiten fort) durch Ebenen ausgeschnitten. Die Parabel

ergibt sich als Übergangskurve von der Ellipse zur Hyperbel. Geht die schneidende Ebene durch die Spitze des Kegels, so ergeben sich die **degenierten** oder **ausgearteten Kegelschnitte,** (das sind Geradenpaare), und zwar das Paar reeller sich schneidender Geraden als Ausartung der Hyperbel, das Paar reeller paralleler Geraden, speziell zusammenfallender, als Ausartung der Parabel, das imaginäre Geradenpaar als Ausartung der Ellipse.

4. Ellipse und Hyperbel sind **Mittelpunktskurven; Mittelpunkt** ist der Punkt, der jede Sehne durch ihn halbiert. Die Parabel hat keinen Mittelpunkt (bezw. sie hat ihren Mittelpunkt im Unendlichen).

5. Der geometrische Ort aller Punkte P, deren Abstände von einem festen Punkt F und einer festen Geraden D ein konstantes Verhältnis $PF : PQ = \varepsilon$ haben, ist ein Kegelschnitt. Der feste Punkt F heißt **Brennpunkt,** die feste Gerade **Direktrix** des Kegelschnitts, das Verhältnis $\varepsilon$ die **numerische Exzentrizität.** Man erhält eine Ellipse, Parabel, Hyperbel, je nachdem $\varepsilon < 1$, $= 1$, $> 1$ ist. Für den Kreis ist $\varepsilon = 0$, d. h. die Direktrix ist unendlich fern.

6. Bezeichnet man mit d den Abstand des Brennpunktes F von der Direktrix, mit p die Ordinate in F (falls man die Gerade durch F senkrecht zur Direktrix als x-Axe wählt), und für den Fall, daß ein Mittelpunkt vorhanden, die **Axen,** d. s. die zwei Symmetriesehnen des Kegelschnitts, mit 2a und 2b, die **lineare Exzentrizität** oder **Brennweite,** d. i. der Abstand des Brennpunktes vom Mittelpunkt, mit e, so hat man für die sechs Größen $\varepsilon$, p, d, a, b, e die Gleichungen (vier unabhängige)

$$e = a\varepsilon, \quad p = \varepsilon d, \quad \pm b^2 = ed,$$

$$\varepsilon d = a(1 - \varepsilon^2), \quad e^2 = a^2 \mp b^2, \quad \varepsilon^2 d^2 = \pm b^2(1 - \varepsilon^2).$$

Das obere Vorzeichen gilt hier wie fortan für die Ellipse, das untere für die Hyperbel. Mit diesen Gleichungen lassen sich aus zwei der obigen Größen die andern ermitteln.

7. **Gemeinsame Scheiteltangentengleichung** der drei Kegelschnitte.

$$y^2 = 2px - (1 - \varepsilon^2)x^2.$$

8. **Gemeinsame Polarkoordinatengleichung** der drei Kegelschnitte. Der Brennpunkt ($F_2$ in Figur 11) ist Pol, die große Axe Anfangsstrahl.

$$r = \frac{p}{1 - \varepsilon \cos\varphi} .$$

9. **Brennstrahlen** eines Kegelschnittpunktes $P_0$ heißen die Radienvektoren von den zwei Brennpunkten nach $P_0$. Die zwei Brennstrahlen schließen mit der Tangente bezw. Normalen jedesmal den gleichen Winkel ein.

10. **Satz von Paskal.** Ist ein Sechseck mit den Seiten 1, 2, 3, 4, 5, 6 einem Kegelschnitt einbeschrieben, so liegen die drei Schnittpunkte (1, 4), (2, 5), (3, 6) der drei Gegenseitenpaare auf der nämlichen Geraden (**Paskal**sche **Gerade**).

11. **Satz von Brianchon.** Ist ein Sechseck mit den Ecken 1, 2, 3, 4, 5, 6 einem Kegelschnitt umschrieben, so gehen die drei Verbindungsgeraden (1, 4), (2, 5), (3, 6) der drei Gegeneckpaare durch den nämlichen Punkt (**Brianchon**scher **Punkt**).

## § 71. Allgemeine Kegelschnittsgleichung. Diskussion derselben.

1. Jede Gleichung zweiten Grades stellt einen Kegelschnitt dar. Die allgemeinste Gleichung zweiten Grades, symbolisch $S = 0$, ausgeführt

$$S \equiv a_{11}x^2 + 2a_{12}xy + a_{22}y^2 + 2a_{13}x + 2a_{23}y + a_{33} = 0 ,$$

enthält fünf willkürliche Konstante. Durch fünf Bedingungen ist stets eine endliche Zahl von Kegelschnitten bestimmt. Durch fünf Punkte allgemeiner Lage läßt sich stets nur ein Kegelschnitt legen; dessen Konstruktion erfolgt nach dem Paskalschen Satz. Soll ein Kegelschnitt konstruiert werden, der fünf gegebene Gerade berührt, so geschieht dies nach dem Brianchonschen Satz.

2. Sind einem Kegelschnitt nur vier Bedingungen vorgeschrieben, so ist dadurch ein **Kegelschnittsystem** bestimmt. Alle Kegelschnitte speziell, die durch vier gegebene Punkte gehen,

bilden ein **Kegelschnittbüschel;** alle Kegelschnitte, die die nämlichen vier Geraden berühren, bilden eine **Kegelschnittschar.**

3. Die **Asymptotenrichtung** des Kegelschnitt S ist, wenn

$$a_{11}a_{22} - a_{12}^2 = A_{33},$$

$$\operatorname{tg}\varphi = \frac{-a_{12} \pm \sqrt{-A_{33}}}{a_{22}}.$$

4. Solange der Kegelschnitt, d. h. sein Mittelpunkt und seine Axen, gegenüber dem Koordinatensystem von allgemeiner Lage ist, wird auch seine Gleichung $S = 0$ allgemeine Form haben.

5. Wählt man den Mittelpunkt des Kegelschnitts als Nullpunkt, so verschwinden die linearen Glieder der allgemeinen Gleichung $S = 0$ und umgekehrt stellt jede Gleichung

$$a_{11}x^2 + 2a_{12}xy + a_{22}y^2 + a_{33} = 0$$

einen Kegelschnitt vor, dessen Mittelpunkt der Ursprung ist.

6. Wählt man irgend zwei konjugierten Durchmessern (siehe Polarsätze) parallele Gerade als Koordinatenaxen, so wird $a_{12} = 0$ und umgekehrt stellt jede Gleichung

$$a_{11}x^2 + a_{22}y^2 + 2a_{13}x + 2a_{23}y + a_{33} = 0$$

einen Kegelschnitt dar, dessen Durchmesser parallel zu den Koordinatenaxen konjugierte Durchmesser sind.

7. Wählt man den Mittelpunkt des Kegelschnitts als Anfangspunkt und irgend zwei konjugierte Durchmesser als schiefwinklige oder rechtwinklige Koordinatenaxen, so ist die Kegelschnittsgleichung von der Form

$$Ax^2 + By^2 + C = 0,$$

und umgekehrt stellt jede solche Gleichung einen Kegelschnitt dar, dessen Mittelpunkt mit dem Ursprung zusammenfällt, und für den die Koordinatenaxen konjugierte Durchmesser sind.

8. Die durch die Konstanten $a_{ik}$ des Kegelschnitts definierte **Kegelschnittsdeterminante** (= Diskriminante der Gleichung $S = 0$) A gibt nebst den Unterdeterminanten $A_{31}$, $A_{32}$, $A_{33}$ von $a_{31}$, $a_{32}$, $a_{33}$ Aufschluß über die Eigenschaften des Kegelschnitts (Asymptoten, Axenrichtung und Axengröße, Mittel-

punkt, einfachste Gleichung usw.). $a_{ik} = a_{ki}$ vorausgesetzt (also $a_{12} = a_{21}$, $a_{13} = a_{31}$, $a_{23} = a_{32}$), wird

$$A = \begin{vmatrix} a_{11} & a_{12} & a_{13} \\ a_{21} & a_{22} & a_{23} \\ a_{31} & a_{32} & a_{33} \end{vmatrix} = a_{31}A_{31} + a_{32}A_{32} + a_{33}A_{33}.$$

$$A_{31} = a_{12}a_{23} - a_{22}a_{13}, \quad A_{32} = a_{12}a_{13} - a_{11}a_{23},$$
$$A_{33} = a_{11}a_{22} - a_{12}^2.$$

9. Solange A von Null verschieden, stellt die Gleichung $S = 0$ einen wirklichen Kegelschnitt dar.

10. $A = 0$ ist die Bedingung dafür, daß der Kegelschnitt in ein Geradenpaar ausartet.

11. $S = 0$ stellt eine Ellipse, Hyperbel oder Parabel vor, je nachdem $A_{33} > 0$, $A_{33} < 0$, $A_{33} = 0$.

12. **Diskussionstabelle.**

I. Eigentliche (= nicht zerfallende) Kegelschnitte, $A \lesseqgtr 0$.

| $A_{33} > 0$ | | $A_{33} < 0$ | $A_{33} = 0$ |
|---|---|---|---|
| $a_{11}A$ bezw. $a_{22}A$ | | | |
| $>0$ Imaginäre Kurve | $<0$ Ellipse | Hyperbel | Parabel |

II. Geradenpaare = zerfallende Kegelschnitte, $A = 0$.

| $A_{33} > 0$ | $A_{33} < 0$ | $A_{33} = 0$ | | |
|---|---|---|---|---|
| Imaginäres Geradenpaar mit reellem Schnittpunkt im Endlichen | Reelles Geradenpaar mit Schnittpunkt im Endlichen | Paralleles Geradenpaar $A_{11}$ bezw. $A_{22}$ | | |
| | | $>0$ Imaginäres paralleles Geradenpaar | $=0$ Zusammenfallendes paralleles Geradenpaar | $<0$ Reelles nicht zusammenfallendes paralleles Geradenpaar |

13. Die Gleichung $(ax + by)^2 + 2a_{13}x + 2a_{23}y + a_{33} = 0$ stellt immer eine Parabel dar und umgekehrt läßt sich jede Parabelgleichung auf diese Form bringen (siehe 22).

14. **Axen** eines Kegelschnitts sind die zwei zu einander senkrechten konjugierten Durchmesser. (Siehe § 70. 6). Die eine Axe der Parabel liegt wie der Mittelpunkt im Unendlichen.

15. Die **Axenrichtungen** eines Kegelschnitts $S = 0$ sind bestimmt, wenn $\varphi$ der Winkel einer Axe, durch

$$\operatorname{tg} 2\varphi = \frac{2a_{12}}{a_{11} - a_{22}}.$$

Bei der Parabel wird daraus

$$\operatorname{tg}\varphi = -\frac{a_{11}}{a_{12}} = -\frac{a_{12}}{a_{22}}.$$

16. Wählt man die zwei Axenrichtungen durch einen beliebigen Punkt als Koordinatenaxen, so transformiert sich beim Übergang zu diesem Koordinatensystem die allgemeine Gleichung $S = 0$ in

$$\lambda_1 x^2 + \lambda_2 y^2 + 2ax + 2by + c = 0.$$

$\lambda_1$ und $\lambda_2$ sind die Wurzeln der Gleichung

$$\begin{vmatrix} a_{11} - \lambda & a_{12} \\ a_{12} & a_{22} - \lambda \end{vmatrix} = \lambda^2 - \lambda(a_{11} + a_{22}) + A_{33} = 0.$$

Bei der Parabel wird eine der beiden Wurzeln $\lambda_1$ zu Null, die andere $\lambda_2 = a_{11} + a_{22}$. Dreht man also das Koordinatensystem um den Winkel $\varphi$, so daß eine der Axenrichtungen Koordinatenaxe wird, so transformiert sich die allgemeine Gleichung $S = 0$ in

$$\lambda_2 y^2 + 2mx + 2ny + a_{33} = 0.$$

$$m = \quad a_{13}\cos\varphi + a_{23}\sin\varphi,$$

$$n = -a_{13}\sin\varphi + a_{23}\cos\varphi.$$

Die Parabelaxe ist dann die x-Axe.

17. Der **Mittelpunkt** $M = x_0 | y_0$ der Mittelpunktskurven ist bestimmt durch

$$x_0 : y_0 : 1 = A_{31} : A_{32} : A_{33}.$$

18. Macht man den Mittelpunkt zum Ursprung, so geht die allgemeine Gleichung $S=0$ über in

$$a_{11}x^2+2a_{12}xy+a_{22}y^2+\frac{A}{A_{33}}=0.$$

19. Macht man den Mittelpunkt zum Ursprung und die Kegelschnittsaxen zu Koordinatenaxen, so geht die allgemeine Gleichung $S=0$ über in die **Mittelpunktsaxengleichung**

$$\lambda_1 x^2+\lambda_2 y^2+\frac{A}{A_{33}}=0.$$

$\lambda_1$ und $\lambda_2$ wie 16. Die **Halbaxen** a und b sind bestimmt durch den Übergang auf die gewöhnliche Gleichungsform

$$\frac{x^2}{a^2}\pm\frac{y^2}{b^2}-1=0.$$

20. Der **Scheitel** $P_0=x_0|y_0$ der Parabel ist bestimmt durch (m, n und $\lambda$ wie 16)

$$x_0:y_0:1=(n^2-\lambda a_{33}):-2mn:2m\lambda.$$

21. Macht man den Scheitel $P_0$ der Parabel zum Nullpunkt, die Parabelaxe zur x-Axe, so geht die allgemeine Gleichung über in die **Scheitelgleichung**

$$\lambda y^2+2mx=0,$$

bezw. in die gebräuchliche Form

$$y^2=2px,$$

woraus dann p bestimmt werden kann.

22. Die durch die Gleichung

$$(ax+by)^2+2a_{13}x+2a_{23}y+a_{33}=0$$

dargestellte Parabel geht durch den Schnittpunkt von

$$ax+by=0 \text{ und } 2a_{13}x+2a_{23}y+a_{33}=0$$

und berührt dort die zweite Gerade; die erste Gerade

$$ax+by=0$$

ist ein Parabeldurchmesser, bestimmt also die Axenrichtung (siehe 13).

## § 72. Polarensätze.

1. **Polare zu $P_0$ für einen gegebenen Kegelschnitt.** Legt man durch $P_0$ alle möglichen Strahlen, deren jeder den gegebenen Kegelschnitt in zwei Punkten $P_1$ und $P_2$ schneidet, und konstruiert auf jedem dieser Strahlen zu den schon vorhandenen drei Punkten $P_0$, $P_1$, $P_2$ den vierten harmonischen Punkt Q, so ist die Polare g zu $P_0$ der geometrische Ort dieser Punkte Q. Der Punkt $P_0$ heißt dann **Pol** zu dieser Geraden g.

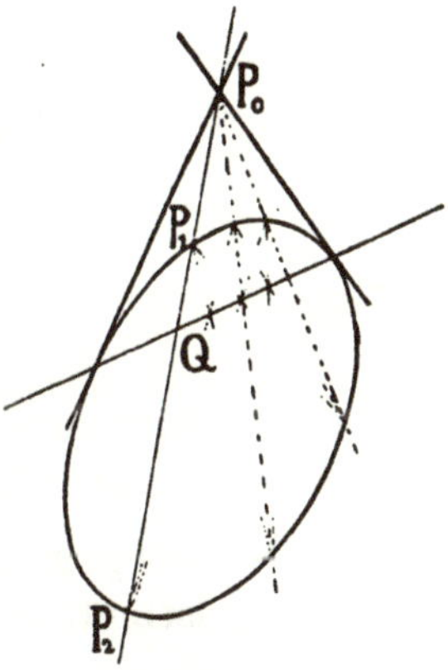


Fig. 9.

2. Die Polare zu $P_0$ geht durch den Berührungspunkt der von $P_0$ aus an den Kegelschnitt gelegten Tangenten.

3. Die Polare zu einem Kegelschnittspunkt ist Tangente in diesem Punkt.

4. Bewegt sich der Punkt $P_0$ auf einer festen Geraden, so dreht sich die Polare zu $P_0$ um den Pol dieser Geraden.

5. Dreht sich eine Gerade g um einen festen Punkt, so bewegt sich der Pol dieser Geraden g auf der Polaren des festen Punktes.

6. Die Polare zum Mittelpunkt M ist die unendlich ferne Gerade.

7. Die Polare eines unendlich fernen Punktes ist ein Durchmesser.

8. Zwei Gerade heißen **konjugiert,** wenn jede von ihnen durch den Pol der andern geht.

9. Zwei Durchmesser heißen konjugiert, wenn jeder von ihnen durch den Pol des andern geht.

10. Die Berührungspunkte der zu einem Durchmesser parallelen Tangenten liegen auf dem konjugierten Durchmesser.

11. Die Mittelpunkte paralleler Sehnen liegen auf einem Durchmesser, der zu den Sehnenrichtungen konjugiert ist.

12. Die **Direktrix** ist die Polare des Brennpunktes.

13. Die Polare zu $P_0 = x_0|y_0$ für den Kegelschnitt

$$S \equiv a_{11}x^2 + 2a_{12}xy + a_{22}y^2 + 2a_{13}x + 2a_{23}y + a_{33} = 0$$

hat als Gleichung

$$Q \equiv x(a_{11}x_0 + a_{12}y_0 + a_{13}) + y(a_{21}x_0 + a_{22}y_0 + a_{23}) + (a_{31}x_0 + a_{32}y_0 + a_{33}) = 0$$

oder

$$Q \equiv x_0(a_{11}x + a_{12}y + a_{13}) + y_0(a_{21}x + a_{22}y + a_{23}) + (a_{31}x + a_{32}y + a_{33}) = 0.$$

14. Die **Tangente** in einem Kegelschnittspunkt $P_0 = x_0|y_0$ ist gleichzeitig Polare dieses Punktes, hat also dieselbe Gleichung.

15. Das **Tangentenpaar** von einem Punkt $P_0 = x_0|y_0$ aus an den Kegelschnitt $S = 0$ hat die Gleichung

$$Q^2 - SR = 0,$$

wenn

$$S \equiv a_{11}x^2 + 2a_{12}xy + a_{22}y^2 + 2a_{13}x + 2a_{23}y + a_{33},$$

$$R \equiv a_{11}x_0{}^2 + 2a_{12}x_0y_0 + a_{22}y_0{}^2 + 2a_{13}x_0 + 2a_{23}y_0 + a_{33},$$

$$Q \equiv x(a_{11}x_0 + a_{12}y_0 + a_{13}) + y(a_{21}x_0 + a_{22}y_0 + a_{23}) + (a_{31}x_0 + a_{32}y_0 + a_{33}).$$

## § 73. Kreis.

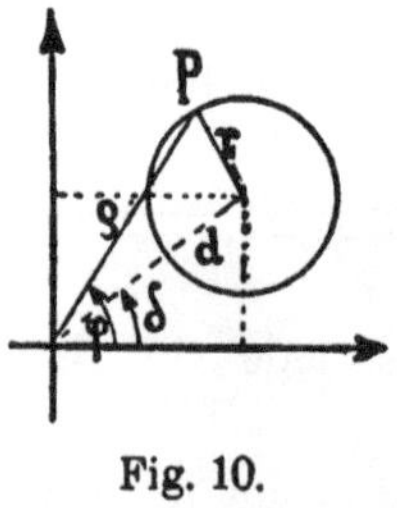

Fig. 10.

1. **Normalgleichung.** Der Kreis mit dem Radius r um den Mittelpunkt $M = a|b$ hat die Gleichung

$$K \equiv (x - a)^2 + (y - b)^2 - r^2 = 0.$$

Die geometrische Bedeutung von K siehe 12 und 13.

2. **Allgemeine Kreisgleichung.** Die allgemeine Kegelschnittsgleichung

$$S \equiv a_{11}x^2 + 2a_{12}xy + a_{22}y^2 + 2a_{13}x + 2a_{23}y + a_{33} = 0$$

definiert einen Kreis, wenn

$$a_{11} = a_{22}, \quad a_{12} = 0,$$

ist also von der Form

$$x^2 + y^2 + 2\alpha x + 2\beta y + \gamma = 0.$$

3. In **schiefwinkligen Koordinaten** ist die Kreisgleichung
$(x-a)^2+(y-b)^2-r^2+2(x-a)(y-b)\cos\omega=0.$

4. In **Polarkoordinaten** ist die Kreisgleichung

$$c^2=r^2+d^2-2rd\cos(\varphi-\delta)=0.$$

c Radius, r Radiusvektor.

5. Als **Richtung einer Kurve** definiert man die Richtung ihrer Tangente, d. i. $\mathrm{tg}\varphi$, wenn $\varphi$ deren Richtungswinkel.

6. **Richtung des Kreises** $x^2+y^2-r^2=0$ in $P_0$.

$$\mathrm{tg}\varphi=-\frac{x_0}{y_0}.$$

7. **Polare** des Punktes $P_0$ für $x^2+y^2-r^2=0$.

$$xx_0+yy_0-r^2=0.$$

8. **Pol** der Geraden $ax+by+c=0$.

$$P_0=-\frac{ar^2}{c}\Big|-\frac{br^2}{c}.$$

9. **Tangente** in einem Kreispunkt $P_0$.

$$xx_0+yy_0-r^2=0.$$

10. **Tangentenpaar** von $P_0$ aus an $x^2+y^2-r^2=0$.

$$y-y_0=\frac{x_0y_0\pm r\sqrt{x_0^2+y_0^2-r^2}}{x_0^2-r^2}(x-x_0).$$

11. **Tangentenpaar** mit gegebener Richtung $\lambda$ an $x^2+y^2-r^2=0$.

$$y=\lambda x\pm r\sqrt{\lambda^2+1}.$$

12. **Tangentenstück** $P_0P_1=\sqrt{K_0}$, wenn $P_1$ der Berührpunkt der von $P_0$ aus an den Kreis $x^2+y^2-r^2=0$ gelegten Tangente ist.

$$P_0P_1=\sqrt{K_0}=\sqrt{(x_0-a)^2+(y_0-b)^2-r^2}.$$

13. **Potenz** des Punktes $P_0$ für den Kreis $x^2+y^2-r^2=0$.

$$K_0=(x_0-a)^2+(y_0-b)^2-r^2.$$

14. Liegt $P_0$ außerhalb des Kreises, so ist $K_0>0$ und $\sqrt{K_0}$ das Tangentenstück; liegt $P_0$ auf dem Kreis, so ist $K_0=0$; liegt $P_0$ innerhalb des Kreises, so ist $K_0<0$.

15. Zwei Kreise

$$K_1 \equiv (x - a_1)^2 + (y - b_1)^2 - r_1^2 = 0,$$
$$K_2 \equiv (x - a_2)^2 + (y - b_2)^2 - r_2^2 = 0$$

**berühren sich** bezw. **schneiden sich senkrecht,** wenn

$$(a_1 - a_2)^2 + (b_1 - b_2)^2 = (r_1 + r_2)^2$$
$$\text{bezw. } (a_1 - a_2)^2 + (b_1 - b_2)^2 = r_1^2 + r_2^2.$$

$\sqrt{(a_1 - a_2)^2 + (b_1 - b_2)^2}$ ist die **Zentrale** der beiden Kreise.

16. Alle Kreise durch die nämlichen zwei Punkte bilden ein **Kreisbüschel.** Das Kreisbüschel durch die Schnittpunkte von $K_1 = 0$ mit $K_2 = 0$ hat die Gleichung

$$K_1 - \lambda K_2 = 0,$$

in der Normalform

$$K_\lambda \equiv \frac{K_1 - \lambda K_2}{1 - \lambda} = 0.$$

Jedem Parameter $\lambda$ entspricht ein bestimmter Kreis und umgekehrt. Jeder Punkt des Büschelkreises $K_1 - \lambda K_2 = 0$ hat gegenüber den beiden Grundkreisen $K_1 = 0$ und $K_2 = 0$ das konstante **Potenzverhältnis** $\lambda = K_1 : K_2$.

17. Das Kreisbüschel durch die beiden Punkte $P_1 = x_1|y_1$ und $P_2 = x_2|y_2$ ist

$$[(x - a)^2 + (y - b)^2 - r^2] - \lambda[x(y_1 - y_2) + y(x_2 - x_1) + (x_1 y_2 - x_2 y_1)] = 0,$$

wenn $2a = x_1 + x_2$, $2b = y_1 + y_2$, $2r = \sqrt{(x_2 - x_1)^2 + (y_2 - y_1)^2}$.

18. Das Kreisbüschel durch die Punkte $P_1 = d|0$ und $P_2 = -d|0$,

$$x^2 + y^2 - 2\lambda y - d^2 = 0,$$

ist ein Orthogonalsystem zu dem Kreisbüschel durch die Punkte $P_3 = 0|id$ und $P_4 = 0|-id$,

$$x^2 + y^2 - 2\mu x + d^2 = 0,$$

d. h. jeder Kreis des einen Büschels schneidet jeden Kreis des andern Büschels senkrecht.

18. **Potenzlinie, Chordale** oder **Harmonikale** der Kreise $K_1 = 0$, $K_2 = 0$ ist die Gerade durch die Schnittpunkte beider Kreise. Ihre Gleichung ist

$$K_1 - K_2 = 0.$$

Ihre Einzelpunkte haben gegenüber jedem Kreis des Büschels $K_1 - \lambda K_2 = 0$ gleiche Potenz.

Die Potenzlinie zweier Kreise steht senkrecht auf der Zentrale.

20. Die drei Potenzlinien von drei Kreisen schneiden sich in einem Punkt.

## § 74. Ellipse und Hyperbel.

1. **Mittelpunktsaxengleichung.** (Das obere Vorzeichen gilt der Ellipse, das untere der Hyperbel. Fig. 11 und 12.)

$$\frac{x^2}{a^2} \pm \frac{y^2}{b^2} - 1 = 0.$$

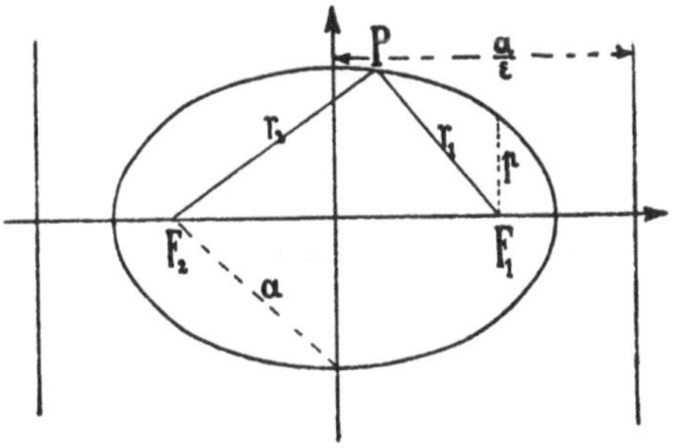


Fig. 11.

M ist der **Mittelpunkt**; die Schnittpunkte mit den Axen sind die **Scheitel**, a und b die **Halbaxen**.

Wenn $a = b$, so stellt

$$x^2 \pm y^2 - a^2 = 0$$

die **gleichseitige Ellipse** (Kreis), bezw. die **gleichseitige Hyperbel** dar.

$F_1$ und $F_2$ sind die **Brennpunkte**, $MF_1 = MF_2 = e$ ist die **Brennweite** oder **lineare Exzentrizität**, $r_1$ und $r_2$ sind die **Brennstrahlen**, $\varepsilon = e:a$ ist die **numerische Exzentrizität**, der **Halbparameter** p ist die Ordinate im Brennpunkt (auch der Krümmungsradius im Scheitel der a-Axe).

2. $e^2 = a^2 \mp b^2$; $p = \frac{b^2}{a}$;

$r_1 = \pm(a - \varepsilon x_0)$; $r_2 = a + \varepsilon x_0$,

wenn $P_0 = x_0|y_0$ der untersuchte Kurvenpunkt.

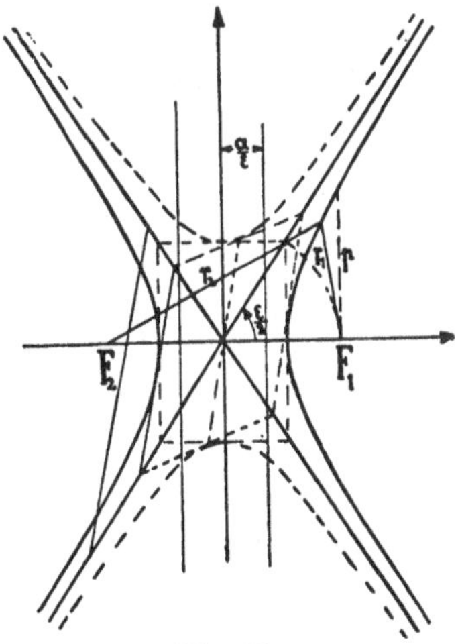


Fig. 12.

Ellipse $r_1 + r_2 = 2a$; Hyperbel $r_1 - r_2 = \pm 2a$.

3. Gleichung der **Direktrix**.

$$x = \pm \frac{a}{\varepsilon} = \pm \frac{a^2}{e}.$$

4. **Asymptoten** $\frac{x^2}{a^2} \pm \frac{y^2}{b^2} = 0$, also

$\left(\frac{x}{a} + i\frac{y}{b}\right)\left(\frac{x}{a} - i\frac{y}{b}\right) = 0$ Ellipse (imag. Asymptoten).

$\left(\frac{x}{a} + \frac{y}{b}\right)\left(\frac{x}{a} - \frac{y}{b}\right) = 0$ Hyperbel (reelle Asymptoten).

5. Die zur Hyperbel $\frac{x^2}{a^2} - \frac{y^2}{b^2} - 1 = 0$ **konjugierte Hyperbel** (in Fig. 12 gestrichelt) mit der Gleichung $\frac{x^2}{a^2} - \frac{y^2}{b^2} + 1 = 0$ hat die nämlichen Asymptoten.

6. **Polare** zu $P_0$.

$$\frac{xx_0}{a^2} \pm \frac{yy_0}{b^2} - 1 = 0.$$

7. **Pol** der Geraden $Ax + By + C = 0$.

$$x_0 = -\frac{a^2 A}{C}, \quad y_0 = \mp \frac{b^2 B}{C}.$$

8. **Richtung** der $\left.\begin{matrix}\text{Ellipse}\\ \text{Hyperbel}\end{matrix}\right\}$ in $P_0$.

$$\operatorname{tg}\varphi = \mp \frac{b^2 x_0}{a^2 y_0}.$$

9. **Tangente** in $P_0$.

$$\frac{xx_0}{a^2} \pm \frac{yy_0}{b^2} - 1 = 0.$$

10. **Normale** in $P_0$.

$$y - y_0 = \pm \frac{a^2 y_0}{b^2 x_0}(x - x_0).$$

11. **Tangentenpaar** von $P_0$ aus.

$$y - y_0 = \frac{x_0 y_0 \pm \sqrt{b^2 x_0^2 + a^2 y_0^2 - a^2 b^2}}{x_0^2 - a^2}(x - x_0) \quad \text{Ellipse.}$$

$$y - y_0 = \frac{x_0 y_0 \pm \sqrt{a^2 b^2 - b^2 x_0^2 + a^2 y_0^2}}{x_0^2 - a^2}(x - x_0) \quad \text{Hyperbel.}$$

12. **Tangentenpaar** mit gegebener Richtung $\lambda$.

$$y = \lambda x \pm \sqrt{\lambda^2 a^2 + b^2} \quad \text{Ellipse.}$$

$$y = \lambda x \pm \sqrt{\lambda^2 a^2 - b^2} \quad \text{Hyperbel.}$$

13. **Tangente, Subtangente, Normale, Subnormale** (siehe Kurvendiskussion) im Punkt $P_0$.

$$T = \frac{a y_0}{b x_0}\sqrt{\pm(a^2 - \varepsilon^2 x_0^2)}, \qquad N = \frac{b}{a}\sqrt{\pm(a^2 - \varepsilon^2 x_0^2)}.$$

$$S_t = \mp\frac{a^2}{x_0} \pm x_0, \qquad S_n = \mp\frac{b^2}{a^2}x_0.$$

14. **Krümmungsradius** $\varrho$ im Punkt $P_0$.

$$\varrho = \frac{(r_1 r_2)^{3/2}}{ab} = \frac{(b^4 x_0^2 + a^4 y_0^2)^{3/2}}{a^4 b^4} = \frac{N^3}{p^2}.$$

(N siehe 13). Im Scheitel der a-Axe ist $\varrho = \frac{b^2}{a} = p$, im Scheitel der b-Axe ist $\varrho = \frac{a^2}{b}$. Der **Krümmungsmittelpunkt**

$$\xi \,|\, \eta = \frac{e^2 x_0^3}{a^4} \,\Big|\, \frac{-e^2 y_0^3}{b^4}.$$

15. **Fläche.** Ellipsenzone zwischen der y-Axe und einer Parallelsehne $x = x_0$.

$$F = x_0 y_0 + ab \arcsin\frac{x_0}{a}.$$

Ellipsenfläche $= \pi ab$.

Hyperbelsegment zwischen Scheitel und Sehne $x = x_0$.

$$F = x_0 y_0 - ab \lg\left(\frac{x_0}{a} + \frac{y_0}{b}\right).$$

16. **Bogen.** Ellipsenumfang $= \pi(a + b)R$, wenn

$$R = 1 + \frac{1}{4}\left(\frac{a-b}{a+b}\right)^2 + \frac{1}{64}\left(\frac{a-b}{a+b}\right)^4 + \frac{1}{256}\left(\frac{a-b}{a+b}\right)^6 + \cdots.$$

17. **Parameterdarstellung der Ellipse.** $\left.\begin{array}{l} x = a\cos\varphi \\ y = b\sin\varphi \end{array}\right\}.$

Jedem Parameter $\varphi$ entspricht ein bestimmter Ellipsenpunkt $P = a\cos\varphi | b\sin\varphi$ und ein bestimmter Durchmesser $2\alpha$ der Ellipse. Dem Parameter $\varphi$ ist **konjugiert** der Parameter $\varphi + 90^\circ$, dem der Punkt $P' = -a\sin\varphi | b\cos\varphi$ entspricht sowie der **konjugierte Durchmesser** $2\beta$.

18. **Parameterdarstellung der Hyperbel.**

$$\left.\begin{array}{l} x = \dfrac{a}{\cos\varphi} \\ y = b\,\mathrm{tg}\,\varphi \end{array}\right\} \text{ statt } \frac{x^2}{a^2} - \frac{y^2}{b^2} - 1 = 0.$$

und

$$\left.\begin{array}{l} x = a\,\mathrm{tg}\,\varphi \\ y = \dfrac{b}{\cos\varphi} \end{array}\right\} \text{ statt } -\frac{x^2}{a^2} + \frac{y^2}{b^2} - 1 = 0.$$

Jedem Parameter $\varphi$ entspricht je ein Punkt auf den beiden Hyperbeln. Die durch die beiden Punkte bestimmten Durchmesser $2\alpha$ und $2\beta$ sind **konjugiert.**

19. Sind $\psi_1$ und $\psi_2$ die Richtungswinkel der konjugierten Durchmesser, $\vartheta$ ihr Zwischenwinkel, so gilt für Ellipse und Hyperbel

$$\mathrm{tg}\,\psi_1 \cdot \mathrm{tg}\,\psi_2 = \mp \frac{b^2}{a^2};$$

$$\alpha^2 \pm \beta^2 = a^2 \pm b^2; \quad \alpha\beta\sin\vartheta = ab.$$

Der konjugierte Durchmesser zu

$$Ax + By = 0 \text{ ist } Bb^2x \mp Aa^2y = 0.$$

20. Alle der Ellipse bezw. Hyperbel umschriebenen Parallelogramme sind inhaltsgleich. Die Diagonalen sind konjugierte Durchmesser.

Die Seiten eines eingeschriebenen Parallelogramms sind zwei konjugierten Durchmessern parallel.

21. **Gleichung bezogen auf zwei konjugierte Durchmesser.**

$$\frac{\xi^2}{\alpha^2} \pm \frac{\eta^2}{\beta^2} - 1 = 0.$$

22. **Asymptotengleichung der Hyperbel.**

$$4\xi\eta = a^2 + b^2 \quad \text{oder} \quad 2\xi\eta \sin\varepsilon = ab.$$

$\varepsilon$ ist der Winkel zwischen den Asymptoten.
Gleichung von zwei konjugierten Durchmessern.

$$\left.\begin{aligned} \xi + \lambda\eta &= 0 \\ \xi - \lambda\eta &= 0 \end{aligned}\right\}.$$

Tangente in $P_0$.

$$2(\xi\eta_0 + \eta\xi_0) = a^2 + b^2.$$

23. Alle Dreiecke, deren eine Seite die Hyperbel berührt, während die anderen auf den Asymptoten liegen, sind inhaltsgleich. Die tangierende Dreiecksseite wird im Berührpunkt halbiert.

24. Auf jeder Sekante werden durch die Hyperbel und ihre Asymptoten zwischen Hyperbel und Asymptote zwei gleiche Stücke abgeschnitten.

25. Alle Parallelogramme mit zwei Seiten auf den Asymptoten sind inhaltsgleich, wenn sie einen Eckpunkt auf der Hyperbel haben.

26. **Gleichseitige Hyperbel** bezogen auf die zu einander senkrechten Asymptoten als Axen.

$$xy = c.$$

27. **Polargleichung** für Ellipse und Hyperbel (siehe auch § 70). Der Mittelpunkt ist Anfangspunkt, die a-Axe Anfangsstrahl.

$$r^2 = \frac{\pm b^2}{1 - \varepsilon^2 \cos^2\varphi}.$$

28. **Konfokale Kegelschnitte** (= Mittelpunktskurven mit den nämlichen Brennpunkten); $a > b$ vorausgesetzt.

$$\frac{x^2}{a^2 - \lambda} + \frac{y^2}{b^2 - \lambda} - 1 = 0.$$

Wenn $\lambda < b^2$ Ellipsen; $b^2 < \lambda < a^2$ Hyperbeln; $\lambda > a^2$ imaginäre Kegelschnitte. Alle konfokalen Kegelschnitte bilden ein Orthogonalsystem.

29. Zwei Ellipsen mit den Axen $2a$, $2b$ bezw. $2a'$, $2b'$ sind einander **ähnlich**, wenn $a : b = a' : b'$. Ebenso zwei Hyperbeln, welche dann gleiche Asymptotenwinkel haben.

30. Die Lote $d_1$ und $d_2$ von den Brennpunkten auf eine beliebige Tangente haben das Verhältnis $d_1 : d_2 = r_1 : r_2$.

Das Produkt dieser Lote ist $d_1 d_2 = b^2$. Ihre Fußpunkte $N_1$ und $N_2$ liegen auf einem Kreis mit dem Halbmesser a um M.

## § 75. **Parabel.**

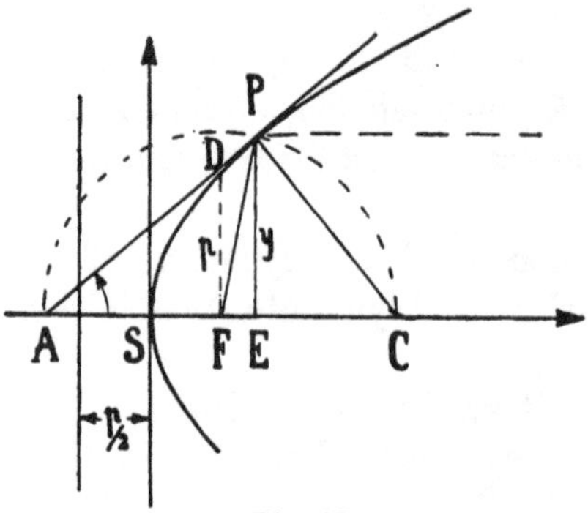


Fig. 13.

1. **Scheitelgleichung.**

$$y^2 = 2px.$$

p = **Halbparameter** = Ordinate im **Brennpunkt** F. Dieser hat vom Scheitel den Abstand $\frac{p}{2}$. Der **Brennstrahl** $FP_0$ ist

$$FP_0 = x_0 + \frac{p}{2} = \frac{p}{2\sin^2\alpha},$$

wenn $\alpha$ der Richtungswinkel der Tangente. Die **Direktrix** hat vom Scheitel den Abstand $\frac{1}{2}p$.

2. **Polare** zu $P_0$.

$$yy_0 = p(x + x_0).$$

**Pol** der Geraden $ax + by + c = 0$.

$$P_0 = \frac{c}{a} \,\Big|\, -\frac{bp}{a}.$$

Dem Durchmesser durch den Parabelpunkt $P_0$ ist die Tangentenrichtung **konjugiert.**

3. **Richtung** in $P_0$.

$$\operatorname{tg}\alpha = \frac{p}{y_0}.$$

4. **Tangente** in $P_0$.

$$yy_0 = p(x + x_0).$$

5. **Normale** in $P_0$.

$$y - y_0 = -\frac{y_0}{p}(x - x_0).$$

6. **Tangentenpaar** vom beliebigen Punkt $P_0$ aus.

$$y - y_0 = \frac{y_0 \pm \sqrt{y_0^2 - 2px_0}}{2x_0}(x - x_0).$$

**Tangente** mit gegebener Richtung $\lambda$.

$$y = \lambda x + \frac{p}{2\lambda}.$$

7. **Tangente, Normale, Subtangente, Subnormale** (siehe Kurvendiskussion) im Punkt $P_0$.

$$T = \sqrt{2x_0(2x_0 + p)}, \qquad N = \sqrt{p(2x_0 + p)}.$$
$$S_t = 2x_0, \qquad S_n = p.$$

8. **Krümmungsradius** $\varrho$ im Punkt $P_0$.

$$\varrho = \frac{(y_0^2 + p^2)^{3/2}}{p^2} = \frac{(p + 2x_0)^{3/2}}{\sqrt{p}} = \frac{N^3}{p^2}.$$

(N siehe 7). Für den Scheitel ist $\varrho = p$.

**Krümmungsmittelpunkt.**

$$\xi | \eta = 3x_0 + p \,|\, -\frac{2x_0 y_0}{p}.$$

**Evolute** ist die Neilsche Parabel

$$27py^2 = 8(x - p)^3.$$

9. **Fläche.** Parabelsegment zwischen Scheitel und Sehne $x = x_0$.

$$F = {}^4/_3\, x_0 y_0.$$

Die Sekante durch die Parabelpunkte $P_1$ und $P_2$ schneidet ein Segment aus

$$S = \frac{(y_2 - y_1)^3}{12p}.$$

10. **Bogen** vom Scheitel bis $P_0$.

$$s = \frac{p}{2}\left[\sqrt{\frac{2x_0}{p}\left(1 + \frac{2x_0}{p}\right)} + \lg\left(\sqrt{\frac{2x_0}{p}} + \sqrt{1 + \frac{2x_0}{p}}\right)\right].$$

Ist $x_0 : y_0$ ein kleiner Bruch, so ist angenähert

$$s = y_0\left[1 + \frac{2}{3}\left(\frac{x_0}{y_0}\right)^2 - \frac{2}{5}\left(\frac{x_0}{y_0}\right)^4\right].$$

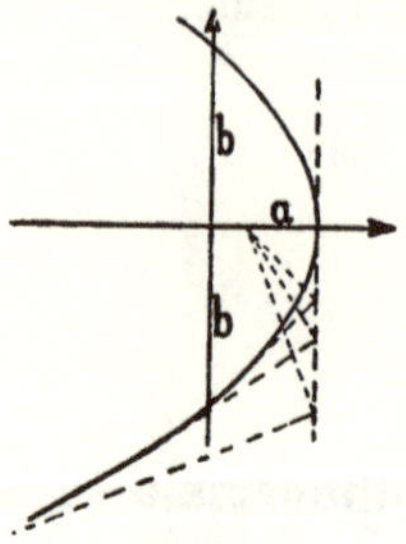

Fig. 14.

11. **Abschnittsgleichung der Parabel** (rechtwinklige oder schiefwinklige Koordinaten).

$$\frac{x}{a}+\frac{y^2}{b^2}-1=0 \text{ bezw. } \frac{x^2}{a^2}+\frac{y}{b}-1=0,$$

wenn auf der x-Axe a, auf der y-Axe $\pm b$ abgeschnitten wird, bezw. auf der x-Axe $\pm a$, auf der y-Axe b.

12. **Gleichung bezogen auf eine Tangente und die zu ihr konjugierte Richtung.** ($p'=2PF_0$ siehe 1.)

$$\eta^2=2p'\xi.$$

13. Die Parabeltangente schneidet eine vom Brennpunkt aus zu ihr senkrecht gezogene Gerade auf der Scheiteltangente.

14. Je zwei senkrechte Parabeltangenten schneiden sich auf der Direktrix.

15. Alle Parabeln sind einander ähnlich.

## § 76. Konstruktion der Kegelschnitte.

### I. Ellipse.

#### 1. Konstruktion der Ellipse.

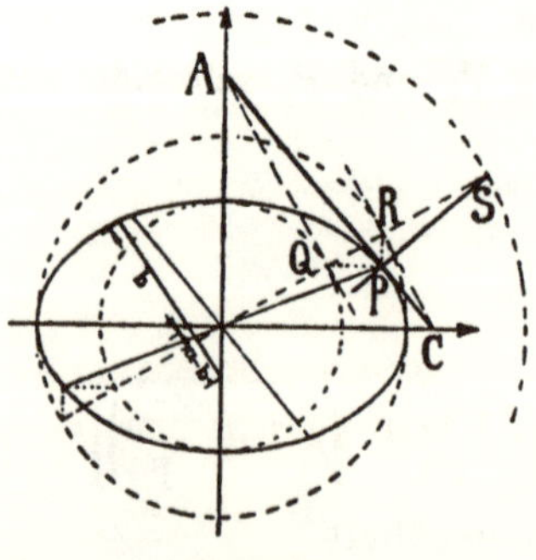

Fig. 15.

a) Wenn d und $\varepsilon$ direkt oder indirekt gegeben, nach § 70. 5, 6.

b) Nach dem Satz von Paskal oder Brianchon § 70, wenn fünf Punkte bezw. fünf Tangenten gegeben sind.

c) Fadenkonstruktion, wenn direkt oder indirekt e und a gegeben, nach § 74.

d) Die Parametergleichung

$$x=a\cos\varphi,\ y=b\sin\varphi$$

stellt die Ellipse als Projektion ihres ein- und umgeschriebenen

Kreises dar. Die Kreise um M mit den Radien b, a, a + b werden von einem beliebigen Fahrstrahl von M aus in Q, R und S geschnitten; RP vertikal; QP horizontal; SP ist Normale.

e) Papierstreifen-Konstruktion Fig. 15. Man läßt die Enden eines Streifens von der Länge a — b auf den Axen gleiten. Auf der Verlängerung desselben um b liegt der die Ellipse beschreibende Punkt.

f) Konstruktion aus zwei konjugierten Durchmessern $2\alpha$ und $2\beta$ nach Fig. 16.

2. **Konstruktion von Richtung und Größe der Halbaxen** a und b aus zwei konjugierten Durchmessern $2\alpha$ und $2\beta$, Fig. 16. Vom Ellipsenpunkt A aus Senkrechte zu $\beta$; $AC = \beta$; $MO = OC$; Kreis um O durch A schneidet MC in D und E; AE und AD Richtung der Halbaxe a bezw. b, MD und ME Größe der Halbaxe a bezw. b.

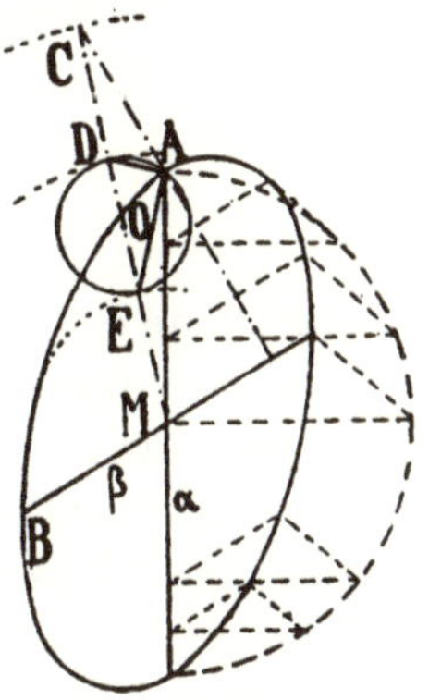

Fig. 16.

3. **Konstruktion von Tangente und Normale im Ellipsenpunkt P.**

a) Nach dem Satz von Paskal oder Brianchon § 70.

b) Konstruktion nach § 70. 9.

c) Nach 1 d.

4. **Konstruktion der Tangenten von P aus.**

a) Mit Hilfe der Polaren § 72.

b) Der Kreis um P durch $F_1$ bezw. $F_2$ trifft den Kreis mit dem Radius 2a um $F_2$ bezw. $F_1$ im Punkt Q. Die Gerade $F_2Q$ bezw. $F_1Q$ schneidet den Berührpunkt auf der Ellipse aus.

## II. Hyperbel.

### 5. Konstruktion der Hyperbel.

a) Wenn d und ε direkt oder indirekt gegeben, nach § 70.5,6.

b) Nach dem Satz von Paskal oder Brianchon § 70, wenn fünf Punkte bezw. fünf Tangenten der Hyperbel gegeben sind.

c) Fadenkonstruktion, wenn direkt oder indirekt e und a gegeben, nach § 74.

**6. Konstruktion von Tangente und Normale im Hyperbelpunkt P.**

a) Nach dem Satz von Brianchon oder Paskal § 70.

b) Konstruktion nach § 70. 9.

c) Nach § 74. 23 bezw. 25; die Tangente durch den Punkt $P = \xi | \eta$ schneidet auf den Asymptoten die Stücke $2\xi$ bezw. $2\eta$ ab, § 74. 22.

**7. Konstruktion der Tangenten von P aus**
mit Hilfe der Polaren § 72.

## III. Parabel.

**8. Konstruktion der Parabel.**

a) Wenn d und $\varepsilon$ direkt oder indirekt gegeben, nach § 70. 5, 6.

b) Nach dem Satz von Paskal oder Brianchon; die Parabel ist bereits durch vier Elemente bestimmt.

c) Aus Scheitel und Brennpunkt wie 1 c, wenn man die Parabel als Ellipse mit unendlich fernem Brennpunkt U betrachtet. Um soviel der horizontale Brennstrahl (Fig. 13) abnimmt, wenn der Parabelpunkt von S nach P wandert, um soviel nimmt der andere Brennstrahl FS zu, so daß

$$FP = \tfrac{1}{2} p + x_0 = FC = FA.$$

Wenn gegeben mit der Axe der Brennpunkt, sowie ein beliebiger Parabelpunkt P: Kreis um F mit Radius FP schneidet die Axe in A und C; PE senkrecht zur Axe; $EC = p$; $FS = \tfrac{1}{2} p$ liefert den Scheitel S; AP ist Tangente. Die umgekehrte Konstruktion liefert bei gegebenem S beliebig viele Parabelpunkte.

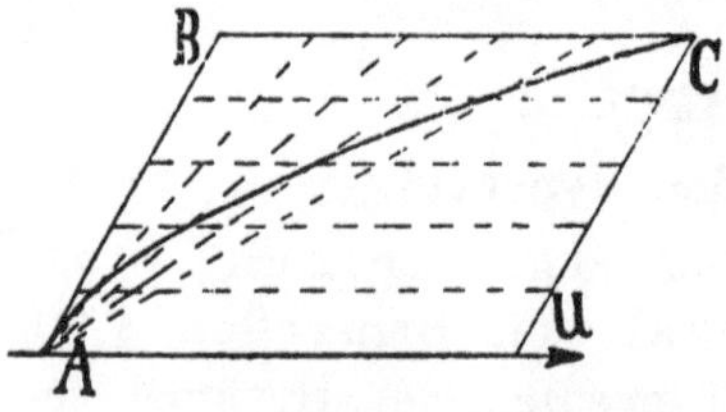


Fig. 17.

d) Wenn gegeben ein Parabelpunkt A mit Tangente und ein Durchmesser AU, sowie ein weiterer Parabelpunkt C [speziell, wenn gegeben Scheitel A, Axe AU, sowie Parabelpunkt C] nach Fig. 17.

e) Wenn gegeben die Axenrichtung MN, sowie drei Parabelpunkte C, D, E [speziell, wenn gegeben eine zur Axe vertikale Sehne CD und ein weiterer Parabelpunkt E]. Die Abschnittsgleichung § 75 liefert die Konstruktion Fig. 18. CG = GD; GU und EF parallel MN; CE schneidet GU in H; Parallele zu CD durch H schneidet EF in J; Gerade DJ liefert den Durchmesserpunkt A.

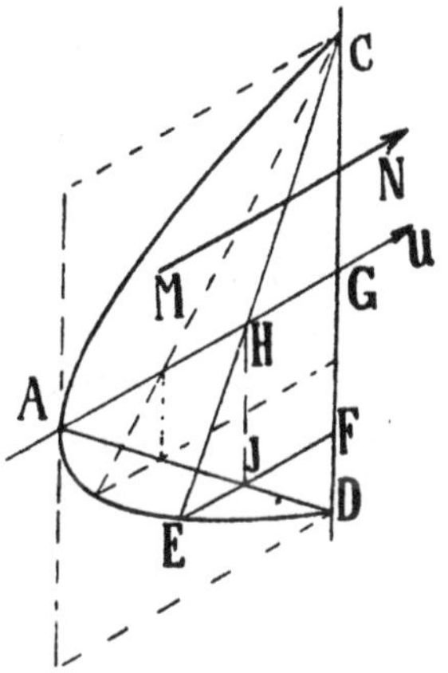


Fig. 18.

Hat man so A gefunden oder war A bereits gegeben, so konstruiert man Punkte E′ umgekehrt: Gerade CH′; H′J′ parallel CD schneidet AD in J′; F′J′ parallel AG und CH′ schneiden sich im Parabelpunkt E′.

f) Kennt man zwei Tangenten AB und AC nebst ihren Berührpunkten B und C, so liefert Fig. 19 das Schema der Konstruktion.

g) Wenn Scheitel S und Brennpunkt F gegeben, so liefert § 75. 13 die in Fig. 14 angedeutete Konstruktion.

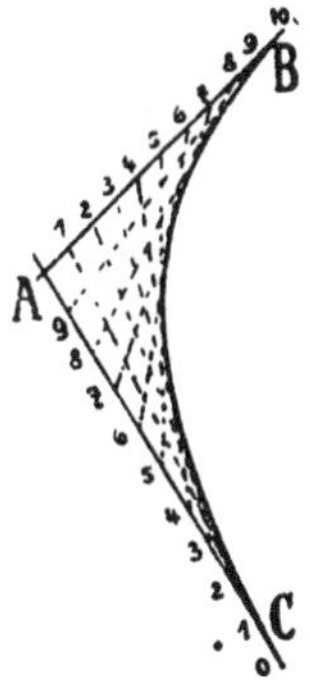


Fig. 19.

## 9. Konstruktion von Tangente und Normale im Parabelpunkt P.

a) Nach dem Satz von Paskal oder Brianchon § 70.

b) Konstruktion nach § 70. 9.

c) Nach 8c; man macht SA = SE; AP ist Tangente; man macht EC = p; CP ist Normale. Fig. 13.

## 10. Konstruktion der Tangenten von P aus.

a) Mit Hilfe der Polaren § 72.

b) Entsprechend 4b; der Kreis von P durch F schneidet die Direktrix in zwei Punkten M und N; Parallele durch M und N zur Axe schneiden auf der Parabel die Berührpunkte aus.

## B. Synthetische Behandlung.

### § 77. Verallgemeinerung des Koordinatenbegriffes.

(Siehe hierzu § 5.)

1. Ein Punkt auf einer Geraden ist durch Angabe einer Zahl vollständig festgelegt, z. B. durch die Angabe der Entfernung von einem festen Anfangspunkt, wobei der Entfernung durch + oder — noch ein bestimmter Bewegungssinn beigelegt werden kann. Man sagt, der Punkt auf der Geraden hat einen **Freiheitsgrad** und nennt die Zahl, welche die Lage des Punktes bestimmt, seine Koordinate auf der Geraden, oder auch seinen Parameter. Dabei ist es gleichgültig, wie die Gerade im Raum liegt. Man kann dem Punkt auf der Geraden auch zwei, drei etc. Koordinaten geben, dann müssen aber zwischen den Koordinaten noch eine, zwei etc. Beziehungen stattfinden. Definiert man z. B. als Koordinaten $x_1$ und $x_2$ des laufenden Punktes der Geraden die zwei Entfernungen desselben von zwei festen Punkten $P_1$ und $P_2$ der Geraden mit der Entfernung d, so besteht zwischen $x_1$ und $x_2$ die Beziehung $x_1 \pm x_2 = d$.

Wählt man als Koordinaten x, y, z die Abstände von drei festen zu einander senkrechten Ebenen (wenn man die Punkte der Geraden mit anderen Punkten außerhalb der Geraden in Beziehung setzen will), so müssen zwei Beziehungen zwischen diesen drei Koordinaten x, y, z statthaben, wenn durch diese die Geradenpunkte dargestellt werden sollen.

2. Was von der Geraden gilt, gilt selbstverständlich auch von einer beliebigen Kurve. Die Aussage, „ein Punkt auf einer Kurve hat einen Freiheitsgrad“ ist äquivalent mit folgenden Ausdrucksweisen: Durch Angabe einer Zahl ist seine Lage fixiert, oder: um die Bewegung des Punktes anzugeben, hat man eine Gleichung notwendig; oder: um den Punkt auf der Kurve festzulegen, muß man ihm eine Führung (Auflagerung, Auflagerbahn) geben nach der Sprechweise der Mechanik.

3. Ein geometrisches Gebilde hat **n Freiheitsgerade** oder **n Koordinaten** heißt: Man muß n Zahlen angeben, um die augenblickliche Lage des Gebildes zu fixieren; oder: um die

Bewegung des Gebildes anzugeben, hat man n Gleichungen aufzustellen (indem man etwa die n Koordinaten von der Zeit t abhängig macht); oder: um das Gebilde festzuhalten, muß man ihm n Auflagerbedingungen vorschreiben.

4. Ein **Punkt** einer Kurve (speziell der Geraden) hat einen Freiheitsgrad. Ein Punkt auf einer Fläche (speziell Ebene) hat zwei Freiheitsgrade. Ein Punkt im Raum hat drei Freiheitsgrade.

5. Eine **Gerade** durch einen festen Punkt der Ebene hat in dieser Ebene einen Freiheitsgrad. Eine Gerade durch einen festen Punkt im Raum hat zwei Freiheitsgrade. Eine Gerade der Ebene hat zwei Freiheitsgrade. Eine Gerade im Raum hat vier Freiheitsgrade.

6. Eine **Ebene** durch eine feste Gerade hat einen Freiheitsgrad. Eine Ebene durch einen festen Punkt hat zwei Freiheitsgrade. Eine Ebene im Raum hat drei Freiheitsgrade.

7. **Dualität.** Jeder geometrischen Tatsache steht, solange der gewöhnliche Maßbegriff fehlt, eine zweite geometrische Tatsache — die **duale** — gegenüber; jedem Satz also ein **dualer Satz**, jeder Formel eine **duale Formel** etc. Man hat nur in dem ersten Satz das Element „Punkt" durch „Gerade" zu vertauschen und umgekehrt, das Element „Ebene" aber unvertauscht zu lasssen, so lange man in der Ebene operiert: Geometrie der Ebene.

(Oder man vertauscht das Element „Gerade" durch „Ebene" und umgekehrt, läßt aber das Element „Punkt" unvertauscht, solange man im Punkt operiert: Geometrie im Punkt etc.)

8. **Duale Sätze der Ebene.**

Durch zwei Punkte ist eine Gerade bestimmt.

Durch eine Gerade sind unendlich viele Punkte definiert: die **Punktreihe.** Die Gerade ist der **Träger** dieser Punktreihe.

Durch zwei Gerade ist ein Punkt bestimmt.

Durch einen Punkt sind unendlich viele Gerade (=Strahlen) definiert: das Geraden- oder **Strahlenbüschel.** Der Punkt ist der **Träger** dieses Strahlenbüschels.

| | |
|---|---|
| Durch drei Punkte ist ein Dreieck definiert. | Durch drei Gerade ist ein Dreiseit definiert. |
| Durch vier Punkte ist ein Viereck definiert. Das vollständige Viereck hat sechs Seiten. | Durch vier Gerade ist ein Vierseit definiert. Das vollständige Vierseit hat sechs Ecken. etc. |

## § 78. **Linienkoordinaten.**

1. Eine Gerade der Ebene hat zwei Freiheitsgrade. d. h. durch Angabe zweier Zahlen ist ihre jeweilige Lage bestimmt; oder: man braucht zwei Gleichungen, um die Bewegung der Geraden in der Ebene anzugeben; oder: um sie in der Ebene festzuhalten, muß man ihr zwei Führungen geben, indem man ihr z. B. vorschreibt, sie soll zwei gegebene Kurven berühren, durch zwei gegebene Punkte gehen etc. Gibt man ihr nur eine Führung, indem man z. B. vorschreibt, sie soll eine gegebene Kurve berühren, so behält sie noch einen Freiheitsgrad, ist also dann durch Angabe einer Zahl bestimmt, durch ihre Koordinate auf der gegebenen Kurve.

2. Als ebene Koordinaten der Geraden allgemein bezeichnet man diejenigen zwei Zahlen (oder n Zahlen, falls zwischen ihnen noch n—2 Beziehungen bestehen), durch deren Angabe die Lage der Geraden gegenüber zwei festen Elementen der Ebene, dem Koordinatensystem, fixiert wird.

3. Speziell bezeichnet man als ebene **Linienkoordinaten** der Geraden die negativen Reziproken der Abstände m und n der Geraden auf den beiden Axen eines rechtwinkligen Koordinatensystems. Ist also die Gleichung der Geraden

$$\frac{x}{m} + \frac{y}{n} - 1 = 0,$$

so sind $-\frac{1}{m}$ und $-\frac{1}{n}$ die Linienkoordinaten dieser Geraden.

4. Die Gerade $ux + vy + 1 = 0$ hat die Linienkoordinaten u und v. $G = u|v$ bedeutet, die Gerade G hat die

Linienkoordinaten u und v. Umgekehrt hat die Gerade $G = u|v$ bezw. $G = 2|3$ die Gleichung

$$ux + vy + 1 = 0 \quad \text{bezw.} \quad 2x + 3y + 1 = 0.$$

5. Jede ebene Kurve kann man sich entstanden denken aus unendlich vielen kontinuierlich aufeinanderfolgenden Punkten oder aus unendlich vielen kontinuierlich aufeinanderfolgenden Geraden, die dann die Kurve umhüllen. Gleichung der Kurve in Punkt- bezw. Linienkoordinaten ist dann der analytische Ausdruck der Eigenschaften der Koordinaten des laufenden Punktes bezw. der laufenden Geraden.

6. **Gleichung des Punktes** $P = x|y$ bezw. $P = 2|3$ in Linienkoordinaten.

$$ux + vy + 1 = 0 \quad \text{bezw.} \quad 2u + 3v + 1 = 0.$$

## § 79. Trimetrische Punkt- und Linienkoordinaten.

1. Die drei Geraden $N_1 = 0$, $N_2 = 0$, $N_3 = 0$, (wenn $N_i \equiv x \cos\alpha_i + y \sin\alpha_i - p_i$) bezogen auf das X-Y-Koordinatensystem, bestimmen ein Dreieck mit den Seiten $l_1$, $l_2$, $l_3$. Der untersuchte Punkt $P = x|y$ hat von diesen drei Geraden die Abstände $N_1$, $N_2$, $N_3$ (§ 69). Zwischen den $N_i$ und $l_i$ besteht die Relation (wenn $\Delta$ der Dreiecksinhalt)

$$N_1 l_1 + N_2 l_2 + N_3 l_3 = 2\Delta .$$

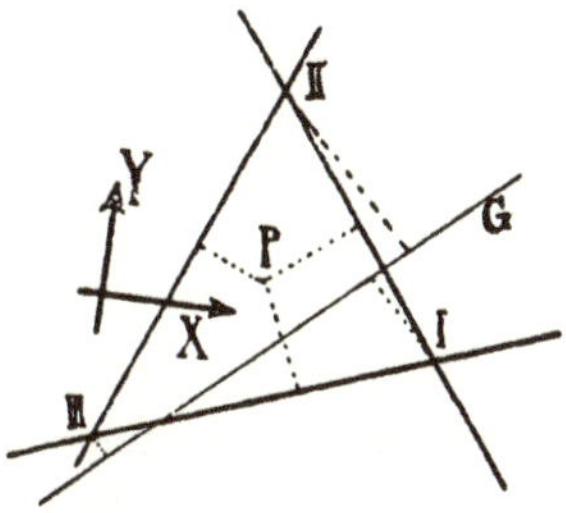


Fig. 20.

Die untersuchte Gerade $G = u|v$ hat von den drei Eckpunkten die Abstände $R_1$, $R_2$, $R_3$, zwischen denen eine lineare Beziehung

$$m_1 R_1 + m_2 R_2 + m_3 R_3 = C$$

besteht.

1. Jede Gerade der Ebene

$$ax + by + c = 0$$

läßt sich durch die Form

$$n_1 N_1 + n_2 N_2 + n_3 N_3 = 0$$

darstellen.

Jeder Punkt der Ebene

$$u\alpha + v\beta + \gamma = 0$$

läßt sich durch die Form

$$r_1 R_1 + r_2 R_2 + r_3 R_3 = 0$$

darstellen.

3. Die **trimetrischen Koordinaten** des Punktes P bezw. der Geraden G für das Koordinatendreieck I II III sind definiert durch

$$x_1 : x_2 : x_3 = \varrho_1 N_1 : \varrho_2 N_2 : \varrho_3 N_3 , \quad | \quad u_1 : u_2 : u_3 = \sigma_1 R_1 : \sigma_2 R_2 : \sigma_3 R_3 ,$$

aufgelöst

$$\mu x_1 = \varrho_1 N_1 , \quad \mu x_2 = \varrho_2 N_2 , \quad \mu x_3 = \varrho_3 N_3 , \quad | \quad \nu u_1 = \sigma_1 R_1 , \quad \nu u_2 = \sigma_2 R_2 , \quad \nu u_3 = \sigma_3 R_3 ,$$

d. h. als beliebig gewählte, aber feste Vielfache ihrer Abstände von den Seiten bezw. Ecken des Koordinatendreiecks **(trimetrische Punkt- und Linienkoordinaten).**

4. Im neuen System haben die

| | |
|---|---|
| Dreiecksseiten die Gleichungen | Dreiecksecken die Gleichungen |
| $x_1 = 0, \quad x_2 = 0, \quad x_3 = 0$ | $u_1 = 0, \quad u_2 = 0, \quad u_3 = 0$ |
| und die Koordinaten | und die Koordinaten |
| $1\|0\|0, \quad 0\|1\|0, \quad 0\|0\|1,$ | $1\|0\|0, \quad 0\|1\|0, \quad 0\|0\|1,$ |
| wenn $P = a_1\|a_2\|a_3$ bedeutet | wenn $G = \alpha_1\|\alpha_2\|\alpha_3$ bedeutet |
| $x_1 : x_2 : x_3 = a_1 : a_2 : a_3 .$ | $u_1 : u_2 : u_3 = \alpha_1 : \alpha_2 : \alpha_3 .$ |

5. Das Symbol $a_x$ bezw. $u_\alpha$ bedeutet

$$a_x \equiv a_1 x_1 + a_2 x_2 + a_3 x_3 \quad \text{bezw.} \quad u_\alpha \equiv u_1 \alpha_1 + u_2 \alpha_2 + u_3 \alpha_3 .$$

6. Läßt man in der Gleichung

$$u_x \equiv u_1 x_1 + u_2 x_2 + u_3 x_3 = 0$$

| | |
|---|---|
| die $u_i$ fest, die $x_i$ aber variabel, so stellt die Gleichung $u_x = 0$ alle möglichen Punkte $x_1\|x_2\|x_3$ vor, die auf der Geraden u liegen, d. h. sie stellt diese Gerade u selber vor. | die $x_i$ fest, die $u_i$ aber variabel, so stellt die Gleichung $u_x = 0$ alle möglichen Geraden $u_1\|u_2\|u_3$ vor, die durch den Punkt x gehen, d. h. sie stellt diesen Punkt x selber vor. |
| 7. Die Gerade | Der Punkt |
| $a_x \equiv a_1 x_1 + a_2 x_2 + a_3 x_3 = 0$ | $u_\alpha \equiv u_1 \alpha_1 + u_2 \alpha_2 + u_3 \alpha_3 = 0$ |
| hat die trimetrischen Linienkoordinaten $a_1\|a_2\|a_3$, und umgekehrt ist die Gleichung der Geraden $a_1\|a_2\|a_3$ | hat die trimetrischen Punktkoordinaten $\alpha_1\|\alpha_2\|\alpha_3$, und umgekehrt ist die Gleichung des Punktes $\alpha_1\|\alpha_2\|\alpha_3$ |
| $a_x \equiv a_1 x_1 + a_2 x_2 + a_3 x_3 = 0.$ | $u_\alpha = u_1 \alpha_1 + u_2 \alpha_2 + u_3 \alpha_3 = 0.$ |

8. $u_x \equiv u_1 x_1 + u_2 x_2 + u_3 x_3 = 0$ ist die **Bedingung des Ineinanderliegens** des Punktes $x = x_1|x_2|x_3$ und der Geraden $u = u_1|u_2|u_3$, d. h. die Bedingung dafür, daß der Punkt x mit den Koordinaten $x_1|x_2|x_3$ auf der Geraden u mit den Koordinaten $u_1|u_2|u_3$ liegt, oder umgekehrt, daß die Gerade u durch den Punkt x hindurchgeht.

## § 80. Punktreihe und Strahlenbüschel.

1. Es bedeute die Schreib- und Sprechweise „Punkt y" bezw. „Gerade v" soviel wie: Punkt y hat die trimetrischen Punktkoordinaten $y_1|y_2|y_3$, bezw. Gerade v hat die trimetrischen Linienkoordinaten $v_1|v_2|v_3$.

2. Es bedeute

$$(ab)_i = a_j b_k - a_k b_j,$$

wenn i, j, k einen Zyklus bilden, also

$$(ab)_1 = a_2 b_3 - a_3 b_2, \quad (ab)_2 = a_3 b_1 - a_1 b_3, \quad (ab)_3 = a_1 b_2 - a_2 b_1.$$

3. Es bedeute $\xi = \overline{uv}$ soviel wie $\xi_i = (uv)_i$, also

$$\xi_1 = (uv)_1, \quad \xi_2 = (uv)_2, \quad \xi_3 = (uv)_3.$$

4. Es bedeute $(abc) = a_1(bc)_1 + a_2(bc)_2 + a_3(bc)_3$, so daß

$$(abc) = \begin{vmatrix} a_1 & b_1 & c_1 \\ a_2 & b_2 & c_2 \\ a_3 & b_3 & c_3 \end{vmatrix}.$$

5. Die Punkte a und b haben die Koordinaten $a_1|a_2|a_3$ bezw. $b_1|b_2|b_3$; ihre Gleichungen sind also bezw.

$$u_a \equiv u_1 a_1 + u_2 a_2 + u_3 a_3 = 0,$$
$$u_b \equiv u_1 b_1 + u_2 b_2 + u_3 b_3 = 0.$$

Die Gerade durch sie ist

$$\gamma = \overline{ab},$$

hat also die Gleichung

$$\gamma_x \equiv (ab\,x) = 0.$$

Die Geraden a und b haben die Koordinaten $a_1|a_2|a_3$ bezw. $b_1|b_2|b_3$; ihre Gleichungen sind also bezw.

$$a_x \equiv a_1 x_1 + a_2 x_2 + a_3 x_3 = 0,$$
$$b_x \equiv b_1 x_1 + b_2 x_2 + b_3 x_3 = 0.$$

Ihr Schnittpunkt ist

$$\gamma = \overline{ab},$$

hat also die Gleichung

$$u_\gamma \equiv (ab\,u) = 0.$$

Irgend ein Punkt c der durch die Punkte a und b definierten Punktreihe hat die Gleichung

$$u_a + \lambda u_b = 0$$

und die Koordinaten

$$a_1 + \lambda b_1 | a_2 + \lambda b_2 | a_3 + \lambda b_3 .$$

Irgend ein Strahl des durch die Strahlen a und b definierten Strahlenbüschels hat die Gleichung

$$a_x + \lambda b_x = 0$$

und die Koordinaten

$$a_1 + \lambda b_1 | a_2 + \lambda b_2 | a_3 + \lambda b_3 .$$

6. $\lambda$ ist bis auf einen für alle Teilungspunkte bezw. Strahlen c konstanten Faktor das Teilungsverhältnis von c gegenüber den fixen Punkten bezw. Strahlen a und b (§ 65 bezw. 69).

## § 81. Doppelverhältnis. Projektive Gebilde.

1. Durch $\lambda_1$ und $\lambda_2$ sind

auf der Punktreihe

$$u_a + \lambda u_b = 0$$

zwei neue Punkte c und d

in dem Strahlenbüschel

$$a_x + \lambda b_x = 0$$

zwei neue Strahlen c und d

gegeben mit den Teilverhältnissen $\varrho\lambda_1$ und $\varrho\lambda_2$.

Das **Doppelverhältnis** der vier

Punkte | Strahlen

a, b, c, d in dieser Reihenfolge ist bezeichnet mit (a b c d) und definiert durch $\lambda_1 : \lambda_2$.

2. Irgend vier Punkte

$$u_a + \lambda_1 u_b = 0, \quad u_a + \lambda_2 u_b = 0,$$
$$u_a + \lambda_3 u_b = 0, \quad u_a + \lambda_4 u_b = 0$$

Irgend vier Strahlen

$$a_x + \lambda_1 b_x = 0, \quad a_x + \lambda_2 b_x = 0,$$
$$a_x + \lambda_3 b_x = 0, \quad a_x + \lambda_4 b_x = 0$$

haben in dieser Reihenfolge das Doppelverhältnis

$$D = \frac{(\lambda_3 - \lambda_1)(\lambda_4 - \lambda_2)}{(\lambda_3 - \lambda_2)(\lambda_4 - \lambda_1)} .$$

3. Ist das Doppelverhältnis D der vier Strahlen bezw. Punkte gleich — 1, so sind dieselben **harmonisch** gelegen und umgekehrt.

4. Die vier Punkte a, b, c, d einer Punktreihe werden von einem beliebigen Punkt aus durch vier Strahlen projiziert, welche das gleiche Doppelverhältnis wie die vier Punkte haben.

Die vier Strahlen a, b, c, d eines Büschels werden von einer beliebigen Geraden in vier Punkten geschnitten, welche das gleiche Doppelverhältnis wie die vier Strahlen haben.

| 5. Die zwei Punktreihen | Die zwei Strahlenbüschel |
|---|---|
| $u_a + \lambda u_b = 0, \; u_a' + \lambda u_b' = 0$ | $a_x + \lambda b_x = 0, \; a'_x + \lambda b'_x = 0$ |

sind projektivisch auf einander bezogen (sie sind **projektiv**), d. h. je vier Elemente des einen Gebildes haben das gleiche Doppelverhältnis wie die entsprechenden vier Elemente des andern Gebildes.

6. Eine Punktreihe ist projektiv zu einem Strahlenbüschel, wenn irgend vier Punkte der Punktreihe das nämliche Doppelverhältnis haben wie die entsprechenden vier Strahlen des Strahlenbüschels.

7. Die Projektivität zweier Grundgebilde ist durch drei Paare einander zugeordneter Elemente bestimmt. Jedem vierten Element des einen Grundgebildes ist dann ein viertes Element des zweiten eindeutig zugeordnet.

## § 82. Koordinatentransformation und Kollineation.

1. **Übergang von einem Dreieck zum andern.** Seien $P_1$, $P_2$, $P_3$ die Ecken des alten Koordinatendreiecks und $G_1$, $G_2$, $G_3$ seine Seiten; $Q_1$, $Q_2$, $Q_3$ die Ecken des neuen und $H_1$, $H_2$, $H_3$ seine Seiten; P der variable Punkt und G die variable Gerade. Bezogen auf das alte Dreieck haben P und G die Koordinaten $x_1|x_2|x_3$ bezw. $u_1|u_2|u_3$; bezogen auf das neue $y_1|y_2|y_3$ bezw. $v_1|v_2|v_3$. Auf das alte Dreieck bezogen sind die Koordinaten von

$$P_1 = 1|0|0, \qquad P_2 = 0|1|0, \qquad P_3 = 0|0|1;$$
$$G_1 = 1|0|0, \qquad G_2 = 0|1|0, \qquad G_3 = 0|0|1;$$
$$Q_1 = a_{11}|a_{21}|a_{31}, \quad Q_2 = a_{12}|a_{22}|a_{32}, \quad Q_3 = a_{13}|a_{23}|a_{33}.$$

Dann sind auf das gleiche System bezogen die Koordinaten von

$$H_1 = A_{11}|A_{21}|A_{31}, \quad H_2 = A_{12}|A_{22}|A_{32}, \quad H_3 = A_{13}|A_{23}|A_{33}.$$

Dabei sind $A_{ik}$ die Unterdeterminanten der nicht verschwindend vorausgesetzten Substitutionsdeterminante

$$\begin{vmatrix} a_{11} & a_{12} & a_{13} \\ a_{21} & a_{22} & a_{23} \\ a_{31} & a_{32} & a_{33} \end{vmatrix}.$$

Auf das neue Dreieck bezogen sind dann die Koordinaten von

$$P_1 = A_{11}|A_{12}|A_{13}, \quad P_2 = A_{21}|A_{22}|A_{23}, \quad P_3 = A_{31}|A_{32}|A_{33};$$
$$G_1 = a_{11}|a_{12}|a_{13}, \quad G_2 = a_{21}|a_{22}|a_{23}, \quad G_3 = a_{31}|a_{32}|a_{33};$$
$$Q_1 = 1|0|0, \quad Q_2 = 0|1|0, \quad Q_3 = 0|0|1;$$
$$H_1 = 1|0|0, \quad H_2 = 0|1|0, \quad H_3 = 0|0|1.$$

2. Die Transformationsgleichungen beim Übergang vom alten zum neuen System sind dann

$$\varrho x_1 = a_{11}y_1 + a_{12}y_2 + a_{13}y_3, \qquad \sigma u_1 = A_{11}v_1 + A_{12}v_2 + A_{13}v_3,$$
$$\varrho x_2 = a_{21}y_1 + a_{22}y_2 + a_{23}y_3, \qquad \sigma u_2 = A_{21}v_1 + A_{22}v_2 + A_{23}v_3,$$
$$\varrho x_3 = a_{31}y_1 + a_{32}y_2 + a_{33}y_3. \qquad \sigma u_3 = A_{31}v_1 + A_{32}v_2 + A_{33}v_3.$$

3. Und beim Übergang vom neuen zum alten System

$$\lambda y_1 = A_{11}x_1 + A_{21}x_2 + A_{31}x_3, \qquad \mu v_1 = a_{11}u_1 + a_{21}u_2 + a_{31}u_3,$$
$$\lambda y_2 = A_{12}x_1 + A_{22}x_2 + A_{32}x_3, \qquad \mu v_2 = a_{12}u_1 + a_{22}u_2 + a_{32}u_3,$$
$$\lambda y_3 = A_{13}x_1 + A_{23}x_2 + A_{33}x_3. \qquad \mu v_3 = a_{13}u_1 + a_{23}u_2 + a_{33}u_3.$$

4. **Übergang von kartesischen Koordinaten und umgekehrt.** Seien mit $P_1$, $P_2$, $P_3$ die Ecken des Koordinatendreiecks, mit $G_1$, $G_2$, $G_3$ seine Seiten bezeichnet, mit $H_1$, $H_2$, $H_3$ die y-Axe, x-Axe und die unendlich ferne Gerade, mit $Q_1$, $Q_2$, $Q_3$ die diesen Geraden gegenüberliegenden Punkte, also mit $Q_1$ der unendlich ferne Punkt auf der x-Axe, mit $Q_2$ der auf der y-Axe und mit $Q_3$ der Ursprung. Der variable Punkt P und die variable Gerade G haben auf das Dreieck bezogen die Koordinaten $x_1|x_2|x_3$ bezw. $u_1|u_2|u_3$, auf das kartesische Koordinatensystem bezogen die Koordinaten $x|y$ bezw. $u|v$. Auf das letzte System bezogen seien die Gleichungen der Dreiecksseiten

$$a_1x + b_1y + c_1 = 0,$$
$$a_2x + b_2y + c_2 = 0,$$
$$a_3x + b_3y + c_3 = 0.$$

Dann sind die Gleichungen der Ecken, wenn $A_i$, $B_i$, $C_i$ die Unterdeterminanten der nicht verschwindend gedachten Substitutionsdeterminante

$$\begin{vmatrix} a_1 & b_1 & c_1 \\ a_2 & b_2 & c_2 \\ a_3 & b_3 & c_3 \end{vmatrix}$$

sind:

$$A_1u + B_1v + C_1 = 0,$$
$$A_2u + B_2v + C_2 = 0,$$
$$A_3u + B_3v + C_3 = 0.$$

5. Die Transformationsgleichungen beim Übergang von den Dreiecks- zu den kartesischen Kordinaten sind dann

$$\varrho x_1 = a_1x + b_1y + c_1, \qquad \sigma u_1 = A_1u + B_1v + C_1,$$
$$\varrho x_2 = a_2x + b_2y + c_2, \qquad \sigma u_2 = A_2u + B_2v + C_2,$$
$$\varrho x_3 = a_3x + b_3y + c_3. \qquad \sigma u_3 = A_3u + B_3v + C_3.$$

6. Und beim umgekehrten Übergang

$$\lambda x = A_1x_1 + A_2x_2 + A_3x_3, \qquad \mu u = a_1u_1 + a_2u_2 + a_3u_3,$$
$$\lambda y = B_1x_1 + B_2x_2 + B_3x_3, \qquad \mu v = b_1u_1 + b_2u_2 + b_3u_3,$$
$$\text{mit } \lambda = C_1x_1 + C_2x_2 + C_3x_3. \qquad \text{mit } \mu = c_1u_1 + c_2u_2 + c_3u_3.$$

7. Die Transformationsformeln 2, 3, 5, 6 gestatten noch eine andere Interpretation, wenn man x und y bezw. u und v auf ein Koordinatensystem bezieht. Dann wird jedem Punkt $x = x_1|x_2|x_3$ ein anderer Punkt $y = y_1|y_2|y_3$ eindeutig zugeordnet, jeder Geraden $u = u_1|u_2|u_3$ eindeutig eine andere Gerade $v = v_1|v_2|v_3$, jedem geometrischen Gebilde ein anderes eindeutig. Die durch die lineare Substitution 2 bezw. 3 dargestellte Abhängigkeit zwischen dem System der Punkte x und dem der y heißt **Projektivität, Kollineation** oder **Homographie.** Jedem Element des einen Systems entspricht eindeutig ein **homologes** oder **kollineares** Element des andern Systems, jedem Gebilde des einen Systems ein homologes oder kollineares Gebilde des andern.

8. Jede Kollineation zwischen zwei Systemen läßt sich durch eine lineare Substitution darstellen.

9. Sind zwei Systeme zum nämlichen dritten kollinear, so sind sie auch unter sich kollinear.

# VII. Elemente der Diskussion ebener Kurven.

## § 83. Allgemeine Sätze.

1. **Transzendente Kurven** sind dargestellt durch transzendente Gleichungen, **algebraische Kurven** durch algebraische Gleichungen.

2. **Algebraische Kurven.** Um sie diskutieren zu können, müssen sie (im allgemeinen) rational und ganz gemacht werden.

3. Definition. Eine **Kurve $n^{ter}$ Ordnung** wird von jeder Geraden in n reellen oder imaginären Punkten geschnitten. **Kegelschnitte** sind Kurven zweiter Ordnung.

4. Definition. Eine Kurve ist von der **$n^{ten}$ Klasse,** wenn es von jedem Punkt aus an sie n reelle oder imaginäre Tangenten gibt. Kegelschnitte sind Kurven zweiter Klasse.

5. Eine **Kurvengleichung $n^{ten}$ Grades** hat als höchste Dimension der Variabeln n.

6. Eine Gleichung $n^{ten}$ Grades in x und y stellt eine Kurve $n^{ter}$ Ordnung dar.

7. Eine Kurve $m^{ter}$ und eine $n^{ter}$ Ordnung schneiden sich in mn Punkten.

8. Ist die Kurvengleichung $F(x, y) = 0$ **homogen** (d. h. jeder Summand hat bezüglich der Variablen gleiche Dimension), so stellt sie eine endliche Anzahl von Geraden durch den Ursprung dar.

9. **Fehlt** in einer Gleichung **y** bezw. **x**, so stellt sie eine endliche Anzahl von Parallelen zur y- bezw. x-Axe vor.

10. **Fehlt** in der rationalen und ganzen Gleichung das **absolute Glied,** so geht die Kurve durch den Ursprung.

11. Eine **symmetrische** Gleichung (d. h. x und y sind vertauschbar, ohne daß sich die Gleichung ändert) stellt eine zur Mediane (Radiusvektor unter $45^0$) symmetrische Kurve dar.

12. Ist das Vorzeichen von x bezw. y belanglos, d. h. F(x, y) ist eine in x bezw. y **gerade Funktion,** so stellt die Gleichung eine zur y- bezw. x-Axe symmetrische Kurve vor.

13. Befriedigt mit a|b auch —a|—b die Kurvengleichung, so ist der Ursprung **Mittelpunkt** der Kurve.

14. **Reelle und imaginäre Gebiete** der Kurve lassen sich oft aus der Kurvengleichung ablesen. Z. B. kann $y = x^2 + x^4$ nur oberhalb der x-Axe verlaufen, da y für reelle Punkte nie negativ wird.

15. Das **Verhalten der Kurve in der Nähe des Nullpunktes** läßt sich oft aus der Kurvengleichung ablesen. Z. B. $y = x^2 + x^4$ verhält sich dort wie $y = x^2$.

16. Das **Verhalten der Kurve im Unendlichen** läßt sich oft aus der Kurvengleichung ablesen. Z. B. $y = x^2 + x^4$ verhält sich für große x wie $y = x^4$ (siehe auch Asymptoten).

17. Die Gleichung $F + \lambda G = 0$ (F und G Funktionen von x und y) stellt für ein bestimmtes $\lambda$ eine Kurve durch die Schnittpunkte von $F = 0$ und $G = 0$ vor; für variables $\lambda$ (Parameter) aber ein **Kurvenbüschel** durch die Schnittpunkte von $F = 0$ mit $G = 0$.

18. Die Gleichung $F + \lambda G^2 = 0$ stellt eine Kurve vor durch die Schnittpunkte von $F = 0$ mit $G = 0$. In den Schnittpunkten wird die Kurve $F + \lambda G^2 = 0$ von der Kurve $F = 0$ berührt.

19. Die Kurve $F \cdot G = 0$ setzt sich aus den Teilkurven $F = 0$ und $G = 0$ zusammen.

## § 84. Kurvenkonstruktion.

1. Die Konstruktion und auch Diskussion einer Kurve erfolgt teils nach den Sätzen des vorausgehenden und der nachfolgenden Paragraphen, teils nach dem Satz: Die Kurve **F(u, v) = 0,** wo $u = u(x)$, $v = v(y)$ ist, geht durch eine

mit u und v bestimmte Transformation aus der Kurve $F(x, y) = 0$ hervor.

2. Die Kurve $\mathbf{F(x + c, y) = 0}$ geht aus der Kurve $F(x, y) = 0$ hervor, indem man sie in der x-Richtung um $-c$ verschiebt. Hier ist $u = x + c$, $v = y$.

Um z. B. $y = \sin(x + 2)$ zu konstruieren, zeichnet man die Sinuskurve $y = \sin x$ und verschiebt sie in Richtung der x-Axe um $-2$.

3. Die Kurve $\mathbf{F(x, y + c) = 0}$ geht aus der Kurve $F(x, y) = 0$ hervor, indem man sie in Richtung der y-Axe um $-c$ verschiebt. Hier ist $u = x$, $v = y + c$.

Um z. B. $y = \sin x + 2$ oder $y - 2 = \sin x$ zu finden, zeichnet man .die Kurve $y = \sin x$ und verschiebt sie in der y-Richtung um $+2$.

4. Die Kurve $\mathbf{F(x + a, y + b) = 0}$ geht aus der Kurve $F(x, y) = 0$ hervor, indem man sie in der x-Richtung um $-a$, in der y-Richtung um $-b$ verschiebt. (Oder man verschiebt das Koordinatensystem um a bezw. b in Richtung beider Axen.)

5. Die Kurve $\mathbf{F(cx, y) = 0}$ geht aus der Kurve $F(x, y) = 0$ hervor, indem man sie in der x-Richtung $\frac{1}{c}$ mal homogen deformiert, d. h. c mal verkürzt. Hier ist $u = cx$, $v = y$.

Um z. B. $y = \sin 2x$ zu finden, zeichnet man die Kurve $y = \sin x$ und halbiert jede Abszisse.

6. Die Kurve $\mathbf{F(x, cy) = 0}$ geht aus der Kurve $F(x, y) = 0$ hervor, indem man sie in der y-Richtung $\frac{1}{c}$ mal homogen deformiert, d. h. c mal verkürzt. Hier ist $u = x$, $v = cy$.

Um z. B. $y = 2 \sin x$ oder $\frac{y}{2} = \sin x$ zu erhalten, zeichnet man die Kurve $y = \sin x$ und verdoppelt jede Ordinate.

7. Die Kurve $\mathbf{F(ax, by) = 0}$ geht aus der Kurve $F(x, y) = 0$ hervor, indem man sie in der x- bezw. y-Richtung $\frac{1}{a}$ mal bezw. $\frac{1}{b}$ mal homogen deformiert.

8. Die Funktion $\mathbf{F(x^2, y) = 0}$ geht aus der Kurve $F(x, y) = 0$ hervor, indem man die Abszisse der neuen Kurve gleich der zweiten Wurzel der alten macht.

9. Entsprechend findet man $\mathbf{F(x, y^2) = 0}$, $\mathbf{F(x, \sqrt{y}) = 0}$ etc. Um z. B. die Kurve $y^2 = \sin x$ zu erhalten, oder $y = \sin^2 x$, d. h. $\sqrt{y} = \sin x$, zeichnet man die Kurve $y = \sin x$ und nimmt im ersten Fall von jeder Ordinate die zweite Wurzel, im zweiten Fall das Quadrat, während die Abszissen der alten Kurve auch die der neuen sind.

10. Die Kurve $\mathbf{F(y, x) = 0}$ geht aus der Kurve $\mathbf{F(x, y) = 0}$ durch Vertauschung der x- und y-Axe hervor; beide Kurven liegen gegenseitig symmetrisch in Bezug auf die Mediane $y = x$, z. B. $y = \sin x$ und $y = \arcsin x$.

11. Die Ordinate der Kurve $\mathbf{y = u(x) + v(x)}$ ist die Summe der Ordinaten der Kurven $y = u(x)$ und $y = v(x)$ an der Stelle x.

12. Die Ordinate der Kurve $\mathbf{y = u(x) \cdot v(x)}$ ist das Produkt der Ordinaten der Kurven $y = u(x)$ und $y = v(x)$.

13. Die Kurve $\mathbf{x = u(t)}$, $\mathbf{y = v(t)}$ wird konstruiert, indem man die Kurven $x = u(t)$, $y = v(t)$ konstruiert (also jedesmal t als Unabhängige = Abszisse, x bezw. y aber als Abhängige = Ordinate) und für jedes t die Ordinate der ersten Kurve $x = u(t)$ zur Abszisse des gesuchten Kurvenpunktes macht, zu seiner Ordinate dagegen die Ordinate der zweiten Kurve.

## § 85. Asymptoten.

1. **Unendlich ferne Punkte** einer Kurve sind diejenigen Punkte, in denen sie von der unendlich fernen Geraden geschnitten wird. Eine Kurve $n^{ter}$ Ordnung hat n reelle oder imaginäre unendlich ferne Punkte.

2. **Asymptoten** sind die Tangenten in den unendlich fernen Punkten einer Kurve. Die Kurve schmiegt sich umsomehr an ihre Asymptote an, je größere Werte die Punktkoordinaten annehmen.

3. Die Kurve $n^{ter}$ Ordnung hat n reelle oder imaginäre Asymptoten.

4. Eine Kurve ungerader Ordnung hat mindestens eine reelle Asymptote.

5. Setzt man die Gleichung der Asymptote $y = \lambda x + l$, so erhält man $\lambda$ und $l$ durch die Substitution $y = \lambda x + l$ in die rational und ganz gemachte Kurvengleichung $F(x, y) = 0$. Die Summanden höchster Dimension (in x) gleich Null gesetzt liefern eine Gleichung $n^{ten}$ Grades in $\lambda$ zur Bestimmung der n Richtungskoeffizienten $\lambda_1, \lambda_2 \cdots \lambda_n$ der n Asymptoten, falls die Kurve $n^{ter}$ Ordnung ist. Für jeden Einzelwert $\lambda_i$ liefern die Glieder zweithöchster Dimension gleich Null gesetzt eine Gleichung zur Bestimmung von $l_i$.

## § 86. Tangente. Normale.

1. Kennt man im untersuchten Punkt $P_0$ die Richtung $\operatorname{tg}\tau$ der Kurve, so ist die Gleichung der

$$\textbf{Tangente} \quad y - y_0 = \operatorname{tg}\tau \cdot (x - x_0),$$

$$\text{der } \textbf{Normalen} \quad y - y_0 = -\operatorname{cotg}\tau \cdot (x - x_0).$$

2. Die Tangente im untersuchten Punkt $P_0$ läßt sich als diejenige Sekante durch $P_0$ definieren, welche die Kurve noch in einem $P_0$ unendlich benachbarten Punkt schneidet.

3. Die Tangente von einem Punkt $P_0$ aus an die Kurve $F(x, y) = 0$. Die Tangente im gesuchten Berührpunkt $P_1 = x_1 | y_1$ muß durch den gegebenen Punkt $P_0$ gehen; ferner muß $F(x_1, y_1) = 0$ sein. Daraus zwei Gleichungen zur Bestimmung von $x_1$ und $y_1$.

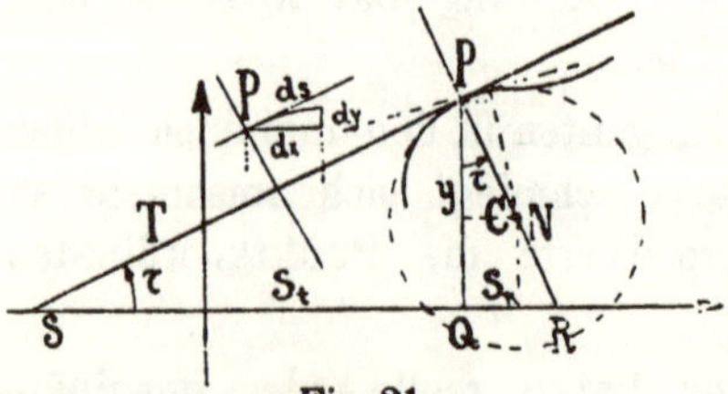

Fig. 21.

4. Nach § 49 ist die Ableitung $y' = \frac{dy}{dx}$ der Funktion $F(x, y) = 0$ die Richtung $\operatorname{tg}\tau$ dieser Kurve an der Stelle x.

5. An der untersuchten Stelle P ist

$$ds = \pm\sqrt{dx^2 + dy^2} = \pm dx\sqrt{1 + \left(\frac{dy}{dx}\right)^2},$$

($\pm$ je nachdem die Kurve steigt oder fällt).

$$\sin\tau = \frac{dy}{ds}, \quad \cos\tau = \frac{dx}{ds},$$

$$\operatorname{tg}\tau = \frac{dy}{dx} = y', \quad \operatorname{cotg}\tau = \frac{dx}{dy} = \frac{1}{y'}.$$

Die Kurve steigt oder fällt, je nachdem bei zunehmendem $x$ die Ableitung $y' > 0$ oder $< 0$.

6. **Tangente** (SP) ........ $T = y\frac{ds}{dy} = \frac{y}{y'}\sqrt{1 + y'^2}.$

**Subtangente** (SQ) .... $S_t = y\frac{dx}{dy} = \frac{y}{y'}.$

**Normale** (RP) ......... $N = y\frac{ds}{dx} = y\sqrt{1 + y'^2}.$

**Subnormale** (QR) ..... $S_n = y\frac{dy}{dx} = yy'.$

$T$, $S_t$, $N$, $S_n$ sind hier Strecken. Fig. 21.

7. **Tangente** und **Normale** im Punkt $P_0 = x_0 | y_0$.

a) $y = f(x)$. Tangente. $y - y_0 = y' \cdot (x - x_0)$.

Normale. $y - y_0 = -\frac{1}{y'} \cdot (x - x_0)$.

b) $F(x, y) = 0$. Tangente. $F_1 \cdot (x - x_0) + F_2 \cdot (y - y_0) = 0$.

Normale. $F_2 \cdot (x - x_0) - F_1 \cdot (y - y_0) = 0$.

c) $x = u(t)$, $y = v(t)$.

Tangente. $\frac{y - y_0}{v'} = \frac{x - x_0}{u'}$

Normale. $(x - x_0) \cdot u' + (y - y_0) \cdot v' = 0$.

$u'$ und $v'$ Ableitungen nach $t$ an der untersuchten Stelle $P_0$.

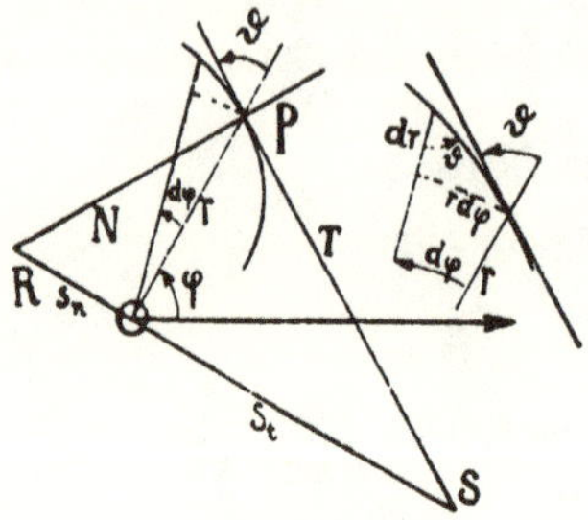


Fig. 22.

8. Bei **Polarkoordinaten** ist der Winkel $\vartheta$ vom Radiusvektor zur Tangente gegeben, wenn $F(r, \varphi) = 0$ die Kurvengleichung ist, durch

$$\operatorname{tg} \vartheta = r \frac{d\varphi}{dr} = \frac{r}{r'},$$

wenn $r' = \frac{dr}{d\varphi}$.

9. An der untersuchten Stelle P ist

$$ds = \pm \sqrt{dr^2 + r^2 d\varphi^2} = \pm d\varphi \sqrt{r^2 + r'^2},$$

($\pm$ je nachdem $\operatorname{tg}\vartheta$ positiv oder negativ ist);

$$\sin \vartheta = \frac{r\, d\varphi}{ds}; \quad \cos \vartheta = \frac{dr}{ds}.$$

10. **Polartangente** (PS) .......... $T = \frac{r}{\cos \vartheta} = \frac{r}{r'} \sqrt{r^2 + r'^2}$.

**Polarsubtangente** (OS) ....... $S_t = r \operatorname{tg} \vartheta = \frac{r^2}{r'}$.

**Polarnormale** (RP) .......... $N = \frac{r}{\sin \vartheta} = \sqrt{r^2 + r'^2}$.

**Polarsubnormale** (OR) ........ $S_n = r \operatorname{cotg} \vartheta = r'$.

## § 87. Krümmung. Wendepunkt.

1. Der zweite Differentialquotient $\frac{d^2y}{dx^2} = y''$ einer Funktion $F(x, y) = 0$ gibt Aufschluß über die **Art** der **Krümmung** der Kurve $F(x, y) = 0$ an der Stelle x.

2. Ist $y''$ an der untersuchten Stelle positiv, so ist die Kurve von unten gesehen **konvex**, ist $y''$ negativ, so ist sie von unten gesehen **konkav**.

3. Notwendige Bedingung für die Existenz eines **Wendepunktes** an der untersuchten Stelle ist $y'' = 0$.

4. **Kontingenzwinkel** $d\tau$ ist der Winkel von zwei unendlich benachbarten Tangenten.

5. Zwei unendlich benachbarte Tangenten schließen den gleichen Winkel ein wie die zu ihnen senkrechten unendlich benachbarten Normalen.

6. Die zwei unendlich benachbarten Normalen an der Stelle P schneiden sich im **Krümmungsmittelpunkt.**

7. **Krümmungskreis** an der Stelle P ist der Kreis durch drei unendlich benachbarte Punkte der Kurve an der Stelle P.

8. Der Krümmungsmittelpunkt ist der Mittelpunkt des Krümmungskreises.

9. **Krümmung** ist der reziproke Wert des Krümmungsradius.

10. Der **Krümmungsradius** $\varrho$ an der untersuchten Stelle P hat den Wert $\varrho = \dfrac{ds}{d\tau}$; das Vorzeichen von $ds$ ist positiv zu nehmen.

a) Rechtwinklige Koordinaten. $\quad \varrho = \dfrac{(1 + y'^2)^{3/2}}{y''}$.

b) Polarkoordinaten. $\quad \varrho = \dfrac{(r^2 + r'^2)^{3/2}}{r^2 + 2\,r'^2 - r r''}$.

c) Parameterdarstellung $\left. \begin{array}{l} x = u(t) \\ y = v(t) \end{array} \right|$. $\quad \varrho = \dfrac{(u'^2 + v'^2)^{3/2}}{u'v'' - v'u''}$.

11. Als Richtung von $\varrho$ werde diejenige vom Kurvenpunkt P nach dem Krümmungsmittelpunkt C angenommen. Dann ergibt sich der Krümmungsmittelpunkt durch die Vektordarstellung $\mathfrak{S} = \mathfrak{s} + \mathfrak{c}$, wo $\mathfrak{S}$ der Vektor vom Nullpunkt nach C, $\mathfrak{s}$ der Vektor vom Nullpunkt nach P und $\mathfrak{c}$ der als Vektor angesehene Krümmungsradius, d. i. die Strecke v o n P n a c h C ist. Daraus ergeben sich die

12. K o o r d i n a t e n $\xi$ und $\eta$ des K r ü m m u n g s m i t t e l - p u n k t e s, wenn $\varrho_x$ und $\varrho_y$ die Projektionen des Krümmungsradius $\varrho$ sind, zu

$$\xi = x - \varrho_x \quad \text{und} \quad \eta = y - \varrho_y;$$
$$\text{oder } \xi = x - \varrho \sin\tau, \quad \eta = y + \varrho \cos\tau;$$

$$\text{oder } \xi = x - \varrho\frac{dy}{ds}, \qquad \eta = y + \varrho\frac{dx}{ds};$$

$$\text{oder } \xi = x - y'\frac{1+y'^2}{y''}, \qquad \eta = y + \frac{1+y'^2}{y''}.$$

Bei Parameterdarstellung ist

$$\xi = x - v'\frac{u'^2+v'^2}{u'v''-v'u''}, \qquad \eta = y + u'\frac{u'^2+v'^2}{u'v''-v'u''}.$$

## § 88. Horizontalstellen. Maxima. Minima. Vertikalstellen.

1. Bedingung für eine **Horizontalstelle.**
   a) Rechtwinklige Koordinaten. $y' = 0$.
   b) Polarkoordinaten. $\varphi + \vartheta = k\pi, \cdots$ k ganzzahlig.
   c) Parameterdarstellung. $v' = 0$.
2. Bedingung für ein **Extremum** in P (siehe auch § 54).

$$\left.\begin{matrix}\textbf{Maximum}\\ \textbf{Minimum}\end{matrix}\right\}, \text{ wenn dort } y' = 0 \text{ und } y'' \left.\begin{matrix}<0\\ >0\end{matrix}\right\}.$$

Ist neben $y' = 0$ auch noch $y'' = 0$, $y''' = 0$, $y^{(4)} = 0 \cdots$, dann gilt:

$$\left.\begin{matrix}\text{Maximum}\\ \text{Minimum}\end{matrix}\right\}, \text{ wenn } y^{(2n-1)} = 0 \text{ und } y^{(2n)} \left.\begin{matrix}<0\\ >0\end{matrix}\right\}.$$

3. Bedingung für eine **Vertikalstelle.**
   a) Rechtwinklige Koordinaten. $y' = \infty$.
   b) Polarkoordinaten. $\varphi + \vartheta = {}^1/_2\pi + k\pi$.
   c) Parameterdarstellung. $u' = 0$.

## § 89. Annäherungskurve. Singuläre Punkte. Oskulation.

1. In einem beliebigen Punkt $P_0 = x_0|y_0$ kann die Kurve $F(x, y) = 0$ mit beliebiger Genauigkeit ersetzt werden durch

$$F(x,y) = \Big[(x-x_0)\cdot F_1 + (y-y_0)\cdot F_2\Big] + \frac{1}{2!}\Big[(x-x_0)^2\cdot F_{11}$$

$$+ 2(x-x_0)(y-y_0)\cdot F_{12} + (y-y_0)^2\cdot F_{22}\Big] + \frac{1}{3!}\Big[x-x_0)^3\cdot F_{111} + \cdots\Big] + \cdots$$

$F_1$, $F_2$, $F_{11}$ usw. sind die partiellen Ableitungen von $F(x, y)$ an der Stelle $P_0 = x_0|y_0$.

Oder in symbolischer Form

$$F(x,y) = \left[(x-x_0)\cdot F_1 + (y-y_0)\cdot F_2\right] + \frac{1}{2!}\left[(x-x_0)\cdot F_1 + (y-y_0)\cdot F_2\right]^{(2)}$$
$$+ \frac{1}{3!}\left[(x-x_0)\cdot F_1 + (y-y_0)\cdot F_2\right]^{(3)} + \cdots.$$

Man erhält das nichtsymbolische Resultat, indem man die Potenzoperation $[\;]^{(2)}$, $[\;]^{(3)}$ usw. ausführt, statt $F_i F_k$, $F_i F_k F_l$ usw. aber $F_{ik}$, $F_{ikl}$ usw. setzt.

2. Die Annäherungsparabel $n^{ter}$ Ordnung der Kurve $y = f(x)$ im Punkt $P_0 = x_0|y_0$ ist

$$y = f(x)_0 + \frac{x-x_0}{1!} f'(x_0) + \frac{(x-x_0)^2}{2!} f''(x_0) + \cdots + \frac{(x-x_0)^n}{n!} f^{(n)}(x_0).$$

3. Je später man diese Reihen abbricht, mit um so größerer Genauigkeit schmiegt sich die Annäherungskurve an die gegebene Kurve an.

4. Die Annäherung ersten Grades an die Kurve $F(x, y) = 0$ im Punkt $P_0 = x_0|y_0$ ist die Tangente

$$(x-x_0)\cdot F_1 + (y-y_0)\cdot F_2 = 0.$$

5. Die Annäherung zweiten Gerades an die Kurve $F(x, y) = 0$ im Punkt $P_0 = x_0|y_0$ ist der Annäherungskegelschnitt

$$2(x-x_0)\cdot F_1 + 2(y-y_0)\cdot F_2 + (x-x_0)^2\cdot F_{11} + 2(x-x_0)(y-y_0)\cdot F_{12}$$
$$+ (y-y_0)^2\cdot F_{22} = 0.$$

6. Die Annäherung zweiten Grades der Kurve $y = f(x)$, die Näherungsparabel, im Punkt $P_0 = x_0|y_0$ ist

$$y = y_0 + \frac{x-x_0}{1!}\cdot f'(x_0) + \frac{(x-x_0)^2}{2!}\cdot f''(x_0).$$

7. In einem **Doppelpunkt** hat die Kurve $F(x, y) = 0$ keine Annäherung erster Ordnung. Die erste Annäherung ist ein Geradenpaar.

8. $P_0$ ist ein Doppelpunkt, wenn für ihn

$$F = 0, \quad F_1 = 0, \quad F_2 = 0.$$

9. Die Annäherungskurve zweiter Ordnung, das Geradenpaar, im Doppelpunkt der Kurve $F(x, y) = 0$ ist

$$F_{11} \cdot (x - x_0)^2 + 2 F_{12} \cdot (x - x_0)(y - y_0) + F_{22} \cdot (y - y_0)^2 = 0.$$

10. Je nachdem die Diskriminante dieser Gleichung

$$\Delta = F_{12}^2 - F_{11} F_{22}$$

größer, kleiner oder gleich Null, besteht das Tangentenpaar aus zwei reellen und verschiedenen Geraden (**eigentlicher Doppelpunkt**), aus zwei konjugiert imaginären Geraden mit reellem Schnittpunkt (dem **isolierten Punkt**) oder zwei zusammenfallenden Geraden (**Rückkehrpunkt** oder **Spitze**).

11. Zwei Kurven $y = f(x)$ und $y = \varphi(x)$ durch den gemeinsamen Punkt $P_0$ haben in ihm eine **Oskulation $n^{ter}$ Ordnung**, wenn dort neben $f(x_0) = \varphi(x_0)$ auch noch alle Ableitungen beider Funktionen einschließlich der $n^{ten}$ einander gleich sind. Ist die Berührung gerader Ordnung, so durchsetzen sich die Kurven in $P_0$; ist sie ungerader Ordnung, so berühren sie sich, ohne sich zu schneiden.

12. Die **oskulierende Gerade** ist die Tangente. Der **oskulierende Kreis** ist der Krümmungskreis. Die **Wendetangente** (= Tangente im Wendepunkt) hat mit der Kurve eine Berührung zweiter Ordnung und durchsetzt die Kurve.

## § 90. Enveloppe. Trajektorien. Evolute. Evolvente.

1. Je zwei beliebige Kurven des Kurvensystems $F(x, y, C) = 0$ schneiden sich im allgemeinen unter endlichen Winkeln, zwei unendlich benachbarte unter unendlich kleinen Winkeln.

2. **Enveloppe** oder **Einhüllende** eines Kurvensystems ist der geometrische Ort der Schnittpunkte unendlich benachbarter Kurven des Systems.

3. Die Enveloppe der Kurvenschar $F(x, y, C) = 0$ ergibt sich durch Elimination des Parameters C aus den Gleichungen

$$F(x, y, C) = 0, \quad \frac{\partial F(x, y, C)}{\partial C} = 0.$$

4. Die Enveloppe einer Kurvenschar hat mit jeder Kurve im gemeinsamen (nichtsingulären) Punkt die Tangente gemeinsam.

5. Die Enveloppe des Kurvensystems $F(x, y, a, b) = 0$, mit a und b als zwei durch die Relation $\varphi(a, b) = 0$ verbundenen Parametern, ergibt sich durch Elimination aus den drei Gleichungen

$$F(x, y, a, b) = 0, \quad \varphi(a, b) = 0, \quad \frac{\partial F}{\partial a} \cdot \frac{\partial \varphi}{\partial b} = \frac{\partial F}{\partial b} \cdot \frac{\partial \varphi}{\partial a}.$$

6. Sind zwei Kurvenscharen derart kombiniert, daß jede Kurve der einen Schar jede Kurve der andern Schar unter dem gleichen gegebenen Winkel $\alpha$ schneidet, so nennt man das eine System das System der **Isogonaltrajektorien** zum andern. Ist die Gleichung des ersten Systems gegeben in

a) rechtwinkligen Koordinaten durch $F(x, y, y') = 0$ bezw. $F(x, y, C) = 0$, so ist die Gleichung des zweiten Systems bestimmt durch

$$\left(\frac{dy}{dx}\right)_{II} = \frac{\left(\frac{dy}{dx}\right)_I + \operatorname{tg} \alpha}{1 - \left(\frac{dy}{dx}\right)_I \cdot \operatorname{tg} \alpha}.$$

b) Polarkoordinaten. Erstes System $F(r, \varphi, C) = 0$ oder $F(r, \varphi, r') = 0$; zweites System

$$\left(\frac{r}{r'}\right)_{II} = \frac{\left(\frac{r}{r'}\right)_I + \operatorname{tg} \alpha}{1 - \left(\frac{r}{r'}\right)_I \cdot \operatorname{tg} \alpha}.$$

7. **Orthogonaltrajektorien** speziell hat man, wenn $\alpha = 90^0$ ist, d. h. jede Kurve der einen Schar jede Kurve der andern senkrecht schneidet.

a) Rechtwinklige Koordinaten. $\left(\frac{dy}{dx}\right)_{II} = -1 : \left(\frac{dy}{dx}\right)_I.$

b) Polarkoordinaten. $\left(\frac{r}{r'}\right)_{II} = -1 : \left(\frac{r}{r'}\right)_I.$

8. **Evolute** einer Kurve ist der geometrische Ort ihrer Krümmungsmittelpunkte.

9. Die Evolute einer Kurve ist die Enveloppe aller Normalen.

10. **Evolventen** einer Kurve sind die Orthogonaltrajektorien ihrer Tangenten.

11. Zur Evolute ist die Kurve selbst **eine** der unendlich vielen Evolventen.

12. Die **Gleichung der Evolute** der Kurve $F(x, y) = 0$ findet man durch Elimination von x und y aus den drei Gleichungen

$$\xi = x - y' \frac{1 + y'^2}{y''}, \quad \eta = y + \frac{1 + y'^2}{y''}, \quad F(x, y) = 0 .$$

Die laufenden Koordinaten der Evolute sind $\xi$, $\eta$.

13. Die **Gleichung der Evolventen** findet man als Orthogonalkurven zum System der Tangenten der gegebenen Kurve.

14. Das Bogenelement der Evolute einer Kurve ist gleich dem Differential des Krümmungsradius an der untersuchten Stelle.

15. Der Endpunkt des von einem beliebigen Anfangspunkt aus auf der jeweiligen Tangente abgewickelten Kurvenbogens beschreibt eine Evolvente. Für jeden andern Anfangspunkt erhält man eine andere der unendlich vielen Evolventen.

## § 91. Spezielle algebraische Kurven.

### 1. Verallgemeinerte Parabel $m^{ter}$ Ordnung.

$$y = x^m + a_1 x^{m-1} + a_2 x^{m-2} + \cdots + a_{m-1} x + a_m .$$

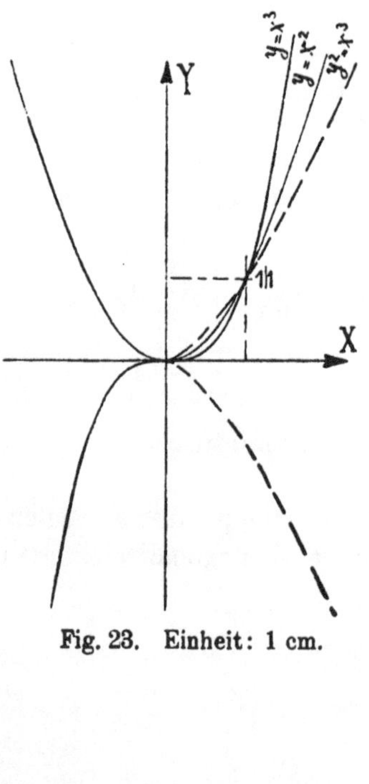


**Fig. 23.** Einheit: 1 cm.

### 2. Gewöhnliche Parabel.

$y = x^2$, Fig. 23. (Siehe Kegelschnitte.)

### 3. Kubische Parabel.

$y = x^3$, Fig. 23. Im Punkt $P = x|y$ ist: Richtung $\operatorname{tg}\tau = 3x^2$.

$$T = {}^1/_3 x \sqrt{1 + 9x^4} .$$

$$N = x^3 \sqrt{1 + 9x^4} .$$

$$S_t = {}^1/_3 x . \quad S_n = 3x^5 .$$

$$\varrho = \frac{(1 + 9x^4)^{3/2}}{6x} .$$

Wendepunkt $0|0$.

### 4. Neilsche oder semikubische Parabel.

$y^2 = x^3$. Fig 23. Im Punkt $P = x|y$ ist: Richtung $\operatorname{tg}\tau = {}^3/_2 \sqrt{x}$.

$T = \frac{1}{3} x \sqrt{4+9x}$. $N = \frac{1}{2} x^{3/2} \sqrt{4+9x}$.

$S_t = \frac{2}{3} x$. $S_n = \frac{3}{2} x^2$.

$$\varrho = \frac{\sqrt{x}\,(4+9x)^{3/2}}{6}.$$

Der Nullpunkt ist Rückkehrpunkt = Spitze.

5. **Parabel** vierter Ordnung $y = x^4$.

Sie berührt die x-Axe in vier unendlich benachbarten Punkten.

0|0 ist ein Flachpunkt.

6. **Verallgemeinerte Hyperbel** $x^m y^n = c$.

Im Punkt $P = x|y$ ist die Richtung $\operatorname{tg}\tau = -\frac{my}{nx}$.

$T = -\frac{1}{m} \sqrt{n^2x^2 + m^2y^2}$. $N = \frac{y}{nx} \sqrt{n^2x^2 + m^2y^2}$.

$S_t = -\frac{nx}{m}$. $S_n = -\frac{my^2}{nx}$.

$$\varrho = \frac{(n^2x^2 + m^2y^2)^{3/2}}{mn\,(m+n)\,xy}.$$

Fläche von $x = 0$ an: $F = \frac{nxy}{n-m}$.

Spezialfall: **Polytrope** $yx^n = c$.

Im Punkt $P = x|y$ ist: $\operatorname{tg}\tau = -\frac{ny}{x}$.

$T = -\frac{1}{n} \sqrt{x^2 + n^2y^2}$. $N = \frac{y}{x} \sqrt{x^2 + n^2y^2}$.

$S_t = -\frac{x}{n}$. $S_n = -\frac{ny^2}{x}$.

$$\varrho = \frac{(x^2 + n^2y^2)^{3/2}}{n\,(n+1)\,xy}.$$

Fläche von $x = 0$ an: $F = \frac{xy}{1-n}$.

7. Andere algebraische Kurven siehe auch: Zykloiden etc.

## § 92. Trigonometrische und zyklometrische, Logarithmus- und Exponentialkurven.

1. **Sinuskurve** $y = \sin x$, Fig. 24.

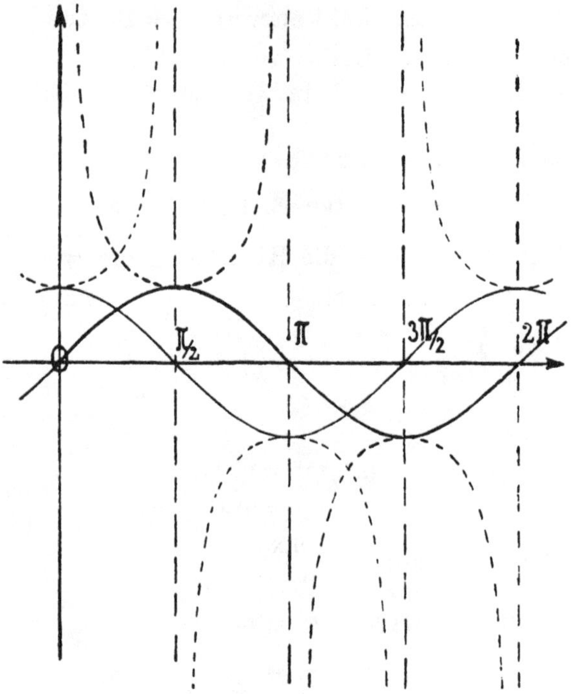


Fig. 24. Einheit: 1 cm.

Im Punkt $P = x \mid y$ ist: $\operatorname{tg} \tau = \cos x$.

$T = \operatorname{tg} x \cdot \sqrt{1 + \cos^2 x}$. $N = \sin x \cdot \sqrt{1 + \cos^2 x}$.

$S_t = \operatorname{tg} x$. $S_n = \sin x \cos x$.

$$\varrho = \frac{(1 + \cos^2 x)^{3/2}}{- \sin x}.$$

An jeder Extremstelle ist $\varrho = 1$. Die Schnittpunkte mit der x-Axe sind Wendepunkte.

Fläche von $x = 0$ an: $F = 1 - \cos x$. Fläche des ersten Quadranten: $F_0 = 1$.

2. **Kosinuskurve** $y = \cos x$, Fig. 24, dünner gezeichnet. Im Punkt $P = x|y$ ist: $\operatorname{tg}\tau = -\sin x$.

$$T = -\operatorname{cotg} x \cdot \sqrt{1 + \sin^2 x}. \qquad N = \cos x \cdot \sqrt{1 + \sin^2 x}.$$

$$S_t = -\operatorname{cotg} x. \qquad S_n = -\sin x \cos x.$$

$$\varrho = \frac{(1 + \sin^2 x)^{3/2}}{-\cos x}.$$

An jeder Exstremstelle ist $\varrho = 1$. Die Schnittpunkte mit der x-Axe sind Wendepunkte.

Fläche von $x = 0$ an: $F = \sin x$. Fläche des ersten Quadranten: $F_0 = 1$.

3. **Kosekanskurve** $y = \operatorname{cosec} x$ und **Sekanskurve** $y = \sec x$, Fig. 24, stärker und schwächer gestrichelt.

4. **Tangenskurve** $y = \operatorname{tg} x$, Fig. 25.

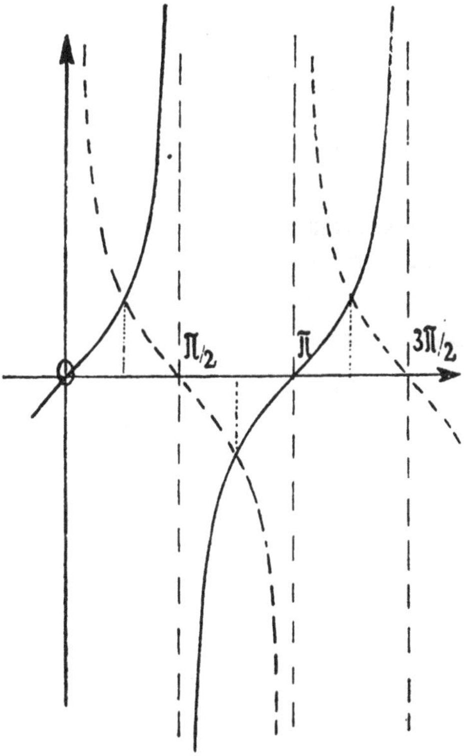


Fig. 25. Einheit: 1 cm.

Im Punkt $P = x|y$ ist: $\operatorname{tg}\tau = \frac{1}{\cos^2 x}$.

$T = \operatorname{tg} x \cdot \sqrt{1 + \cos^4 x}$. $\quad N = \operatorname{tg} x \cdot (1 + \operatorname{tg}^2 x) \cdot \sqrt{1 + \cos^4 x}$.

$S_t = \sin x \cos x$. $\quad S_n = \operatorname{tg} x \cdot (1 + \operatorname{tg}^2 x)$.

$$\varrho = \frac{(1 + \cos^4 x)^{3/2}}{2 \operatorname{tg} x \cdot \cos^4 x}.$$

Fläche von $x = 0$ an: $F = \lg \cos x$.

Fläche bis $x = {}^1/_4\,\pi$: $F_0 = {}^1/_2 \lg 2$.

5. **Kotangenskurve** $y = \operatorname{cotg} x$, Fig. 25, getrichelt.

Im Punkt $P = x|y$ ist: $\operatorname{tg}\tau = \frac{-1}{\sin^2 x}$.

$T = -\operatorname{cotg} x \cdot \sqrt{1 + \sin^4 x}$. $\quad N = \operatorname{cotg} x \cdot (1 + \operatorname{cotg}^2 x) \cdot \sqrt{1 + \sin^4 x}$.

$S_t = -\cos x \sin x$. $\quad S_n = -\operatorname{cotg} x \cdot (1 + \operatorname{cotg}^2 x)$.

$$\varrho = \frac{(1 + \sin^4 x)^{3/2}}{2 \operatorname{cotg} x \cdot \sin^4 x}.$$

Fläche von $x = x$ bis $x = {}^1/_2\,\pi$: $F = -\lg \sin x$.

Fläche von $x = {}^1/_4\,\pi$ bis $x = {}^1/_2\,\pi$: $F_0 = {}^1/_2 \lg 2$.

6. Die **zyklometrischen Funktionen** $y = \arcsin x$ oder $x = \sin y$ etc. sind durch die Kurven Fig. 24 und 25 dargestellt, wenn man die x- und y-Axe vertauscht.

7. **Exponentialkurve** $y = e^x$ bezw. $y = a^x$ Fig. 26.

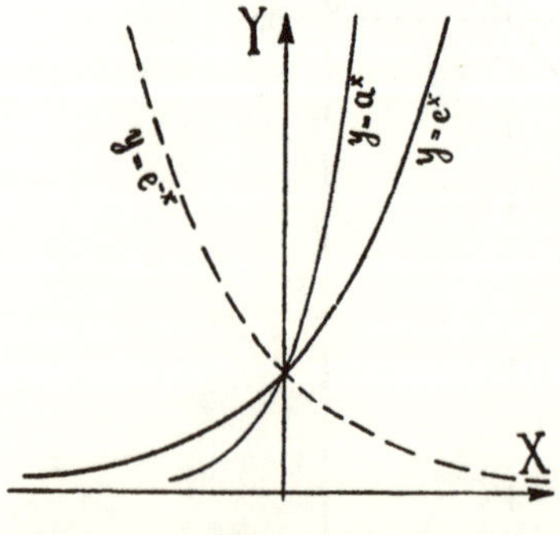


Fig. 26. Einheit 1 cm; a = 10.

Im Punkt $P = x|y$ von $y = e^x$ ist: $\operatorname{tg}\tau = e^x$.

$T = \sqrt{1 + y^2}$. $\quad N = y\sqrt{1 + y^2}$.

$S_t = 1$. $\quad S_n = y^2$.

Die Exponentialkurve $y = e^x$ bezw. $y = a^x$ hat konstante Subtangente.

Die Fläche der Kurve $y = e^x$ von $x = 0$ an ist $F = e^x - 1$; von $x = -\infty$ bis $x = 0$ ist die Fläche $F_0 = 1$.

Die Bogenlänge der Kurve $y = e^x$ von $x = 0$ an ist

$$s = x + \sqrt{1+y^2} - \lg(1 + \sqrt{1+y^2}) - \sqrt{2} + \lg(1 + \sqrt{2}).$$

8. Die **Logarithmuskurve** $y = \lg x$ bezw. $y = \overset{a}{\log} x$ oder $x = e^y$ bezw. $x = a^y$ sind durch die Kurven Fig. 26 dargestellt, wenn man die x- und y-Axe vertauscht.

9. Die Kurve $y = e^{-x}$ oder $y = 1 : e^x$ ist ebenfalls in Fig. 26 zur Darstellung gebracht.

## § 93. Kettenlinie. Traktrix.

### a) Kettenlinie.

1. Ein an zwei Punkten aufgehängter Faden (Kette), dessen Belastung proportional der Bogenlänge ist, biegt sich nach einer Kettenlinie durch, Fig. 27.

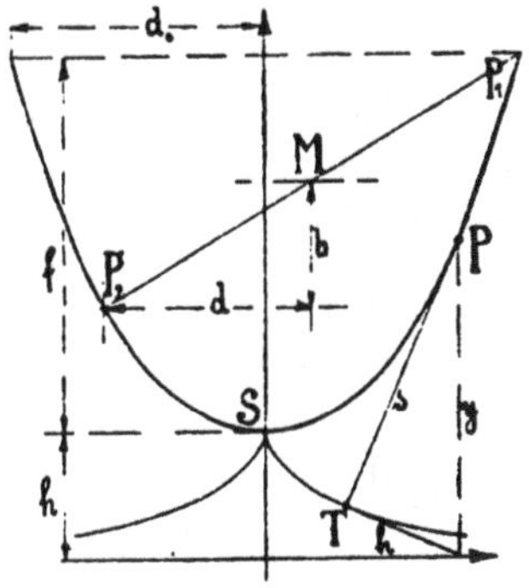

Fig. 27. h = 1; Einheit 1 cm.

2. Die Gleichung der Kettenlinie ist

$$y = h \operatorname{Cos} \frac{x}{h}$$

$$\text{oder } y = \frac{h}{2}\left(e^{\frac{x}{h}} + e^{-\frac{x}{h}}\right)$$

$$\text{oder } x = h \lg \frac{y + \sqrt{y^2 - h^2}}{h}.$$

3. Im Punkt $P = x|y$ ist:

$$\operatorname{tg} \tau = y' = \operatorname{Sin} \frac{x}{h} = \frac{\sqrt{y^2 - h^2}}{h}, \qquad \cos \tau = \frac{h}{y}.$$

$$T = \frac{y^2}{\sqrt{y^2 - h^2}}. \quad N = \frac{y^2}{h}. \quad S_t = \frac{hy}{\sqrt{y^2 - h^2}}. \quad S_n = \frac{y}{h}\sqrt{y^2 - h^2}.$$

4. Der Krümmungsradius in P ist gleich der Normalen.

$$\varrho = N = \frac{y^2}{h} = \frac{h}{\cos^2 \tau}.$$

Der Krümmungsmittelpunkt ist gegeben durch

$$\xi = x - \frac{y}{h}\sqrt{y^2 - h^2}, \quad \eta = 2y.$$

5. Die Evolute der Kettenlinie hat die Gleichung

$$4h\xi = 4h^2 \lg \frac{\eta + \sqrt{\eta^2 - 4h^2}}{2h} - \eta\sqrt{\eta^2 - 4h^2}.$$

6. Die Fläche von $x = 0$ an ist

$$F = h^2 \operatorname{Sin}\frac{x}{h} = \frac{h^2}{2}\left(e^{\frac{x}{h}} - e^{-\frac{x}{h}}\right) = h\sqrt{y^2 - h^2}.$$

7. Der Bogen SP hat die Länge

$$s = h \operatorname{Sin}\frac{x}{h} = \frac{h}{2}\left(e^{\frac{x}{h}} - e^{-\frac{x}{h}}\right) = \sqrt{y^2 - h^2} = PT.$$

8. Zu einer gegebenen Kette(nlinie) von gegebener Länge $2l$ mit gleichhohen Aufhängepunkten im Abstand $2d$ findet man den Pfeil $f$ aus den Gleichungen

$$d \cdot \operatorname{Sin}\varphi = l\varphi; \quad \varphi h = d; \quad f = l \cdot \operatorname{Cotg}\varphi - h.$$

9. Liegen die Aufhängepunkte $P_1$ und $P_2$ verschieden hoch (Horizontalentfernung $2d$, Vertikalentfernung $2b$), so ergibt sich der Vertikalabstand $f'$ des tiefsten Punktes S der Kettenlinie vom Mittelpunkt M der Strecke $P_1 P_2$ durch die Gleichungen

$$d \cdot \operatorname{Sin}\varphi = \varphi\sqrt{l^2 - b^2}; \quad h\varphi = d; \quad f' = l \cdot \operatorname{Cotg}\varphi - h.$$

Und der Horizontalabstand a durch die Gleichungen

$$l \cdot \operatorname{Tg}\psi = b; \quad a = \psi h.$$

## b) **Traktrix.**

10. Die Traktrix (Antifriktionskurve) ist eine der Evolventen der Kettenlinie, für den Scheitel S als Anfangspunkt der Abwicklung. Fig. 27.

11. Ihre Gleichung ist

$$\pm x = h \lg \frac{h + \sqrt{h^2 - y^2}}{y} - \sqrt{h^2 - y^2}.$$

oder $x = h(\operatorname{Tg}\varphi - \varphi)$; $y = \frac{h}{\operatorname{Cos}\varphi}$. (Parameter $\varphi$.)

12. Im Punkt $P = x|y$ ist: $\operatorname{tg}\tau = \mp \frac{y}{\sqrt{h^2 - y^2}} = y'$.

$$T = h; \qquad N = \mp \frac{hy}{\sqrt{h^2 - y^2}}.$$

$$S_t = \mp \sqrt{h^2 - y^2}; \qquad S_n = \mp \frac{y^2}{\sqrt{h^2 - y^2}}.$$

Das obere Vorzeichen gilt dem rechten Kurventeil, das untere dem linken.

13. Der Krümmungsradius ist

$$\varrho = TP = \frac{h}{y} \sqrt{h^2 - y^2}.$$

Der Krümmungsmittelpunkt ist gegeben mit

$$\xi = x + \sqrt{h^2 - y^2}; \quad y\eta = h^2.$$

Die Evolute ist die Kettenlinie.

14. Die x-Axe ist Asymptote der Traktrix.

15. Der Bogen ST ist gegeben durch

$$s = h \lg \frac{y}{h}.$$

## § 94. Zykloide.

1. Die Punkte eines auf einer Geraden ohne Gleitung rollenden Kreises beschreiben **Zykloiden.**

2. Die **gemeine Zykloide** wird von den Umfangspunkten beschrieben, die **verlängerte Zykloide** von einem Punkt außerhalb des Rollkreises, die **verkürzte Zykloide** von einem Punkt innerhalb derselben. Fig. 28.

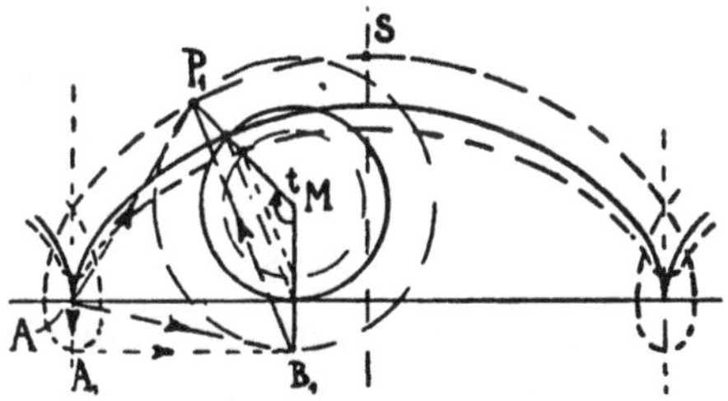

Fig. 28.

3. Gleichung und Konstruktion aller Zykloiden durch Superposition der Wege. Fig. 28.

Wenn a der Radius des Rollkreises, d der Abstand des die Kurve beschreibenden Punktes vom Mittelpunkt M ist, so wird dargestellt

a) die Translation durch

$$x_1 = at, \qquad y_1 = a - d,$$

b) die Rotation durch

$$x_2 = -d\sin t, \qquad y_2 = d - d\cos t,$$

die Gesamtbewegung also durch

$$x = at - d\sin t, \qquad y = a - d\cos t.$$

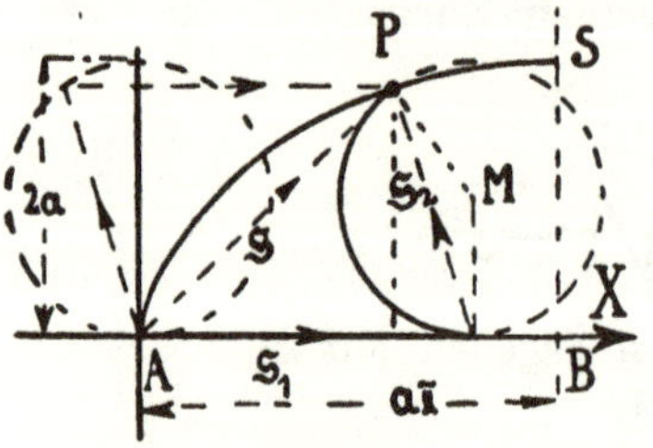


Fig. 29.
$a = 1$; Einheit 1 cm.

4. Die **gemeine Zykloide** ($d = a$, Fig. 29) hat die Gleichung

$$\mathfrak{s} = \mathfrak{s}_1 + \mathfrak{s}_2 \text{ (siehe Vektoren)}$$

oder

$$\left.\begin{array}{l} x = a(t - \sin t) \\ y = a(1 - \cos t) \end{array}\right\},$$

oder

$$x = a \cdot \arccos\frac{a - y}{a} + \sqrt{(2a - y)y}.$$

5. $$y' = \sqrt{\frac{2a - y}{y}} = \operatorname{tg}\tau = \frac{\sin t}{1 - \cos t}.$$

$$T = 2a\sin\frac{t}{2}\operatorname{tg}\frac{t}{2}, \qquad N = 2a\sin\frac{t}{2} = \sqrt{2ay}.$$

$$S_t = 2a\sin^2\frac{t}{2}\operatorname{tg}\frac{t}{2}, \qquad S_n = a\sin t.$$

Die Normale in P hat die Richtung und Größe $\mathfrak{s}_2$.

6. Krümmungsradius $\varrho = 2N$.

Im Scheitel ist $\varrho = 4a$; in A ist $\varrho = 0$.

Der Krümmungsmittelpunkt ist bestimmt durch

$$\xi = a(t + \sin t), \qquad \eta = -a(1 - \cos t).$$

Die Evolute der Zykloide ist eine ihr kongruente Zykloide.

7. Die Fläche von $x = 0$ an ist

$$F = a^2[{}^3/_2\, t - 2\sin t + {}^1/_4 \sin 2t] = {}^3/_2\, ax - {}^1/_2\, y\sqrt{(2a - y)y}.$$

Speziell ist bis zum Scheitel S die Fläche $F_0 = {}^3/_2\, a^2\pi$.

8. Der Bogen von $x = 0$ an ist

$$s = 4a\left(1 - \cos\frac{t}{2}\right) = 8a\sin^2\frac{t}{4} = 4a - 2\sqrt{2a(2a - y)}.$$

Speziell ist der Bogen $AS = 4a$.

## § 95. Epizykloide.

1. Die Punkte eines auf einem Kreis (= Grundkreis) ohne Gleitung rollenden zweiten Kreises (= Rollkreis) beschreiben Epizykloiden.

2. Die **gemeine Epizykloide** wird von den Umfangspunkten des Rollkreises beschrieben, die **verlängerte** von einem Punkt außerhalb, die **verkürzte** von einem Punkt innerhalb des Rollkreises. (Fig. 30.)

3. Gleichung und Konstruktion aller Epizykloiden durch Superposition der Wege.

4. Wenn R der Radius des Grundkreises, r der des Rollkreises und d der Abstand des die Kurve beschreibenden Punktes vom Mittelpunkt C des Rollkreises ist, so wird dargestellt ($\mathfrak{s} = \mathfrak{s}_1 + \mathfrak{s}_2$ siehe Vektoren)

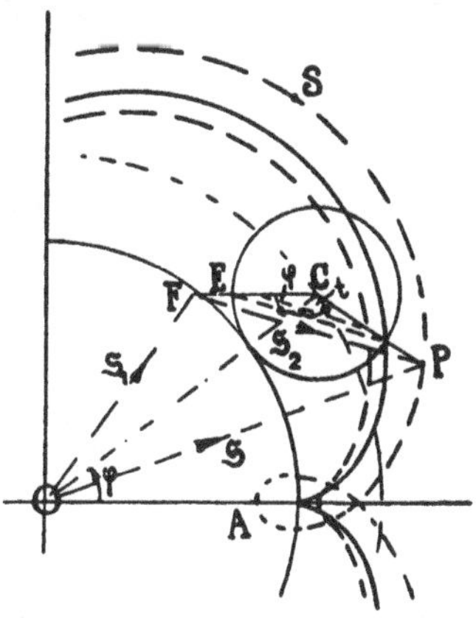


Fig. 30.

a) die Translation durch

$$x_1 = (R + a) \cos \varphi - d,$$

$$y_1 = (R + a) \sin \varphi,$$

b) die Rotation durch

$$x_2 = d - d \cos(\varphi + t), \qquad y_2 = - d \sin(\varphi + t),$$

die Gesamtbewegung also durch

$$\left.\begin{aligned} x &= (R + a) \cos \varphi - d \cos(\varphi + t) \\ y &= (R + a) \sin \varphi - d \sin(\varphi + t) \end{aligned}\right\}, \quad \varphi = \frac{a\,t}{R}.$$

5. Die **gemeine Epizykloide** (d = a, Fig. 31) hat die Gleichung

$$\left.\begin{aligned} x &= (R + a) \cos \frac{a\,t}{R} - a \cos\left(\frac{R + a}{R}\,t\right) \\ y &= (R + a) \sin \frac{a\,t}{R} - a \sin\left(\frac{R + a}{R}\,t\right) \end{aligned}\right| .$$

Oder wenn man $R = na$, $m = n + 1$ setzt,

$$\left.\begin{aligned} x &= a(m\cos\varphi - \cos m\varphi) \\ y &= a(m\sin\varphi - \sin m\varphi) \end{aligned}\right\}, \quad \varphi = \frac{t}{n}.$$

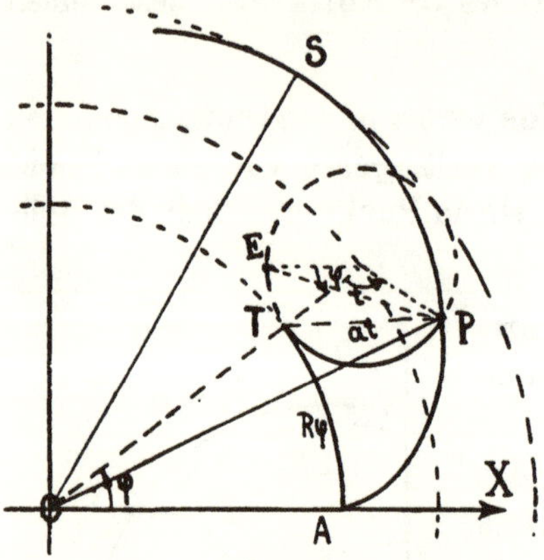


Fig. 31.
$R = 3$, $a = 1$, Einheit 1 cm.

6. Die Normale in P hat die Richtung PT. Die Richtung der Kurve in P ist

$$y' = \operatorname{tg}\tau = \operatorname{tg}\frac{\varphi(n+2)}{2}$$

$$= \operatorname{tg}\frac{l\varphi}{2},$$

wenn man

$$n + 2 = m + 1 = l$$

setzt.

$$T = \frac{y}{\sin\frac{l\varphi}{2}}, \quad N = \frac{y}{\cos\frac{l\varphi}{2}}.$$

$$S_t = y\operatorname{cotg}\frac{l\varphi}{2}, \qquad S_n = y\operatorname{tg}\frac{l\varphi}{2}.$$

7. Krümmungsradius $\varrho = \frac{4am}{l}\sin\frac{t}{2}$. Speziell im Scheitel S ist $\varrho = \frac{4am}{l}$, in A ist $\varrho = 0$. Der Krümmungsmittelpunkt ist gegeben durch

$$\left.\begin{aligned} \xi &= a_1[m\cos\varphi + \cos m\varphi] \\ \eta &= a_1[m\sin\varphi + \sin m\varphi] \end{aligned}\right\}, \quad a_1 = \frac{na}{l}.$$

Die Evolute der Epizykloide ist eine ihr ähnliche Epizykloide.

8. Die Fläche zwischen OA und dem Leitstrahl OP ist

$$F = \frac{lma^2}{2n}(t - \sin t).$$

9. Der Bogen AP ist

$$s = \frac{4ma}{n}\left(1 - \cos\frac{t}{2}\right).$$

Speziell ist der Bogen $AS = \frac{4ma}{n}$.

10. Alle Epizykloiden werden algebraische Kurven, wenn $n = R:a$ rational ist. Speziell gibt

a) $R = a$ die **Paskalsche Schneckenlinie**; d ist beliebig. Wird $R = d = a$, so spezialisiert sich die Kurve weiter zur **Kardioide** (Herzkurve, siehe § 98).

b) $a = \infty$ die **Kreisevolvente** (siehe § 97).

## § 96. Hypozykloide.

1. Die Punkte eines innen auf einem Kreis (= Grundkreis) rollenden zweiten Kreises (= Rollkreis) beschreiben Hypozykloiden.

2. Die **gemeine Hypozykloide** wird von den Umfangspunkten des Rollkreises beschrieben, die **verlängerte** bezw. **verkürzte** von Punkten außerhalb und innerhalb desselben. Fig. 32.

3. Gleichung und Konstruktion der Hypozykloide wie § 95.

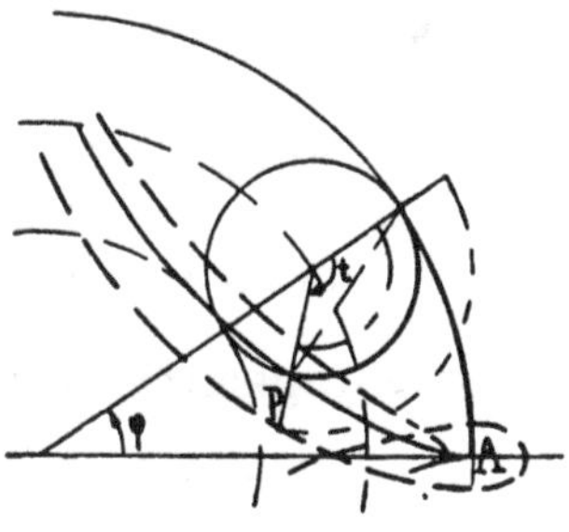

Fig. 32.

$$\left.\begin{aligned} x &= (R - a)\cos\varphi + d\cos(t - \varphi) \\ y &= (R - a)\sin\varphi - d\sin(t - \varphi) \end{aligned}\right\}, \quad \varphi = \frac{at}{R}.$$

4. Speziell hat die **gemeine Hypozykloide** ($d = a$, Fig. 33) die nachfolgenden Eigenschaften. Ihre Gleichung ist

$$\left.\begin{aligned} x &= (R - a)\cos\frac{at}{R} + a\cos\left(\frac{R - a}{R}t\right) \\ y &= (R - a)\sin\frac{at}{R} - a\sin\left(\frac{R - a}{R}t\right) \end{aligned}\right\}.$$

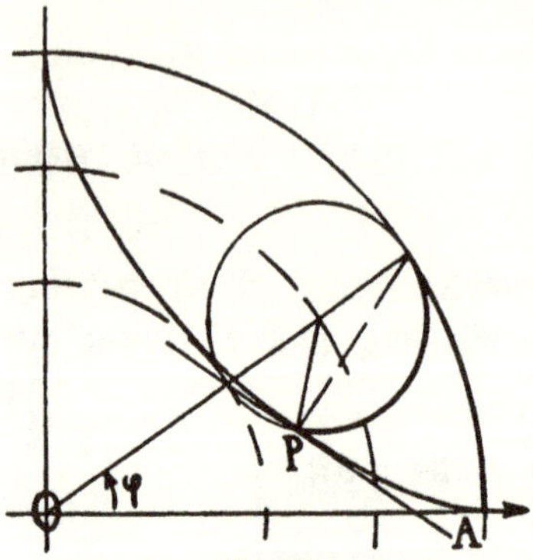


Fig. 33.
R = 4, a = 1, Einheit 1 cm.

Oder wenn man

$$R = na, \quad m = n - 1$$

setzt,

$$\left.\begin{array}{l} x = a(m\cos\varphi + \cos m\varphi) \\ y = a(m\sin\varphi - \sin m\varphi) \end{array}\right\}.$$

5. Die Normale in P hat die Richtung PT. Die Richtung der Kurve in P ist

$$y' = \operatorname{tg}\tau = -\operatorname{tg}\frac{\varphi(n-2)}{2}$$

$$= -\operatorname{tg}\frac{l\varphi}{2},$$

wenn man $n - 2 = m - 1 = l$ setzt.

$$T = \frac{y}{\sin\frac{l\varphi}{2}}, \qquad N = \frac{-y}{\cos\frac{l\varphi}{2}}.$$

$$S_t = -y\operatorname{cotg}\frac{l\varphi}{2}, \qquad S_n = -y\operatorname{tg}\frac{l\varphi}{2}.$$

6. Krümmungsradius $\varrho = \frac{4am}{l}\sin\frac{t}{2} = \frac{4am}{l}\sin\frac{n\varphi}{2}$.

Speziell im Scheitel ist $\varrho = \frac{4am}{l}$, in A ist $\varrho = 0$.

Der Krümmungsmittelpunkt ist gegeben durch

$$\left.\begin{array}{l} \xi = a_1(m\cos\varphi - \cos m\varphi) \\ \eta = a_1(m\sin\varphi + \sin m\varphi) \end{array}\right\}, \quad a_1 = \frac{na}{l}.$$

Die Evolute der Hypozykloide ist eine ihr ähnliche Hypozykloide.

7. Die Fläche zwischen OA und dem Leitstrahl OP ist

$$F = \frac{lma^2}{2n}(t - \sin t).$$

8. Der Bogen AP ist

$$s = \frac{4ma}{n}\left(1 - \cos\frac{t}{2}\right).$$

Speziell ist der Bogen $AS = \frac{4ma}{n}$.

9. Alle Hypozykloiden werden algebraische Kurven, wenn $n = R : a$ rational ist. Speziell gibt

a) $R = 4a$, $d = a$ die **Astroide** (Sternkurve, siehe § 98),

b) $R = 2a$, $d = a$ die Gerade AO,

c) $R = 2a$, $d \gtrless a$ eine Ellipse.

## § 97. Die Kreisevolvente.

1. Die Punkte einer auf einem Kreis sich abwälzenden Geraden beschreiben Kreisevolventen.

2. Gleichung und Konstruktion der Kurve durch Superposition der Wege $\mathfrak{s} = \mathfrak{s}_1 + \mathfrak{s}_2$. (Siehe Vektoren.)

$$\left.\begin{aligned} x &= a(\cos t + t \sin t) \\ y &= a(\sin t - t \cos t) \end{aligned}\right\},$$

oder in Polarkoordinaten, wenn der Krümmungsradius

$$\varrho = \sqrt{r^2 - a^2},$$

$$\varphi = \frac{\varrho}{a} - \operatorname{arctg} \frac{\varrho}{a}.$$

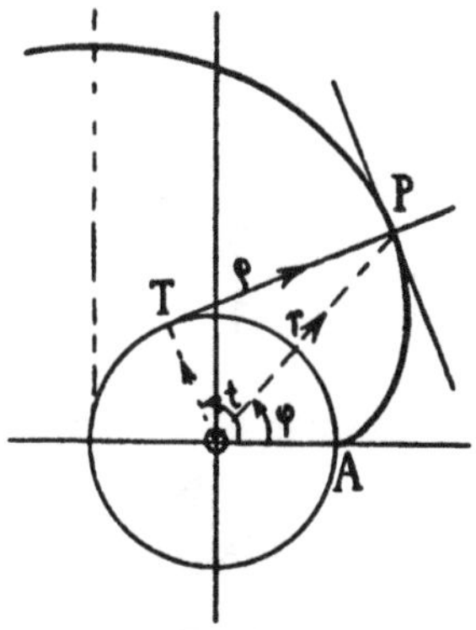


Fig. 84.

$a = 1$; Einheit 1 cm.

3. Richtung in P ist $\operatorname{tg} \tau = \operatorname{tg} t$.

Die Normale ist Tangente an den erzeugenden Kreis.

$$T = \frac{y}{\sin t}, \qquad N = \frac{y}{\cos t}.$$

$$S_t = y \operatorname{cotg} t, \qquad S_n = y \operatorname{tg} t.$$

4. Krümmungsradius in P ist $\varrho = PT$ $= \text{Kreisbogen } AT = at$.

Der Krümmungsmittelpunkt ist T.

5. Die Fläche AOP ist $F = {}^1/_6\, a^2 t^3$.

6. Der Bogen AP ist $s = \frac{\varrho^2}{2a} = \frac{at^2}{2}$.

## § 98. Paskalsche Linie. Astroide.

1. Die **Paskalsche Linie** ist eine spezielle Epizykloide (siehe § 95). Ihre Gleichung ist für die nach links positiv zählende x-Axe mit dem Anfangspunkt M (wo $AM = a$)

$$\left.\begin{aligned} x &= 2a\cos t - d\cos 2t \\ y &= 2a\sin t - d\sin 2t \end{aligned}\right\}.$$

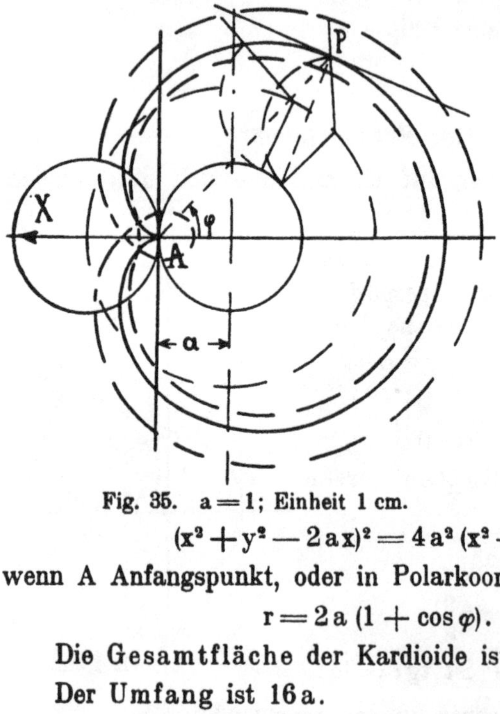


Fig. 35. $a = 1$; Einheit 1 cm.

2. Wenn $d = a$, wird die Paskalsche Linie zur **Kardioide** (Fig. 35, ausgezogen)

$$\left.\begin{aligned} x &= a(2\cos t - \cos 2t) \\ y &= a(2\sin t - \sin 2t) \end{aligned}\right\},$$

oder

$$(x^2 + y^2 - 2ax)^2 = 4a^2(x^2 + y^2),$$

wenn A Anfangspunkt, oder in Polarkoordinaten

$$r = 2a(1 + \cos\varphi).$$

Die Gesamtfläche der Kardioide ist $6a^2\pi$.

Der Umfang ist $16a$.

Bewegen sich auf einem Kreis zwei Punkte $P_1$ und $P_2$ so, daß der eine die doppelte gleichförmige Geschwindigkeit hat wie der andere, so umhüllt die Gerade $P_1P_2$ eine Kardioide.

3. Die **Astroide**, Fig. 36, ist eine spezielle Hypozykloide (siehe § 96). Ihre Gleichung ist

$$4x = a(3\cos t + \cos 3t), \quad 4y = a(3\sin t - \sin 3t),$$

$$\text{oder } x = a\cos^3 t, \qquad y = a\sin^3 t,$$

$$\text{oder } x^{2/3} + y^{2/3} = a^{2/3}.$$

$$\text{Richtung } \operatorname{tg}\tau = -\sqrt[3]{\frac{y}{x}} = -\operatorname{tg} t.$$

Der Krümmungsradius ist

$$\varrho = 3a \sin t \cos t.$$

Der Krümmungsmittelpunkt ist gegeben durch

$$\xi = a \cos^3 t + 3a \cos t \sin^2 t,$$
$$\eta = 3a \cos^2 t \sin t + a \sin^3 t.$$

Die Evolute der Astroide ist wieder eine Astroide.

Die Fläche von $t = 0$ an ist

$$F = \frac{3}{16} a^2 \left(t - \frac{1}{4} \sin 4t\right);$$

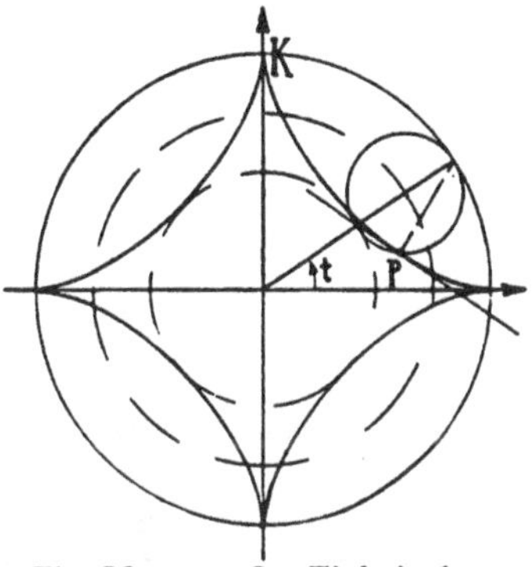


Fig. 36. $a = 2$: Einheit 1 cm.

die Gesamtfläche der Astroide ist $F_0 = {}^3/_8\, a^2 \pi$.

Der Bogen vom höchstgelegenen Punkt $t = {}^1/_2 \pi$ an im Uhrzeigersinn ist $s = {}^3/_2\, a \cos^2 t$; der Quadrantbogen hat die Länge $s_0 = {}^3/_2\, a$.

## § 99. **Lemniskate. Cassinische Kurve.**

1. Die **Lemniskate** (Fig. 37 ausgezogen) ist ein Spezialfall der Cassinischen Kurve. Ihre Gleichung ist

$$(x^2 + y^2)^2 = a^2 (x^2 - y^2)$$

oder $r = a \sqrt{\cos 2\varphi}$.

Eigenschaften. Die Leitstrahlen $F_1 P = r_1$ und $F_2 P = r_2$ haben das konstante Produkt ${}^1/_2 a^2$.

$$F_1 F_2 = a \sqrt{2}.$$

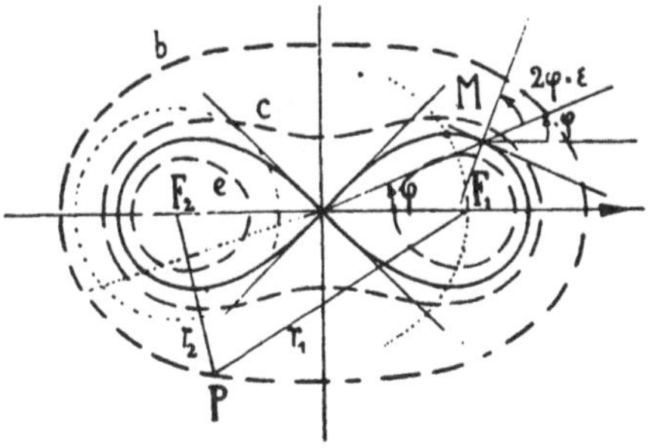


Fig. 37.

Der Kreis um den Ursprung durch $F_1$ schneidet die Lemniskate in Horizontalstellen M. Dort ist

$$\varphi = 30^0, \quad r = {}^1/_2\, a \sqrt{2}, \quad x = {}^1/_4\, a \sqrt{6}, \quad y = {}^1/_4\, a \sqrt{2}.$$

Richtung der Kurve. $\operatorname{tg} \vartheta = \operatorname{cotg} 2\varphi$; $\varepsilon = 2\varphi$.

Krümmungsradius $\varrho = \frac{a^2}{3r}$.

Der Krümmungsmittelpunkt ist gegeben durch

$$\xi = \frac{2a^2 \cos^3\varphi}{3r}, \quad \eta = -\frac{2a^2 \sin^3\varphi}{3r}.$$

Die Evolute hat die Gleichung

$$9\left(\xi^{2/3} + \eta^{2/3}\right)^2 \left(\xi^{2/3} - \eta^{2/3}\right) = 4a^2.$$

Die Fläche von $\varphi = 0$ an ist $F = \frac{1}{4} a^2 \sin 2\varphi$.

Speziell ist der rechte (oder linke) Teil der Fläche $\frac{a^2}{2}$.

2. Die **Cassinische Kurve** Fig. 37 ist der geometrische Ort der Punkte, deren Leitstrahlen $F_1 P = r_1$ und $F_2 P = r_2$ ein konstantes Produkt $r_1 r_2 = b^2$ haben; dabei ist $F_1 F_2 = a$.

Ihre Gleichung ist

$$(x^2 + y^2)^2 - 2a^2(x^2 - y^2) = b^4 - a^4$$

oder $r = \sqrt{a^2 \cos 2\varphi \pm \sqrt{b^4 - a^4 \sin^2 2\varphi}}$.

Spezialfälle sind (Typus b, c, d, e der Fig. 37).

a) der Kreis für $a = 0$,

b) ein Oval (ellipsenähnlich), wenn $b \geqq a\sqrt{2}$, Typus b,

c) Typus c, wenn $a < b < a\sqrt{2}$,

d) Lemniskate, wenn $a = b$, Typus d,

e) getrennte Kurvenäste, wenn $a > b$, Typus e.

## § 100. Descartessches Blatt. Vierblatt. Cissoide. Konchoide.

1. **Deskartessches Blatt.** Fig. 38.

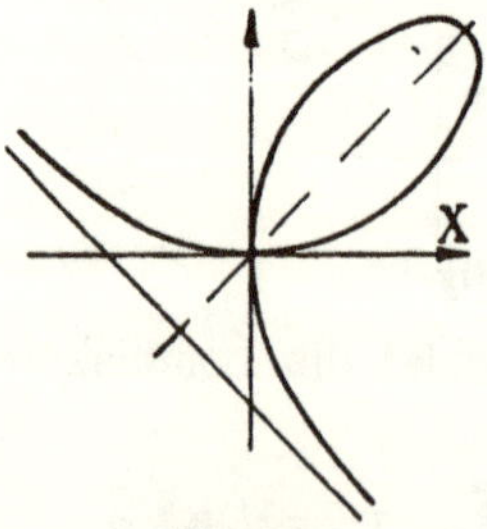


Fig. 38.
a = 1; Einheit 1 cm.

$$x^3 + y^3 - 3axy = 0$$

oder $r = \frac{3a \sin\varphi \cos\varphi}{\sin^3\varphi + \cos^3\varphi}$

Reelle Asymptote $x + y + a = 0$.

Fläche von $\varphi = 0$ an.

$$F = \frac{3a^2}{2(1 + \operatorname{tg}^3\varphi)}.$$

Speziell ist die Fläche der Schleife $F_0 = \frac{3}{2} a^2$.

2. Vierblatt. Fig. 39.

$$(x^2 + y^2)^3 = 4a^2x^2y^2$$

oder $r = a \sin 2\varphi$.

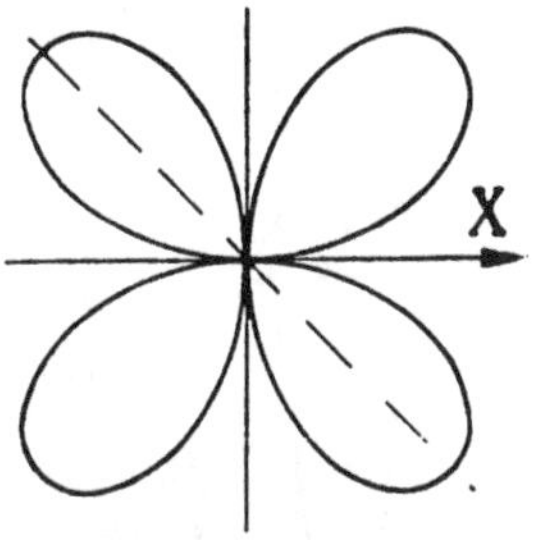


Fig. 39.
$a = 2$; Einheit 1 cm.

3. **Cissoide** (des Diokles). Fig. 40. Der Radiusvektor von 0 aus schneidet die Gerade $x = 2a$ in S. Von S aus trägt man die durch den Kreis

$$(x - a)^2 + y^2 - a^2 = 0$$

erzeugte Sehne OA nach rückwärts ab, so daß $OA = SP$; dann ist P ein Punkt der Cissoide.

Ihre Gleichung ist

$$x = 2a \sin^2\varphi, \quad y = 2a \frac{\sin^3\varphi}{\cos\varphi};$$

oder $x^3 + y^2(x - 2a) = 0$;

$$\text{oder} \quad r = \frac{2a \sin^2\varphi}{\cos\varphi}.$$

Die Asymptote $x - 2a = 0$ berührt den erzeugenden Kreis.

Die Fläche ROP ist

$$F = a^2 [3\varphi - \cos\varphi\,(2 \sin^3\varphi + 3 \sin\varphi)].$$

Die Gesamtfläche zwischen der Kurve und ihrer Asymptote ist $F = 3a^2\pi$.

Der Bogen OP ist

$$s = 2a \left[ \frac{\sqrt{1 + 3\cos^2\varphi}}{\cos\varphi} - 2 - \sqrt{3} \lg \frac{\sqrt{3}\cos\varphi + \sqrt{1 + 3\cos^2\varphi}}{2 + \sqrt{3}} \right].$$

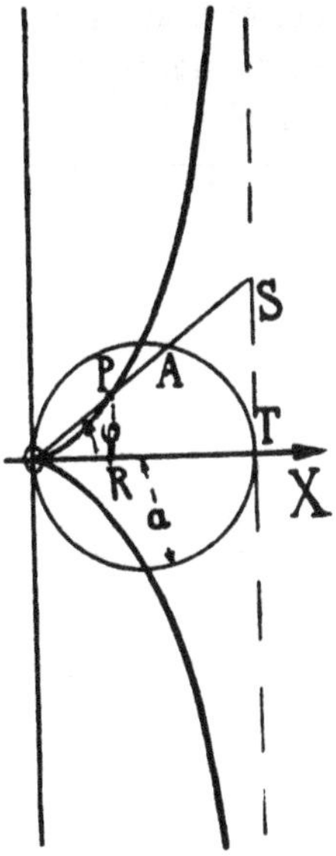


Fig. 40.
$a = 1$; Einheit 1 cm.

Die Cissoide ist der geometrische Ort der Fußpunkte der vom Scheitel der Parabel auf die Parabeltangenten gefällten Lote.

4. **Konchoide.** Fig. 41. Auf dem Radiusvektor von 0 aus trage man vom Schnittpunkt S mit der Geraden $x = b$ die

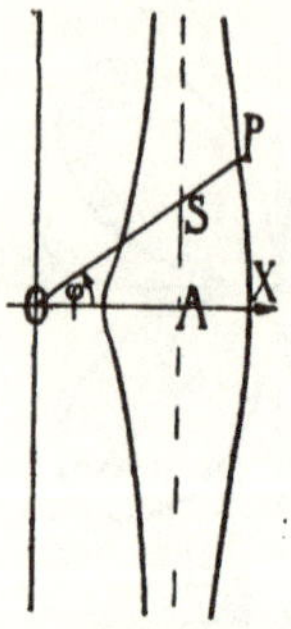


Fig. 41.
$a = {}^1/_2$, $b = 1$;
Einheit 1 cm.

konstante Strecke $SP = a$ ab. Der Endpunkt ist ein Punkt der Konchoide. Ihre Gleichung ist

$$r = \frac{b}{\cos\varphi} \pm a;$$

oder $x = b \pm a\cos\varphi$, $\quad y = b\,tg\varphi \pm a\sin\varphi$;
oder $(x^2 + y^2)(x - b)^2 = a^2x^2$.

Der Nullpunkt ist Doppelpunkt der Konchoide (Isolierter Punkt, wenn $a < b$, Spitze, wenn $a = b$, gewöhnlicher Doppelpunkt, wenn $a > b$).

Die **allgemeine Konchoide** entsteht folgendermaßen: Von einem beliebig gewählten Anfangspunkt 0 aus ziehe man die Radienvektoren $OS$ zu den Punkten $S$ einer gegebenen Kurve und trage auf ihnen die konstante Strecke $SP = \pm a$ ab. Der Endpunkt $P$ ist ein Punkt der verallgemeinerten Konchoide (Muschellinie).

## § 101. Spiralen.

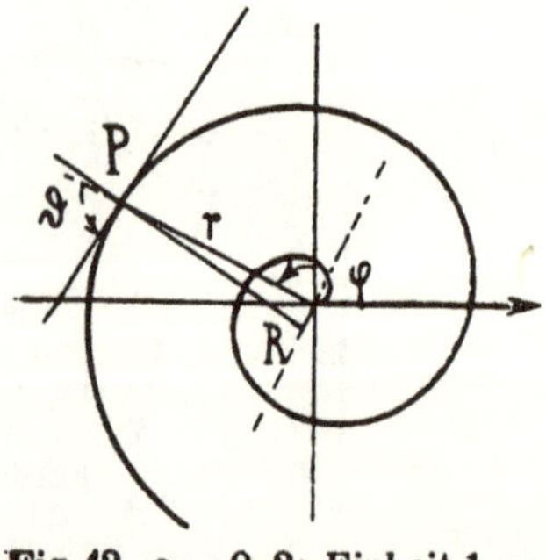


Fig. 42. $a = 0,2$; Einheit 1 cm.

1. **Archimedische Spirale** $r = a\varphi$, Fig. 42. Der Vektor $OP$ dreht sich mit gleichförmiger Geschwindigkeit um den Ursprung. Auf diesem Vektor bewegt sich $P$ mit gleichförmiger Geschwindigkeit nach außen.

Tangentenwinkel. $tg\vartheta = \varphi$.

$T = r\sqrt{1+\varphi^2}$.

$N = a\sqrt{1+\varphi^2} = \sqrt{a^2+r^2}$.

$S_t = \frac{r^2}{a} = a\varphi^2$. $\qquad S_n = a$.

Krümmungsradius $\varrho = \frac{(a^2+r^2)^{3/2}}{2a^2+r^2} = \frac{N^3}{N^2+a^2}$.

Krümmungsmittelpunkt.

$$\xi = \frac{a[\varphi\cos\varphi - (1+\varphi^2)\sin\varphi]}{2+\varphi^2}, \qquad \eta = \frac{a[\varphi\sin\varphi + (1+\varphi^2)\cos\varphi]}{2+\varphi^2}.$$

Die Fläche von $r = 0$ an ist $F = \frac{r^3}{6a}$.

Der Bogen von $\varphi = 0$ an ist

$$s = \frac{a}{2}\left[\varphi\sqrt{1+\varphi^2} + \lg(\varphi + \sqrt{1+\varphi^2})\right].$$

Angenähert ist (für viele Windungen) $s = \frac{a\varphi^2}{2}$.

2. **Hyperbolische Spirale** $r\varphi = a$. Fig 43. Konstruktion: Man zieht konzentrische Kreise um 0 und trägt auf jedem vom Anfangsstrahl aus den Bogen a ab.

Punkt 0 ist ein asymptotischer Punkt der Spirale, dem sie sich mehr und mehr nähert.

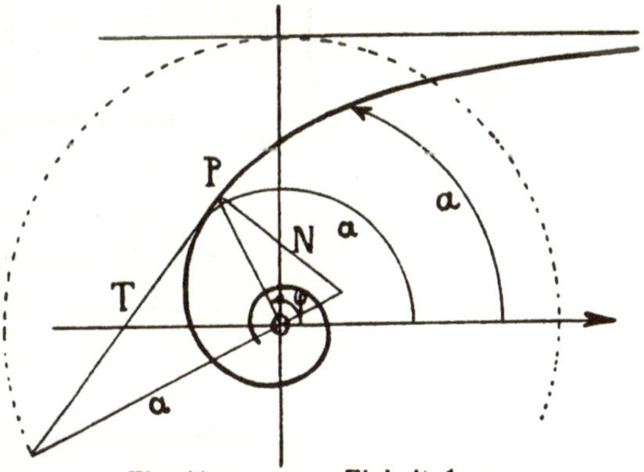

Fig. 43. $a = \pi$; Einheit 1 cm.

Asymptote. Parallele zum Anfangsstrahl im Abstand a.

Tangentenwinkel. $\operatorname{tg}\vartheta = -\varphi$.

$$T = -\sqrt{a^2 + r^2}, \quad N = \frac{r}{a}\sqrt{a^2 + r^2},$$

$$S_t = -a, \qquad S_n = -\frac{r^2}{a}.$$

Krümmungsradius. $\varrho = \frac{r}{\sin^3\vartheta}$.

Fläche zwischen zwei Radienvektoren $F = \frac{a}{2}(r_1 - r_2)$.

Bogen zwischen zwei Radienvektoren

$$s = \sqrt{a^2 + r_1^2} - \sqrt{a^2 + r_2^2} + a\lg\frac{r_1(a + \sqrt{a^2 + r_2^2})}{r_2(a + \sqrt{a^2 + r_1^2})}.$$

3. **Logarithmische Spirale** $r = ce^{a\varphi}$, Fig. 44.

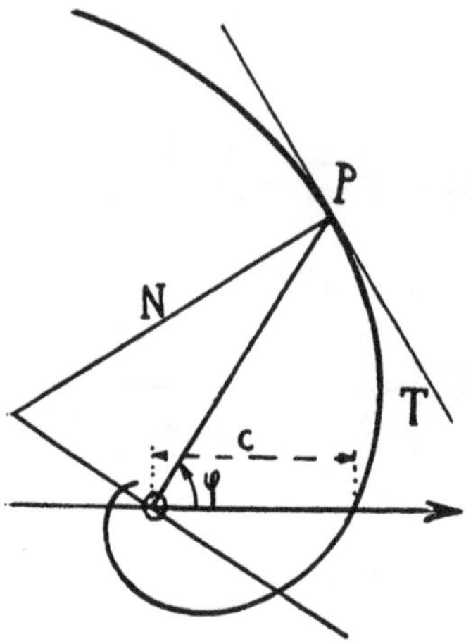


Fig 44.
$c = 2$, $a = 1/2$; Einheit 1 cm.

Der Pol ist asymptotischer Punkt.

Tangentenwinkel. $\operatorname{tg}\vartheta = \frac{1}{a}$.

$$T = \frac{r}{a}\sqrt{1 + a^2},$$

$$N = r\sqrt{1 + a^2} = \varrho.$$

$$S_t = \frac{r}{a}, \quad S_n = ar.$$

Krümmungsradius $\varrho$ = Polarnormale $= r\sqrt{1+a^2}$.

Die Evolute der Spirale ist eine ihr kongruente logarithmische Spirale, gedreht um den Winkel $\frac{\pi}{2} - \frac{\lg a}{a}$; ihre Gleichung ist

$$\left.\begin{aligned} \xi &= -ar\sin\varphi = -ay \\ \eta &= \phantom{-}ar\cos\varphi = \phantom{-}ax \end{aligned}\right\}.$$

Fläche vom Pol ($\varphi = -\infty$) an. $F = \frac{r^2}{4a}$.

Bogen vom Pol an = Tangentenlänge $T = \frac{r\sqrt{1+a^2}}{a}$.

4. **Parabolische Spirale** $r^2 = a^2\varphi$.

Tangentenwinkel. $\operatorname{tg}\vartheta = 2\varphi$.

$$T = a\sqrt{\varphi(1 + 4\varphi^2)}, \quad N = \frac{a}{2}\sqrt{4\varphi + \varphi^{-1}}.$$

$$S_t = 2r\varphi, \quad S_n = \frac{a^2}{2r}.$$

5. **Allgemeine Spirale** $r = a\varphi^n$.

Tangentenwinkel. $\operatorname{tg}\vartheta = \varphi : n$.

$$T = \frac{r}{n}\sqrt{n^2 + \varphi^2}, \quad N = a\varphi^{n-1}\sqrt{n^2 + \varphi^2}.$$

$$S_t = \frac{a\varphi^{n+1}}{n}, \quad S_n = na\varphi^{n-1}.$$

Krümmungsradius $\varrho = \frac{a\varphi^{n-1}(n^2+\varphi^2)^{3/2}}{n(n+1)+\varphi^2}$.

Krümmungsmittelpunkt. $\begin{cases} \xi = \frac{n[r\cos\varphi - (n^2+\varphi^2)a\varphi^{n-1}\sin\varphi]}{n(n+1)+\varphi^2}, \\ \eta = \frac{n[r\sin\varphi + (n^2+\varphi^2)a\varphi^{n-1}\cos\varphi]}{n(n+1)+\varphi^2}. \end{cases}$

Fläche von $\varphi = 0$ an. $F = \frac{a^2\varphi^{2n+1}}{2(2n+1)}$.

# VIII. Wahrscheinlichkeits- und Ausgleichsrechnung.

## § 102. Wahrscheinlichkeitsrechnung.

1. **Absolute Wahrscheinlichkeit** dafür, daß ein oder mehrere erwartete Ereignisse $E_1$, $E_2$, .... $E_n$ gleichzeitig oder vereinzelt in irgend einer bestimmten Weise eintreten, ist das Verhältnis der für die Erwartung günstigen Fälle zur Zahl n aller überhaupt möglichen Fälle. Speziell unterscheidet man einfache, relative, zusammengesetzte Wahrscheinlichkeit usw.

2. Die **(einfache) Wahrscheinlichkeit** dafür, daß ein erwartetes Ereignis E eintritt, ist das Verhältnis der für das Eintreten günstigen Fälle (Treffer) zur Zahl aller überhaupt möglichen Fälle.

$$w = \frac{t}{n}.$$

3. $w = 1$ heißt, das Ereignis trifft sicher ein.
$w = 0$ heißt, das Ereignis trifft unmöglich ein.

Die Wahrscheinlichkeit, daß das Ereignis nicht eintrifft, ist $w' = 1 - w$.

4. Die Wahrscheinlichkeit für das (gleichzeitige oder irgendwie bestimmte aufeinanderfolgende) Eintreten von mehreren erwarteten Ereignissen $E_1$, $E_2$, .... $E_n$ ist, wenn $w_1$, $w_2$, .... $w_n$ die einfachen Wahrscheinlichkeiten der voneinander unabhängigen Einzelereignisse sind,

$$w = w_1 w_2 \ldots . w_n.$$

5. Die Wahrscheinlichkeit, daß von mehreren erwarteten Ereignissen $E_1$ .... $E_n$ irgend eines eintritt, ist

$$w = w_1 + w_2 + \cdots w_n.$$

6. Die Wahrscheinlichkeit, daß von zwei erwarteten Ereignissen $E_1$ und $E_2$, deren einfache Wahrscheinlichkeiten $w_1$ und $w_2$ sind,

a) $E_1$ und $E_2$ eintritt, ist $w = w_1 w_2$;

b) $E_1$ oder $E_2$ eintritt, ist $w = w_1 + w_2$;

c) $E_1$ eher als $E_2$ eintritt, ist $w = \frac{w_1}{w_1 + w_2}$;

d) $E_1$ m-mal und $E_2$ n-mal in bestimmter Reihenfolge eintritt, ist $w = w_1^m w_2^n$;

e) $E_1$ m-mal, $E_2$ n-mal, aber in beliebiger Reihenfolge eintritt, ist

$$w = \frac{(m+n)!}{m!\,n!} w_1^m w_2^n.$$

## § 103. **Beobachtungsfehler.**

1. Die Fehler, die bei einer Beobachtung mit einem bestimmten Beobachtungsapparat nach einer bestimmten Beobachtungsmethode gemacht werden können, sind

a) grobe Fehler: Versehen beim Ablesen usw.;

b) konstante Fehler: Apparatfehler und Methodenfehler; sie erfolgen immer im gleichen Sinn;

c) rein zufällige Beobachtungsfehler, die eigentlichen „Beobachtungsfehler", auf die sich die nachstehenden Formeln beziehen; sie erfolgen ebensogut im positiven, wie im negativen Sinn.

2. Ein **Beobachtungsfehler** ist das Resultat einer unbeschränkt großen Anzahl von positiven oder negativen sehr kleinen zufälligen Einzelfehlern, herrührend von den mehr oder minder unvollkommenen Apparaten und Beobachtungsmethoden.

3. Den wahren Wert x einer zu beobachtenden Größe kann man praktisch nie erfahren. Die verschieden oft ausgeführten Beobachtungen ergeben nur Annäherungswerte. Als Annäherungswerte nimmt man Mittelwerte aus den beobachteten Werten (siehe § 13).

4. Gausssches **Axiom.** Hat man eine gesuchte Größe n-mal unter gleichgünstigen Bedingungen gemessen, so ist der wahrscheinlichste Wert der beobachteten Größe x das arithme-

tische Mittel der Einzelbeobachtungen. Sind diese Einzelbeobachtungen $a_1$, $a_2 \cdots a_n$, so ist der **wahrscheinlichste Wert** b′ der gesuchten Größe

$$b' = \frac{a_1 + a_2 + \cdots + a_n}{n} = \frac{\sum a}{n}.$$

Man unterscheide bei der beobachteten Größe: wahrer Wert x, wahrscheinlicher Wert b′, beobachtete Werte oder Beobachtungsergebnisse $a_1$, $a_2$ . . . .

5. **Eigenschaft des arithmetischen Mittels** (oder des wahrscheinlichen Wertes). Die Summe der Quadrate der Abweichungen ist ein Minimum; d. h. wenn $v'_1$, $v'_2 \cdots v'_n$ die Abweichungen der beobachteten Werte $a_1$, $a_2 \cdots a_n$ vom Mittelwert b′ sind, so ist die Quadratsumme dieser Abweichungen kleiner als die Quadratsumme der Abweichungen von irgend einer anderen Zahl.

$$v'^2_1 + v'^2_2 + \cdots + v'^2_n = \sum v'^2 = \text{Minimum}.$$

6. Scheinbare Abweichungen oder **scheinbare** Beobachtungsfehler $v'_1$, $v'_2 \cdots$ sind die Abweichungen vom Mittelwert der Beobachtung.

7. Als Mittelwerte der **wahren** Beobachtungsfehler $v_1$, $v_2$, . . . sind definiert (die Beobachtungen sind alle als gleich genau vorausgesetzt):

a) **Durchschnittlicher Fehler d** von n Beobachtungen ist das arithmetische Mittel der einzelnen Beobachtungsfehler.

$$d = \frac{\sum v}{n} = \frac{v_1 + v_2 + \cdots + v_n}{n}.$$

b) **Mittlerer Fehler m** von n Beobachtungen ist die Wurzel aus dem arithmetischen Mittel der Quadrate der einzelnen Beobachtungsfehler.

$$m = \pm \sqrt{\frac{\sum v^2}{n}} = \sqrt{\frac{v_1^2 + v_2^2 + \cdots + v_n^2}{n}}.$$

Der mittlere Fehler m von n Beobachtungen ist

$$m = \pm \sqrt{\frac{\sum v'^2}{n-1}},$$

wenn v′ die scheinbaren Beobachtungsfehler.

c) **Wahrscheinlicher Fehler w** von n Beobachtungen ist derjenige Fehler, der von den (absolut genommenen) einzelnen Beobachtungsfehlern ebenso oft überschritten wie unterschritten wird.

Wie alle Mittelwerte weichen die drei eben definierten Fehler wenig von einander ab (siehe 12).

8. Die Wahrscheinlichkeit für das Eintreten eines positiven wie negativen Beobachtungsfehlers ist gleich groß. Am größten ist die Wahrscheinlichkeit für das Eintreten sehr kleiner Beobachtungsfehler. Bei einer hinreichend großen Zahl von Beobachtungen konvergiert die Wahrscheinlichkeit für das Eintreten des Beobachtungsfehlers 0 gegen 1.

Am kleinsten ist die Wahrscheinlichkeit für das Eintreten großer Beobachtungsfehler.

9. Die **Wahrscheinlichkeitskurve** hat als Ordinate für ein bestimmtes x

$$y = \frac{h}{\sqrt{\pi}} e^{-x^2h^2}.$$

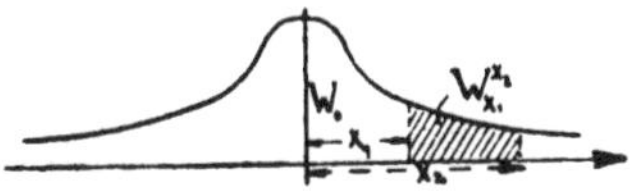

Fig. 45.

h ist die Genauigkeitsziffer; sie ist umgekehrt proportional der Quadratwurzel aus der Anzahl der Beobachtungen.

Die Wahrscheinlichkeit für das Eintreten eines zwischen x und x + dx liegenden Beobachtungsfehlers ist gegeben durch y dx. Die Wahrscheinlichkeit für das Eintreten eines Beobachtungsfehlers zwischen den Grenzen $x_1$ und $x_2$ ist gegeben durch

$$W_{x_1}^{x_2} = \frac{h}{\sqrt{\pi}} \int_{x_1}^{x_2} e^{-x^2h^2} dx.$$

d. i. durch die Fläche der Wahrscheinlichkeitskurve zwischen den Werten $x_1$ und $x_2$. (Natürlich muß die Wahrscheinlichkeit für das Eintreten eines Beobachtungsfehlers zwischen $-\infty$ und $+\infty$ bei einer beliebigen Zahl von Beobachtungen 1 sein, d. h. die Fläche zwischen der Kurve und der x-Axe ist 1.)

Die x-Axe ist Asymptote. Je größer h, desto größer

$= \frac{h}{\sqrt{\pi}}$, desto eher schmiegt sich die Kurve der x-Axe an.

Wendepunkt: für $x = \frac{1}{h\sqrt{2}}$, $y = 0{,}6065\,\frac{h}{\sqrt{\pi}}$.

10. Bei unendlich viel Beobachtungen treten die Fehler in einem gegebenen Intervall in einer Anzahl auf, die proportional der Wahrscheinlichkeit ihres Auftretens in diesem Intervall ist. Die Anzahl der zwischen $x$ und $x + dx$ auftretenden Fehler ist daher $\varrho y dx$ und die Summe aller Beobachtungsfehler in diesem Intervall $\varrho y dx \cdot x$. $\varrho$ ist Proportionalitätsfaktor.

11. Der durchschnittliche Fehler aller Beobachtungen zwischen $-\infty$ und $+\infty$ ist

$$d = \frac{1}{h\sqrt{\pi}} = \frac{0{,}564\,190}{h}.$$

Der mittlere Fehler in diesem Intervall ist

$$m = \frac{1}{h\sqrt{2}} = \frac{0{,}707\,107}{h}.$$

Der wahrscheinliche Fehler im gleichen Intervall ist

$$w = \frac{0{,}476\,936}{h}.$$

12. Auf den mittleren Fehler bezogen ist

$$d = 0{,}797\,885\ m;$$
$$w = 0{,}674\,490\ m.$$

Der mittlere Fehler fällt immer am größten, der wahrscheinliche am kleinsten aus.

13. Die Schreibweise $v = rd$, bezw. $v = rm$ oder $v = rw$ stellt den wahren Beobachtungsfehler als ein bestimmtes Vielfaches des durchschnittlichen, bezw. mittleren oder wahrscheinlichen Fehlers dar. Die Wahrscheinlichkeit, daß ein Fehler $rd$, bezw. $rm$, $rw$ vorkommt, ist bezw.

$$W_{rd} = \frac{1}{d\pi} \cdot e^{-\frac{r^2}{\pi}};$$

$$W_{rm} = \frac{1}{m\sqrt{2\pi}}\, e^{-\frac{r^2}{2}};$$

$$W_{rw} = \frac{c}{w\sqrt{\pi}} e^{-c^2 r^2}, \cdots c = 0{,}476\,936.$$

14. Die Konstruktion der Wahrscheinlichkeitskurve für $W_{rm}$, r als Abszisse gewählt, ergibt für $r = 5$ eine Ordinate, sehr wenig von 0 verschieden; d. h. die Wahrscheinlichkeit, daß ein einzelner Beobachtungsfehler größer als das 5-fache des mittleren Fehlers auftritt, ist sehr klein.

Bei einer hinreichend großen Anzahl von Beobachtungen geben die Formeln für $W_{rm}$ direkt die Verteilung der Fehlergrößen in der Gesamtzahl der Fehler.

Daß nämlich der r-fache mittlere Fehler überschritten wird, kommt wahrscheinlich einmal vor bei je

| | | | | | | | |
|---|---|---|---|---|---|---|---|
| | 3,1 | 22 | 368 | 2150 | 15 800 | 1 750 000 | Fehlern |
| für $r =$ | 1,0 | 2,0 | 3,0 | 3,5 | 4,0 | 5,0 | . |

Beobachtungsfehler also, die das 3,0- bis 3,5-fache des mittleren Fehlers überschreiten, dürfen nur unter ganz bestimmten Umständen angenommen werden.

15. Die algebraische Summe der Fehler $v_1, v_2 \cdots$ muß 0 sein; trifft dieser Satz nicht zu, so läßt das auf einen konstanten Fehler (siehe 1) schließen.

## § 104. **Ausgleich direkter Beobachtungen.**

1. **Fortpflanzung der Beobachtungsfehler.** Ist die nur aus den Beobachtungsergebnissen $x, y, z \cdots$ zu berechnende Funktion $F = F(x, y, z \cdots)$, so ergibt sich unter der Voraussetzung, daß die mittleren Fehler der Beobachtungsergebnisse $x, y, z \cdots$ bei gleichgenauer Beobachtung $m_x, m_y \cdots$ sind, der mittlere Fehler der Funktion F zu

$$M = \pm \sqrt{\left(\frac{\partial F}{\partial x} m_x\right)^2 + \left(\frac{\partial F}{\partial y} m_y\right)^2 + \cdots}.$$

1a. Ist speziell $F = ax$, so ist bei Annahme des mittleren Fehlers m für das Beobachtungsergebnis x

$$M = \pm\, am.$$

1b. Ist speziell $F = x \pm y \pm \cdots$, so wird

$$M = \pm\sqrt{m_x^2 + m_y^2 + \cdots}.$$

Sind die mittleren Fehler $m_x, m_y \cdots$ der Beobachtungsergebnisse gleich, so wird für n Beobachtungsergebnisse

$$M = \pm\, m\sqrt{n}.$$

1c. Ist speziell $F = ax + by + \cdots$, so wird

$$M = \pm\sqrt{(a m_x)^2 + (b m_y)^2 + \cdots}$$

und bei Voraussetzung gleicher mittlerer Fehler m der Beobachtungsergebnisse

$$M = \pm\, m\sqrt{a^2 + b^2 + \cdots}.$$

2. Das **Gewicht** einer Beobachtung soll die Genauigkeit der Beobachtung und der daraus berechneten Funktionen zum Ausdruck bringen; es ist ein Maß für die Genauigkeit der Beobachtung, also eine Verhältniszahl. Denkt man sich ein Beobachtungsergebnis entstanden als Mittelwert von n gleichgenauen Beobachtungen, so ist der mittlere Fehler m dieses Beobachtungsergebnisses $m = \sqrt{\frac{c}{n}}$ (c Konstante), und das Gewicht p proportional zur Zahl n der Beobachtungen definiert, also

$$p = \frac{k}{m^2} = \frac{\text{Konstante}}{\text{Quadrat des mittleren Fehlers}}.$$

Die Wahl der im allgemeinen beliebig angenommenen Konstanten k ist durch die Forderung möglichst einfacher Zahlenrechnungen oder durch Festsetzung einer Einheit von p bestimmt.

3. **Fortpflanzung des Gewichtes.** Ist die aus den Beobachtungsergebnissen $x, y, z \cdots$ zu berechnende Funktion $F = F(x, y, z \cdots)$, so ergibt sich unter der Voraussetzung der Gewichte $p_x, p_y \cdots$ der Beobachtungsergebnisse x bezw. $y \cdots$ das Gewicht P der Funktion F durch

$$\frac{1}{P} = \left(\frac{\partial F}{\partial x}\right)^2 \frac{1}{p_x} + \left(\frac{dF}{dy}\right)^2 \frac{1}{p_y} + \cdots.$$

3a. Ist speziell $F = ax$, so wird

$$P = \frac{p_x}{a^2}.$$

3b. Ist speziell $F = ax + by + cz + \cdots$, so wird

$$P = \frac{1}{a^2/p_x + b^2/p_y + c^2/p_z + \cdots}.$$

4. **Ausgleich direkter gleichgenauer Beobachtungen.** Sind die n Beobachtungswerte $a_1, a_2 \cdots$ der Größe F von gleicher Güte, so ist der wahrscheinlichste Wert a der beobachteten Größe F

$$a = \frac{\sum a}{n} = \frac{a_1 + a_2 + \cdots + a_n}{n}.$$

$$\text{Kontrolle: } \sum v = 0,$$

wenn $v_1 = a - a_1$, $v_2 = a - a_2 \cdots$ die einzelnen Beobachtungsfehler sind.

$$M = \pm \sqrt{\frac{\sum v^2}{n(n-1)}}.$$

5. **Ausgleich direkter ungleichgenauer Beobachtungen.** Die n Beobachtungswerte $a_1, a_2 \cdots$ der Größe F sind von ungleicher Güte; die Mittelwerte der Einzelbeobachtungen und die Gewichte sind bezw. $m_1, m_2 \cdots, p_1, p_2 \cdots$. Der wahrscheinlichste Wert a von F ist das „allgemeine arithmethische Mittel"

$$a = \frac{\sum ap}{\sum p} = \frac{a_1 p_1 + a_2 p_2 + \cdots}{p_1 + p_2 + \cdots}.$$

$$\text{Kontrolle: } \sum pv = 0,$$

wenn $v_1 = a - a_1$, $v_2 = a - a_2 \cdots$ die einzelnen Beobachtungsfehler sind.

$$P = \sum p; \quad M = \pm \sqrt{\frac{\sum pv^2}{(n-1)\sum p}}; \quad m_i = \pm \sqrt{\frac{\sum pv^2}{(n-1)p_i}}.$$

§ 105.

## Ausgleich vermittelnder und bedingter Beobachtungen.

1. **Vermittelnde Beobachtung.** Angenommen: Zur Auswertung der gesuchten Größe x (oder mehrerer Größen) führt nicht die direkte Beobachtung, sondern die Auflösung von Gleichungen, in denen die Beobachtungswerte als Konstante enthalten sind. Diejenigen Beobachtungsgrößen $u_i$, die die Auswertung der Gleichungen ermöglichen, heißen die vermittelnden Beobachtungen.

2. Zur Auswertung der k unbekannten Größen $x, y \cdots$ hat man mindestens k Gleichungen notwendig. Die aus ihnen berechneten Werte werden nur zufällig die wahren Werte $x, y \cdots$ oder ihnen recht nahe kommende Näherungswerte liefern. Der Genauigkeitsgrad läßt sich durch Ausführung „überschüssiger" Beobachtungen steigern; man stellt daher

$$\text{n Beobachtungsgleichungen} \left\{ \begin{array}{l} u_1 = F_1(x, y, z \cdots), \\ u_2 = F_2(x, y, z \cdots), \\ \cdot\ \cdot\ \cdot\ \cdot\ \cdot\ \cdot\ \cdot\ \cdot\ \cdot \\ \cdot\ \cdot\ \cdot\ \cdot\ \cdot\ \cdot\ \cdot\ \cdot\ \cdot \\ u_n = F_n(x, y, z \cdots). \end{array} \right.$$

auf, also n — k überschüssige. Dabei sind die $u_i$ die zu beobachtenden n Größen.

Bezeichnet man die wahrscheinlichsten Werte derselben mit $u'_i$, die wahrscheinlichsten Beobachtungsfehler mit $v_i$ (Widersprüche oder Verbesserungen der Beobachtungsergebnisse), so daß also $v_i = u'_i - u_i$, so ergeben sich die wahrscheinlichsten Werte der gesuchten Größen $x, y, z \cdots$ durch die Bedingung, daß

$$\sum p v^2 = \text{Minimum}.$$

3. Sind speziell die

$$\text{n Beobachtungsgleichungen} \left\{ \begin{array}{l} u_1 = a_1 x + b_1 y + c_1 z + \cdots, \\ \cdot\ \cdot\ \cdot\ \cdot\ \cdot\ \cdot\ \cdot\ \cdot\ \cdot\ \cdot\ \cdot\ \cdot\ \cdot \\ u_n = a_n x + b_n y + c_n z + \cdots, \end{array} \right.$$

so ermittelt man nach der Minimumbedingung die k Unbekannten $x, y, z \cdots$ aus den

$$\text{k End- oder Normalgleichungen}\left\{\begin{array}{l} x\sum pa^2 + y\sum pab + z\sum pac + \cdots = \sum pau', \\ x\sum pba + y\sum pb^2 + z\sum pbc + \cdots = \sum pbu', \\ \vdots \end{array}\right.$$

$$\text{Kontrolle: } \sum pva = 0, \quad \sum pvb = 0, \cdots$$

$$m_i = \pm\sqrt{\frac{\sum pv^2}{p_i(n-k)}}.$$

4. Wurden die einzelnen Beobachtungsgrößen $u_i$ gleichgenau beobachtet, so sind alle p gleich 1 zu setzen.

5. **Bedingte Beobachtung.** Die n beobachteten Größen $x, y \cdots$ sind noch durch andere von einander unabhängige Relationen in Form von $(k < n)$

$$\text{k Bedingungsgleichungen}\left\{\begin{array}{l} F_1(x, y, z \cdots) = 0, \\ F_2(x, y, z \cdots) = 0, \\ \cdots\cdots \\ F_k(x, y, z \cdots) = 0, \end{array}\right.$$

gegenseitig abhängig gemacht; man nennt solche Beobachtungen bedingte. Die beobachteten Größen sollen nun so ausgeglichen werden, daß durch sie die Bedingungsgleichungen erfüllt werden, ebenso die Minimumsbedingung. Die Einsetzung der beobachteten Werte $x', y', z' \cdots$ in die k Bedingungsgleichungen gibt die

$$\text{k Widersprüche}\left\{\begin{array}{l} w_1 = F_1(x', y', z' \cdots), \\ w_2 = F_2(x', y', z' \cdots), \\ \cdots\cdots \\ w_k = F_k(x', y', z' \cdots). \end{array}\right.$$

Die Beobachtungsfehler sind

$$v_1 = x - x', \quad v_2 = y - y', \cdots$$

Die Bedingung $\sum pv^2 =$ Minimum gibt im Verein mit den Widerspruchsgleichungen Anlaß zur Aufstellung von $n + k$ Gleichungen, aus denen man die n Beobachtungsfehler $v_i$, sowie die k neu eingeführten Hilfsunbekannten $\varrho_i$ ermitteln kann. Wenn man mit

$$a_1, a_2, a_3 \cdots \text{ bezeichnet bezw. } \frac{\partial F_1}{\partial x}, \frac{\partial F_1}{dy}, \frac{\partial F_1}{\partial z} \cdots,$$

mit $b_1, b_2 \cdots$ entsprechend $\frac{\partial F_2}{dx}$, $\frac{\partial F_2}{dy} \cdots$ etc., so sind diese Gleichungen die

n Korrelatengleichungen für die $v_i$

$$\left\{\begin{array}{l} p_1 v_1 = \varrho_1 a_1 + \varrho_2 b_1 + \varrho_3 c_1 + \cdots, \\ p_2 v_2 = \varrho_1 a_2 + \varrho_2 b_2 + \varrho_3 c_2 + \cdots, \\ p_3 v_3 = \varrho_1 a_3 + \varrho_2 b_3 + \varrho_3 c_3 + \cdots, \\ \cdots\cdots\cdots\cdots \end{array}\right.$$

und die

k Normalgleichungen für die $\varrho_i$

$$\left\{\begin{array}{l} 0 = w_1 + \varrho_1 \sum \frac{a^2}{p} + \varrho_2 \sum \frac{ab}{p} + \cdots, \\ 0 = w_2 + \varrho_1 \sum \frac{ba}{p} + \varrho_2 \sum \frac{b^2}{p} + \cdots, \\ \cdots\cdots\cdots\cdots \end{array}\right.$$

Kontrolle: $\sum p v^2 + \sum w \varrho = 0.$

$$m_i = \pm \sqrt{\frac{\sum p v^2}{k p_i}}.$$

# IX. Elemente der analytischen Geometrie des Raumes.

## § 106. Raumkoordinaten.

1. Der Winkel von zwei windschiefen Geraden ist der, den zwei zu ihnen Parallele durch einen beliebigen Punkt bilden.

2. Die **Projektion einer Strecke** auf eine Ebene oder Gerade (auch windschiefe) ist gleich dem Produkt aus Originalstrecke mal Kosinus Neigungswinkel.

3. Die Projektion eines geschlossenen Polygons auf eine Gerade ist Null (wenn man den Richtungssinn durch Einführung der Vorzeichen festsetzt; siehe Vektoren).

4. Die Projektion eines ebenen Flächenstückes auf eine andere Ebene ist gleich dem Produkt aus Originalfläche mal Kosinus Neigungswinkel.

5. Zwei Ebenen $\alpha$ und $\beta$ schließen den gleichen Winkel ein, wie zwei zu ihnen senkrechte Gerade a und b.

6. Ein Punkt im Raum hat drei Freiheitsgrade, d. h. durch drei Zahlen ist seine jeweilige Lage fixiert. Diese drei Zahlen nennt man seine Koordinaten.

7. Das in Fig. 46 dargestellte rechtwinklige Koordinatensystem ist ein **Rechtssystem,** d. h. eine Drehung um die z-Axe von der x- nach der y-Axe und eine gleichzeitige Translation in Richtung der positiven z-Axe ist eine Rechtsdrehung. (Rechtsgängige Schraube.)

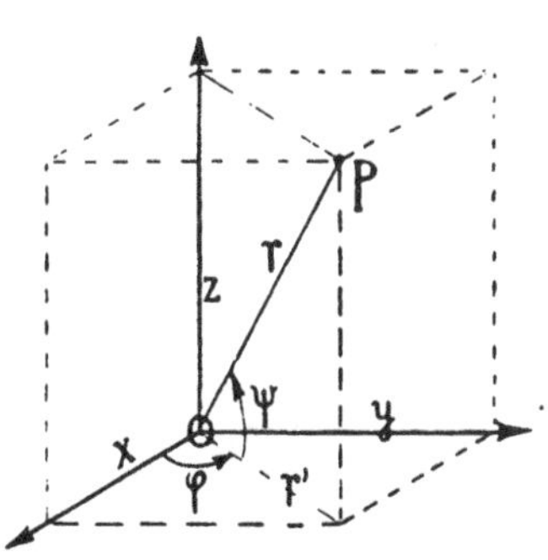

Fig. 46.

8. **Rechtwinklige Koordinaten** des Punktes P sind die Wege vom Anfangspunkt 0 aus nach P

in Richtung der Koordinatenaxen. Oder: rechtwinklige Koordinaten des Punktes P sind die Projektionen des Radiusvektor r auf die drei Axen. (Dem Radiusvektor ist die Richtung von 0 nach P zuzuschreiben).

9. **Zylinderkoordinaten** eines Punktes sind die Zahlen $\varrho$, $\varphi$, z; $\varrho$ ist der Abstand des Punktes von der z-Axe, $\varphi$ und z haben die ursprüngliche Bedeutung (siehe Fig. 46).

Zusammenhang zwischen rechtwinkligen und Zylinderkoordinaten.

$$x = \varrho \cos \varphi, \quad y = \varrho \sin \varphi.$$

10. **Sphärische Koordinaten** eines Punktes sind die aus Fig. 46 zu entnehmenden Zahlen r, $\varphi$, $\psi$. $\varphi$ ist die (geographische) Länge, $\psi$ die (geographische) Breite. Die y-Ebene bildet den Anfangsmeridian, die z-Ebene den Äquator.

Zusammenhang zwischen den rechtwinkligen und sphärischen Koordinaten.

$$x = r \cos \varphi \cos \psi, \quad y = r \sin \varphi \cos \psi, \quad z = r \sin \psi;$$

und $$r = \sqrt{x^2 + y^2 + z^2}, \quad \operatorname{tg} \varphi = \frac{y}{x}, \quad \operatorname{tg} \psi = \frac{z}{\sqrt{x^2 + y^2}}.$$

11. Eine durch einen festen Punkt im Raum gehende Gerade bezw. Ebene hat zwei Freiheitsgrade, d. h. durch zwei Zahlen ist ihre jeweilige Lage bestimmt. Die zwei Zahlen nennt man die Koordinaten der Geraden bezw. Ebene [für eine Geometrie „im Punkt"].

12. **Richtungswinkel einer Geraden** nennt man die Winkel, die sie mit den Koordinatenaxen bildet (zu zählen von den Axen aus).

13. **Richtungswinkel einer Ebene** nennt man die Winkel, die sie mit den Koordinatenebenen bildet (zu zählen von den Ebenen aus).

14. **Richtungsfaktoren** oder **Richtungswerte** einer Geraden oder Ebene nennt man die Kosinusfunktionen der Richtungswinkel. Der kürzeren Darstellung halber schreibt man oft $\alpha$ statt $\cos \alpha$, $\beta$ statt $\cos \beta$ usw.

15. Eine Gerade und eine zu ihr senkrechte Ebene haben gleiche Richtungswinkel, daher auch gleiche Richtungsfaktoren.

16. Wenn der Radiusvektor $r = OP$ die Richtungsfaktoren $\cos\alpha$, $\cos\beta$, $\cos\gamma$ hat, dann sind die Koordinaten von P:

$$x = r\cos\alpha, \quad y = r\cos\beta, \quad z = r\cos\gamma.$$

17. Zwischen den Richtungsfaktoren $\cos\alpha$, $\cos\beta$, $\cos\gamma$ einer Strecke oder einer Geraden oder einer Ebene im Raum besteht die Beziehung

$$\cos^2\alpha + \cos^2\beta + \cos^2\gamma = 1.$$

18. Eine Ebene enthält die Richtung $\cos\alpha$, $\cos\beta$, $\cos\gamma$ heißt, sie ist zu einer Geraden mit diesen Richtungsfaktoren parallel.

19. Die Projektionen der Strecke $P_1P_2$ auf die Koordinatenaxen sind

$$X = x_2 - x_1, \quad Y = y_2 - y_1, \quad Z = z_2 - z_1.$$

20. Die **Entfernung** R der Punkte $P_1P_2$ ist

$$R = \sqrt{X^2 + Y^2 + Z^2} = \sqrt{(x_2 - x_1)^2 + (y_2 - y_1)^2 + (z_2 - z_1)^2}.$$

21. Die Richtungsfaktoren $\cos\alpha$, $\cos\beta$, $\cos\gamma$ der Strecke $P_1P_2$ sind bestimmt durch

$$X = R\cos\alpha, \quad Y = R\cos\beta, \quad Z = R\cos\gamma.$$

22. Der Winkel $\vartheta$ zweier Geraden (oder zweier Ebenen) mit den Richtungsfaktoren $\cos\alpha_1$, $\cos\beta_1$, $\cos\gamma_1$ bezw. $\cos\alpha_2$, $\cos\beta_2$, $\cos\gamma_2$ ist bestimmt durch

$$\cos\vartheta = \cos\alpha_1\cos\alpha_2 + \cos\beta_1\cos\beta_2 + \cos\gamma_1\cos\gamma_2,$$

oder $\sin\frac{\vartheta}{2} = \sqrt{(\cos\alpha_2 - \cos\alpha_1)^2 + (\cos\beta_2 - \cos\beta_1)^2 + (\cos\gamma_2 - \cos\gamma_1)^2}$.

Stehen die beiden Geraden bezw. die beiden Ebenen auf einander senkrecht, so gilt

$$\cos\alpha_1\cos\alpha_2 + \cos\beta_1\cos\beta_2 + \cos\gamma_1\cos\gamma_2 = 0.$$

Sind die beiden Geraden, bezw. die beiden Ebenen parallel, so gilt

$$\cos\alpha_1 = \cos\alpha_2, \quad \cos\beta_1 = \cos\beta_2, \quad \cos\gamma_1 = \cos\gamma_2.$$

23. Ein Punkt P auf der Strecke $P_1P_2$ teilt die Strecke $P_1P_2$. Das **Teilungsverhältnis** $\lambda$ ist definiert durch $\lambda = PP_1 : PP_2$. ($\lambda$ ist negativ für einen innern Teilungspunkt, positiv für einen

äußern zu nehmen.) Wenn gegeben neben den Koordinaten von $P_1$ und $P_2$ auch noch P, dann ist

$$\lambda = \frac{x - x_1}{x - x_2} = \frac{y - y_1}{y - y_2} = \frac{z - z_1}{z - z_2}.$$

Ist neben $P_1$ und $P_2$ noch $\lambda$ gegeben, dann bestimmen sich die Koordinaten des Teilpunktes P durch

$$x = \frac{\lambda x_2 - x_1}{\lambda - 1}, \quad y = \frac{\lambda y_2 - y_1}{\lambda - 1}, \quad z = \frac{\lambda z_2 - z_1}{\lambda - 1}.$$

24. Die Koordinaten des **Mittelpunktes einer Strecke** $P_1P_2$ sind das arithmetische Mittel der Koordinaten der Endpunkte.

25. Die Koordinaten des **Schwerpunktes eines Dreiecks** sind das arithmetische Mittel der Koordinaten der Eckpunkte.

26. Die Koordinaten $\xi$, $\eta$, $\zeta$ des **Schwerpunktes S** eines **Systems von Massenpunkten** $m_1$, $m_2 \cdots$ mit den Koordinaten $x_1|y_1|z_1$ bezw. $x_2|y_2|z_2 \cdots$ sind bestimmt durch

$$M\xi = \sum mx; \quad M\eta = \sum my; \quad M\zeta = \sum mz,$$

wenn $M = \sum m$ die Gesamtmasse.

27. Das Quadrat eines ebenen Flächenstückes ist gleich der Summe der Quadrate der Projektionen auf drei zu einander senkrechte Ebenen.

$$F^2 = F_1^2 + F_2^2 + F_3^2.$$

28. Der Inhalt des **Tetraeders** $OP_1P_2P_3$ ist

$$V = \frac{1}{6} \begin{vmatrix} x_1 & y_1 & z_1 \\ x_2 & y_2 & z_2 \\ x_3 & y_3 & z_3 \end{vmatrix}.$$

29. Der Inhalt des Tetraeders $P_1P_2P_3P_4$ ist

$$V = \frac{1}{6} \begin{vmatrix} x_1 & y_1 & z_1 & 1 \\ x_2 & y_2 & z_2 & 1 \\ x_3 & y_3 & z_3 & 1 \\ x_4 & y_4 & z_4 & 1 \end{vmatrix}.$$

## § 107. **Koordinatentransformation.**

1. Den Übergang von rechtwinkligen zu sphärischen Koordinaten und umgekehrt siehe § 106, 10.

2. **Parallelverschiebung.** Sind x, y, z die alten Koordinaten, x', y', z' die neuen und $P_0 = x_0|y_0|z_0$ der neue Ursprung, so ist

$$x = x' + x_0, \quad y = y' + y_0, \quad z = z' + z_0.$$

3. **Drehung.** Die Axen OX', OY', OZ' des neuen rechtwinkligen Systems bilden mit den alten Axen OX, OY, OZ Winkel, deren Kosinus gegeben sind durch das Schema (abkürzende Bezeichnung $\alpha$ statt $\cos\alpha$ usw.)

| | x | y | z |
|---|---|---|---|
| x' | $\alpha_1$ | $\beta_1$ | $\gamma_1$ |
| y' | $\alpha_2$ | $\beta_2$ | $\gamma_2$ |
| z' | $\alpha_3$ | $\beta_3$ | $\gamma_3$ |

Dann gibt dieses Schema direkt den Zusammenhang zwischen beiden Koordinatensystemen.

$$x' = x\alpha_1 + y\beta_1 + z\gamma_1, \quad x = x'\alpha_1 + y'\alpha_2 + z'\alpha_3,$$
$$y' = x\alpha_2 + y\beta_2 + z\gamma_2, \quad y = x'\beta_1 + y'\beta_2 + z'\beta_3,$$
$$z' = x\alpha_3 + y\beta_3 + z\gamma_3. \quad z = x'\gamma_1 + y'\gamma_2 + z'\gamma_3.$$

Ferner bestehen die Beziehungen

$$\text{a)}\ \alpha_1^2 + \beta_1^2 + \gamma_1^2 = 1, \quad \text{b)}\ \alpha_1^2 + \alpha_2^2 + \alpha_3^2 = 1,$$
$$\alpha_2^2 + \beta_2^2 + \gamma_2^2 = 1, \quad \beta_1^2 + \beta_2^2 + \beta_3^2 = 1,$$
$$\alpha_3^2 + \beta_3^2 + \gamma_3^2 = 1. \quad \gamma_1^2 + \gamma_2^2 + \gamma_3^2 = 1.$$
$$\text{c)}\ \alpha_1\beta_1 + \alpha_2\beta_2 + \alpha_3\beta_3 = 0, \quad \text{d)}\ \alpha_1\alpha_2 + \beta_1\beta_2 + \gamma_1\gamma_2 = 0,$$
$$\beta_1\gamma_1 + \beta_2\gamma_2 + \beta_3\gamma_3 = 0, \quad \alpha_2\alpha_3 + \beta_2\beta_3 + \gamma_2\gamma_3 = 0,$$
$$\gamma_1\alpha_1 + \gamma_2\alpha_2 + \gamma_3\alpha_3 = 0. \quad \alpha_3\alpha_1 + \beta_3\beta_1 + \gamma_3\gamma_1 = 0.$$

4. Drehung und Parallelverschiebung. Superposition der Formeln 2 und 3.

## § 108. **Ebene.**

1. Als x-Ebene oder y-z-Ebene sei bezeichnet die Ebene durch die y- und z-Axe; entspr. y- und z-Ebene.

2. Gleichung der x- bezw. y- und z-Ebene.

$$x = 0; \quad y = 0; \quad z = 0.$$

3. Gleichung einer Parallelebene zur x- bezw. y- und z-Ebene.

$$x = a; \qquad y = b; \qquad z = c.$$

4. Gleichung einer Ebene durch die x- bezw. y- und z-Axe.

$$By + Cz = 0; \quad Ax + Cz = 0; \quad Ax + By = 0.$$

5. Gleichung einer Ebene parallel zur x- bezw. y- und z-Axe.

$$By + Cz + D = 0; \quad Ax + Cz + D = 0; \quad Ax + By + D = 0.$$

6. Ebene durch den Ursprung.

$$Ax + By + Cz = 0.$$

7. **Ebene durch drei gegebene Punkte** $P_1 = x_1|y_1|z_1$, $P_2 = x_2|y_2|z_2$ und $P_3 = x_3|y_3|z_3$.

$$\begin{vmatrix} x & y & z & 1 \\ x_1 & y_1 & z_1 & 1 \\ x_2 & y_2 & z_2 & 1 \\ x_3 & y_3 & z_3 & 1 \end{vmatrix} = 0.$$

8. **Abschnittsgleichung.** Die Ebene schneidet auf den Axen gegebene Stücke a, b, c ab.

$$\frac{x}{a} + \frac{y}{b} + \frac{z}{c} - 1 = 0.$$

9. **Normalgleichung.** Die Ebene soll vom Nullpunkt den Abstand p und die Richtungswerte $\cos\alpha$, $\cos\beta$, $\cos\gamma$ haben.

$$x\cos\alpha + y\cos\beta + z\cos\gamma - p = 0.$$

$\cos\alpha$, $\cos\beta$, $\cos\gamma$ sind natürlich auch die Richtungswerte des Lotes p.

10. **Ebene durch den Punkt $P_0$ mit vorgeschriebenen Richtungswinkeln** $\alpha$, $\beta$, $\gamma$.

$$(x - x_0)\cos\alpha + (y - y_0)\cos\beta + (z - z_0)\cos\gamma = 0.$$

11. **Allgemeine Ebenengleichung.**

$$Ax + By + Cz + D = 0.$$

Die Koeffizienten von x, y, z sind proportional den Richtungswerten der Ebene, so daß diese bestimmt sind aus

$$\cos\alpha : \cos\beta : \cos\gamma : 1 = A : B : C : \pm\sqrt{A^2 + B^2 + C^2};$$

oder
$$\cos\alpha = \varrho A, \quad \cos\beta = \varrho B, \quad \cos\gamma = \varrho C,$$

$$\varrho = \frac{1}{\pm\sqrt{A^2 + B^2 + C^2}}.$$

Das Vorzeichen der Wurzel ist entgegengesetzt dem von D.

12. E ist ein Symbol, eine Abkürzung für $Ax + By + Cz + D$; also ist $E = 0$ die allgemeine Ebenengleichung. Ebenso ist N ein Symbol für $x\cos\alpha + y\cos\beta + z\cos\gamma - p$, also $N = 0$ die Normalgleichung der Ebene.

13. Schnittpunkt $P_0$ dreier Ebenen $E_1 = 0$, $E_2 = 0$, $E_3 = 0$.

$$\left.\begin{aligned} E_1 &\equiv A_1x + B_1y + C_1z + D_1 = 0. \\ E_2 &\equiv A_2x + B_2y + C_2z + D_2 = 0. \\ E_3 &\equiv A_3x + B_3y + C_3z + D_3 = 0. \end{aligned}\right\}$$

$$x_0 : y_0 : z_0 : 1 = \begin{vmatrix} A_1 & B_1 & C_1 & D_1 \\ A_2 & B_2 & C_2 & D_2 \\ A_3 & B_3 & C_3 & D_3 \end{vmatrix}.$$

14. Vier Ebenen $E_1 = 0$, $E_2 = 0$, $E_3 = 0$, $E_4 = 0$ schneiden sich in einem Punkt, wenn die Determinante ihrer Gleichungen verschwindet.

15. **(Neigungs)winkel $\vartheta$ zweier Ebenen** $E_1 = 0$ und $E_2 = 0$.

$$\cos\vartheta = \frac{A_1A_2 + B_1B_2 + C_1C_2}{\pm\sqrt{A_1^2 + B_1^2 + C_1^2}\,\sqrt{A_2^2 + B_2^2 + C_2^2}};$$

$$\operatorname{tg}^2\vartheta = \frac{(A_1B_2 - A_2B_1)^2 + (B_1C_2 - B_2C_1)^2 + (C_1A_2 - C_2A_1)^2}{(A_1A_2 + B_1B_2 + C_1C_2)^2}.$$

$E_1 = 0$ **parallel** zu $E_2 = 0$, wenn $A_1 : B_1 : C_1 = A_2 : B_2 : C_2$ oder

$$A_2 = \varrho A_1, \quad B_2 = \varrho B_1, \quad C_2 = \varrho C_1.$$

Die Gleichungen paralleler Ebenen unterscheiden sich nur durch den konstanten Summanden.

$E_1 = 0$ **senkrecht** zu $E_2 = 0$, wenn $A_1A_2 + B_1B_2 + C_1C_2 = 0$.

16. **Entfernung d des Punktes** $P_0$

a) von der Ebene $x\cos\alpha + y\cos\beta + z\cos\gamma - p = 0$.

$$d = x_0\cos\alpha + y_0\cos\beta + z_0\cos\gamma - p;$$

b) von der Ebene $Ax + By + Cz + D = 0$.

$$d = \frac{Ax_0 + By_0 + Cz_0 + D}{\pm\sqrt{A^2 + B^2 + C^2}}.$$

17. Das **Ebenenbüschel** durch die Schnittgerade der Ebene $E_1 = 0$ mit der Ebene $E_2 = 0$ ist

$$E_1 - \lambda E_2 = 0.$$

Sind die beiden Ebenen in der Normalform $N_1 = 0$ bezw. $N_2 = 0$ gegeben, so stellt der Parameter $\lambda$ in der Büschelgleichung $N_1 - \lambda N_2 = 0$ das Verhältnis der Abstände eines beliebigen Punktes der variablen Ebene von den beiden Grundebenen $N_1 = 0$ und $N_2 = 0$ dar.

18. **Winkelhalbierende Ebene** der beiden (in der Normalform gegebenen) Ebenen $N_1 = 0$ und $N_2 = 0$.

$$N_1 \pm N_2 = 0.$$

19. Haben drei Ebenen $E_1 = 0$, $E_2 = 0$, $E_3 = 0$ die nämliche Gerade gemeinsam, so müssen sich immer drei Zahlen $\lambda_1$, $\lambda_2$, $\lambda_3$ so finden lassen, daß

$$\lambda_1 E_1 + \lambda_2 E_2 + \lambda_3 E_3 = 0.$$

## § 109. Gerade.

1. **Allgemeinste Gleichung einer Geraden.**

$$\left.\begin{matrix} E_1 = 0 \\ E_2 = 0 \end{matrix}\right\}, \quad \text{d. i.} \quad \left\{\begin{matrix} A_1 x + B_1 y + C_1 z + D_1 = 0 \\ A_2 x + B_2 y + C_2 z + D_2 = 0. \end{matrix}\right.$$

Eliminiert man aus einer Gleichung y, aus der andern z, so hat man die gebräuchliche Darstellung

$$\left.\begin{matrix} y = mx + b \\ z = nx + c \end{matrix}\right\}.$$

$$\left.\begin{matrix} y = mx + b \\ z = 0 \end{matrix}\right\} \text{Grundriß}, \quad \left.\begin{matrix} z = nx + c \\ y = 0 \end{matrix}\right\} \text{Seitenriß}.$$

Eliminiert man aber aus der einen Gleichung x, aus der andern y, so ist eine andere gebräuchliche Darstellung

$$\left.\begin{matrix} x = \varrho z + r \\ y = \sigma z + s \end{matrix}\right\}.$$

Die Gerade hat im Raum vier Freiheitsgrade.

2. Die Gleichungen der x- bezw. y- und z-Axe sind

$$\left.\begin{matrix} y = 0 \\ z = 0 \end{matrix}\right\} \text{ bezw. } \left.\begin{matrix} z = 0 \\ x = 0 \end{matrix}\right\} \text{ und } \left.\begin{matrix} x = 0 \\ y = 0 \end{matrix}\right\}.$$

3. Die Geraden parallel zur x- bezw. y- und z-Axe sind

$$\left.\begin{matrix} y = b \\ z = c \end{matrix}\right\} \text{ bezw. } \left.\begin{matrix} z = c \\ x = a \end{matrix}\right\} \text{ und } \left.\begin{matrix} x = a \\ y = b \end{matrix}\right\}.$$

4. Die Geraden parallel zur x- bezw. y- und z-Ebene sind

$$\left.\begin{matrix} x = a \\ E = 0 \end{matrix}\right\} \text{ bezw. } \left.\begin{matrix} y = b \\ E = 0 \end{matrix}\right\} \text{ und } \left.\begin{matrix} z = c \\ E = 0 \end{matrix}\right\}.$$

5. Eine **Gerade durch den Ursprung** hat die Gleichung

$$\left.\begin{matrix} A_1 x + B_1 y + C_1 z = 0 \\ A_2 x + B_2 y + C_2 z = 0 \end{matrix}\right\}, \text{ vereinfacht } \left.\begin{matrix} y = mx \\ z = nx \end{matrix}\right\}.$$

6. Die **Richtungsfaktoren der Geraden**

$$\left.\begin{matrix} E_1 \equiv A_1 x + B_1 y + C_1 z + D_1 = 0 \\ E_2 \equiv A_2 x + B_2 y + C_2 z + D_2 = 0 \end{matrix}\right\} \text{ sind}$$

$$\cos\alpha : \cos\beta : \cos\gamma = \begin{vmatrix} A_1 & B_1 & C_1 \\ A_2 & B_2 & C_2 \end{vmatrix}$$

$$= (B_1 C_2 - B_2 C_1) : (C_1 A_2 - C_2 A_1) : (A_1 B_2 - A_2 B_1).$$

Ist speziell die Gerade dargestellt durch

$$\left.\begin{matrix} y = mx + b \\ z = nx + c \end{matrix}\right\}, \text{ so ist}$$

$$\cos\alpha : \cos\beta : \cos\gamma : 1 = 1 : m : n : \sqrt{1 + m^2 + n^2};$$

und bei der Darstellung

$$\left.\begin{matrix} x = \varrho z + r \\ y = \sigma z + s \end{matrix}\right\} \text{ ist}$$

$$\cos\alpha : \cos\beta : \cos\gamma : 1 = \varrho : \sigma : 1 : \sqrt{\varrho^2 + \sigma^2 + 1}.$$

7. **Gerade durch zwei gegebene Punkte** $P_1$ und $P_2$.

$$x = \frac{\lambda x_2 - x_1}{\lambda - 1}, \quad y = \frac{\lambda y_2 - y_1}{\lambda - 1}, \quad z = \frac{\lambda z_2 - z_1}{\lambda - 1}$$

(Parameterdarstellung durch $\lambda$);

$$\text{oder } \frac{x - x_1}{x_2 - x_1} = \frac{y - y_1}{y_2 - y_1} = \frac{z - z_1}{z_2 - z_1}.$$

8. **Gerade durch Punkt $P_0$ mit vorgeschriebener Richtung.**

$$x = x_0 + \lambda \cos\alpha, \quad y = y_0 + \lambda \cos\beta, \quad z = z_0 + \lambda \cos\gamma$$

(Parameterdarstellung durch $\lambda$);

oder $\frac{x - x_0}{\cos\alpha} = \frac{y - y_0}{\cos\beta} = \frac{z - z_0}{\cos\gamma}$.

9. Die beiden Geraden $\left.\begin{matrix} E_1 = 0 \\ E_2 = 0 \end{matrix}\right\}$ und $\left.\begin{matrix} E_3 = 0 \\ E_4 = 0 \end{matrix}\right\}$ schneiden sich, wenn die Determinante der vier Gleichungen $E_i = 0$ verschwindet.

Die beiden Geraden

$$\left.\begin{matrix} y = mx + b \\ z = nx + c \end{matrix}\right\} \text{ und } \left.\begin{matrix} y = m'x + b' \\ z = n'x + c' \end{matrix}\right\}$$

schneiden sich, wenn

$$(m - m')(c - c') = (n - n')(b - b').$$

10. **Winkel zweier Geraden.** Nach 6 ermittelt man die Richtungsfaktoren $\cos\alpha_1$, $\cos\beta_1$, $\cos\gamma_1$ bezw. $\cos\alpha_2$, $\cos\beta_2$, $\cos\gamma_2$ beider Geraden. Dann ist

$$\cos\vartheta = \cos\alpha_1 \cos\alpha_2 + \cos\beta_1 \cos\beta_2 + \cos\gamma_1 \cos\gamma_2 .$$

Speziell ist der Winkel $\vartheta$ der beiden Geraden

$$\left.\begin{matrix} y = mx + b \\ z = nx + c \end{matrix}\right\} \text{ und } \left.\begin{matrix} y = m'x + b' \\ z = n'x + c' \end{matrix}\right\}$$

bestimmt durch

$$\cos\vartheta = \frac{mm' + nn' + 1}{\sqrt{m^2 + n^2 + 1}\,\sqrt{m'^2 + n'^2 + 1}}.$$

Diese beiden Geraden sind **parallel**, wenn $m = m'$, $n = n'$; sie sind **senkrecht**, wenn $mm' + nn' + 1 = 0$.

11. Die **Parallele** zur Geraden

$$\left.\begin{matrix} A_1 x + B_1 y + C_1 z + D_1 = 0 \\ A_2 x + B_2 y + C_2 z + D_2 = 0 \end{matrix}\right\} \text{ ist } \left.\begin{matrix} A_1 x + B_1 y + C_1 z + D'_1 = 0 \\ A_2 x + B_2 y + C_2 z + D'_2 = 0 \end{matrix}\right\}.$$

Die Gleichungen paralleler Geraden unterscheiden sich nur durch das konstante Glied.

12. **Kürzester Abstand** zweier Geraden. Man legt durch die erste Gerade eine Ebene parallel der zweiten Geraden. Der Abstand dieser Ebene von der zweiten Geraden ist die gesuchte Größe. Speziell haben die beiden Geraden

$$\left.\begin{matrix} y = mx + b \\ z = nx + c \end{matrix}\right\} \text{ und } \left.\begin{matrix} y = m'x + b' \\ z = n'x + c' \end{matrix}\right\}$$

den kürzesten Abstand

$$d = \frac{(n - n')(b - b') - (m - m')(c - c')}{\sqrt{(mn' - m'n)^2 + (m - m')^2 + (n - n')^2}}.$$

## § 110. **Ebene und Gerade.**

1. Ebene durch zwei sich schneidende Gerade $\left.\begin{matrix} E_1 = 0 \\ E_2 = 0 \end{matrix}\right\}$ und $\left.\begin{matrix} E_3 = 0 \\ E_4 = 0 \end{matrix}\right\}$. Sie hat die Gleichung

$$E_1 - \lambda E_2 = 0 \text{ bezw. } E_3 - \mu E_4 = 0.$$

$\lambda$ und $\mu$ müssen sich so bestimmen lassen, daß beide Gleichungen bis auf einen konstanten Faktor identisch werden.

2. Ebene durch zwei parallele Gerade wie 1.

3. Ebene durch eine gegebene Gerade $\left.\begin{matrix} E_1 = 0 \\ E_2 = 0 \end{matrix}\right\}$ parallel einer gegebenen Geraden. Sie hat die Gleichung

$$E_1 - \lambda E_2 = 0,$$

wo $\lambda$ sich aus der Bedingung bestimmen läßt, daß sich die Ebene $E_1 - \lambda E_2 = 0$ und die zweite Gerade im Unendlichen schneiden.

4. Ebene durch die gegebene Gerade $\left.\begin{matrix} E_1 = 0 \\ E_2 = 0 \end{matrix}\right\}$ und einen gegebenen Punkt $P_0$. Sie hat die Gleichung

$$E_1 - \lambda E_2 = 0,$$

wo $\lambda$ sich aus der Bedingung bestimmen läßt, daß $P_0$ die Gleichung $E_1 - \lambda E_2 = 0$ erfüllt.

5. Ebene durch einen gegebenen Punkt $P_0$ parallel zu zwei gegebenen Geraden. Durch $P_0$ lege man zwei Parallele zu den gegebenen Geraden; durch diese zwei ist dann nach 1 die Ebene bestimmt.

6. Ebene durch einen gegebenen Punkt $P_0$ senkrecht zu einer gegebenen Geraden. Die gesuchte Ebene hat die nämlichen Richtungsfaktoren wie die gegebene Gerade. Also § 108, 10.

7. Winkel $\vartheta$ einer gegebenen Ebene $E = 0$ mit einer gegebenen Geraden $\left.\begin{matrix} E_1 = 0 \\ E_2 = 0 \end{matrix}\right\}$. Die Richtungsfaktoren der Ebene sind $\cos\alpha$, $\cos\beta$, $\cos\gamma$ (§ 108, 11), diejenigen der Geraden $\cos\lambda$, $\cos\mu$, $\cos\nu$ (§ 109, 6), dann ist

$$\sin\vartheta = \cos\alpha\cos\lambda + \cos\beta\cos\mu + \cos\gamma\cos\nu .$$

8. Die Gerade $\left.\begin{matrix} E_1 = 0 \\ E_2 = 0 \end{matrix}\right\}$ liegt in der Ebene $E = 0$, wenn sich $E = 0$ auf die Form $E_1 - \lambda E_2 = 0$ bringen läßt.

9. Die Gerade $\left.\begin{matrix} E_1 = 0 \\ E_2 = 0 \end{matrix}\right\}$ ist parallel der Ebene $E = 0$, wenn sich $E = 0$ auf die Form $E_1 - \lambda E_2 + c = 0$ bringen läßt (oder wenn der Schnittpunkt beider im Unendlichen liegt).

# X. Elemente der Theorie der Flächen und Raumkurven.

## § 111. Allgemeine Definitionen.

1. Der Punkt hat im Raum drei Freiheitsgrade. Jede Relation zwischen den laufenden Koordinaten x, y, z dieses Punktes nimmt ihm einen Freiheitsgrad. Eine Gleichung schreibt ihm eine Bewegung von zwei Freiheitsgraden, d. i. eine Bewegung auf einer Fläche vor; zwei Gleichungen schreiben ihm eine Bewegung von zwei Freiheitsgraden, d. i. eine Bewegung auf einer Kurve vor; drei Gleichungen nehmen ihm jede Bewegungsmöglichkeit, definieren ihm also eine feste Lage. (Siehe § 77.)

2. Eine **Fläche** wird also dargestellt

a) durch eine einzige Gleichung zwischen x, y und z

$$F(x, y, z) = 0 \text{ oder explizit } z = f(x, y);$$

b) durch zwei Gleichungen mit einem Parameter

$$\left.\begin{array}{l} F(x, y, z, t) = 0 \\ G(x, y, z, t) = 0 \end{array}\right\};$$

c) durch drei Gleichungen mit zwei Parametern

$$\left.\begin{array}{l} x = \varphi(u, v) \\ y = \psi(u, v) \\ z = \chi(u, v) \end{array}\right\};$$

d) durch n Gleichungen mit n — 1 Parametern. Die Beseitigung der Parameter erzeugt die Darstellung a. Umgekehrt kann man von der Form a auf die andern übergehen durch Einführung von passend gewählten, sonst aber willkürlichen Parametern.

3. Gleichung einer **Flächenschar** (= Flächensystem).

$$F(x, y, z, C) = 0 \text{ oder } z = f(x, y, C) \text{ usw.}$$

4. Eine **Kurve** (ebene oder räumliche) kann auch als Schnitt zweier Flächen betrachtet werden, hat also zu ihrer Darstellung notwendig (siehe 1)

a) zwei Gleichungen

$$\left.\begin{array}{r} F(x, y, z) = 0 \\ G(x, y, z) = 0 \end{array}\right\};$$

b) drei Gleichungen mit einem Parameter

$$\left.\begin{array}{l} x = \varphi(t) \\ y = \psi(t) \\ z = \chi(t) \end{array}\right\};$$

c) n Gleichungen mit n — 2 Parametern. Die Beseitigung der Parameter erzeugt die Darstellung a. Umgekehrt geht man zur Darstellung b durch Einführung eines Parameters über.

5. Die Gleichung 2b oder 2c läßt die Fläche als eine Kurvenschar auffassen.

6. Ein **Punkt** entsteht durch den Schnitt dreier Flächen, hat also zur Darstellung drei Gleichungen notwendig (siehe 1).

$$\left.\begin{array}{r} F(x, y, z) = 0 \\ G(x, y, z) = 0 \\ H(x, y, z) = 0 \end{array}\right\} \text{ bestimmt und liefert eine endliche Anzahl von Punkten.}$$

7. Ist die z-Axe vertikal im Raum stehend gedacht (relativ zum Beobachter), so nennt man jede zu ihr senkrechte Ebene eine **Horizontal-** oder **Niveauebene.** Die Schnitte solcher Ebenen mit einer Fläche bezeichnet man als deren **Horizontalschnitte,** auch als **Niveaulinien, Niveaukurven** usw.

Gleichung einer Niveaukurve

$$\left.\begin{array}{r} F(x, y, z) = 0 \\ z = C \end{array}\right\} \text{ (siehe auch § 114).}$$

8. Die Schnitte der Fläche $F(x, y, z) = 0$ mit den Koordinatenebenen sind dargestellt durch

$$\left.\begin{array}{r} F(x, y, z) = 0 \\ x = 0 \end{array}\right\} \text{ bezw. } \left.\begin{array}{r} F(x, y, z) = 0 \\ y = 0 \end{array}\right\} \text{ und } \left.\begin{array}{r} F(x, y, z) = 0 \\ z = 0 \end{array}\right\}.$$

9. Eine Fläche heißt von der $n^{ten}$ Ordnung, wenn sie von jeder Ebene in einer Kurve $n^{ter}$ Ordnung geschnitten wird.

10. Eine Gleichung $n^{ten}$ Grades in x, y und z stellt eine Fläche $n^{ter}$ Ordnung dar.

11. Eine Raumkurve (= doppelt gekrümmte Kurve) heißt von der $n^{ten}$ Ordnung, wenn sie von jeder Ebene in n Punkten geschnitten wird.

12. Eine Fläche $m^{ter}$ und eine solche $n^{ter}$ Ordnung schneiden sich in einer Raumkurve $mn^{ter}$ Ordnung.

13. Eine Flächenschar heißt **Flächenbüschel**, wenn allen Flächen die gleiche Schnittkurve gemeinsam ist. Die Gleichung des Flächenbüschels durch die Kurve

$$\left.\begin{array}{l} F \equiv F(x, y, z) = 0 \\ G \equiv G(x, y, z) = 0 \end{array}\right\} \quad \text{ist} \quad F - \lambda G = 0.$$

14. Eine Fläche heißt von der $m^{ten}$ Klasse, wenn es durch jede Gerade im Raum m Tangentialebenen an die Fläche gibt.

15. Eine Fläche $n^{ter}$ Ordnung ist von der Klasse

$$m = n(n-1)^2.$$

16. Die Flächen zweiter Ordnung sind von der zweiten Klasse (und umgekehrt).

## § 112. Erzeugung der Flächen.

1. **Gleichung einer Fläche,** allgemein eines geometrischen Gebildes, ist die analytisch ausgedrückte Eigenschaft des die Fläche erzeugenden Elementes.

2. Jede Fläche läßt sich dadurch entstanden denken, daß eine deformierbare (oder nicht deformierbare, also stets kongruente) Kurve auf mehreren gegebenen festen Kurven gleitet; sie kann auch aus einer anderen Fläche durch Deformation entstanden sein.

3. **Linienflächen** oder **Regelflächen** heißen solche Flächen, die durch eine bewegliche Gerade erzeugt werden. Man teilt sie ein in **abwickelbare** und nichtabwickelbare oder gekrümmte, windschiefe Regelflächen. Zwei unendlich be-

nachbarte Gerade einer abwickelbaren Regelfläche schneiden sich; zwei unendlich benachbarte Gerade einer nicht abwickelbaren Regelfläche sind windschief.

Die bewegliche Gerade heißt **Erzeugende**, die festen Kurven, auf denen sie gleitet, heißen **Leitlinien.**

Wie durch eine stetige Aufeinanderfolge von Geraden, so ist auch durch eine stetige Folge von Ebenen bezw. durch deren Schnittgerade eine Regelfläche definiert; die aufeinanderfolgenden Schnittgeraden schneiden sich, die erzeugte Fläche ist also abwickelbar.

4. Die **Zylinderflächen** sind spezielle abwickelbare Regelflächen. Die Erzeugende bleibt stets parallel, hat also die Gleichung

$$\left.\begin{array}{l} y = mx + u \\ z = nx + v \end{array}\right\} \text{ bezw. } \left.\begin{array}{l} A_1x + B_1y + C_1z - u = 0 \\ A_2x + B_2y + C_2z - v = 0 \end{array}\right\}.$$

Die Leitlinie ist eine beliebige Kurve

$$\left.\begin{array}{l} F(x, y, z) = 0 \\ G(x, y, z) = 0 \end{array}\right\}.$$

Die Zylinderfläche hat die Gleichung $\Phi(u, v) = 0$, wo $\Phi$ das Eliminationsresultat von x, y, z aus den vier Gleichungen für die Leitlinie und die Erzeugende ist. Also Gleichung der verlangten Zylinderfläche

$$\Phi(y - mx, z - nx) = 0$$

bezw. $$\Phi(A_1x + B_1y + C_1z, A_2x + B_2y + C_2z) = 0.$$

5. Fehlt in einer Flächengleichung x, so stellt die Gleichung $F(y, z) = 0$ einen Zylinder parallel zur x-Axe vor. Entsprechend wenn y oder z fehlt.

6. Die **Kegelflächen** sind spezielle abwickelbare Regelflächen. Die Erzeugende geht stets durch einen festen Punkt $P_0$, hat also die Gleichung

$$\left.\begin{array}{l} y - y_0 = m(x - x_0) \\ z - z_0 = n(x - x_0) \end{array}\right\}.$$

Die Leitlinie ist eine beliebige Kurve $\left.\begin{array}{l} F(x, y, z) = 0 \\ G(x, y, z) = 0 \end{array}\right\}$. Die Kegelfläche hat die Gleichung $\Phi(m, n) = 0$, wo $\Phi$ das Eliminationsresultat von x, y, z aus den vier Gleichungen für die

Erzeugende und die Leitlinie ist. Also Gleichung der verlangten Kegelfläche

$$\Phi\left(\frac{y - y_0}{x - x_0}, \frac{z - z_0}{x - x_0}\right) = 0.$$

7. Eine in den Variablen homogene Gleichung stellt einen Kegel mit der Spitze im Ursprung vor.

8. Die **Konoidflächen** sind spezielle nicht abwickelbare Regelflächen. Die Erzeugende schneidet stets eine gegebene Gerade, die Direktrix oder Leitgerade, und bleibt auf einer gegebenen Kurve, der Leitlinie, gleitend einer gegebenen Ebene, der Leitebene, parallel.

Gleichung der Leitgeraden $\left.\begin{matrix} y = mx + b \\ z = nx + c \end{matrix}\right\}.$

Gleichung der Leitebene $Ax + By + Cz = 0.$

Gleichung der Leitkurve $\left.\begin{matrix} F(x, y, z) = 0 \\ G(x, y, z) = 0 \end{matrix}\right\}.$

Gleichung der Erzeugenden $\left.\begin{matrix} y = \mu x + \beta \\ z = \nu x + \gamma \end{matrix}\right\}.$

Zwei der unbekannten Größen $\mu$, $\nu$, $\beta$, $\gamma$, etwa $\beta$ und $\gamma$, sind durch die oben gegebenen Bedingungen bestimmt, d. i. durch

$$(m - \mu)(c - \gamma) = (b - \beta)(n - \nu), \cdots \text{§ } 109.9,$$

$$A + B\mu + C\nu = 0, \cdots\cdots\cdots \text{§ } 110.9,$$

nach den andern, hier $\mu$ und $\nu$, ausdrückbar.

Die Konoidfläche hat die Gleichung $\Phi(\mu, \nu) = 0$, wo $\Phi$ das Eliminationsresultat von x, y, z aus den vier Gleichungen für die Erzeugende und die Leitkurve ist.

9. Macht man zur Erzeugung der Konoidflächen die Leitgerade zur z-Axe, die Leitebene zur z-Ebene, so wird die Gleichung der Leitgeraden $\left.\begin{matrix} x = 0 \\ y = 0 \end{matrix}\right\}$, die der Leitebene $z = 0$, die der Leitlinie $\left.\begin{matrix} F = 0 \\ G = 0 \end{matrix}\right\}$ und die der Erzeugengen $\left.\begin{matrix} y = mx \\ z = c \end{matrix}\right\}$. Die Konoidfläche hat die Gleichung $\Phi(m, c) = 0$, wo $\Phi$ das Eliminationsresultat von x, y, z aus den vier Gleichungen der Er-

zeugenden und der Leitkurve ist. Also Gleichung der verlangten Konoidfläche

$$\Phi\left(z, \frac{y}{x}\right) = 0 \quad \text{oder} \quad z = \varphi\left(\frac{y}{x}\right).$$

10. Die **Schraubenfläche** ist eine spezielle Konoidfläche. Ihre Leitkurve ist die **Schraubenlinie**

$$x = a \cos t, \quad y = a \sin t, \quad z = \frac{h t}{2\pi} = c t.$$

Dabei ist a der Radius des Schraubenzylinders, h die Ganghöhe der Schraubenlinie; Leitgerade ist die z-Axe, Leitebene die z-Ebene. Gleichung der Schraubenfläche

$$\frac{y}{x} = \operatorname{tg}\frac{z}{c} \quad \text{oder} \quad z = c \operatorname{arctg}\frac{y}{x}.$$

11. **Rotationsflächen** entstehen dadurch, daß ein sich stets parallel bleibender Kreis mit veränderlichem Radius längs einer Kurve so gleitet, daß der Kreismittelpunkt auf einer zur Kreisebene vertikalen Geraden (= Drehaxe) sich bewegt. Die Gleichung der Leitkurve bezw. der Drehaxe ist

$$\left.\begin{array}{l} F(x, y, z) = 0 \\ G(x, y, z) = 0 \end{array}\right\} \text{bezw.} \left.\begin{array}{l} E_1 = 0 \\ E_2 = 0 \end{array}\right\}.$$

Letztere hat die Richtungskoeffizienten $\cos\alpha$, $\cos\beta$, $\cos\gamma$ und die Spur $P_0 = x_0|y_0|0$ in der z-Ebene. Die Erzeugende (= der Parallelkreis) ist der Schnitt einer Kugel um $P_0$ mit dem variablen Radius r und einer zur Drehaxe vertikalen Ebene mit dem variablen Abstand p vom Ursprung, hat also die Gleichung

$$\left.\begin{array}{l} (x - x_0)^2 + (y - y_0)^2 + z^2 - r^2 = 0 \\ x \cos\alpha + y \cos\beta + z \cos\gamma - p = 0 \end{array}\right\}.$$

Die Rotationsfläche hat die Gleichung $\Phi(r, p) = 0$, wo $\Phi$ das Eliminationsresultat von x, y, z aus den vier Gleichungen der Erzeugenden und der Leitkurve ist, also

$$\Phi[(x - x_0)^2 + (y - y_0)^2 + z^2, \quad x \cos\alpha + y \cos\beta + z \cos\gamma] = 0.$$

12. Ist speziell die z-Axe die Drehaxe, so wird die Gleichung der Leitkurve bezw. der Drehaxe

$$\left.\begin{array}{l} F(x, y, z) = 0 \\ G(x, y, z) = 0 \end{array}\right\} \text{bezw.} \left.\begin{array}{l} x = 0 \\ y = 0 \end{array}\right\},$$

die der Erzeugenden

$$\left.\begin{array}{r} x^2 + y^2 + z^2 = r^2 \\ z = p \end{array}\right\} \text{ oder } \left.\begin{array}{r} x^2 + y^2 = u \\ z = v \end{array}\right\},$$

also die Gleichung der Rotationsfläche $\Phi(u, v) = 0$, wo $\Phi$ das Eliminationsresultat von $x$, $y$, $z$ aus den vier Gleichungen der Erzeugenden und der Leitkurve ist, also

$$\Phi(x^2 + y^2, z) = 0.$$

13. Die Rotationsflächen kann man sich auch entstanden denken durch Rotation einer ebenen Kurve um eine Axe. Dann sind alle Meridiane kongruent mit dieser Kurve. Hat dieselbe in einem ebenen rechtwinkligen Koordinatensystem die Gleichung $F(x, y) = 0$, so hat bei Rotation um die y-Axe, die beim Übergang zum Raumsystem als z-Axe bezeichnet wird, jeder Meridian als ebene Kurve betrachtet die Gleichung

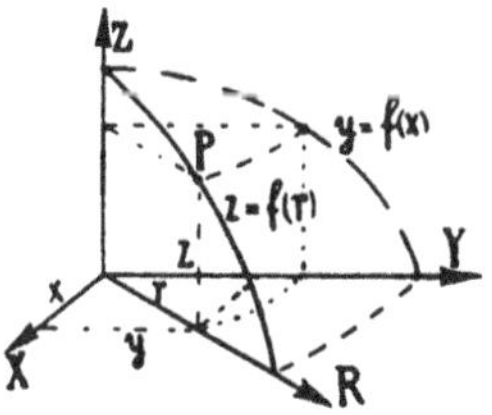

Fig. 47.

$$F(r, z) = 0,$$

wenn $r = \sqrt{x^2 + y^2}$ der Abstand des laufenden Punktes von der Rotationsaxe ist. Also Gleichung der Rotationsfläche

$$F\left(\sqrt{x^2 + y^2}, z\right) = 0.$$

14. Bei Rotation um die x-Axe, im Raum z-Axe genannt, wird die Gleichung des Meridians $F(z, r) = 0$, also die Gleichung der Rotationsfläche

$$F\left(z, \sqrt{x^2 + y^2}\right) = 0.$$

## § 113. Annäherungsfläche.

1. In der Umgebung des Flächenpunktes $P_0 = x_0|y_0|z_0$ läßt sich die Fläche $F(x, y, z) = 0$ ersetzen durch

$$\begin{aligned} F(x, y, z) = & \frac{1}{1!}[(x - x_0)F_1 + (y - y_0)F_2 + (z - z_0)F_3] \\ & + \frac{1}{2!}[(x - x_0)^2 F_{11} + 2(x - x_0)(y - y_0)F_{12} + (y - y_0)^2 F_{22} \\ & + 2(x - x_0)(z - z_0)F_{13} + 2(y - y_0)(z - z_0)F_{23} \\ & + (z - z_0)^2 F_{33}] + \frac{1}{3!}[\;] + \cdots \end{aligned}$$

oder in symbolischer Schreibweise (§ 51. 5)

$$F(x, y, z) = \frac{1}{1!}[(x - x_0) F_1 + (y - y_0) F_2 + (z - z_0) F_3]$$

$$+ \frac{1}{2!}[(x - x_0) F_1 + (y - y_0) F_2 + (z - z_0) F_3]^{(2)} + \cdots .$$

$F_1, F_2, F_3, F_{11}$ usw. sind ebenso wie die noch folgenden $f_1, f_2$ usw. die partiellen Ableitungen von $F(x, y, z)$ bezw. $f(x, y)$ an der Stelle $P_0 = x_0 | y_0 | z_0$.

2. Die explizite Darstellung $z = f(x, y)$ ergibt die Annäherungsfläche

$$z - z_0 = \frac{1}{1!}[(x - x_0) f_1 + (y - y_0) f_2] + \frac{1}{2!}[(x - x_0)^2 f_{11}$$

$$+ 2(x - x_0)(y - y_0) f_{12} + (y - y_0)^2 f_{22}] + \frac{1}{3!}[\ ] + \cdots$$

oder in symbolischer Schreibweise

$$z - z_0 = \frac{1}{1!}[(x - x_0) f_1 + (y - y_0) f_2]$$

$$+ \frac{1}{2!}[(x - x_0) f_1 + (y - y_0) f_2]^{(2)} + \cdots .$$

3. Je später man abbricht, desto genauer schmiegt sich die Annäherungsfläche an die gegebene Fläche an. Die Annäherung ersten Grades ist die Tangentialebene. Eine beliebige Fläche ist durch Diskussion der Annäherung zweiten Grades in der betrachteten Umgegend hinreichend genau diskutiert.

4. Nach der **Mongeschen Bezeichnungsweise** ist

$$p = f_1, \quad q = f_2, \quad r = f_{11}, \quad s = f_{12}, \quad t = f_{22}.$$

5. Die **Tangentialebene** im Punkt $P_0 = x_0 | y_0 | z_0$ ist

a) für die Fläche $F(x, y, z) = 0$

$$(x - x_0) F_1 + (y - y_0) F_2 + (z - z_0) F_3 = 0;$$

b) für die Fläche $z = f(x, y)$

$$z - z_0 = (x - x_0) f_1 + (y - y_0) f_2$$

oder

$$z - z_0 = (x - x_0) p + (y - y_0) q.$$

6. In einem **Knotenpunkt** $P_0$ existiert keine Annäherungsfläche ersten Grades, d. h. in $P_0$ gibt es unendlich viele Tan-

gentialebenen. Die erste Annäherungsfläche ist vom zweiten Grad, ein Tangentialkegel, umhüllt von den unendlich viel Tangentialebenen. $P_0$ ist ein Knotenpunkt, wenn für ihn gilt:

$$F_1 = 0, \quad F_2 = 0, \quad F_3 = 0, \quad F = 0.$$

Die Gleichung des Tangentialkegels ist symbolisch

$$[(x - x_0) F_1 + (y - y_0) F_2 + (z - z_0) F_3]^{(2)} = 0.$$

7. In einem gewöhnlichen Punkt $P_0 = x_0|y_0|z_0$ einer Fläche sind die **Richtungskoeffizienten der Fläche,** also der Tangentialebene und damit der Flächennormalen,

a) für die Fläche $F(x, y, z) = 0$

$$\cos\alpha = \varrho F_1, \quad \cos\beta = \varrho F_2, \quad \cos\gamma = \varrho F_3,$$

wobei der Proportionalitätsfaktor $\varrho = 1 : \sqrt{F_1^2 + F_2^2 + F_3^2}$;

b) für die Fläche $z = f(x, y)$

$$\cos\alpha = \varrho f_1, \quad \cos\beta = \varrho f_2, \quad \cos\gamma = -\varrho,$$

oder $$\cos\alpha = \varrho p, \quad \cos\beta = \varrho q, \quad \cos\gamma = -\varrho,$$

wobei $\varrho = 1 : \sqrt{f_1^2 + f_2^2 + 1} = 1 : \sqrt{p^2 + q^2 + 1}$.

8. Die **Normale** in $P_0 = x_0|y_0|z_0$ hat die Gleichung

a) für die Fläche $F(x, y, z) = 0$

$$x - x_0 = \varrho F_1, \quad y - y_0 = \varrho F_2, \quad z - z_0 = \varrho F_3$$

oder

$$\frac{x - x_0}{F_1} = \frac{y - y_0}{F_2} = \frac{z - z_0}{F_3};$$

b) für die Fläche $z = f(x, y)$

$$x - x_0 = \varrho f_1, \quad y - y_0 = \varrho f_2, \quad z - z_0 = -\varrho$$

oder

$$\frac{x - x_0}{f_1} = \frac{y - y_0}{f_2} = \frac{z - z_0}{-1}$$

bezw.

$$\frac{x - x_0}{p} = \frac{y - y_0}{q} = \frac{z - z_0}{-1}.$$

## § 114. **Diskussion von Flächen und Kurven.**

1. Eine beliebige Fläche ist in der Umgebung des untersuchten Punktes genau genug durch Angabe von Tangentialebene und Normale und der Annäherungsfläche zweiten Grades bestimmt. Über letztere sehe man noch § 116 u. f.

Eine Raumkurve ist mit der Darstellung zweier ihrer Projektionen auf die Koordinatenebenen selbst dargestellt.

2. Die **Projektion der Raumkurve** $\left.\begin{matrix} F(x, y, z) = 0 \\ G(x, y, z) = 0 \end{matrix}\right\}$ auf die z-Ebene ist der Schnitt dieser Ebene mit dem **Projektionszylinder.** Die Elimination von z aus $F = 0$ und $G = 0$ liefert dessen Gleichung $f(x, y) = 0$, so daß die Projektion auf die z-Ebene ist

$$\left.\begin{matrix} f(x, y) = 0 \\ z = 0 \end{matrix}\right\}.$$

Entsprechend erhält man die Projektionen auf die x- und y-Ebene.

3. Die **Umrißkurve, Kontur, Konturkurve** (siehe 8) einer Fläche $F(x, y, z) = 0$ in der z-Richtung hat die Gleichung

$$\left.\begin{matrix} F = 0 \\ F_3 = 0 \end{matrix}\right\}.$$

Der **Tangentialzylinder** oder **Umrißzylinder** an die Fläche $F = 0$ in der z-Richtung hat die Gleichung $f(x, y) = 0$, wo f das Eliminationsresultat von z aus $F = 0$ und $F_3 = 0$ ist. Dann ist die **Umrißprojektion** oder Konturprojektion dieser Fläche $F(x, y, z) = 0$ auf die z-Ebene

$$\left.\begin{matrix} f(x, y) = 0 \\ z = 0 \end{matrix}\right\}.$$

Entsprechend findet man die Konturen usw. in der x- und y-Richtung.

4. Die **Tangente an eine Raumkurve** $\left.\begin{matrix} F(x, y, z) = 0 \\ G(x, y, z) = 0 \end{matrix}\right\}$ im Punkt $P_0 = x_0 | y_0 | z_0$ derselben ist die Schnittgerade der beiden Tangentialebenen an die beiden Flächen $F = 0$ und $G = 0$ im Punkt $P_0$ (siehe auch § 121).

5. Eine Fläche ist **symmetrisch** zur z-Ebene, wenn das Vorzeichen von z belanglos ist. Entsprechend bei Symmetrie zur x- oder y-Ebene.

6. **Mittelpunkt** einer Fläche ist derjenige Punkt, in dem alle Sehnen der Fläche halbiert werden. Der Ursprung ist Mittelpunkt der Fläche, falls mit $a|b|c$ auch $-a|-b|-c$ die Flächengleichung befriedigt.

7. Eine Fläche hat eine **Horizontalstelle** in $P_0 = x_0|y_0|z_0$, wenn für diesen Punkt $F_1 = 0$, $F_2 = 0$. (Der Beschauer sieht die z-Axe vertikal.)

8. Die Fläche hat eine **Vertikalstelle** in $P_0 = x_0|y_0|z_0$, wenn für diesen Punkt $F_3 = 0$. Der geometrische Ort der unendlich vielen Vertikalstellen einer Fläche heißt ihre **Kontur** in der z-Richtung, wenn der Beschauer die z-Axe vertikal sieht (siehe 3).

9. Der Schnitt der Kurve $\left.\begin{matrix} F(x, y, z) = 0 \\ G(x, y, z) = 0 \end{matrix}\right\}$ mit der Fläche $H(x, y, z) = 0$ liefert $m \cdot n \cdot r$ Punkte, falls F bezw. G und H vom $m^{ten}$, $n^{ten}$, $r^{ten}$ Grad in den Variabeln sind.

10. Die partiellen Ableitungen p und q an der Stelle $P_0 = x_0|y_0|z_0$ sind die Richtungen $\operatorname{tg}\alpha$ und $\operatorname{tg}\beta$ der durch den Flächenpunkt $P_0$ parallel zur x- und y-Ebene gelegten Profile, $\alpha$ und $\beta$ selbst als Richtungswinkel der Profilkurven in den bez. Ebenen vorausgesetzt.

11. Die durch den Punkt $P_0$ gelegte Horizontalebene (Fig. 48) schneidet die Horizontal- oder Niveaukurve I aus der Fläche aus. Durch die Schnittgerade II der Horizontal- und Tangentialebene ist die **Streichrichtung** der Fläche im Punkt $P_0$ bestimmt. Die zu beiden Ebenen senkrechte **Profilebene** schneidet aus der Fläche das **Flächenprofil** III, aus der Tangentialebene die Fallrichtung IV aus. Die Schnittgerade von Horizontal- und Profilebene ist V.

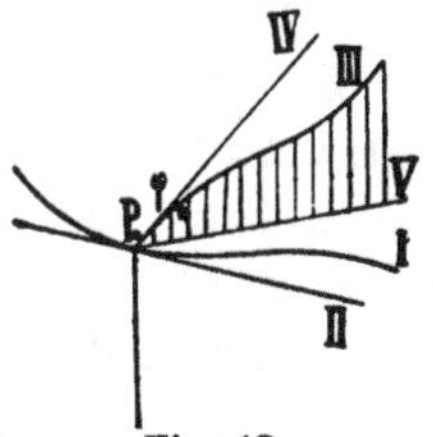

Fig. 48.

12. **Böschungswinkel** $\varphi$ ist der Winkel von der Horizontal- zur Tangentialebene. Die **Böschung** $\operatorname{tg}\varphi$ der Fläche an der Stelle $P_0$ ist bestimmt durch

$$\operatorname{tg}\varphi = \sqrt{p^2 + q^2}.$$

## § 115. Krümmung einer Fläche.

1. Eine Fläche zweiten Grades wird von jeder Tangentialebene in einem reellen oder imaginären Geradenpaar geschnitten. Der Schnittpunkt dieses Paares ist der Berührpunkt.

2. Eine Fläche höherer Ordnung wird von der Tangentialebene nach einer reellen oder imaginären Kurve geschnitten. Durch den Berührpunkt gehen zwei Äste der Kurve. Ist die Schnittkurve in der Umgebung des Punktes $P_0$ reell, so ist der Berührpunkt ein gewöhnlicher Doppelpunkt oder ein Rückkehrpunkt (= Spitze) dieser Kurve; ist sie imaginär, so ist der Berührpunkt ein isolierter Punkt.

3. Eine der Tangentialebene unendlich benachbarte Ebene, die **Indikatrixebene**, schneidet die Annäherungsfläche zweiten Grades nach einem Kegelschnitt, der **Indikatrix**. Die zu untersuchende Fläche selbst wird durch diese Ebene nach einer Kurve geschnitten, für welche die Indikatrix die Annäherung zweiten Grades ist.

4. Die untersuchte Fläche ist im Punkt $P_0$ **elliptisch gekrümmt**, wenn die Indikatrix eine Ellipse ist. Die Tangentialebene, die in der nächsten Umgebung von $P_0$ auf der nämlichen Seite der Fläche liegt, schneidet die Fläche nach einer imaginären Kurve, für die der Berührpunkt ein isolierter Punkt ist.

5. Die untersuchte Fläche ist im Punkt $P_0$ **hyperbolisch gekrümmt**, wenn die Indikatrix eine Hyperbel ist. Die Tangentialebene, die in der nächsten Umgebung von $P_0$ auf beiden Seiten der Fläche liegt, schneidet die Fläche nach einer reellen Kurve, für die der Berührpunkt ein gewöhnlicher Doppelpunkt ist.

6. Die untersuchte Fläche ist im Punkt $P_0$ **parabolisch gekrümmt**, wenn die Indikatrix eine Parabel ist. Die Tangentialebene berührt die Fläche in der Umgebung von $P_0$ längs einer Kurve, für welche $P_0$ ein Rückkehrpunkt (= Spitze) ist.

7. Die Fläche

$$F(x, y, z) = 0 \quad | \quad z = f(x, y)$$

ist in der Umgebung des Punktes $P_0$ **hyperbolisch, elliptisch oder parabolisch gekrümmt**, je nachdem

$$D = \begin{vmatrix} F_{11} & F_{12} & F_{13} & F_1 \\ F_{21} & F_{22} & F_{23} & F_2 \\ F_{31} & F_{32} & F_{33} & F_3 \\ F_1 & F_2 & F_3 & 0 \end{vmatrix} \qquad D = s^2 - rt$$

größer, kleiner oder gleich Null ist.

8. Die **parabolische Kurve** einer Fläche trennt das Gebiet hyperbolischer Krümmung vom Gebiet elliptischer Krümmung. In allen Punkten dieser Kurve ist die Krümmung parabolisch. Ihre Gleichung ist

$$\left.\begin{aligned} F(x, y, z) &= 0 \\ D &= 0 \end{aligned}\right\}.$$

9. Das Maß der Krümmung siehe § 124.

## § 116. Allgemeine Fläche zweiter Ordnung.

1. Die Fläche zweiter Ordnung wird von jeder Ebene nach einem Kegelschnitt und von jeder Geraden in zwei Punkten geschnitten. Von jeder Geraden aus gibt es zwei Tangentialebenen an die Fläche. Eine Fläche zweiter Ordnung ist durch neun Bestimmungsstücke (neun Punkte, neun Berührebenen usw.) ein- oder mehrdeutig bestimmt.

2. Die **allgemeinste Gleichung** der Fläche zweiter Ordnung ist

$$a_{11}x^2 + 2a_{12}xy + a_{22}y^2 + 2a_{13}xz + 2a_{23}yz + a_{33}z^2 \\ + 2a_{14}x + 2a_{24}y + 2a_{34}z + a_{44} = 0;$$

oder falls man durch Einführung einer vierten Variabeln $w = 1$ die Gleichung formell homogen macht,

$$S \equiv a_{11}x^2 + 2a_{12}xy + a_{22}y^2 + 2a_{13}xz + 2a_{23}yz + a_{33}z^2 \\ + 2a_{14}xw + 2a_{24}yw + 2a_{34}zw + a_{44}w^2 = 0$$

Von dieser homogenen Darstellung kann man in jedem Augenblick zur unhomogenen zurückkehren, indem man $w = 1$ setzt.

3. Eine Fläche zweiter Ordnung ist hinreichend diskutiert, sobald man von ihr angegeben hat

a) die Art: ob Ellipsoid usw.,

b) ihre Eigenschaften: Lage des Mittelpunktes bezw. des Scheitels, Richtung und Größe der Axen usw.,

c) ihre einfachste Gleichung.

Diese Angaben ermöglichen sich mit Hilfe der **Diskriminante** A der Flächengleichung $S = 0$.

$$A = \begin{vmatrix} a_{11} & a_{12} & a_{13} & a_{14} \\ a_{21} & a_{22} & a_{23} & a_{24} \\ a_{31} & a_{32} & a_{33} & a_{34} \\ a_{41} & a_{42} & a_{43} & a_{44} \end{vmatrix}.$$

4. Seien die Formen S, Q, R bezw. definiert: S wie in 2;

$$R = a_{11}x_0^2 + 2a_{12}x_0y_0 + a_{22}y_0^2 + 2a_{13}x_0z_0 + 2a_{23}y_0z_0 + a_{33}z_0^2 + 2a_{14}x_0w_0 + 2a_{24}y_0w_0 + 2a_{34}z_0w_0 + a_{44}w_0^2;$$

$$\begin{aligned} 2Q &= 2x(a_{11}x_0 + a_{12}y_0 + a_{13}z_0 + a_{14}w_0) + 2y(a_{21}x_0 + a_{22}y_0 \\ &\quad + a_{23}z_0 + a_{24}w_0) + 2z(a_{31}x_0 + a_{32}y_0 + a_{33}z_0 + a_{34}w_0) \\ &\quad + 2w(a_{41}x_0 + a_{42}y_0 + a_{43}z_0 + a_{44}w_0) \\ &= x_0\frac{\partial S}{\partial x} + y_0\frac{\partial S}{\partial y} + z_0\frac{\partial S}{\partial z} + w_0\frac{\partial S}{\partial w} \\ &= xS_1 + yS_2 + zS_3 + wS_4, \end{aligned}$$

wenn $S_1$, $S_2$, $S_3$, $S_4$ die partiellen Ableitungen an der Stelle $P_0 = x_0|y_0|z_0$ darstellen ($w_0 = 1$).

Dann ist die Gleichung des von $P_0 = x_0|y_0|z_0$ aus an die Fläche $S = 0$ gelegten **Tangentialkegels**

$$Q^2 - SR = 0.$$

5. **Polarebene** (siehe § 72). Die unendlich vielen Strahlen durch den Punkt $P_0$ — es sind $\infty^2$ — bilden ein Strahlenbündel. Jeder dieser Strahlen schneidet die Fläche $S = 0$ in zwei reellen oder imaginären Punkten $P_1$ und $P_2$. Konstruiert man auf jeder der Sehnen $P_1P_2$ zu den schon vorhandenen drei Punkten $P_0$, $P_1$, $P_2$ den vierten harmonischen Punkt Q, so bildet die Gesamtheit dieser Punkte Q die Polarebene des Punktes $P_0$ für die Fläche $S = 0$. Umgekehrt heißt der Punkt $P_0$ der **Pol** dieser Ebene.

Die Gleichung der Polarebene des Punktes $P_0$ für die Fläche zweiter Ordnung $S = 0$ ist

$$Q \equiv x S_1 + y S_2 + z S_3 + w S_4 = 0.$$

Der Pol $P_0$ der Ebene $E \equiv Ax + By + Cz + D = 0$ für die Fläche $S = 0$ ist bestimmt durch

$$x_0 : y_0 : z_0 : 1 = (AA_{11} + BA_{12} + CA_{13} + DA_{14}) : (AA_{21} + BA_{22} + CA_{23} + DA_{24}) : (AA_{31} + BA_{32} + CA_{33} + DA_{34}) : (AA_{41} + BA_{42} + CA_{43} + DA_{44}),$$

wo $A_{ik}$ die Unterdeterminanten zu $a_{ik}$ in der Diskriminante der Fläche $S = 0$ sind.

6. Die Polarebene eines Punktes $P_0$ der Fläche zweiter Ordnung ist Tangentialebene in $P_0$; also Gleichung der Tangentialebene des Punktes $P_0$ der Fläche $S = 0$

$$Q \equiv x S_1 + y S_2 + z S_3 + w S_4 = 0.$$

7. Die Fläche zweiter Ordnung schneidet sich mit dem Tangentialkegel von $P_0$ aus und der Polarebene dieses Punktes in der nämlichen Kurve.

8. Bewegt sich der Punkt $P_0$ auf einer festen Ebene, so dreht sich seine jeweilige Polarebene um den Pol dieser festen Ebene und umgekehrt.

9. Zwei Ebenen heißen konjugierte Ebenen, wenn die eine durch den Pol der andern geht. Zwei Punkte heißen konjugierte Punkte, wenn der eine auf der Polarebene der andern liegt.

10. Ist $\alpha$ die Polarebene des Punktes A, so ist zu einer beliebigen Geraden durch A eine beliebige Gerade in $\alpha$ konjugiert.

11. Der **Mittelpunkt** einer Fläche zweiter Ordnung ist der Pol der unendlich fernen Ebene.

12. Die Polarebene eines unendlich fernen Punktes geht durch den Mittelpunkt, ist also eine Durchmesserebene. Die Richtung zum unendlich fernen Punkt und die Richtung seiner Polarebene heißen **konjugierte Richtungen.** Wenn die Richtung zum unendlich fernen Punkt durch die Richtungsfaktoren

$\cos\alpha$, $\cos\beta$, $\cos\gamma$ gegeben ist, so ist die Gleichung der zu dieser Richtung **konjugierten Durchmesserebene**

$$x(a_{11}\cos\alpha + a_{12}\cos\beta + a_{13}\cos\gamma) + y(a_{21}\cos\alpha + a_{22}\cos\beta + a_{23}\cos\gamma) + z(a_{31}\cos\alpha + a_{32}\cos\beta + a_{33}\cos\gamma) + (a_{41}\cos\alpha + a_{42}\cos\beta + a_{43}\cos\gamma) = 0.$$

Oder $$\frac{\partial S}{\partial x}\cos\alpha + \frac{\partial S}{\partial y}\cos\beta + \frac{\partial S}{\partial z}\cos\gamma = 0.$$

Deren Richtungsfaktoren $\cos\alpha'$, $\cos\beta'$, $\cos\gamma'$ sind bestimmt durch

$$\cos\alpha' : \cos\beta' : \cos\gamma' = (a_{11}\cos\alpha + a_{12}\cos\beta + a_{13}\cos\gamma) : (a_{21}\cos\alpha + a_{22}\cos\beta + a_{23}\cos\gamma) : (a_{31}\cos\alpha + a_{32}\cos\beta + a_{33}\cos\gamma)$$

13. Der Ebene $Ax + By + Cz + D = 0$ bezw.

$$x\cos\alpha + y\cos\beta + z\cos\gamma - p = 0$$

ist konjugiert der Durchmesser mit der Gleichung

$$\frac{\partial S}{\partial x} : A = \frac{\partial S}{\partial y} : B = \frac{\partial S}{\partial z} : C$$

bezw. $$\frac{\partial S}{\partial x} : \cos\alpha = \frac{\partial S}{\partial y} : \cos\beta = \frac{\partial S}{\partial z} : \cos\gamma.$$

14. Hat die zur Richtung ($\cos\alpha$, $\cos\beta$, $\cos\gamma$) nach dem unendlich fernen Punkt konjugierte Durchmesserebene ebenfalls die Richtungskoeffizienten $\cos\alpha$, $\cos\beta$, $\cos\gamma$, steht sie also senkrecht zum Vektor nach dem unendlich fernen Punkt, so nennt man diese Richtung eine **Axenrichtung** der untersuchten Fläche zweiter Ordnung.

15. Jede Fläche zweiter Ordnung hat drei Axenrichtungen, die alle reell sind. Die drei Axen stehen zu einander senkrecht.

16. Die drei Axenrichtungen bestimmen sich durch die in Determinantenform gegebene Gleichung dritten Grades für $\lambda$

$$\begin{vmatrix} a_{11}-\lambda & a_{12} & a_{13} \\ a_{21} & a_{22}-\lambda & a_{23} \\ a_{31} & a_{32} & a_{33}-\lambda \end{vmatrix} = 0.$$

Jedem der drei daraus berechneten Werte $\lambda$ entspricht eine Axenrichtung, deren Koeffizienten gegeben sind durch

$$(a_{11}-\lambda)\cos\alpha + a_{12}\cos\beta + a_{13}\cos\gamma = 0,$$
$$a_{21}\cos\alpha + (a_{22}-\lambda)\cos\beta + a_{23}\cos\gamma = 0,$$
$$a_{31}\cos\alpha + a_{32}\cos\beta + (a_{33}-\lambda)\cos\gamma = 0.$$

## § 117. Diskussion der Flächen zweiter Ordnung.

1. Das **Ellipsoid** ist diejenige Fläche zweiter Ordnung, die aus der Kugel durch homogene Deformation nach drei beliebigen Richtungen hervorgeht (siehe § 84, 4 etc.).

2. Läßt man eine Hyperbel um ihre Axen rotieren, so entsteht das ein- oder zweischalige **Rotationshyperboloid.** Durch homogene Deformation geht daraus das gewöhnliche **einschalige** oder **zweischalige Hyperboloid** hervor.

3. Läßt man eine Parabel um ihre Axe rotieren, so entsteht das **Rotationsparaboloid.** Durch homogene Deformation geht daraus das gewöhnliche **elliptische Paraboloid** hervor.

4. Das **hyperbolische Paraboloid (Sattelfläche)** kann auf folgende Weise entstehen: Zwei Parabeln, deren Ebenen senkrecht zueinander stehen, haben Axe und Scheitel gemeinsam. Ihre Öffnungen sind entgegengesetzt gerichtet. Eine Hyperbel, deren Ebene senkrecht zur gemeinsamen Parabelaxe ist, und deren variable Halbaxen a und b ein bestimmtes konstantes Verhältnis bilden, gleitet so auf den Parabeln, daß ihr Mittelpunkt stets auf deren gemeinsamer Axe bleibt, während ihre Scheitel sich auf einer der beiden Parabeln bewegen. Im gemeinsamen Scheitelpunkt beider Parabeln geht die veränderliche Hyperbel von einer Parabel zur andern über (siehe § 120, 7).

5. Die **Kegel** und **Zylinder** zweiter Ordnung haben als Leitkurve einen Kegelschnitt.

6. Eine erste Unterscheidung für die Flächen zweiten Grades gibt die Diskriminante A (siehe § 116). A gibt über die **Art** der Krümmung der Fläche Aufschluß.

$A > 0$: einschaliges Hyperboloid, hyperbolisches Paraboloid, imaginäre Fläche.

$A < 0$: Ellipsoid, zweischaliges Hyperboloid, elliptisches Paraboloid.

$A = 0$: reeller und imaginärer Kegel als Ausartung von Hyperboloid und Ellipsoid, Zylinderfläche (speziell Ebenenpaar) als Ausartung des Paraboloids.

7. Eine zweite Unterscheidung gibt $A_{44}$.

$A_{44} = 0$: Paraboloide (mit dem Zylinder als Ausartung); sie haben keinen Mittelpunkt, oder anders ausgedrückt, ihr Mittelpunkt liegt im Unendlichen.

$A_{44} \gtrless 0$ **Mittelpunktsflächen,** das sind Flächen mit dem Mittelpunkt im Endlichen.

8. Für die Mittelpunktsflächen ist ein weiteres Unterscheidungsmerkmal der **Asymptotenkegel,** d. i. der Tangentialkegel vom Mittelpunkt aus, der die Fläche in ihrem Schnitt mit der unendlich fernen Ebene berührt. Einen reellen Asymptotenkegel haben das einschalige und zweischalige Hyperboloid, einen imaginären das Ellipsoid und die imaginäre Fläche zweiter Ordnung. Der Asymptotenkegel des Paraboloids ist zur unendlich fernen Ebene ausgeartet.

9. **Diskussionstabelle.**

| A | $A_{44}$ | Art der Fläche |
|---|---|---|
| $<0$ | $=0$ | ell. Paraboloid. |
| | $\gtrless 0$ | imag. Asympt. Kegel: Ellipsoid.<br>reeller Asympt. Kegel: zweisch. Hyperboloid. |
| $>0$ | $=0$ | hyp. Paraboloid. |
| | $\gtrless 0$ | imag. Asympt. Kegel: imag. Fläche.<br>reeller Asympt. Kegel: einsch. Hyperboloid. |
| $=0$ | $=0$ | Zylinder.<br>Werden alle Unterdeterminanten $A_{ik}$ Null: Ebenenpaar.<br>Werden alle Unterdeterminanten zweiten Grades von A Null: Doppelebene. |
| | $\gtrless 0$ | imag. oder reeller Kegel. |

Der Asymptotenkegel ist reell oder imaginär, je nachdem die Kurve der x-y-Ebene

$$a_{11} x^2 + 2 a_{12} xy + a_{22} y^2 + 2 a_{13} x + 2 a_{23} y + a_{33} = 0$$

reell oder imaginär ist (siehe § 71).

10. **Mittelpunktsflächen** (Ellipsoid, imaginäre Fläche zweiter Ordnung, Hyperboloid, Kegel). Der Mittelpunkt $P_0 = x_0 | y_0 | z_0$ ist bestimmt durch

$$x_0 : y_0 : z_0 : 1 = A_{41} : A_{42} : A_{43} : A_{44} .$$

Macht man durch Verschiebung des Koordinatensystems den Mittelpunkt zum Anfangspunkt, so wird sich die allgemeine Flächengleichung § 116, 2 vereinfachen zu

$$a_{11} x'^2 + 2 a_{12} x' y' + a_{22} y'^2 + 2 a_{13} x' z' + 2 a_{23} y' z' + a_{33} z'^2 + \frac{A}{A_{44}} = 0 .$$

Die linearen Glieder fehlen also.

Dreht man das Koordinatensystem auch noch, so daß die drei Axen der Fläche Koordinatenaxen werden, so vereinfacht sich die Gleichung weiterhin zur **Axengleichung**

$$\lambda_1 x''^2 + \lambda_2 y''^2 + \lambda_3 z''^2 + \frac{A}{A_{44}} = 0 .$$

Es kommen also nur mehr die rein quadratischen Glieder vor. $\lambda_1$, $\lambda_2$, $\lambda_3$ sind die Wurzeln der Gleichung § 116, 16.

11. **Paraboloide.** Sie haben ihren Mittelpunkt im Unendlichen. Dreht man das Koordinatensystem so, daß die Koordinatenaxen parallel werden den drei Axenrichtungen des Paraboloids, so vereinfacht sich die allgemeine Gleichung zu

$$\lambda_1 x'^2 + \lambda_2 y'^2 + 2 m x' + 2 n y' + 2 p z' + a_{44} = 0 .$$

$$m = a_{14} \cos\alpha_1 + a_{24} \cos\beta_1 + a_{34} \cos\gamma_1 ,$$

$$n = a_{14} \cos\alpha_2 + a_{24} \cos\beta_2 + a_{34} \cos\gamma_2 ,$$

$$p = a_{14} \cos\alpha_3 + a_{24} \cos\beta_3 + a_{34} \cos\gamma_3 .$$

Die Richtungskoeffizienten $\cos\alpha$, $\cos\beta$, $\cos\gamma$ werden nach § 116, 16 bestimmt, desgleichen die Werte $\lambda_1$ und $\lambda_2$ der dortigen Determinantengleichung. Wegen $A_{44} = 0$ ist die dritte Wurzel $\lambda_3 = 0$.

Der Scheitel des Paraboloids hat noch allgemeine Lage zum Anfangspunkt. Verschiebt man das Koordinatensystem, bis der Scheitel Anfangspunkt wird, so vereinfacht sich die Paraboloidsgleichung weiterhin zur **Scheitelgleichung**

$$\lambda_1 x''^2 + \lambda_2 y''^2 + 2 p z'' = 0 .$$

## § 118. Kreisschnittebenen. Nabelpunkte.

1. Die Ebene $E \equiv Ax + By + Cz + D = 0$ schneidet die Fläche zweiter Ordnung $S = 0$ nach einer Ellipse, Hyperbel oder Parabel, je nachdem

$$\Delta = \begin{vmatrix} a_{11} & a_{12} & a_{13} & A \\ a_{21} & a_{22} & a_{23} & B \\ a_{31} & a_{23} & a_{33} & C \\ A & B & C & 0 \end{vmatrix}$$

bezw. kleiner, größer oder gleich Null ist.

2. Schneidet eine Ebene die Fläche zweiter Ordnung nach einem Kreis, so heißt sie eine **Kreisschnittebene** dieser Fläche.

3. Schneidet eine Ebene die Fläche zweiter Ordnung nach einem Kreis, so tut dies auch jede Parallelebene.

4. Für jede Fläche zweiter Ordnung gibt es sechs Systeme von Kreisschnittebenen. Durch jeden Punkt gehen sechs Kreisschnittebenen, von denen höchstens zwei reell sind. Durch jede Axe gehen zwei reelle oder imaginäre Kreisschnittebenen.

5. Die berührenden Kreisschnittebenen berühren die Fläche zweiter Ordnung in den **Nabelpunkten**; der ausgeschnittene Kreis ist unendlich klein geworden.

6. Von den zwölf Nabelpunkten einer Fläche zweiter Ordnung sind höchstens vier reell.

7. Die Nabelpunkte liegen in den Hauptebenen.

8. Für einen Nabelpunkt ist die Indikatrix ein Kreis. Spezielles siehe § 120.

## § 119. Regelflächen zweiter Ordnung.

1. Schneidet eine Ebene die Fläche zweiter Ordnung nach *einer* Geraden, dann auch noch nach einer zweiten.

2. Die Fläche zweiter Ordnung heißt *Regelfläche zweiter Ordnung*, wenn jede Tangentialebene die Fläche nach einem Paar reeller verschiedener Geraden schneidet

(einsch. Hyperboloid, hyperb. Paraboloid). Sie heißt Kegel zweiter Ordnung, wenn jede Tangentialebene nach einem Paar zusammenfallender Geraden schneidet. Sie heißt Fläche zweiter Ordnung mit elliptischen Punkten, wenn jede Tangentialebene nach einem Paar imaginärer Geraden schneidet.

3. Die Regelflächen zweiter Ordnung sind das Erzeugnis von zwei projektiven Ebenenbüscheln. Jede Ebene des Büschels $E_1 - \lambda E_2 = 0$ schneidet die zugeordnete Ebene des projektiven Büschels $E_3 - \mu E_4 = 0$ in einer Geraden. Die Zuordnung erfolgt im allgemeinsten Fall durch eine bilineare Gleichung zwischen $\lambda$ und $\mu$

$$a\lambda\mu + b\lambda + c\mu + d = 0.$$

4. Läßt man eine Gerade so auf zwei andern festen windschiefen gleiten, daß sie stets zu einer gegebenen Ebene, der Leitebene, parallel bleibt, so erzeugt sie eine Regelfläche zweiter Ordnung, das hyperbolische Paraboloid (siehe Konoid, § 112).

5. Läßt man eine Gerade auf drei andern festen gegenseitig windschiefen Geraden gleiten, so erzeugt sie eine Regelfläche zweiter Ordnung, das einschalige Hyperboloid.

## § 120. Spezielle Flächen zweiter Ordnung.

1. **Kugel.** Die allgemeine Gleichung $S = 0$ stellt eine Kugel dar, wenn $a_{11} = a_{22} = a_{33}$, $a_{12} = a_{13} = a_{23} = 0$. Die Kugel ist noch durch vier Bedingungen bestimmt.

Normalgleichung der Kugel um den Mittelpunkt $P_0 = x_0|y_0|z_0$ mit dem Radius r.

$$(x - x_0)^2 + (y - y_0)^2 + (z - z_0)^2 - r^2 = 0.$$

Von der allgemeinen Kugelgleichung

$$x^2 + y^2 + z^2 + 2\alpha x + 2\beta y + 2\gamma z + \delta = 0$$

geht man durch quadratische Ergänzung zur Normalgleichung über.

2. **Ellipsoid** $\frac{x^2}{a^2} + \frac{y^2}{b^2} + \frac{z^2}{c^2} - 1 = 0.$

Die Polarebene des beliebigen Punktes $P_0$ und die Tangentialebene des Flächenpunktes $P_0$ haben die Gleichung

$$\frac{xx_0}{a^2} + \frac{yy_0}{b^2} + \frac{zz_0}{c^2} - 1 = 0.$$

Der Pol $P_0$ der Ebene $E \equiv Ax + By + Cz + D = 0$ ist bestimmt durch

$$x_0 : y_0 : z_0 : 1 = Aa^2 : Bb^2 : Cc^2 : -D.$$

Zu $\frac{xx_0}{a^2} + \frac{yy_0}{b^2} + \frac{zz_0}{c^2} - 1 = 0$ heißt der konjugierte Durchmesser $\frac{x}{x_0} = \frac{y}{y_0} = \frac{z}{z_0}$.

Unter der Voraussetzung $a > b > c$ sind die reellen Kreisschnittebenen durch den Mittelpunkt (sie gehen durch die mittlere Axe)

$$\frac{z}{x} = \pm \frac{c}{a} \sqrt{\frac{a^2 - b^2}{b^2 - c^2}}.$$

Das Ellipsoid hat vier reelle Nabelpunkte. Werden zwei der Halbaxen a, b, c gleich, so wird das Ellipsoid ein Rotationsellipsoid.

3. **Imag. Fläche zweiter Ordnung** $\frac{x^2}{a^2} + \frac{y^2}{b^2} + \frac{z^2}{c^2} + 1 = 0$.
Sie hat keinen reellen Punkt.

4. **Zweischaliges Hyperboloid** $-\frac{x^2}{a^2} - \frac{y^2}{b^2} + \frac{z^2}{c^2} - 1 = 0$.
Die Fläche schneidet die x- und y-Ebene nach Hyperbeln, die z-Ebene nach einem imaginären Kegelschnitt. Die Polarebene eines beliebigen Punktes $P_0$ und die Tangentialebene des Flächenpunktes $P_0$ haben die Gleichung

$$-\frac{xx_0}{a^2} - \frac{yy_0}{b^2} + \frac{zz_0}{c^2} - 1 = 0.$$

Der Asymptotenkegel hat die Gleichung

$$-\frac{x^2}{a^2} - \frac{y^2}{b^2} + \frac{z^2}{c^2} = 0.$$

Die zwei reellen Kreisschnittebenen durch den Mittelpunkt haben die Gleichung

$$\frac{y}{z} = \pm \frac{b}{c}\sqrt{\frac{a^2+c^2}{a^2-b^2}} \cdots\; a > b.$$

Die Fläche hat vier reelle Nabelpunkte.

Wird $a = b$, so wird die Fläche ein Rotationshyperboloid mit der z-Axe als Drehaxe.

5. **Einschaliges Hyperboloid** $\frac{x^2}{a^2} + \frac{y^2}{b^2} - \frac{z^2}{c^2} - 1 = 0.$

Die Fläche schneidet die x- und y-Ebene nach Hyperbeln, die z-Ebene nach einer Ellipse.

Die Polarebene eines beliebigen Punktes $P_0$ und die Tangentialebene des Flächenpunktes $P_0$ haben als Gleichung

$$\frac{xx_0}{a^2} + \frac{yy_0}{b^2} - \frac{zz_0}{c^2} - 1 = 0.$$

Der Asymptotenkegel hat die Gleichung

$$\frac{x^2}{a^2} + \frac{y^2}{b^2} - \frac{z^2}{c^2} = 0.$$

Die zwei reellen Kreisschnittebenen durch den Mittelpunkt haben die Gleichung

$$\frac{y}{z} = \pm \frac{b}{c}\sqrt{\frac{a^2+c^2}{a^2-b^2}} \cdots\; a > b.$$

Die Nabelpunkte sind alle imaginär.

Wird $a = b$, so wird die Fläche ein Rotationshyperboloid. Das einschalige Hyperboloid wird als Regelfläche erzeugt (siehe § 119, 5) entweder durch die projektiven Büschel

$$E_1 - \lambda E_2 = \left(\frac{x}{a} + 1\right) - \lambda\left(\frac{y}{b} + \frac{z}{c}\right) = 0,$$

und $$E_3 - \lambda E_4 = \lambda\left(\frac{x}{a} - 1\right) + \left(\frac{y}{b} - \frac{z}{c}\right) = 0;$$

oder durch die projektiven Büschel

$$E'_1 - \mu E'_2 = \left(\frac{x}{a} + 1\right) - \mu\left(\frac{y}{b} - \frac{z}{c}\right) = 0,$$

$$E'_3 - \mu E'_4 = \mu\left(\frac{x}{a} - 1\right) + \left(\frac{y}{b} + \frac{z}{c}\right) = 0.$$

Auf dem einschaligen Hyperboloid liegen folgende Gerade:

$$\left.\begin{array}{l}\frac{x}{a}+1=0\\ \frac{y}{b}-\frac{z}{c}=0\end{array}\right\}, \quad \left.\begin{array}{l}\frac{x}{a}+1=0\\ \frac{y}{b}+\frac{z}{c}=0\end{array}\right\}.$$

$$\left.\begin{array}{l}\frac{x}{a}-1=0\\ \frac{y}{b}-\frac{z}{c}=0\end{array}\right\}, \quad \left.\begin{array}{l}\frac{x}{a}-1=0\\ \frac{y}{b}+\frac{z}{c}=0\end{array}\right\} \quad \text{usw.}$$

6. **Elliptisches Paraboloid** $2z = \frac{x^2}{a} + \frac{y^2}{b}$.

(a und b haben gleiches Vorzeichen.) Die Fläche schneidet die x- und y-Ebene nach Parabeln mit den Krümmungsradien a bezw. b. Beide Parabeln öffnen sich in der z-Richtung gleichzeitig nach oben oder unten. Die z-Ebene ist Scheiteltangentialebene.

Die Polarebene des beliebigen Punktes $P_0$ und die Tangentialebene des Flächenpunktes $P_0$ haben als Gleichung

$$z + z_0 = \frac{xx_0}{a} + \frac{yy_0}{b}.$$

Die zwei reellen Kreisschnittebenen durch den Mittelpunkt sind

$$\frac{z}{y} = \pm\sqrt{\frac{a-b}{b}} \quad \cdots\cdot \quad a > b.$$

Die Fläche hat zwei reelle Nabelpunkte.

Wird $a = b$, so wird die Fläche ein Rotationsparaboloid.

7. **Hyperbolisches Paraboloid** $2z = \frac{x^2}{a} - \frac{y^2}{b}$.

(a und b haben gleiches Vorzeichen.) Die Fläche schneidet die x- und y-Ebene nach Parabeln mit den Krümmungsradien a und b; beide laufen in der z-Richtung, öffnen sich aber nach verschiedenen Seiten. Die z-Ebene ist Scheiteltangentialebene, der Ursprung Sattel (siehe § 117, 4).

Die Polarebene des beliebigen Punktes $P_0$ und die Tangentialebene des Flächenpunktes $P_0$ haben als Gleichung

$$z + z_0 = \frac{xx_0}{a} - \frac{yy_0}{b}.$$

Das hyperbolische Paraboloid hat nur imaginäre Kreisschnittebenen.

Das hyperbolische Paraboloid wird als Regelfläche erzeugt (nach § 119 ist sie ein spezielles Konoid) entweder durch die projektiven Büschel

$$z - \lambda\left(\frac{x}{\sqrt{a}} + \frac{y}{\sqrt{b}}\right) = 0 \quad \text{und} \quad -2\lambda + \left(\frac{x}{\sqrt{a}} - \frac{y}{\sqrt{b}}\right) = 0;$$

oder durch die folgenden

$$z - \mu\left(\frac{x}{\sqrt{a}} - \frac{y}{\sqrt{b}}\right) = 0 \quad \text{und} \quad -2\mu + \left(\frac{x}{\sqrt{a}} + \frac{y}{\sqrt{b}}\right) = 0.$$

Auf dem hyperbolischen Paraboloid liegen die Geraden

$$\left.\begin{matrix} z = 0 \\ \frac{x}{\sqrt{a}} + \frac{y}{\sqrt{b}} = 0 \end{matrix}\right| , \quad \left.\begin{matrix} z = 0 \\ \frac{x}{\sqrt{a}} - \frac{y}{\sqrt{b}} = 0 \end{matrix}\right| \quad \text{usw.}$$

8. **Reeller Kegel** $\frac{x^2}{a^2} + \frac{y^2}{b^2} - \frac{z^2}{c^2} = 0.$

Er hat seine Spitze im Ursprung, schneidet die x- und y-Ebene nach einem reellen, die z-Axe nach einem imaginären Geradenpaar. Er ist eine Ausartung des Hyperboloids, und zwar der Übergang vom zweischaligen zum einschaligen. Als abwickelbare Regelfläche betrachtet ist er das Erzeugnis von zwei projektiven Ebenenbüscheln, deren Träger sich schneiden.

Die Polarebene des beliebigen Punktes $P_0$ und die Tangentialebene des Flächenpunktes $P_0$ haben als Gleichung

$$\frac{xx_0}{a^2} + \frac{yy_0}{b^2} - \frac{zz_0}{c^2} = 0.$$

Die zwei reellen Kreisschnittebenen durch den Mittelpunkt sind

$$\frac{y}{z} = \pm \frac{b}{c}\sqrt{\frac{a^2 + c^2}{a^2 - b^2}} \quad \cdots\cdot \quad a > b.$$

Nabelpunkt ist die Spitze.

9. **Imaginärer Kegel** $\frac{x^2}{a^2} + \frac{y^2}{b^2} + \frac{z^2}{c^2} = 0.$

Er hat nur einen reellen Punkt, die Spitze.

10. **Zylinder** sind Ausartungen der Paraboloide. Als abwickelbare Regelflächen betrachtet sind sie das Erzeugnis von

zwei projektiven Ebenenbüscheln mit parallelen Trägern. Je nachdem die Leitkurve des Zylinders (siehe § 112) eine Ellipse, Hyperbel oder Parabel ist, hat man den

a) elliptischen Zylinder $\frac{x^2}{a^2}+\frac{y^2}{b^2}-1=0$;

Polarebene zu $P_0$ $\frac{xx_0}{a^2}+\frac{yy_0}{b^2}-1=0$;

die zwei reellen Kreisschnittebenen durch den Ursprung sind

$$\frac{z}{y}=\pm\frac{\sqrt{a^2-b^2}}{b} \quad \ldots\ldots \quad a>b,$$

die Nabelpunkte sind alle imaginär;

b) hyperbolischen Zylinder $\frac{x^2}{a^2}-\frac{y^2}{b^2}-1=0$;

Polarebene zu $P_0$ $\frac{xx_0}{a^2}-\frac{yy_0}{b^2}-1=0$;

die Kreisschnittebenen sind alle imaginär;

c) parabolischen Zylinder $y^2=2px$;

Polarebene zu $P_0$ $yy_0=p(x+x_0)$;

die Kreisschnittebenen sind alle imaginär.

Von einer Ebene werden diese drei Zylinder geschnitten entweder nach einem Paar paralleler Geraden oder aber nach einer Ellipse der elliptische Zylinder, nach einer Hyperbel der hyperbolische und nach einer Parabel der parabolische.

## § 121. Die ausgezeichneten Richtungen einer Raumkurve.

1. Über die Darstellung der Raumkurven (auch doppelt gekrümmte oder gewundene Kurven genannt) siehe § 111.

2. In der Darstellung

$$x=\varphi(t),\ y=\psi(t),\ z=\chi(t)$$

ist der Parameter t, vom Standpunkt der Mechanik aus betrachtet, die Zeit. Oft ist Parameter der von einem bestimmt gewählten Anfangspunkt ab gerechnete Kurvenbogen s.

3. Die **Projektion der Raumkurve** $x=\varphi(t)$, $y=\psi(t)$, $z=\chi(t)$ ist auf die x- bezw. y- und z-Ebene

$$\left.\begin{matrix} y=\psi(t) \\ z=\chi(t) \end{matrix}\right\} \text{ bezw. } \left.\begin{matrix} z=\chi(t) \\ x=\varphi(t) \end{matrix}\right\} \text{ und } \left.\begin{matrix} x=\varphi(t) \\ y=\psi(t) \end{matrix}\right\}.$$

4. Das **Bogenelement** ds ist bestimmt durch

$$ds = \sqrt{dx^2 + dy^2 + dt^2} = dt\sqrt{\left(\frac{dx}{dt}\right)^2 + \left(\frac{dy}{dt}\right)^2 + \left(\frac{dz}{dt}\right)^2}.$$

5. Für die Raumkurve charakteristisch sind die drei ausgezeichneten Richtungen der **Tangente** mit den Richtungskoeffizienten $\cos\alpha$, $\cos\beta$, $\cos\gamma$, der **Hauptnormalen** mit $\cos a$, $\cos b$, $\cos c$ und der **Binormalen** mit $\cos\lambda$, $\cos\mu$, $\cos\nu$. Zu ihnen steht senkrecht die **Normalebene** bezw. **Rektifikationsebene** und **Schmiegungsebene.**

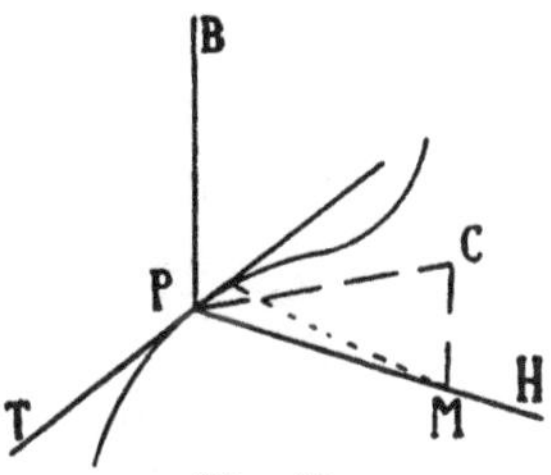

Fig. 49.

6. Die Tangente (und damit die Normalebene) im untersuchten Punkt ist bestimmt durch zwei unendlich benachbarte Punkte; die Schmiegungsebene (und damit die Binormale) durch drei unendlich benachbarte Punkte oder zwei unendlich benachbarte Tangenten. In der Schmiegungsebene verhält sich die Raumkurve wie eine ebene Kurve. Unter den unendlich vielen Normalen sind ausgezeichnet die in der Schmiegungsebene liegende Hauptnormale und die zu ihr vertikale Binormale. Durch letztere und die Tangente ist die Rektifikationsebene bestimmt (Fig. 49).

7. Konstruiert man um einen beliebigen Punkt die Einheitskugel, d. i. eine Kugel mit dem Radius 1, und zieht von diesem Punkt aus Parallele zu den Einzeltangenten der Raumkurve, so schneiden dieselben auf der Kugel das **sphärische Bild** der Raumkurve aus. Dem Punkt P der ursprünglichen Kurve ist dann der Punkt P′ des sphärischen Bildes zugeordnet. Nimmt man den Ursprung als Kugelmittelpunkt, so ist die Gleichung der sphärischen Kurve (siehe Tangentenrichtung in 5)

$$x = \cos\alpha, \quad y = \cos\beta, \quad z = \cos\gamma.$$

8. Die Tangente an die sphärische Abbildung im Punkt P′ ist parallel zur Hauptnormalen der ursprünglichen Kurve im Punkt P.

9. Bezeichnet man mit $x_0$, $y_0$, $z_0$ die Koordinaten des untersuchten Punktes, mit x, y, z die laufenden Koordinaten, sind ferner

$$x' = \frac{dx}{dt} = \varphi', \quad x'' = \frac{d^2x}{dt^2}, \quad x''' = \frac{d^3x}{dt^3},$$

$$y' = \frac{dy}{dt} = \psi', \quad y'' = \frac{d^2y}{dt^2}, \quad y''' = \frac{d^3y}{dt^3},$$

$$z' = \frac{dz}{dt} = \chi', \quad z'' = \frac{d^2z}{dt^2}, \quad z''' = \frac{d^3z}{dt^3},$$

$$s' = \frac{ds}{dt} = \sqrt{x'^2 + y'^2 + z'^2}, \quad s'' = \frac{d^2s}{dt^2}$$

die Ableitungen an der untersuchten Stelle, ferner $\varrho_1$ und $\varrho_2$ die § 122 bestimmten Größen, so sind die ausgezeichneten Geraden und Ebenen des untersuchten Punktes wie folgt gegeben:

10. Gleichung und Richtungskoeffizienten von

a) Tangente bezw. Normalebene.

$$\frac{x - x_0}{\cos\alpha} = \frac{y - y_0}{\cos\beta} = \frac{z - z_0}{\cos\gamma};$$

bezw. $(x - x_0)\cos\alpha + (y - y_0)\cos\beta + (z - z_0)\cos\gamma = 0;$

$$\cos\alpha : \cos\beta : \cos\gamma : 1 = x' : y' : z' : s'.$$

b) Hauptnormale bezw. Rektifikationsebene.

$$\frac{x - x_0}{\cos a} = \frac{y - y_0}{\cos b} = \frac{z - z_0}{\cos c};$$

bezw. $(x - x_0)\cos a + (y - y_0)\cos b + (z - z_0)\cos c = 0;$

$\cos a : \cos b : \cos c : \varrho_2 = (x''s' - x's'') : (y''s' - y's'') : (z''s' - z's'') : s'^3.$

c) Binormale bezw. Schmiegungsebene.

$$\frac{x - x_0}{\cos\lambda} = \frac{y - y_0}{\cos\mu} = \frac{z - z_0}{\cos\nu};$$

bezw. $(x - x_0)\cos\lambda + (y - y_0)\cos\mu + (z - z_0)\cos\nu = 0;$

$\cos\lambda : \cos\mu : \cos\nu : \varrho_2 = (y'z'' - y''z') : (z'x'' - z''x') : (x'y'' - x''y') : s'^3.$

## § 122. Krümmung und Windung der Raumkurven.

1. **Kontingenzwinkel** $d\tau$ der Raumkurve im untersuchten Punkt P ist der Winkel (im Bogenmaß) von zwei unendlich benachbarten Tangenten oder von zwei unendlich benachbarten Hauptnormalen. Auf dem sphärischen Bild ist $d\tau$ der Abstand der unendlich benachbarten Punkte P′ und $P'_1$.

$$d\tau = \sqrt{(d\cos\alpha)^2 + (d\cos\beta)^2 + (d\cos\gamma)^2}.$$

2. **Krümmungsmittelpunkt** M ist der Schnittpunkt von zwei unendlich benachbarten Hauptnormalen. Durch ihn ist der **Hauptkrümmungsradius** oder **erste Krümmungsradius** $\varrho_1 = PM$ (Fig. 49) definiert. **Hauptkrümmung** oder **erste Krümmung** (auch Flexion) ist der reziproke Wert von $\varrho_1$.

$$\frac{1}{\varrho_1} = \frac{d\tau}{ds} = \frac{s'^2}{\sqrt{x''^2 + y''^2 + z''^2}}.$$

3. **Torsions-** oder **Windungswinkel** $d\sigma$ der Raumkurve ist der Winkel von zwei unendlich benachbarten Schmiegungsebenen. Konstruiert man ein zweites sphärisches Bild der Kurve, indem man durch den Mittelpunkt der Einheitskugel alle Parallelen zu den Binormalen legt, so daß also dem Kurvenpunkt P der Bildpunkt P″ entspricht, so ist $d\sigma$ der Abstand von zwei unendlich benachbarten Punkten P″ und $P''_1$.

$$d\sigma = \sqrt{(d\cos\lambda)^2 + (d\cos\mu)^2 + (d\cos\nu)^2}.$$

4. Der **Torsionsradius** ist definiert durch $ds = \varrho_2\, d\sigma$. **Torsion** oder **zweite Krümmung** (auch Verwindung) ist der reziproke Wert von $\varrho_2$.

$$\frac{1}{\varrho_2} = \frac{d\sigma}{ds} = \frac{\varrho_1^2}{s'^6}\begin{vmatrix} x' & y' & z' \\ x'' & y'' & z'' \\ x''' & y''' & z''' \end{vmatrix}.$$

5. **Schmiegungskugel** oder **Oskulationskugel** ist die Kugel durch vier unendlich benachbarte Kurvenpunkte.

6. **Krümmungsaxe** MC ist die Schnittgerade von zwei unendlich benachbarten Normalebenen; sie ist parallel der Binormalen und geht durch den Krümmungsmittelpunkt M, Fig. 49.

7. Der Mittelpunkt C der Schmiegungskugel ist der Schnittpunkt von zwei unendlich benachbarten Krümmungsaxen oder von drei unendlich benachbarten Normalebenen, Fig. 49.

8. Die Schmiegungskugel schneidet die Schmiegungsebene im Krümmungskreis.

9. Der Radius PC = r der Schmiegungskugel ist bestimmt durch

$$r^2 = \varrho_1^2 + \varrho_2^2 \left(\frac{d\varrho_1}{ds}\right)^2.$$

10. Frenetsche oder Serretsche Formeln.

$$d\cos\alpha : d\cos\beta : d\cos\gamma : ds = \cos a : \cos b : \cos c : \varrho_1.$$

$$d\cos\lambda : d\cos\mu : d\cos\nu : ds = \cos a : \cos b : \cos c : \varrho_2.$$

$$d\cos a : d\cos b : d\cos c : ds = (\varrho_1 \cos\lambda + \varrho_2 \cos\alpha) : (\varrho_1 \cos\mu + \varrho_2 \cos\beta) : (\varrho_1 \cos\nu + \varrho_2 \cos\gamma) : -\varrho_1\varrho_2.$$

11. Geht die Kurve in P von einer Windung in die andere über, so ist in diesem Punkt die Windung Null, die Schmiegungsebene wird zur **Wendeberührebene.** Dann muß für den Wendeberührpunkt P gelten

$$\begin{vmatrix} x' & y' & z' \\ x'' & y'' & z'' \\ x''' & y''' & z''' \end{vmatrix} = 0.$$

12. Eine Raumkurve ist eine **ebene Kurve,** wenn die Gleichung 11 für jeden Punkt gilt.

13. Eine Raumkurve vom Typus

$$\left.\begin{aligned} x &= a_1 + b_1 t + c_1 t^2 \\ y &= a_2 + b_2 t + c_2 t^2 \\ z &= a_3 + b_3 t + c_3 t^2 \end{aligned}\right\}$$

ist immer eine ebene Kurve.

14. Ist in jedem Punkt die Hauptkrümmung Null, so ist die Kurve eine **Gerade.**

15. Die Kurve $x = \varphi(t)$, $y = \psi(t)$, $z = \chi(t)$ kann im Punkt P ersetzt werden durch eine Näherungskurve. Macht man P zum Nullpunkt, die Tangente, Hauptnormale, Binormale zur

x- bezw. y- und z-Axe, so lautet die Gleichung der Näherungskurve

$$x = at, \quad y = bt^2, \quad z = ct^3.$$

Die Kurve projiziert sich auf die x-Ebene, d. i. die Normalebene, als Neilsche Parabel $c^2y^3 = b^3z^2$, auf die y-, d. i. die Rektifikationsebene, als kubische Parabel $cx^3 = a^3z$, und auf die z-, d. i. die Schmiegungsebene, als einfache Parabel $x^2b = a^2y$.

## § 123. Spezielle Raumkurven.

1. **Schraubenlinie** $x = r\cos t, \quad y = r\sin t, \quad z = ct$

$$\text{oder} \quad x = r\cos\frac{z}{c}, \quad y = r\sin\frac{z}{c}.$$

Sie liegt auf einem Kreiszylinder vom Radius r und schneidet alle Parallelkreise des Zylinders unter dem konstanten Winkel $\varphi$, so zwar daß $\operatorname{tg}\varphi = \frac{h}{2r\pi} = \frac{c}{r}$, wo h die Ganghöhe der Schraubenlinie ist. Sie erscheint auf dem abgewickelten Kreiszylinder als Gerade, ist also eine geodätische Linie des Zylinders (siehe § 125).

Die Hauptnormale der Schraubenlinie ist gleichzeitig Flächennormale des Zylinders, steht also senkrecht zur Zylinderaxe.

Die beiden Krümmungsradien $\varrho_1$ und $\varrho_2$ sind konstant.

$$\varrho_1 = \frac{c^2 + r^2}{r}, \quad \varrho_2 = \frac{c^2 + r^2}{c}.$$

$$\text{Bogenlänge } s = t\sqrt{c^2 + r^2} = \frac{rt}{\cos\varphi}.$$

Konstruktion. Die Ganghöhe h teilt man in n Teile, ebenso den Kreisumfang. Dann Konstruktion nach Skizze Fig. 50.

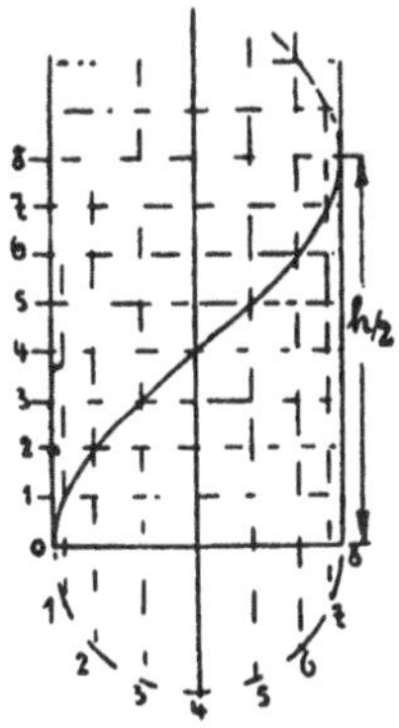

Fig. 50.

2. Die **allgemeine Schraubenlinie** liegt auf einem Zylinder mit beliebiger Leitkurve, und ist geodätische Linie desselben.

Bilden die Krümmungsradien $\varrho_1$ und $\varrho_2$ einer Raumkurve ein konstantes Verhältnis, so ist die Raumkurve eine allgemeine Schraubenlinie.

3. Die **konische Spirale** $x = e^t \cos t$, $y = e^t \sin t$, $z = e^t$ ist eine allgemeine Schraubenlinie und zwar auf einem Zylinder, der eine logarithmische Spirale als Leitkurve hat. Gleichzeitig liegt sie auf einem Rotationskegel und schneidet jeden Kreis desselben unter gleichem Winkel. Bei der Abwicklung des Kegels erscheint sie als logarithmische Spirale. Ihre Hauptnormale steht senkrecht auf der Axe des Rotationskegels.

4. **Loxodromen** sind Kurven auf Rotationsflächen, die jeden Meridian unter gleichem Winkel schneiden. Die Kreiszylinderschraubenlinie und die konische Spirale sind also spezielle Loxodromen.

## § 124. Krümmungsmaß einer Fläche.

1. Hat man für die Diskussion der Fläche $z = f(x, y)$ einen Ausdruck gefunden, der die Größen $p, q, r, s, t$ enthält (siehe § 113, 4), so findet man die entsprechende Form für die Fläche $F(x, y, z) = 0$ durch die Substitution von $p, q, r, s, t$ aus den Gleichungen

$$F_1 + pF_3 = 0, \quad F_2 + qF_3 = 0,$$

$$F_{11} + 2pF_{13} + p^2F_{33} + rF_3 = 0, \quad F_{22} + 2qF_{23} + q^2F_{33} + tF_3 = 0,$$

$$F_{12} + qF_{13} + pF_{23} + pqF_{33} + sF_3 = 0.$$

2. Die Fläche $z = f(x, y)$ ist in der Nähe des Punktes $P_0 = x_0 | y_0 | z_0$ hinreichend diskutiert durch die oskulierende Fläche zweiter Ordnung, das **Näherungsparaboloid**

$$z = z_0 + p(x - x_0) + q(y - y_0) + \frac{1}{2}[r(x - x_0)^2$$

$$+ 2s(x - x_0)(y - y_0) + t(y - y_0)^2].$$

Dabei sind wieder $p, q, r, s, t$ wie auch die später auftretenden Formen $F_1, F_2$ etc. die partiellen Ableitungen an der Stelle $P_0$.

3. Macht man den untersuchten Punkt $P_0$, d. i. der Scheitel des Näherungsparaboloides, zum Ursprung eines neuen Koordinatensystems, dessen Axenrichtungen auch diejenigen des Paraboloids sind, so nimmt das letztere die einfache Gleichung an

$$2z = \frac{x^2}{a} + \frac{y^2}{b}.$$

Die Normale in $P_0$ an die Fläche, d. i. die Axe des Paraboloids, ist z-Axe, die Tangentialebene z-Ebene geworden.

4. Alle Ebenen durch die Normale, die **Normalebenen,** schneiden die Fläche in **Normalschnitten,** das Näherungsparaboloid in Parabeln mit gemeinsamem Scheitel und gemeinsamer Axe. Unter diesen unendlich vielen sind zwei zueinander ausgezeichnet, die Parabel mit größtem und diejenige mit kleinstem Krümmungsradius. Ihre Ebenen heißen **Hauptebenen,** die beiden Krümmunngsradien **Hauptkrümmungsradien** $\varrho_1$ und $\varrho_2$, deren reziproke Werte **Hauptkrümmungen** $\frac{1}{\varrho_1}$ und $\frac{1}{\varrho_2}$, die entsprechenden Normalschnitte der Fläche **Hauptschnitte.**

5. Die Hauptkrümmungsradien des Näherungsparaboloides $2z = \frac{x^2}{a} + \frac{y^2}{b}$ sind $\varrho_1 = a$ und $\varrho_2 = b$, die Hauptkrümmungen $\frac{1}{a}$ und $\frac{1}{b}$.

6. Für irgend zwei zueinander senkrechte Normalschnitte des Näherungsparaboloides ist die Summe der beiden Krümmungen konstant.

$$\frac{1}{\varrho_1} + \frac{1}{\varrho_2} = \frac{1}{\varrho'_1} + \frac{1}{\varrho'_2}.$$

7. Die Fläche ist im untersuchten Punkt $P_0$ elliptisch bezw. hyperbolisch gekrümmt, je nachdem dort $\varrho_1$ und $\varrho_2$ gleiches oder ungleiches Vorzeichen haben. Im ersten Fall öffnen sich beide Parabeln nach der gleichen Richtung (elliptisches Paraboloid), im zweiten Fall nach der entgegengesetzten (hyperbolisches Paraboloid).

8. Satz von **Euler.** Bildet ein Normalschnitt mit der ersten Hauptebene den Winkel $\varphi$, so ist seine Krümmung

$$\frac{1}{\varrho} = \frac{\cos^2\varphi}{\varrho_1} + \frac{\sin^2\varphi}{\varrho_2};$$

$$\varrho = \frac{\varrho_1 \varrho_2}{\varrho_1 \sin^2\varphi + \varrho_2 \cos^2\varphi}.$$

9. Satz von **Meunier.** Legt man durch den untersuchten Punkt $P_0$ eine beliebige Ebene $\varepsilon$, welche mit der Normalen den

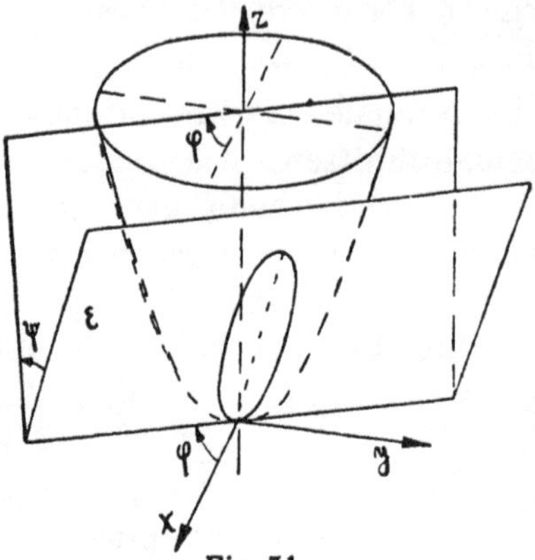

Fig. 51.

Winkel $\psi$ bildet, so schneidet sie die Fläche in einer Kurve mit dem Krümmungsradius $\varrho' = \varrho \cos\psi$, wenn $\varrho$ der Krümmungsradius desjenigen Normalschnittes ist, der mit der Ebene $\varepsilon$ in der Tangentialebene die Spur gemeinsam hat (Fig. 51).

10. Das **Krümmungsmaß** (auch Gausssches oder Hauptkrümmungsmaß) im Punkt $P_0$ ist definiert

$$K = \frac{1}{\varrho_1 \varrho_2}.$$

11a. Im Punkt $P_0$ der Fläche $z = f(x, y)$ ist

$$K = \frac{rt - s^2}{(p^2 + q^2 + 1)^2}.$$

11b. Im Punkt $P_0$ der Fläche $F(x, y, z) = 0$ ist

$$K = \frac{-D}{(F_1^2 + F_2^2 + F_3^2)^2}, \quad \text{wenn } D = \begin{vmatrix} F_{11} & F_{12} & F_{13} & F_1 \\ F_{21} & F_{22} & F_{23} & F_2 \\ F_{31} & F_{32} & F_{33} & F_3 \\ F_1 & F_2 & F_3 & 0 \end{vmatrix}$$

12. Die **mittlere Krümmung** im Punkt $P_0$ ist definiert

$$M = \frac{1}{2}\left(\frac{1}{\varrho_1} + \frac{1}{\varrho_2}\right).$$

12a. Im Punkt $P_0$ der Fläche $z = f(x, y)$ ist

$$2M = -\frac{r(q^2 + 1) + t(p^2 + 1) - 2pqs}{(p^2 + q^2 + 1)^{3/2}}$$

12b. Im Punkt $P_0$ der Fläche $F(x, y, z) = 0$ ist

$$2M = \frac{D_{11} + D_{22} + D_{33}}{(F_1^2 + F_2^2 + F_3^2)^{3/2}},$$

wenn $D_{11}$, $D_{22}$, $D_{33}$ die Unterdeterminanten zu $F_{11}$, $F_{22}$, $F_{33}$ in der obigen Determinante D sind.

13. Die beiden Hauptkrümmungsradien im Punkt $P_0$ einer Fläche sind bestimmt durch die Gleichung

$$\varrho^2 K - 2\varrho M + 1 = 0.$$

14. Je nachdem in einem Punkt $P_0$ die Fläche elliptisch bezw. parabolisch oder hyperbolisch gekrümmt ist, wird

$$K > 0 \quad \text{bezw.} \quad K = 0 \quad \text{oder} \quad K < 0.$$

15. **Flächen konstanten Krümmungsmaßes.** Für sie ist in jedem Punkt $K = c$.

Flächen konstanten gleichen Krümmungsmaßes sind aufeinander abwickelbar. Insbesonders sind Flächen mit dem konstanten Krümmungsmaß $K = 0$ auf eine Ebene abwickelbar.

16. Die Hauptschnittebenen einer **Rotationsfläche** in $P_0$ sind der Meridian und eine zu ihm senkrechte Ebene durch $P_0$. Hauptkrümmungsradien in $P_0$ sind erstens der Krümmungsradius des Meridians, zweitens das Normalenstück von $P_0$ bis zur Rotationsaxe.

17. In einem **Nabelpunkt** sind die Hauptkrümmungsradien gleich groß.

18. Wenn man eine Fläche **biegt** (Formänderung ohne Längenänderung), so ändert sich ihr Krümmungsmaß im Punkt $P_0$ nicht.

19. Die eine der Hauptschnittebenen einer **Regelfläche** geht durch die erzeugende Gerade.

20. **Flächen konstanter mittlerer Krümmung.** Für sie ist in jedem Punkt $M = c$.

21. **Minimalflächen** oder Flächen kleinsten Flächeninhalts haben die Gleichung $M = 0$ (und umgekehrt).

Unter allen Minimalflächen gibt es nur eine reelle abwickelbare: die Ebene, nur eine Regelfläche: die Schraubenfläche, und nur eine Rotationsfläche: das Katenoid (entstanden durch Rotation der Kettenlinie). Schraubenfläche und Katenoid lassen sich aufeinander abwickeln.

## § 125. Krümmungslinien. Asymptotische Kurven. Geodätische Linien.

1. In jedem Punkt der untersuchten Fläche sind durch die Axen der Indikatrix zwei ausgezeichnete Richtungen festgelegt: die **Hauptkrümmungsrichtungen.** Und durch ihre Asymptoten zwei weitere ausgezeichnete: die **Haupttangentenrichtungen.** Die ersteren sind immer reell, letztere reell oder imaginär. Die ersteren sind die Winkelhalbierenden der letzteren.

2. Je nachdem die Indikatrix eine Hyperbel oder Ellipse, sind ihre Asymptoten reell oder imaginär. Ist $\varepsilon$ der unendlich kleine Abstand der Indikatrixebene von der Tangentialebene, so ist im untersuchten Punkt $P_0$ die Gleichung der Indikatrix $2\varepsilon = \frac{x^2}{a} + \frac{y^2}{b}$, die Gleichung der Asymptoten $\frac{x^2}{a} + \frac{y^2}{b} = 0$ oder $\frac{y}{x} = \pm\sqrt{\frac{b}{a}}$, falls man die günstigste Wahl des Koordinatensystems gegenüber dem Näherungsparaboloid wie in § 124 trifft.

3. Die Hauptkrümmungsrichtungen im untersuchten Punkt werden durch die Hauptebenen, die Haupttangentenrichtungen durch die Tangentialebene auf der Fläche ausgeschnitten.

4. Geht man von einem Punkt in der Hauptkrümmungsrichtung zu einem Nachbarpunkt und von da ebenso zum nächsten weiter, so bewegt man sich auf einer **Hauptkrümmungslinie.** Alle Hauptkrümmungslinien auf der Fläche bilden zwei Systeme von Orthogonalkurven. Entsprechend erhält man aus den Haupttangentenrichtungen die **Asymptotenkurven** auf der Fläche, die natürlich nur im hyperbolisch gekrümmten Teil der Fläche reell auftreten.

5a. Die **Hauptkrümmungslinien** der Fläche $F(x, y, z) = 0$ sind bestimmt durch die Differentialgleichungen

$$F_1 dx + F_2 dy + F_3 dz = 0 \text{ mit } \begin{vmatrix} F_1 & F_2 & F_3 \\ dF_1 & dF_2 & dF_3 \\ dx & dy & dz \end{vmatrix} = 0.$$

5b. für die Fläche $z = f(x, y)$ sind sie bestimmt durch

$$dz = p\,dx + q\,dy \text{ mit } \begin{vmatrix} p & q & 1 \\ dp & dq & 0 \\ dx & dy & dz \end{vmatrix} = 0.$$

Deren Projektionen in die z-Ebene sind gegeben durch

$$\left(\frac{dy}{dx}\right)^2 [pqt - s(1+q^2)] + \frac{dy}{dx}[t(1+p^2) - r(1+q^2)]$$
$$+ [s(1+p^2) - pqr] = 0.$$

Im Verein mit der Flächengleichung sind damit die Kurven selbst bestimmt.

6. **Konfokale Flächen** $\frac{x^2}{a^2+\lambda} + \frac{y^2}{b^2+\lambda} + \frac{z^2}{c^2+\lambda} - 1 = 0$ zweiten Grades. Sie bilden ein dreifach orthogonales Flächensystem, d. h. durch jeden Punkt gehen drei zueinander senkrechte Flächen; sie schneiden sich gegenseitig in Krümmungslinien.

Wenn $a > b > c$, so erhält man für

$\lambda > -c^2$ Ellipsoide,
$-c^2 > \lambda > -b^2$ einschalige Hyperboloide,
$-b^2 > \lambda > -a^2$ zweischalige Hyperboloide,
$\lambda < -a^2$ imaginäre Flächen.

7a. Die **Asymptotenkurven** der Fläche $F(x, y, z) = 0$ sind bestimmt durch die Differentialgleichungen

$$F_1 dx + F_2 dy + F_3 dz = 0 \quad \text{mit} \quad dF_1 \cdot dx + dF_2 \cdot dy + dF_3 \cdot dz = 0.$$

7b. für die Fläche $z = f(x, y)$ sind sie bestimmt durch

$$dz = p\,dx + q\,dy \quad \text{mit} \quad dp \cdot dx + dq \cdot dy = 0.$$

Deren Projektionen in die z-Ebene sind gegeben durch

$$t\left(\frac{dy}{dx}\right)^2 + 2s\frac{dy}{dx} + r = 0.$$

Im Verein mit der Flächengleichung sind damit die Kurven selbst bestimmt.

8. Ist die Indikatrix für $P_0$ ein Kreis, so ist dieser Punkt ein **Nabelpunkt**; in ihm gibt es unendlich viele Krümmungslinien. Für ihn gilt

$$\left.\begin{array}{r} pq : (p^2+1) : (q^2+1) = s : r : t \\ z = f(x, y) \end{array}\right\}.$$

9. Auf der Ebene ist jede Kurve eine Asymptotenlinie oder Krümmungslinie. Auf der Kugel ist jede Kurve Krümmungs-

linie. Auf einer Regelfläche sind die Asymptotenlinien die erzeugenden Geraden. Auf einer abwickelbaren Fläche ist die Erzeugende und die zu ihr senkrechte Trajektorie Krümmungslinie. Auf einer Rotationsfläche sind die Meridiane und Parallelkreise Krümmungslinien.

10. **Geodätische Linie** zwischen zwei Punkten einer Fläche ist die Linie kürzesten Weges zwischen diesen beiden Punkten auf der Fläche.

Eine geodätische Linie auf einer bestimmten Fläche ist durch zwei ihrer Punkte oder durch einen Punkt und Fortschreitungsrichtung in diesem Punkt bestimmt.

Ist die Fläche abwickelbar, so wird die geodätische Linie der Fläche als Gerade mit abgewickelt. So ist z. B. die Schraubenlinie eine geodätische Linie des Zylinders.

Geodätischer Abstand zweier Flächenpunkte ist der durch beide Punkte bestimmte geodätische Bogen.

Geodätischer Kreis um einen festen Punkt $P_0$ der Fläche ist der geometrische Ort der Punkte gleichen geodätischen Abstands von $P_0$.

Geodätisches Dreieck ist das durch drei geodätische Bögen bestimmte Dreieck.

## § 126. Enveloppe von Flächen und Raumkurven. Durch eine Raumkurve definierte abwickelbare Flächen.

1. **Enveloppe eines Kurvensystemes**

$$\left.\begin{array}{l} F(x, y, z, t) = 0 \\ G(x, y, z, t) = 0 \end{array}\right\}$$

ist der geometrische Ort der aufeinanderfolgenden Schnittpunkte — solange solche vorhanden sind — von zwei unendlich benachbarten Kurven. Die Einzelkurven selbst heißen **Eingehüllte.**

2. **Enveloppe eines Flächensystems** $F(x, y, z, t) = 0$ ist der geometrische Ort der aufeinanderfolgenden Schnittkurven von zwei unendlich benachbarten Flächen. Die Einzelflächen selbst heißen **Eingehüllte.**

3. Die Enveloppe des Flächensystems $F(x, y, z, t) = 0$ ist das Eliminationsresultat von t aus den beiden Gleichungen

$$F(x, y, z, t) = 0, \quad \frac{\partial F(x, y, z, t)}{\partial t} = 0.$$

4. Je zwei unendlich benachbarte Flächen des Systems $F(x, y, z, t) = 0$ schneiden sich in der **Charakteristik** dieser Einzelflächen. Längs derselben berühren sich Einhüllende und Eingehüllte.

5. Je drei unendlich benachbarte Flächen des Systems $F(x, y, z, t) = 0$ schneiden sich in Punkten, deren stetige Aufeinanderfolge die **Rückkehrkante** der Enveloppe bildet. Ihre Gleichung ist das Eliminationsresultat von t aus den Gleichungen

$$F(x, y, z, t) = 0, \quad \frac{\partial F(x, y, z, t)}{\partial t} = 0, \quad \frac{\partial^2 F(x, y, z, t)}{\partial t^2} = 0.$$

6. Die Rückkehrkante wird von allen Charakteristiken der Fläche berührt.

7. Die aufeinanderfolgenden Schmiegungsebenen einer Raumkurve bestimmen eine abwickelbare Fläche (siehe § 112, 3) als ihre Enveloppe. Je zwei aufeinanderfolgende Schmiegungsebenen schneiden sich in der Tangente des Kurvenpunktes, d. i. die Charakteristik dieser Schmiegungsebenen. Die abwickelbare Fläche heißt die **Tangentialfläche** der Raumkurve. Die Raumkurve selbst ist die Rückkehrkante der Tangentialfläche. Sie ist ferner die Enveloppe der Kurventangenten.

8. Gleichung der Tangentialfläche.

$$\frac{X - x}{\cos\alpha} = \frac{Y - y}{\cos\beta} = \frac{Z - z}{\cos\gamma},$$

worin $x, y, z, \cos\alpha, \cos\beta, \cos\gamma$ Funktionen des Parameters sind (siehe § 121); X, Y, Z sind die laufenden Koordinaten der Tangentialfläche.

9. Jedes Ebenensystem bestimmt eine abwickelbare Fläche als Enveloppe dieser Ebenen. Ihre Charakteristiken sind Tangenten an die Rückkehrkante der Fläche. Die Fläche selbst ist dann der Ort dieser Tangenten.

10. Die aufeinanderfolgenden Normalebenen einer Raumkurve definieren eine abwickelbare Fläche, die Enveloppe dieser

Normalebenen: die **Polarfläche** oder Fläche der Normalebenen oder Fläche der Krümmungsaxen. Je zwei aufeinanderfolgende unendlich benachbarte Normalebenen schneiden sich in der Krümmungsaxe der Raumkurve, d. i. in der Charakteristik der Normalebenen. Die Rückkehrkante der Polarfläche ist der geometrische Ort der Mittelpunkte der Schmiegungskugeln.

11. Die aufeinanderfolgenden Rektifikationsebenen einer Raumkurve definieren eine abwickelbare Fläche, die Enveloppe dieser rektifizierenden Ebenen; sie heißt die **rektifizierende Fläche** der Raumkurve.

12. Wickelt man eine abwickelbare Fläche ab, so wird die Rückkehrkante mit abgewickelt und alsdann als ebene Kurve in ihrer wahren Größe (= rektifiziert) erscheinen.

13. Die rektifizierende Fläche der Schraubenlinie $x = r \cos t$, $y = r \sin t$, $z = ct$ ist der Kreiszylinder vom Radius r. Wickelt man ihn ab, so wird die Schraubenlinie als Gerade rektifiziert (siehe § 123).

## § 127. Parameterdarstellung der Flächen. Linien- und Flächenelement.

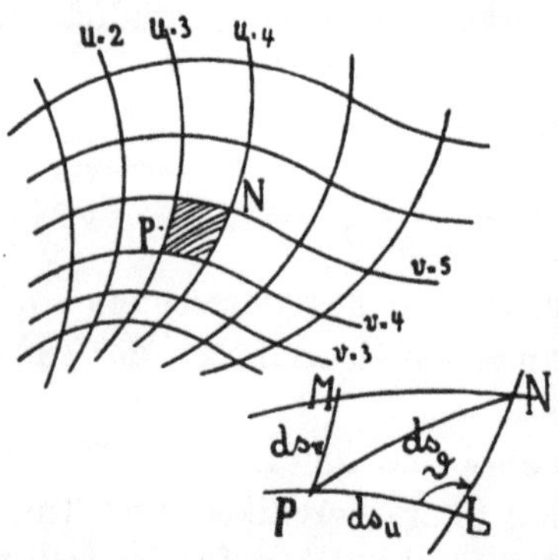


Fig. 52.

1. Durch die Darstellung

$$\left.\begin{aligned} x &= \varphi(u, v) \\ y &= \psi(u, v) \\ z &= \chi(u, v) \end{aligned}\right\} \text{ einer Fläche}$$

wird jedem Parameterpaar u|v ein bestimmter Punkt P der Fläche zugeordnet. Man bezeichnet daher u und v als (krummlinige) **Koordinaten** von P **auf der Fläche.** (Punkt P hat auf dieser Fläche zwei Freiheitsgrade). Die Kurven u = const, v = const. bilden zwei verschiedene Systeme von Kurven auf der Fläche, Fig. 52.

2. Der untersuchte Punkt P hat die Flächenkoordinaten $u|v$, irgend ein unendlich benachbarter N hat die Koordinaten $u + du|v + dv$; die kartesischen Koordinaten von P sind $x|y|z$, die von N sind $x + dx|y + dy|z + dz$.

3. Die speziell auf den Kurven $v = \text{const.}$ bezw. $u = \text{const.}$ liegenden zu P unendlich benachbarten Punkte L and M haben die Flächenkoordinaten $u + du|v$ bezw. $u|v + dv$.

4. Es bezeichnen $\varphi_1$, $\varphi_2$ usw. die partiellen Ableitungen von $\varphi$, $\psi$, $\chi$, d. i. von x, y, z nach u und v, ferner

$$\left.\begin{aligned} E &= \varphi_1^2 + \psi_1^2 + \chi_1^2 \\ F &= \varphi_1\varphi_2 + \psi_1\psi_2 + \chi_1\chi_2 \\ G &= \varphi_2^2 + \psi_2^2 + \chi_2^2 \end{aligned}\right\} \text{Gaußsche } \textbf{Abkürzungen.}$$

5. Der unendlich kleine Abstand PN, das **Linienelement** der Fläche, ist gegeben durch

$$ds^2 = E\,du^2 + 2F\,du\,dv + G\,dv^2,$$

oder mit Einführung von

$$PL = ds_u = du\sqrt{E},$$

$$PM = ds_v = dv\sqrt{G},$$

$$ds^2 = ds_u^2 + ds_v^2 + 2ds_u\,ds_v\cos\vartheta.$$

6. Das unendlich kleine Parallelogramm PLNM, das **Flächenelement,** ist bestimmt wegen

$$\cos\vartheta = \frac{F}{\sqrt{EG}}, \quad \sin\vartheta = \frac{\sqrt{EG - F^2}}{\sqrt{EG}}$$

durch $\quad dw = ds_u\,ds_v \sin\vartheta = du\,dv\sqrt{EG - F^2}.$

7. Das **Oberflächenstück** O zwischen den Kurven $u = u_1$, $u = u_2$, $v = v_1$, $v = v_2$ ist

$$O = \int_{u_1}^{u_2} du \int_{v_1}^{v_2} dv \sqrt{EG - F^2}.$$

8. Zwei beliebige von P ausgehende Kurven auf der Fläche, die die Richtungskoeffizienten $\cos\alpha_1$, $\cos\beta_1$, $\cos\gamma_1$, bezw. $\cos\alpha_2$, $\cos\beta_2$, $\cos\gamma_2$ haben, bilden mit einander den Winkel

$$\cos\vartheta = \cos\alpha_1\cos\alpha_2 + \cos\beta_1\cos\beta_2 + \cos\gamma_1\cos\gamma_2$$

$$= \frac{E\,du_1\,du_2 + F(du_1\,dv_2 + du_2\,dv_1) + G\,dv_1\,dv_2}{ds_1\,ds_2}.$$

9. Sollen die Kurven $u = \text{const.}$ und $v = \text{const.}$ **Orthogonalkurven** auf der Fläche sein, so muß F identisch verschwinden. Die Flächenelemente sind dann Rechtecke.

10. Erfüllen die Kurven $u = \text{const.}$ und $v = \text{const.}$ neben $F = 0$ auch noch die Bedingung $E = G$, so heißen die Systeme dieser Kurven **isotherm orthogonal.** Die Flächenelemente sind dann Quadrate.

## § 128. Abbildung von Flächen.

1. Hat man zwei Flächen

$$\left.\begin{array}{l} x = \varphi(u, v) \\ y = \psi(u, v) \\ z = \chi(u, v) \end{array}\right\} \text{ und } \left.\begin{array}{l} x' = \Phi(u', v') \\ y' = \Psi(u', v') \\ z' = X(u', v') \end{array}\right\},$$

und ordnet man durch ein Gesetz jedem Punkt der einen Fläche einen bestimmten Punkt der zweiten Fläche zu, d. h. jedem Wertepaar $u|v$ der einen Fläche ein bestimmtes Wertepaar $u'|v'$ der zweiten, so hat man die erste Fläche auf die zweite **abgebildet** und umgekehrt.

Jedem Punkt der ersten Fläche entspricht ein bestimmter Punkt der zweiten, jedem Gebilde der ersten Fläche (Gerade, Kurve, Dreieck usw.) ein bestimmtes Gebilde der zweiten Fläche.

2. Diese Zuordnung ist gegeben allgemein durch

$$F(u, v, u', v') = 0 \quad \text{mit} \quad G(u, v, u', v') = 0;$$

speziell durch

$$\left.\begin{array}{l} u' = f(u, v) \\ v' = g(u, v) \end{array}\right\} \text{ oder } \left.\begin{array}{l} u = F(u', v') \\ v = G(u', v') \end{array}\right\},$$

meist wie in den nachfolgenden Beispielen durch $u = u'$, $v = v'$.

3. **Konforme oder winkeltreue Abbildung.** Je zwei Kurven der ersten Fläche schneiden sich unter dem gleichen Winkel wie ihre Abbildungen auf der zweiten Fläche. Die Flächenelemente $dw$ und $dw'$ sind einander ähnlich, also Bedingung für diese Abbildung

$$E : F : G = E' : F' : G'.$$

4. **Flächentreue Abbildung.** Die Flächenelemente $dw$ und $dw'$ sind einander gleich, also Bedingung für diese Abbildung

$$EG - F^2 = E'G' - F'^2.$$

5. Ist die Abbildung flächentreu und winkeltreu, so sind die beiden Flächen auf einander abwickelbar; Bedingung für diese Abbildung

$$E = E', \quad F = F', \quad G = G'.$$

6. Die **stereographische Projektion** ist eine spezielle winkeltreue Abbildung: Eine Kugel vom Durchmesser 2 wird durch Vektoren, die von einem festen Punkt der Kugelfläche ausgehen, auf die diesem festen Punkt diametral gegenüberliegende Tangentialebene abgebildet und umgekehrt, Fig. 53.

7. Die **Abbildung durch reziproke Radien** ist eine spezielle winkeltreue Abbildung. Durch stereographische Projektion wird zunächst die Ebene E auf die Kugel abgebildet, diese selbst durch abermalige stereographische Projektion auf die andere Ebene E', die zur ersten Ebene E parallel ist. Nach Fig. 53 ist $rr' = 4$.

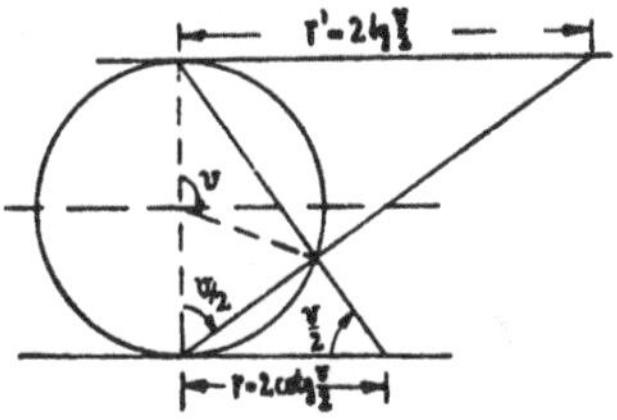

Fig. 53.

8. Die **Merkatorprojektion** ist eine spezielle flächentreue Abbildung. Jeder Punkt einer Kugelfläche wird durch horizontale Vektoren, die von der Vertikalaxe der Kugel ausgehen, auf den vertikalen Tangentialzylinder projiziert.

9. Siehe auch § 36, 4 und 5.

# XI. Differentialgleichungen.

## § 129. Gewöhnliche Differentialgleichungen.

1. Eine Gleichung zwischen der unabhängigen Variablen x, der davon abhängigen unbekannten Funktion y und deren Ableitungen nach x bis zur $n^{ten}$,

$$\Phi(x, y, y', y'', \cdots y^{(n)}) = 0,$$

heißt eine **gewöhnliche Differentialgleichung $n^{ter}$ Ordnung.**

2. n Gleichungen zwischen der unabhängigen Variablen x, den von x abhängigen unbekannten n Funktionen $y_1, y_2, \cdots y_n$ und deren Ableitungen bilden ein **System von n gewöhnlichen Differentialgleichungen (n simultane Differentialgleichungen).**

3. Die Funktion $y = f(x)$ heißt eine **Lösung** der Differentialgleichung $\Phi(x, y, y', \cdots y^{(n)}) = 0$, wenn sie dieselbe identisch erfüllt.

Enthält diese Lösung n willkürliche, voneinander unabhängige Konstante, so heißt sie eine **vollständige Lösung** der Differentialgleichung $\Phi = 0$.

4. Die Differentialgleichung $\Phi(x, y, y', y'', \cdots y^{(n)}) = 0$ besitzt stets eine **vollständige Lösung,** solange $\Phi$ eine stetige Funktion ist.

5. Eine Lösung wird **partikulär,** wenn man für die in der vollständigen Lösung auftretenden n willkürlichen Konstanten direkt oder indirekt (durch n Relationen) spezielle Zahlenwerte angibt.

6. Eine Lösung heißt **singulär,** wenn sie nicht durch Spezialisierung der Konstanten aus der vollständigen Lösung hervorgeht bezw. hervorgebracht werden kann.

7. Die Gleichung $F(x, y, C_1, C_2, \cdots C_n) = 0$ heißt **Integralgleichung** der vorgelegten Differentialgleichung

$$\Phi(x, y, y', \cdots y^{(n)}) = 0,$$

wenn sie aus dieser durch Integration hervorgeht.

8. Tritt die Integralgleichung in der Form $\Psi(x, y) = C$ auf, also nach der willkürlichen Konstanten aufgelöst, so nennt man die Funktion $\Psi$ ein **Integral** der vorgelegten Differentialgleichung.

9. Entsprechend 4 bis 6 spricht man von vollständigen, partikulären, singulären Integralgleichungen bezw. Integralen.

10. Hat man zwischen der gesuchten Funktion y einer vorgegebenen Differentialgleichung $n^{ter}$ Ordnung, den $n-1$ fortlaufenden Ableitungen $y', y'', \cdots y^{(n-1)}$ und einer willkürlichen Konstanten eine Beziehung gefunden, so nennt man dieselbe ein **erstes Integral** der gegebenen Differentialgleichung.

11. Eine Differentialgleichung ist linear, wenn y und seine Ableitungen nach x in jedem Summanden nur in der ersten Dimension auftreten. x selbst darf in beliebiger Form auftreten. Die **allgemeinste lineare Differentialgleichung $n^{ter}$ Ordnung** ist

$$P_n y^{(n)} + P_{n-1} y^{(n-1)} + \cdots + P_2 y'' + P_1 y' + P_0 y = 0.$$

Die $P_i$ sind Funktionen nur von x.

Steht rechts noch eine reine Funktion P von x,

$$P_n y^{(n)} + P_{n-1} y^{(n-1)} + \cdots + P_1 y' + P_0 y = P,$$

so nennt man dieselbe das **zweite Glied** oder die Störungsfunktion der linearen Differentialgleichung (siehe § 134 u. 136).

## § 130. Gewöhnliche Differentialgleichung erster Ordnung.

1. Die **allgemeinste Differentialgleichung erster Ordnung** ist von der Form

$$\Phi\left(x, y, \frac{dy}{dx}\right) = 0 \quad \text{bezw.} \quad \Phi(x, y, y') = 0 \quad \text{oder} \quad \Phi(x, y, p) = 0,$$

wenn $p = y' = \frac{dy}{dx}$ ist.

2. Je nach dem Grad, welchen $y'$ in dieser Gleichung hat, unterscheidet man Differentialgleichungen erster Ordnung ersten Grades und Differentialgleichungen erster Ordnung höheren Grades. Die allgemeinste Form der ersteren ist

$$P\,dx + Q\,dy = 0 \quad \text{bezw.} \quad y' + \varphi(x, y) = 0,$$

wenn P und Q Funktion von x und y sind.

3. Die vollständige Lösung bezw. die vollständige Integralgleichung oder das vollständige Integral der Differentialgleichung erster Ordnung sind von der Form

$$y = f(x, C) \quad \text{bezw.} \quad F(x, y, C) = 0 \quad \text{oder} \quad F(x, y) = C.$$

4. Sei $F(x, y, C)$ eine vorgelegte Integralgleichung, so findet man deren Differentialgleichung als Eliminationsresultat von C aus der gegebenen Gleichung und ihrer Ableitung nach x, also aus

$$F(x, y, C) = 0 \quad \text{mit} \quad \frac{\partial F}{\partial x} dx + \frac{\partial F}{\partial y} dy = 0.$$

5. **Geometrische Deutung** der Differentialgleichung erster Ordnung. Man definiert als **Linienelement** an der Stelle $P_0 = x_0 | y_0$ eine unendlich kleine Strecke dortselbst von bestimmter Richtung. Das Linienelement hat in der Ebene drei Freiheitsgrade; man braucht zu seiner Darstellung also drei Zahlen: x und y, um seinen Ort, und $y'$, um seine Richtung an diesem Ort anzugeben. In der Ebene gibt es $\infty^3$ Linienelemente. Eine Gleichung $\Phi(x, y, y') = 0$ definiert $\infty^2$ Linienelemente, indem sie jedem Ort $x | y$ eine bestimmte Richtung $y'$ zuweist, falls sie vom ersten Grad in $y'$ ist, und k Richtungen, falls sie vom $k^{\text{ten}}$ Grad in $y'$ ist. Also stellt $\Phi = 0$ ein Kurvensystem, eine Kurvenschar bezw. k Kurvensysteme, k Kurvenscharen vor. Durch jeden Punkt geht eine Kurve bezw. gehen k Kurven oder Kurvenäste je nach dem Grad, in dem $y'$ auftritt.

Durch eine weitere Beziehung $\Psi(x, y, y') = 0$ wird dem Linienelement noch ein Freiheitsgrad genommen. Der Verein von $\Phi = 0$ und $\Psi = 0$ greift also $\infty^1$ Linienelemente heraus. Ist diese zweite Beziehung $\Psi = 0$ nur der analytische Ausdruck dafür, daß einem bestimmten $x_0$ ein bestimmtes $y_0$ oder $y_0'$

oder einem bestimmten $y_0$ ein bestimmtes $x_0$ bezw. $y_0'$ zugewiesen ist, so nennt man es eine **Anfangsbedingung.**

Durch die Differentialgleichung $\Phi(x, y, y') = 0$ und die Anfangsbedingung wird also eine Kurve bezw. eine endliche Anzahl von Kurven — je nach dem Grad von $y'$ — bestimmt.

6. Die Differentialgleichung $\Phi(y') = 0$ stellt die Richtung $y'$ des Linienelementes als unabhängig von x und y dar, definiert also ein System von parallelen Geraden bezw. k Systeme paralleler Geraden.

7. Die Differentialgleichung $\Phi(x, y') = 0$ stellt die Richtung $y'$ des Linienelementes als unabhängig von y dar, definiert also ein System bezw. k Systeme von kongruenten Kurven. Hat man eine Kurve, so erhält man durch Verschiebung derselben in der y-Richtung alle übrigen.

Die Integralgleichung lautet $F(x, y + C) = 0$.

8. Entsprechend ist $F(x + C, y) = 0$ die Lösung der Differentialgleichung $\Phi(y, y') = 0$. Alle Kurven der vollständigen Lösung erhält man durch Verschiebung einer partikulären Kurve in der x-Richtung.

9. Ist die Differentialgleichung von der Form $\Phi\left(\frac{y}{x}, y'\right) = 0$, so nennt man sie eine **homogene Differentialgleichung erster Ordnung.** Die Richtung $y'$ des Linienelementes ist nur abhängig von $\frac{y}{x}$, d. h. auf einem bestimmten Radiusvektor vom Ursprung aus hat das Linienelement konstante Richtung. Die homogene Differentialgleichung $\Phi\left(\frac{y}{x}, y'\right) = 0$ stellt ein System ähnlicher und ähnlich gelegener Kurven (homothetische Kurven) vor (Fig. 54).

10. Die Differentialgleichung erster Ordnung $k^{ten}$ Grades weist jedem Punkt der Ebene k Fortschreitungsrichtungen — Linienelemente — zu. Dieselben können alle oder teilweise reell oder imaginär sein. In bestimmten Punkten der Ebene fallen zwei oder mehrere

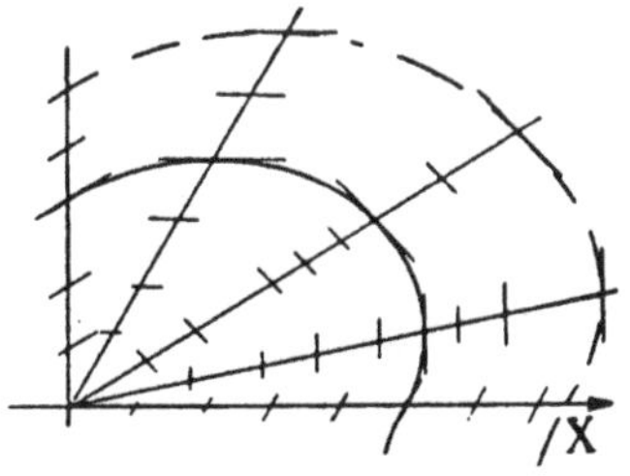

Fig. 54.

dieser Linienelemente zusammen: der geometrische Ort dieser Punkte ist die **Diskriminantenkurve.** Deren Gleichung ist

$$D(x, y) = 0,$$

falls $D(x, y)$ die Diskriminante der Differentialgleichung, d. i. die Resultante der Differentialgleichung und ihrer Ableitung nach $y'$ ist (§ 38, 7 und 8). Für die gegebene Differentialgleichung $\Phi(x, y, y') = 0$ erhält man $D(x, y)$ als Eliminationsresultat von $y'$ aus

$$\Phi(x, y, y') = 0 \quad \text{und} \quad \frac{\partial \Phi(x, y, y')}{\partial y'} = 0.$$

Speziell ist die Diskriminantenkurve

$$Q^2 - 4PR = 0 \quad \text{von} \quad Py'^2 + Qy' + R = 0,$$

$$27Q^2 + 4P^3 = 0 \quad \text{von} \quad y'^3 + Py' + Q = 0,$$

$$4R^3Q - R^2P^2 - 18PQR + 4P^3 + 27Q^2 = 0$$

$$\text{von} \quad y'^3 + Ry'^2 + Py' + Q = 0,$$

wo $P, Q, R$ Funktionen von $x$ und $y$ sind.

Das Gebiet r reeller Fortschreitungsrichtungen wird durch die Diskriminantenkurve vom Gebiet s reeller Fortschreitungsrichtungen getrennt.

11. Ein Kurvensystem kann durch eine Integralgleichung $F(x, y, C) = 0$ oder durch eine Differentialgleichung $\Phi(x, y, y') = 0$ gegeben sein. Die **singuläre Lösung** dieser Differentialgleichung oder die **Enveloppe** des durch diese Gleichung bestimmten Kurvensystems ist der geometrische Ort der Schnittpunkte der aufeinanderfolgenden unendlich benachbarten Einzelkurven.

In den Punkten der Enveloppe müssen je zwei der durch die Differentialgleichung bestimmten Fortschreitungsrichtungen zusammenfallen. Die Enveloppe ist also ein spezieller Fall der Diskriminantenkurve.

12. Ist das Kurvensystem durch die Integralgleichung $F(x, y, C) = 0$ gegeben, so ist die Gleichung der Enveloppe $D(x, y) = 0$, wenn $D(x, y)$ das Eliminationsresultat von $C$ aus den Gleichungen

$$F(x, y, C) = 0 \quad \text{und} \quad \frac{\partial F(x, y, C)}{\partial C} = 0 \quad \text{ist.}$$

13. Ist das Kurvensystem durch die Differentialgleichung $\Phi(x, y, y') = 0$ gegeben, so kann das Eliminationsresultat $D(x, y) = 0$ aus den Gleichungen

$$\Phi(x, y, y') = 0 \quad \text{und} \quad \frac{\partial \Phi(x, y, y')}{\partial y'} = 0$$

die Enveloppe darstellen. $D(x, y) = 0$ wird die gesuchte Enveloppe sein, wenn die Fortschreitungsrichtung im Punkt $x|y$ dieser Kurve dieselbe ist wie die durch die Differentialgleichung an dieser Stelle vorgeschriebene. (Über Enveloppe usw. siehe auch § 90).

14. Die Differentialgleichung erster Ordnung ersten Grades hat weder Enveloppe noch Diskriminantenkurve.

15. Das Raumkurvensystem

$$dx : dy : dz = P(x, y, z) : Q(x, y, z) : R(x, y, z)$$

stellt Orthogonalkurven auf einer Fläche dar, wenn

$$P\left(\frac{\partial Q}{\partial z} - \frac{\partial R}{\partial y}\right) + Q\left(\frac{\partial R}{\partial x} - \frac{\partial P}{\partial z}\right) + R\left(\frac{\partial P}{\partial y} - \frac{\partial Q}{\partial x}\right) = 0.$$

(Über Isogonaltrajektorien usw. siehe § 90.)

## § 131. Lösung der Differentialgleichung erster Ordnung ersten Grades.

1. Die allgemeinste Differentialgleichung erster Ordnung ersten Grades ist von der Form

$$P\,dx + Q\,dy = 0 \quad \text{oder} \quad y' + \varphi(x, y) = 0,$$

wo P und Q Funktionen von x und y sind.

Eine vollständige Integralgleichung der gegebenen Differentialgleichung erhält man, wenn man diese **separieren** kann, d. h. wenn man alle x zu dx, alle y zu dy schaffen, sie also auf die Form

$$X\,dx + Y\,dy = 0$$

bringen kann, wo X bezw. Y Funktionen nur von x bezw. nur von y sind.

2. **Separierbare Differentialgleichung:** Man kann sie auf die Form bringen $X\,dx + Y\,dy = 0$. Sie ist immer dann vorhanden, wenn entweder x oder y fehlt.

$$\text{Lösung} \quad \int X\,dx + \int Y\,dy = C.$$

3. Die meisten Lösungsmethoden für Differentialgleichungen verwandeln die vorgelegte Differentialgleichung in eine separierbare.

4. **Homogene Differentialgleichung.** Sie erscheint in der Form

$$\varphi\left(\frac{y}{x}\right) dx + \psi\left(\frac{y}{x}\right) dy = 0$$

oder läßt sich in diese Form überführen. Die Substitution

$$\frac{y}{x} = z \quad \text{oder} \quad y = xz$$

und damit
$$dy = x\,dz + z\,dx$$

führt sie in eine separierbare Gleichung zwischen x und z über, nämlich in

$$dx\,[\varphi(z) + z\,\psi(z)] + x\,\psi(z)\,dz = 0.$$

$$\text{Lösung} \quad x = C e^{-\int \frac{\psi(z)\,dz}{\varphi(z) + z\,\psi(z)}}$$

Dann noch
$$z = y : x \text{ (siehe § 130, 9).}$$

5. **Lineare Differentialgleichung** $\frac{dy}{dx} + Xy = V$,

wo X und V Funktionen nur von x sind. V ist das zweite Glied der linearen Differentialgleichung (siehe § 129, 11).

a) Man setzt

$$y = uv, \quad \text{also} \quad dy = v\,du + u\,dv,$$

und verfügt über die eine der neuen Variablen u (oder v) derart, daß die neue Gleichung

$$v\frac{du}{dx} + u\frac{dv}{dx} + Xuv = V$$

$$\text{oder } v\left(\frac{du}{dx} + Xu\right) + u\frac{dv}{dx} = V$$

einfacher wird. Setzt man

$$\frac{du}{dx} + Xu = 0,$$

$$\text{so wird}\quad u\frac{dv}{dx} = V.$$

Aus diesen beiden separierbaren Gleichungen erhält man

$$u = e^{-\int X\,dx} \quad \text{und} \quad v = \int V \cdot e^{\int X\,dx}\,dx + C,$$

also Lösung $\quad y = uv = \left[\int V \cdot e^{\int X\,dx}\,dx + C\right] e^{-\int X\,dx}$

b) Man löst zuvor die Gleichung ohne zweites Glied $\frac{dy}{dx} + Xy = 0$ und findet $y = Ce^{-\int X\,dx}$

Die Substitution **(Variation der Konstanten)**

$$y = z \cdot e^{-\int X\,dx}$$

in die gegebene Differentialgleichung gibt

$$z = \int V \cdot e^{\int X\,dx}\,dx + C,$$

also Lösung $\quad y = z \cdot e^{-\int X\,dx}$

6. **Bernoullische Gleichung** $\frac{dy}{dx} + Xy = Vy^n$.

Sie läßt sich durch die Substitution $y^{1-n} = z$ auf die vorige Form

$$\frac{dz}{dx} + (1-n)Xz = (1-n)V$$

bringen und hat dann als Lösung

$$y^{1-n} = \left[(1-n)\int V \cdot e^{(1-n)\int X\,dx}\,dx + C\right] e^{(n-1)\int X\,dx}$$

7. **Totales oder exaktes Differential.** Ist $P\,dx + Q\,dy = 0$ aus $F(x, y) = C$ dadurch hervorgegangen, daß man von der letzten Gleichung das totale Differential

$$F_1\,dx + F_2\,dy = 0$$

bildete, so muß

$$\frac{\partial P}{\partial y} = \frac{\partial Q}{\partial x}$$

sein. Das Integral der vorliegenden Differentialgleichung ist dann

$$F(x, y) = C.$$

a) Man erhält $F(x, y)$ aus P bezw. Q durch partielles Integrieren nach x bezw. y und nachheriges Vergleichen.

$$F = \int P\,dx + \varphi(y),$$

$$\text{und}\quad F = \int Q\,dy + \psi(x).$$

Die beiden zunächst noch unbestimmten Funktionen $\varphi(y)$ und $\psi(x)$ bestimmen sich durch Vergleich der beiden für F gefundenen Werte.

b) Formel $$C = \int P\,dx + \int \left[Q - \int \frac{\partial P}{\partial y}\,dx\right] dy;$$

oder $$C = \int Q\,dy + \int \left[P - \int \frac{\partial Q}{\partial x}\,dy\right] dx.$$

8. Ist $P\,dx + Q\,dy = 0$ kein exaktes Differential, so gibt es Faktoren $\mu(x, y) = \mu$ derart, daß durch Multiplikation mit ihnen die vorliegende Gleichung $P\,dx + Q\,dy = 0$ zu einem exakten Differential wird. $\mu$ heißt dann der **integrierende Faktor** dieser Differentialgleichung $P\,dx + Q\,dy = 0$.

Der integrierende Faktor $\mu$ ist bestimmt durch

$$P\frac{\partial \mu}{\partial y} - Q\frac{\partial \mu}{\partial x} = \mu\left(\frac{\partial Q}{\partial x} - \frac{\partial P}{\partial y}\right).$$

Hat man $\mu$ gefunden, so ist

$$\mu P\,dx + \mu Q\,dy = 0$$

ein totales Differential.

9. Die separierbare Gleichung $X_1 Y_1\,dx + X_2 Y_2\,dy = 0$ — wo X und Y Funktionen nur von x bezw. y sind — hat als integrierenden Faktor

$$\mu = 1 : Y_1 X_2.$$

10. Die homogene Differentialgleichung $P\,dx + Q\,dy = 0$ — P und Q sind Funktionen von $\frac{y}{x}$ — hat als integrierenden Faktor

$$\mu = 1 : (Px + Qy).$$

11. Weiß man, daß $\mu$ die Variabeln x und y in bestimmter Zusammensetzung enthält, so kann man daraus oft sehr einfach $\mu$

berechnen. Es geht die $\mu$ bestimmende partielle Differentialgleichung

$$P\frac{\partial\mu}{\partial y}-Q\frac{\partial\mu}{\partial x}=\mu\left(\frac{\partial Q}{\partial x}-\frac{\partial P}{\partial y}\right)$$

über in die totale

a) $\frac{d\mu}{\mu}=\frac{1}{Q}\left(\frac{\partial P}{\partial y}-\frac{\partial Q}{\partial x}\right)dx$, falls $\mu=f(x)$;

b) $\frac{d\mu}{\mu}=-\frac{1}{P}\left(\frac{\partial P}{\partial y}-\frac{\partial Q}{\partial x}\right)dy$, falls $\mu=f(y)$;

c) $\frac{d\mu}{\mu}=\frac{-1}{Px-Qy}\left(\frac{\partial P}{\partial y}-\frac{\partial Q}{\partial x}\right)dz$, falls $\mu=f(x\cdot y)=f(z)$;

d) $\frac{d\mu}{\mu}=\frac{-x^2}{Px+Qy}\left(\frac{\partial P}{\partial y}-\frac{\partial Q}{\partial x}\right)dz$, falls $\mu=f\left(\frac{y}{x}\right)=f(z)$;

e) $\frac{d\mu}{\mu}=\frac{-1}{2(Py-Qx)}\left(\frac{\partial P}{\partial y}-\frac{\partial Q}{\partial x}\right)dz$, falls $\mu=f(x^2+y^2)=f(z)$.

12. Ist $\mu$ ein integrierender Faktor, dann auch $\mu\cdot\Phi(F)$, wo $\Phi$ eine beliebige Funktion von $F=F(x, y)$ ist.

Hat man zwei integrierende Faktoren $\mu_1$ und $\mu_2$, so ist $\frac{\mu_1}{\mu_2}=C$ das Integral der gegebenen Differentialgleichung.

13a. Die Differentialgleichung $G_1\,dx+G_2\,dy=0$, wo

$$G_1=a_1x+b_1y+c_1 \quad \text{und} \quad G_2=a_2x+b_2y+c_2,$$

wird unter der Voraussetzung: $a_1b_2-a_2b_1$ von Null verschieden, durch die Substitution

$$x=\xi+x_0,\quad y=\eta+y_0$$

homogen. Dabei ist

$$x_0:y_0:1=\begin{vmatrix} a_1 & b_1 & c_1 \\ a_2 & b_2 & c_2 \end{vmatrix}=(b_1c_2-b_2c_1)$$
$$:(c_1a_2-c_2a_1):(a_1b_2-a_2b_1).$$

Die neue Gleichung ist dann

$$(a_1\xi+b_1\eta)\,d\xi+(a_2\xi+b_2\eta)\,d\eta=0.$$

b) Ist $a_1b_2-a_2b_1=0$, so substituiert man

$$a_1x+b_1y=z,$$

und erhält durch Elimination von x eine separierbare Gleichung zwischen y und z.

14. Die Gleichung

$$(\varphi - y\chi)\,dx + (\psi + x\chi)\,dy = 0,$$

wo $\varphi, \psi, \chi$ homogen in x und y sind, $\varphi$ und $\psi$ auch noch gleichen Grades, geht durch die Substitution $y = xz$ in eine Bernoullische Differentialgleichung über (siehe 6).

15. Siehe auch Lösung von Differentialgleichungen mit Reihen § 138.

## § 132. Lösung der Differentialgleichung erster Ordnung höheren Grades.

1. Meist führt die Substitution $dy = p\,dx$ bezw. $dx = \frac{dy}{p}$, wo $p = \frac{dy}{dx} = y'$ ist, zum Ziel. Fast alle Lösungen erscheinen in Parameterdarstellung mit p als Parameter, d. h. x und y sind simultan dargestellt als Funktionen von p.

2. **x und y fehlen:** $\Phi(p) = 0$.
Die Wurzeln dieser Gleichung seien $p_1, p_2 \cdots p_n$. Dann stellen die Lösungen

$$y = p_1 x + C, \quad y = p_2 x + C, \cdots \quad y_n = p_n x + C$$

Systeme paralleler Geraden dar (siehe § 130. 6).

3. **x fehlt:** $\Phi(y, p) = 0$.
Man kann auflösen a) nach p, b) nach y.

a) $p = \varphi(y) = \frac{dy}{dx}$.

$$\text{Lösung} \quad x = \int \frac{dy}{\varphi(y)} + C.$$

b) $y = f(p)$, also $dy = f'(p)\,dp = p\,dx$.

$$\text{Lösung in Parameterdarstellung} \begin{cases} x = \int \frac{f'(p)\,dp}{p} + C \\ y = f(p). \end{cases}$$

4. **y fehlt:** $\Phi(x, p) = 0$.
Man kann auflösen a) nach p, b) nach x.

a) $p = \varphi(x) = \frac{dy}{dx}$.

Lösung $y = \int \varphi(x)\,dx + C$.

b) $x = f(p)$ oder $dx = f'(p)\,dp = \frac{dy}{p}$.

Lösung in Parameterdarstellung $\begin{cases} x = f(p) \\ y = \int f'(p)\,p\,dp + C. \end{cases}$

5. Die Variabeln kommen **homogen** vor: $\Phi\left(\frac{y}{x}, p\right) = 0$.

Man kann auflösen a) nach p, b) nach $\frac{y}{x}$.

a) $p = \varphi\left(\frac{y}{x}\right) = \frac{dy}{dx}$, siehe § 131, 4.

b) $\frac{y}{x} = f(p)$ oder $y = x\,f(p)$ siehe 6a oder 6b.

Man differenziert auf beiden Seiten nach x und erhält dann eine separierbare Gleichung zwischen x und p

$$\frac{dx}{x} = \frac{f'(p)\,dp}{p - f(p)} = P\,dp.$$

Lösung in Parameterdarstellung $\begin{cases} x = C e^{\int P\,dp} \\ y = x\,f(p). \end{cases}$

6. $y = \Phi(x, p)$.
a) Man differenziert auf beiden Seiten nach x.

$$p = \frac{\partial \Phi}{\partial x} + \frac{\partial \Phi}{\partial p}\,\frac{dp}{dx}.$$

Diese neue Differentialgleichung zwischen p und x ist eventuell integrierbar; alsdann hat man durch deren Integralgleichung

$\left.\begin{array}{l} F(x, p, C) = 0 \\ \text{und } y = \Phi(x, p) \end{array}\right\}$ die Lösung in der Parameterdarstellung.

Diese Integration ist immer möglich in den beiden folgenden Fällen b) und c).

b) **Allgemeine Clairautsche Gleichung**

$$y = x\,f(p) + \varphi(p).$$

Man differenziert nach x und erhält eine lineare Differentialgleichung zwischen x und p

$$\frac{dx}{dp} + x\frac{f'}{f-p} + \frac{\varphi'}{f-p} = 0;$$

f, f' und $\varphi'$ statt f(p), f'(p) und $\varphi'(p)$.

Deren Integralgleichung ist

$$x = \left[\int \frac{\varphi'}{p-f} e^{\int \frac{f'\,dp}{f-p}} dp + C\right] e^{-\int \frac{f'\,dp}{f-p}} = F(p, C).$$

Lösung in Parameterdarstellung $\begin{cases} x = F(p, C) \\ y = x f + \varphi. \end{cases}$

c) **Spezielle Clairautsche Gleichung**

$$y = px + \varphi(p).$$

Die Ableitung nach x gibt

$$[x + \varphi'(p)]\,dp = 0.$$

Man erhält durch Nullsetzen eines jeden der beiden Faktoren zwei Lösungen; die eine

$$p = C \text{ mit } y = px + \varphi(p)$$

oder

$$y = Cx + \varphi(C)$$

stellt eine Geradenschar dar; die andere

$$x + \varphi'(p) = 0 \text{ mit } y = px + \varphi(p)$$

in Parameterform eine Einzelkurve, die singuläre Lösung oder Enveloppe der gefundenen Geradenschar.

7. Siehe auch Lösung von Differentialgleichungen mit Reihen, § 138.

## § 133. Gewöhnliche Differentialgleichung zweiter und höherer Ordnung.

1. Die allgemeinste Differentialgleichung zweiter Ordnung ist von der Form $\Phi(x, y, y', y'') = 0$.

Hinsichtlich der Lösung speziell unterscheidet man die lineare Differentialgleichung zweiter Ordnung von der nichtlinearen (siehe § 129, 11).

2. **Geometrische Deutung** der Differentialgleichung zweiter Ordnung. Man definiert als **Krümmungselement** an der Stelle $P_0 = x_0|y_0$ einen unendlich kleinen Kurvenbogen von bestimmter Fortschreitungsrichtung und bestimmter Krümmung. Das Krümmungselement hat also an der Stelle $x_0|y_0$ zwei Freiheitsgrade, in der Ebene vier. Man braucht zu seiner Darstellung in der Ebene vier Zahlen (seine „Koordinaten"): x und y, um seinen Ort, y' und y'', um seine Richtung und Krümmung anzugeben. In der Ebene gibt es $\infty^4$ Krümmungselemente. Eine Gleichung $\Phi(x, y, y', y'') = 0$ definiert $\infty^3$ Krümmungselemente: in jedem Punkt gibt es noch $\infty^1$ Krümmungselemente, d. h. $\Phi(x, y, y', y'') = 0$ bestimmt durch jeden Punkt $\infty^1$ Kurven, in der ganzen Ebene $\infty^2$ Kurven.

3. **Mechanische Deutung** der Differentialgleichung zweiter Ordnung. Deutet man x als Zeit, y als Weg, so stellt

$$\Phi(x, y, y', y'') = 0$$

eine Relation dar zwischen dem augenblicklichen Zeitpunkt der Untersuchung, dem vom materiellen Punkt zurückgelegten Weg, seiner augenblicklichen Geschwindigkeit und der im gleichen Zeitpunkt auf ihn einwirkenden Kraft. Speziell stellt die lineare Differentialgleichung zweiter Ordnung

$$P_2 y'' + P_1 y' + P_0 y = P$$

ein Schwingungsproblem dar.

4. Die vollständige Lösung einer Differentialgleichung zweiter Ordnung bezw. die vollständige Integralgleichung enthält zwei voneinander unabhängige willkürliche Konstante.

5. Die Differentialgleichung eines Systems $F(x, y, C_1, C_2) = 0$, welches $\infty^2$ Kurven in der Ebene bestimmt, ist das Eliminationsresultat von $C_1$ und $C_2$ aus den drei Gleichungen

$$F(\,) = 0, \quad dF(\,) = 0, \quad d^2F(\,) = 0.$$

6. Die allgemeinste Differentialgleichung $n^{ter}$ Ordnung ist von der Form $\Phi(x, y, y', y'', \cdots y^{(n)}) = 0$.

Man unterscheidet sie speziell hinsichtlich der Lösung als lineare und nichtlineare Differentialgleichung $n^{ter}$ Ordnung.

7. Die vollständige Lösung einer Differentialgleichung $n^{ter}$ Ordnung bezw. die vollständige Integralgleichung enthält n voneinander unabhängige willkürliche Konstante.

Die Differentialgleichung $n^{ter}$ Ordnung definiert $\infty^n$ Kurven in der Ebene; durch jeden Punkt der Ebene gehen $\infty^{n-1}$ Kurven.

8. Die Differentialgleichung eines Systems

$$F(x, y, C_1, C_2 \cdots C_n) = 0$$

von $\infty^n$ Kurven in der Ebene ist das Eliminationsresultat der n Konstanten aus der gegebenen Gleichung und ihren n fortlaufenden Ableitungen nach x.

## § 134. Lösung der linearen Differentialgleichung zweiter Ordnung.

1 a) Die allgemeinste lineare Differentialgleichung zweiter Ordnung mit zweitem Glied ist

$$P_2 y'' + P_1 y' + P_0 y = P.$$

Dabei sind $P_2, P_1, P_0, P$ Funktionen nur von x (siehe § 129,11).

Spezielle Fälle sind

b) die lineare Differentialgleichung ohne zweites Glied

$$P_2 y'' + P_1 y' + P_0 y = 0;$$

c) die lineare Differentialgleichung mit konstanten Koeffizienten und mit zweitem Glied

$$a_2 y'' + a_1 y' + a_0 y = P;$$

d) die lineare Differentialgleichung mit konstanten Koeffizienten und ohne zweites Glied

$$a_2 y'' + a_1 y' + a_0 y = 0.$$

2. **Lineare Differentialgleichung mit konstanten Koeffizienten und ohne zweites Glied**

$$a_2 y'' + a_1 y' + a_0 y = 0.$$

Dazu gibt es eine **charakteristische Gleichung**

$$a_2 \lambda^2 + a_1 \lambda + a_0 = 0$$

mit den Wurzeln $\lambda_1$ und $\lambda_2$.

Die Lösung der Differentialgleichung ist

$$y = C_1 y_1 + C_2 y_2 .$$

$y_1$ und $y_2$ sind zwei voneinander linear unabhängige partikuläre Lösungen. Die charakteristische Gleichung hat entweder

$\alpha$) zwei reelle und verschiedene oder

$\beta$) zwei gleiche oder

$\gamma$) zwei konjugiert imaginäre Wurzeln.

In jedem der drei Fälle hat man eine andere Form der Lösung.

$\alpha$) $\lambda_1$ und $\lambda_2$ reell und verschieden,

$$y = C_1 e^{\lambda_1 x} + C_2 e^{\lambda_2 x};$$

$\beta$) $\lambda_1 = \lambda_2 = \lambda$,

$$y = e^{\lambda x}(C_1 + C_2 x);$$

$\gamma$) $\lambda_1 = \alpha + i\beta, \quad \lambda_2 = \alpha - i\beta$,

$$y = e^{\alpha x}(C_1 \cos\beta x + C_2 \sin\beta x).$$

3. **Lineare Differentialgleichung mit konstanten Koeffizienten und mit zweitem Glied.**

$$y'' + a_1 y' + a_0 y = P \ldots . (a_2 = 1).$$

a) Man löst zuvor die Gleichung ohne zweites Glied

$$y'' + a_1 y' + a_0 y = 0$$

und erhält als Lösung

$$y = C_1 y_1 + C_2 y_2.$$

Die Substitution (**Variation der Konstanten** nach Lagrange)

$$y = u_1 y_1 + u_2 y_2$$

gibt bei passender Verfügung über die Variablen $u_1$ und $u_2$ zwei separierbare Differentialgleichungen für $u_1$ und $u_2$

$$u_1' : u_2' : 1 = -P y_2 : P y_1 : (y_1 y_2' - y_2 y_1')$$

und damit die

$$\text{Lösung} \quad y = u_1 y_1 + u_2 y_2.$$

$\alpha$) $\lambda_1$ und $\lambda_2$ sind reell und verschieden,

$$y = \left(\frac{1}{\lambda_1 - \lambda_2}\int \frac{P\,dx}{e^{\lambda_1 x}} + C_1\right) e^{\lambda_1 x} + \left(\frac{1}{\lambda_2 - \lambda_1}\int \frac{P\,dx}{e^{\lambda_2 x}} + C_2\right) e^{\lambda_2 x};$$

$\beta$) $\lambda_1 = \lambda_2 = \lambda$,

$$y = \left(-\int \frac{P x\,dx}{e^{\lambda x}} + C_1\right) e^{\lambda x} + \left(\int \frac{P\,dx}{e^{\lambda x}} + C_2\right) x e^{\lambda x};$$

γ) $\lambda_1 = \alpha + i\beta, \quad \lambda_2 = \alpha - i\beta,$

$$y = \left(-\frac{1}{\beta}\int\frac{P\sin\beta x\,dx}{e^{\alpha x}} + C_1\right)e^{\alpha x}\cos\beta x$$

$$+\left(\frac{1}{\beta}\int\frac{P\cos\beta x\,dx}{e^{\alpha x}} + C_2\right)e^{\alpha x}\sin\beta x.$$

b) Die Gleichung $a_2 y'' + a_1 y' + a_0 y = P$ kann nach § 136,8 — Methode des Ansatzes — oft mit kurzer Rechnung gelöst werden.

c) Die Gleichung $a_2 y'' + a_1 y' + a_0 y = P$ findet oft eine einfache Lösung, indem man sie als nichtlinear betrachtet und nach § 135 behandelt.

4. **Lineare Differentialgleichung mit variablen Koeffizienten**

$$P_2 y'' + P_1 y' + P_0 y = 0 \quad \text{und} \quad P_2 y'' + P_1 y' + P_0 y = P.$$

a) Sie findet oft ihre Lösung, indem man sie als nichtlinear betrachtet und nach § 135 behandelt.

b) Oft ergibt die Anwendung der Sätze § 136 eine Lösung.

c) Oft erhält man nach § 138 mit Reihenentwicklung eine Lösung.

## § 135. Lösung der nichtlinearen Differentialgleichung zweiter Ordnung.

1. Die allgemeine Differentialgleichung zweiter Ordnung $\Phi(x, y, y', y'') = 0$ kann sich dahin spezialisieren, daß alle oder einige der Größen $x, y, y'$ fehlen, oder daß sie in bestimmter Form auftreten.

Die Substitutionen $dy = y'dx = p\,dx$, $dp = y''dx = q\,dx$ usw. dienen zur Elimination unbequemer Größen.

Meist löst man die Gleichung nach $y''$ auf.

2. $\boldsymbol{\Phi(y'') = 0}$.

Man löst nach $y''$ auf und findet $y'' = \text{const.} = c$.

Lösung $y = {}^1\!/_2 cx^2 + C_1 x + C_2$.

3. $\boldsymbol{\Phi}(y'', x) = 0$ oder $y'' = \varphi(x)$.

$$y' = \int \varphi(x)\, dx + C_1.$$

Lösung $$y = \iint \varphi(x)\, dx\, dx + C_1 x + C_2.$$

4. $\boldsymbol{\Phi}(y'', y') = 0$ oder $\Phi\left(\frac{dp}{dx}, p\right) = 0.$

a) Man kann $y'' = \varphi(y')$ oder $y'' = \varphi(p)$ auflösen;

$$y'' = \frac{dp}{dx} = \frac{p\,dp}{dy}.$$

Lösung in Parameterform (p ist Parameter)
$$\left|\begin{array}{l} x = \int \frac{dp}{\varphi(p)} + C_1 \\ y = \int \frac{p\,dp}{\varphi(p)} + C_2. \end{array}\right.$$

Wenn eine dieser Integralgleichungen nach p auflösbar ist, also $p = F(x, C_1)$ bezw. $p = G(y, C_2)$, ist die Lösung

$$y = \int F(x, C_1)\, dx + C_2 \quad \text{bezw.} \quad x = \int \frac{dy}{G(y, C_2)} + C_1.$$

b) Man kann $y' = \psi(y'')$ auflösen oder $p = \psi(q)$.

$$dp = \psi'(q)\, dq = q\, dx = \frac{q\, dy}{p}.$$

Lösung in Parameterform (q ist Parameter)
$$\left|\begin{array}{l} x = \int \frac{\psi'(q)\, dq}{q} + C_1 \\ y = \int \frac{\psi(q)\,\psi'(q)\, dq}{q} + C_2. \end{array}\right.$$

5. $\boldsymbol{\Phi}(y'', y) = 0$.

a) Man kann $y'' = \varphi(y)$ auflösen; dann ist $p\,dp = \varphi(y)\,dy$ und $p = \sqrt{2\int \varphi(y)\, dy + C_1} = \frac{dy}{dx}$.

Lösung $$x = \int \frac{dy}{\sqrt{2\int \varphi(y)\, dy + C_1}} + C_2.$$

b) Man kann $y = \psi(y'')$ auflösen oder $y = \psi(q)$.

$$\psi'(q)\, dq = dy = \frac{p\, dp}{q}.$$

$$p = \sqrt{2\int q\, \psi'(q)\, dq + C_1}.$$

Lösung in Parameterform (q ist Parameter)
$$\begin{cases} x = \int \dfrac{\psi'(q)\,dq}{\sqrt{2\int q\,\psi'(q)\,dq + C_1}} + C_2 \\ y = \psi(q). \end{cases}$$

6. **$\Phi(x, y', y'') = 0$** oder $y'' = \varphi(x, y')$.

Die Umformung $dp = \varphi(x, p)\,dx$ ist eine Differentialgleichung erster Ordnung zwischen x und p. Gelingt deren Auflösung, etwa in der Form

$$F(x, p, C_1) = 0 \quad \text{oder speziell} \quad p = f(x, C_1),$$

so wird die Lösung

$$y = \int f(x, C_1)\,dx + C_2.$$

7. **$\Phi(y, y', y'') = 0$** oder $y'' = \varphi(y, y')$.

Die Umformung $p\,dp = \varphi(y, p)\,dy$ ist eine Differentialgleichung erster Ordnung zwischen y und p. Gelingt deren Auflösung, etwa in der Form

$$F(y, p, C_1) = 0 \quad \text{oder speziell} \quad p = f(y, C_1),$$

so wird die Lösung

$$x = \int \frac{dy}{f(y, C_1)} + C_2.$$

8. **$\Phi(x, y, y', y'') = 0$ ist in y und seinen Ableitungen homogen.**

Die Substitution $y = e^{\int z\,dx}$ macht die vorliegende Gleichung zweiter Ordnung zu einer solchen erster Ordnung

$$\Psi\left(x, z, \frac{dz}{dx}\right) = 0.$$

Dabei ist $y' = zy, \quad y'' = \left(\frac{dz}{dx} + z^2\right) y.$

9. Die Auflösung nach § 138 (Reihenentwicklung) benötigt oft nur kurze Rechnung.

§ 136.

## Lösung der linearen Differentialgleichung $n^{ter}$ Ordnung.

1a) Allgemeine lineare Differentialgleichung $n^{ter}$ Ordnung (§ 129, 11) mit zweitem Glied

$$P_n y^{(n)} + P_{n-1} y^{(n-1)} + \cdots + P_2 y'' + P_1 y' + P_0 y = P.$$

Spezialfälle sind

b) die allgemeine lineare Differentialgleichung ohne zweites Glied

$$P_n y^{(n)} + P_{n-1} y^{(n-1)} + \cdots + P_2 y'' + P_1 y' + P_0 y = 0;$$

c) die lineare Differentialgleichung mit konstanten Koeffizienten und mit zweitem Glied

$$a_n y^{(n)} + a_{n-1} y^{(n-1)} + \cdots + a_2 y'' + a_1 y' + a_0 y = P;$$

d) die lineare Differentialgleichung mit konstanten Koeffizienten und ohne zweites Glied

$$a_n y^{(n)} + a_{n-1} y^{(n-1)} + \cdots + a_2 y'' + a_1 y' + a_0 y = 0.$$

2. Kennt man von einer linearen Differentialgleichung $n^{ter}$ Ordnung ohne zweites Glied

$$P_n y^{(n)} + \cdots + P_1 y' + P_0 y = 0$$

n voneinander linear unabhängige partikuläre Lösungen $y_1$, $y_2, \cdots y_n$, so ist die vollständige Lösung der Gleichung

$$y = C_1 y_1 + C_2 y_2 + \cdots + C_n y_n.$$

3. Die vollständige Lösung der linearen Differentialgleichung mit zweitem Glied (variable oder konstante Koeffizienten) ist

$$y = \eta + y_0,$$

wenn $\eta$ die vollständige Lösung der Gleichung ohne zweites Glied und $y_0$ irgend eine partikuläre Lösung der Gleichung mit zweitem Glied ist (siehe 8 b).

4. Zur vollständigen Lösung der linearen Differentialgleichung mit zweitem Glied (variable oder konstante Koeffizienten) führt die Substitution (Variation der Konstanten)

$$y = u_1 y_1 + u_2 y_2 + \cdots + u_n y_n,$$

wenn $y_1, y_2, \cdots y_n$ n linear voneinander unabhängige partikuläre Lösungen der Gleichung ohne zweites Glied sind (siehe 7 a).

5. Die Gleichung $P_n y^{(n)} + \cdots + P_1 y' + P_0 y = P$ wird auf eine lineare Differentialgleichung von der Ordnung $n-1$ reduziert durch die Substitution

$$y = y_1 \int z \, dx,$$

wo $y_1$ eine partikuläre Lösung der gegebenen Gleichung ohne zweites Glied ist.

**6. Lineare Differentialgleichung mit konstanten Koeffizienten und ohne zweites Glied**

$$a_n y^{(n)} + a_{n-1} y^{(n-1)} + \cdots + a_2 y'' + a_1 y' + a_0 y = 0.$$

Dazu gibt es eine **charakteristische Gleichung**

$$a_n \lambda^n + a_{n-1} \lambda^{n-1} + \cdots + a_2 \lambda^2 + a_1 \lambda + a_0 = 0$$

mit den Wurzeln $\lambda_1, \lambda_2, \cdots \lambda_n$.

Die Lösung der Differentialgleichung ist

$$y = C_1 y_1 + C_2 y_2 + \cdots + C_n y_n.$$

$y_1, y_2, \cdots y_n$ sind n voneinander linear unabhängige partikuläre Lösungen.

Die n Wurzeln der charakteristischen Gleichung können alle oder teilweise reell oder imaginär sein.

$\alpha$) Alle Wurzeln sind reell und verschieden,

$$y = C_1 e^{\lambda_1 x} + C_2 e^{\lambda_2 x} + \cdots + C_n e^{\lambda_n x};$$

$\beta$) zwei der Wurzeln sind gleich, die übrigen sind reell und verschieden: $\lambda_1 = \lambda_2$,

$$y = e^{\lambda_1 x}(C_1 + C_2 x) + C_3 e^{\lambda_3 x} + \cdots + C_n e^{\lambda_n x};$$

$\gamma$) zwei der Wurzeln sind konjugiert imaginär, die übrigen reell und verschieden: $\lambda_1 = \alpha + i\beta$, $\lambda_2 = \alpha - i\beta$,

$$y = e^{\alpha x}(C_1 \cos\beta x + C_2 \sin\beta x) + C_3 e^{\lambda_3 x} + \cdots + C_n e^{\lambda_n x};$$

$\delta$) p der Wurzeln sind gleich: $\lambda_1 = \lambda_2 = \cdots = \lambda_p$,

$$y = e^{\lambda_1 x}(C_1 + C_2 x + C_3 x^2 + \cdots + C_p x^{p-1}) + \cdots + C_n e^{\lambda_n x};$$

$\varepsilon$) konjugiert imaginäre Doppelwurzel: $\lambda_1 = \alpha + i\beta = \lambda_2$, $\lambda_3 = \alpha - i\beta = \lambda_4$,

$$y = e^{\alpha x}\left[(C_1 + C_2 x)\cos\beta x + (C_3 + C_4 x)\sin\beta x\right] + \cdots + C_n e^{\lambda_n x}.$$

**7. Lineare Differentialgleichung mit konstanten Koeffizienten und mit zweitem Glied**

$$y^{(n)} + \cdots + a_2 y'' + a_1 y' + a_0 y = P \ldots. \quad (a_n = 1).$$

a) Man löst zuvor die Gleichung ohne zweites Glied

$$y^{(n)} + \cdots + a_2 y'' + a_1 y' + a_0 y = 0$$

und findet als Lösung

$$y = C_1 y_1 + C_2 y_2 + \cdots + C_n y_n.$$

Die Substitution (**Variation der Konstanten** nach Lagrange)

$$y = u_1 y_1 + u_2 y_2 + \cdots + u_n y_n$$

gibt bei passender Verfügung über die Variablen $u_1, u_2, \cdots u_n$ n separierbare Differentialgleichungen für $u_1, u_2, \cdots u_n$, nämlich

$$u'_1 : u'_2 : \cdots : u'_n : 1 = \begin{vmatrix} y_1 & y_2 & \cdots y_n & 0 \\ y'_1 & y'_2 & \cdots y'_n & 0 \\ \cdot & \cdot & \cdot & \cdot \\ \cdot & \cdot & \cdot & \cdot \\ y_1^{(n-2)} & y_2^{(n-2)} & \cdots y_n^{(n-2)} & 0 \\ y_1^{(n-1)} & y_2^{(n-1)} & \cdots y_n^{(n-1)} & -P \end{vmatrix},$$

(siehe § 37)

und damit nach Berechnung von $u_1, u_2, \cdots u_n$ als Lösung

$$y = u_1 y_1 + u_2 y_2 + \cdots + u_n y_n .$$

Sind die Wurzeln $\lambda_i$ der char. Gleichung reell und verschieden, so wird

$$u_1 = \frac{1}{(\lambda_1 - \lambda_2)(\lambda_1 - \lambda_3)\cdots(\lambda_1 - \lambda_n)} \int \frac{P\,dx}{e^{\lambda_1 x}} + C_1 ,$$

$$\cdots\cdots\cdots\cdots$$

$$u_n = \frac{1}{(\lambda_n - \lambda_1)(\lambda_n - \lambda_2)\cdots(\lambda_n - \lambda_{n-1})} \int \frac{P\,dx}{e^{\lambda_n x}} + C_n .$$

b) Die Gleichung $y^{(n)} + a_{n-1} y^{(n-1)} + \cdots + a_1 y' + a_0 y = P$ kann nach der Methode des Ansatzes (siehe 8b) oft mit kurzer Rechnung gelöst werden.

c) Die Gleichung $y^{(n)} + a_{n-1} y^{(n-1)} + \cdots + a_1 y' + a_0 y = P$ kann man nach 5 auf eine Differentialgleichung niedrigerer Ordnung zurückführen durch die Substitution $y = y_1 \int z\,dx$, falls $y_1$ eine partikuläre Lösung der Gleichung ohne zweites Glied ist.

d) Oft findet die lineare Gleichung eine kurze Auflösung, wenn man sie nach § 137 als nichtlinear behandelt, oder durch Reihenentwicklung nach § 138.

8. **Lineare Differentialgleichung mit variablen Koeffizienten**

$$P_n y^{(n)} + \cdots + P_2 y'' + P_1 y' + P_0 y = 0$$

$$\text{und } P_n y^{(n)} + \cdots + P_2 y'' + P_1 y' + P_0 y = P .$$

a) Kennt man von der Gleichung ohne zweites Glied n partikuläre voneinander linear unabhängige Lösungen $y_1, y_2, \cdots y_n$, so führt die Substitution

$$y = u_1 y_1 + u_2 y_2 + \cdots + u_n y_n$$

bei passender Verfügung über die Variablen $u_1, u_2, \cdots u_n$, wenn $P_n = 1$, zu den nämlichen separierbaren Differentialgleichungen für $u'_1, u'_2, \cdots u'_n$ wie bei 7a und damit zur Auflösung der Gleichung mit zweitem Glied.

b) **Methode des Ansatzes.** Die nach 3 notwendige partikuläre Lösung $y_0$ findet man sehr oft von derselben Form wie das zweite Glied P. Man setzt an,

falls $P = a + bx + cx^2 + \cdots + lx^m$,
$y_0 = A + Bx + Cx^2 + \cdots + Lx^m$;

falls $P = a \sin kx + b \cos kx$,
$y_0 = A \sin kx + B \cos kx$,
oder $y_0 = A \sin(kx + \varphi)$;

falls $P = ae^{kx} + be^{-kx}$,
$y_0 = Ae^{kx} + Be^{-kx}$;

falls $P = e^{kx}(a + bx + cx^2 + \cdots)$,
$y_0 = e^{kx}(A + Bx + Cx^2 + \cdots)$;

falls $P = (a \sin kx + b \cos kx)(c + dx + ex^2 + \cdots)$,
$y = (A \sin kx + B \cos kx)(C + Dx + Ex^2 + \cdots)$.

Die Konstanten $A, B, \cdots$ bestimmen sich aus der Bedingung, daß das so angesetzte $y_0$ eine Lösung der Differentialgleichung mit zweitem Glied sein muß.

c) Man leitet die gegebene Differentialgleichung noch so oft ab, bis man durch Kombination dieser Ableitungen eine neue lineare Differentialgleichung ohne zweites Glied erhält. Deren Lösung enthält dann die nach 3 erforderliche partikuläre Lösung $y_0$. Die Konstanten von $y_0$ erhält man wie bei b) aus der Bedingung, daß $y_0$ eine Lösung der Gleichung mit zweitem Glied sein muß.

d) Die Gleichung $P_n y^{(n)} + \cdots + P_1 y' + P_0 y = P$ kann man wie bei 5 auf eine Differentialgleichung von der Ordnung

$n-1$ reduzieren durch die Substitution $y = y_1 \int z\,dx$, falls $y_1$ eine partikuläre Lösung der Gleichung ohne zweites Glied ist.

e) Eine Auflösung ist oft möglich, wenn man die lineare Differentialgleichung wie eine nichtlineare nach § 137 behandelt; oder indem man nach § 138 die Reihenentwicklung vornimmt.

f) Differentialgleichungen von der Form

$$(a+bx)^n y^{(n)} + (a+bx)^{n-1} a_{n-1} y^{(n-1)} + \cdots + (a+bx)\, a_1 y' + a_0 y = P$$

werden durch die Substitution

$$a + bx = e^t$$

auf eine lineare Differentialgleichung zwischen y und t mit konstanten Koeffizienten reduziert.

$$a + bx = e^t; \quad b\,dx = e^t dt; \quad y' = be^{-t}\frac{dy}{dt},$$

$$y'' = b^2 e^{-2t}\left[\frac{d^2y}{dt^2} - \frac{dy}{dt}\right];$$

$$y''' = b^3 e^{-3t}\left[\frac{d^3y}{dt^3} - 3\frac{d^2y}{dt^2} + 2\frac{dy}{dt}\right] \text{ usw.}$$

## § 137. Lösung der nichtlinearen Differentialgleichung $n^{ter}$ Ordnung.

1. $y^{(n)} = C$.

Lösung $$y = \frac{Cx^n}{n!} + \frac{C_1 x^{n-1}}{(n-1)!} + \frac{C_2 x^{n-2}}{(n-2)!} + \cdots + \frac{C_{n-1} x}{1!} + C_n.$$

2. $y^{(n)} = \Phi(x)$.

Lösung $$y = \frac{1}{(n-1)!}\int_{z=0}^{z=x} (x-z)^{n-1}\,\Phi(z)\,dz + \frac{C_1 x^{n-1}}{(n-1)!} + \cdots + \frac{C_{n-1} x}{1!} + C_n,$$

wenn man die Variable unter dem Integral und in $\Phi$ mit z bezeichnet.

3. **$\Phi[y^{(n-1)}, y^{(n)}] = 0$.**

Man setzt $y^{(n-1)} = z$, also $y^{(n)} = \frac{dz}{dx}$, und erhält eine separierbare Differentialgleichung

$$\Phi\left(z, \frac{dz}{dx}\right) = 0.$$

Gelingt deren Integration in der Form

$$z = F(x, C_1) = y^{(n-1)},$$

so ist nach 2 weiterzufahren.

4. **$\Phi[y^{(n)}, y^{(n-2)}] = 0$.**

Man setzt $y^{(n-2)} = z$, also $y^{(n)} = \frac{d^2 z}{dx^2} = z''$, und erhält eine Gleichung

$$\Phi(z, z'') = 0,$$

welche nach § 135,5 zu behandeln ist.

5. **$\Phi[x, y', y'', \cdots y^{(n)}] = 0$, y fehlt.**

Man setzt $y' = z$, dann ist $y'' = z'$, $y''' = z''$ usw.; man erhält eine Gleichung für z, deren Ordnung $n - 1$ ist,

$$\Phi[x, z, z', z'', \cdots z^{(n-1)}] = 0.$$

6. **$\Phi[x, y, y', \cdots y^{(n)}] = 0$ ist in y und seinen Ableitungen homogen.** Man kann durch die Substitution

$$y = e^{\int z\, dx}$$

die Gleichung auf eine solche $n - 1^{\text{ter}}$ Ordnung zwischen x und z reduzieren.

$$y' = zy, \quad y'' = (z' + z^2)y, \quad y''' = y(z'' + 3zz' + z^3) \text{ usw.}$$

In der neuen Gleichung fällt $y = e^{\int z\, dx}$ hinaus.

7. **Auflösung durch Differenzieren.**

Die Gleichung $\Phi(x, y, y', \cdots y^{(n)}) = 0$ geht durch Differenzieren nach x in die Gleichung $\Psi(x, y, y', \cdots y^{(n)}, y^{(n+1)}) = 0$ $n + 1^{\text{ter}}$ Ordnung über. Die gleichzeitig giltigen Gleichungen $\Phi = 0$ und $\Psi = 0$ ergeben eventuell durch passende Kombination eine einfachere Gleichung $F = 0$, ebenfalls $n + 1^{\text{ter}}$ Ordnung, deren einmalige Integration möglich ist und eine Gleichung $\Phi_1(x, y, y', \cdots y^{(n)}, C_1) = 0$ liefert. Die beiden Gleichungen

$\Phi(x, y, y', \cdots y^{(n)}) = 0$ und $\Phi_1(x, y, y', \cdots y^{(n)}, C_1) = 0$ ergeben nach Elimination von $y^{(n)}$ eine Gleichung $n - 1^{ter}$ Ordnung.

8. Die Auflösung nach § 138 (Reihenentwicklung) ist bei verschiedenen Gleichungen oft durch kurze Rechnung möglich.

## § 138. Lösung von Differentialgleichungen durch Reihen.

1. Die gesuchte Lösung der Differentialgleichung

$$\Phi(x, y, y') = 0$$

oder allgemein $\Phi(x, y, y', \cdots y^{(n)}) = 0$ sei

$$y = f(x).$$

Entwickelt man $y = f(x)$ in eine Potenzreihe

$$y = a_0 + a_1 x + a_2 x^2 + \cdots + a_n x^n + \cdots,$$

so wird die Substitution von y, sowie seiner Ableitungen

$$y' = a_1 + 2a_2 x + 3a_3 x^2 + 4a_4 x^3 + \cdots,$$

oder

$$y' = a_1 + \frac{2!}{1!} a_2 x + \frac{3!}{2!} a_3 x^2 + \frac{4!}{3!} a_4 x^3 + \cdots,$$

$$y'' = 2! a_2 + \frac{3!}{1!} a_3 x + \frac{4!}{2!} a_4 x^2 + \frac{5!}{3!} a_5 x^3 + \cdots,$$

$$y''' = 3! a_3 + \frac{4!}{1!} a_4 x + \frac{5!}{2!} a_5 x^2 + \frac{6!}{3!} a_6 x^3 + \cdots \text{ usw.}$$

in die gegebene Differentialgleichung, und der Vergleich nach der Methode der unbestimmten Koeffizienten die Koeffizienten $a_0, a_1, a_2 \cdots$ bis auf einen ermöglichen, wenn die Differentialgleichung erster Ordnung war, bezw. bis auf n, wenn sie $n^{ter}$ Ordnung war. Die unbestimmt bleibenden Koeffizienten spielen dann die Rolle der Integrationskonstanten.

2. Die gegebene Differentialgleichung ist $\Phi(x, y, y', \cdots y^{(n)}) = 0$ oder $y^{(n)} = \varphi(x, y, y', \cdots y^{(n-1)})$. Man erhält die weiteren Ableitungen $y^{(n+1)}$, $y^{(n+2)}$ usw. als Funktionen von $x, y, y', \cdots y^{(n-1)}$. Legt man y und seinen Ableitungen $y', y'', \cdots y^{(n-1)}$ für $x = x_0$ die willkürlichen Werte $y_0, y_0', y_0'', \cdots y_0^{(n-1)}$ bei, so bildet die Reihe

$$y = y_0 + \frac{x - x_0}{1!} y_0' + \frac{(x - x_0)^2}{2!} y''_0 + \cdots,$$

sofern sie konvergiert, die vollständige Lösung der gegebenen Differentialgleichung. Die spätern Ableitungen an der Stelle

$x_0$, nämlich $y_0^{(n)}$, $y_0^{(n+1)}$ usw. sind durch die vorausgehenden $y_0, y_0', \cdots y_0^{(n-1)}$ bestimmt aus der gegebenen Differentialgleichung.

## § 139. Simultane Differentialgleichungen.

1. Ein System von n gewöhnlichen Differentialgleichungen zwischen einer unabhängigen Variablen, etwa t, und n abhängigen nebst deren ersten Ableitungen, heißt ein **System von n simultanen (gewöhnlichen) Differentialgleichungen,**

$$\text{z. B.} \quad \left.\begin{array}{l} \varphi(x, y, z, x', y', z', t) = 0 \\ \psi(x, y, z, x', y', z', t) = 0 \\ \chi(x, y, z, x', y', z, t) = 0 \end{array}\right\}.$$

2. Ein System

$$x = \Phi(t), \quad y = \Psi(t), \quad z = X(t)$$

heißt eine **Lösung** des Systems dieser simultanen Differentialgleichungen, wenn es dieses System identisch erfüllt.

3. Enthält das Lösungssystem n willkürliche, linear von einander unabhängige Konstante, so nennt man es das **vollständige Lösungssystem** oder die **vollständige Lösung.**

4. Das System

$$F_1(x, y, z, t, C_1) = 0, \; F_2(x, y, z, t, C_2) = 0, \; \text{usw.}$$

heißt ein **vollständiges System von Integralgleichungen,** wenn es implizit das Lösungssystem gibt.

5. Ist das Lösungssystem nach den Konstanten aufgelöst, also $f_1(x, y, z, t) = C_1$, $f_2(x, y, z, t) = C_2$ usw., dann nennt man das System der Funktionen $f_1, f_2, \cdots$ das **vollständige System der Integrale.**

6. Eine Lösung bezw. Integralgleichung heißt **partikulär,** wenn sie durch Spezialisierung der Konstanten aus dem vollständigen System hervorgeht. Läßt sie sich nicht durch Spezialisierung aus dem vollständigen System erzeugen, so heißt sie **singulär.**

7. Ein System von n simultanen Differentialgleichungen

$$\varphi(\,) = 0), \quad \psi(\,) = 0), \cdots$$

hat immer eine vollständige Lösung, wenn die Funktionen auf den linken Gleichungsseiten stetig sind.

8. Eine einzige gewöhnliche Differentialgleichung $n^{ter}$ Ordnung

$$\Phi(x, y, y', y'', \cdots y^{(n)}) = 0$$

ist äquivalent einem System von n simultanen Differentialgleichungen zwischen der Unabhängigen x und den n Abhängigen $y, y', y'', \cdots y^{(n-1)}$.

$$\left.\begin{aligned} &\Phi(x, y, y', y'', \cdots y^{(n-1)}, y^{(n)}) = 0, \\ &y' = \frac{dy}{dx}, \\ &y'' = \frac{dy'}{dx}, \\ &\vdots \qquad \vdots \\ &y^{(n-1)} = \frac{dy^{(n-2)}}{dx}, \end{aligned}\right\} \text{wenn } y^{(n)} = \frac{dy^{(n-1)}}{dx}.$$

9. Ein System von m simultanen Differentialgleichungen je $n^{ter}$ Ordnung ist äquivalent einem neuen System von $m \cdot n$ simultanen Differentialgleichungen erster Ordnung. Das neue System erhält man durch Einführung der Ableitungen als neue Variable.

Wenn t die Unabhängige, x und y die Abhängigen, und $x' = \frac{dx}{dt}$, $y' = \frac{dy}{dt}$ als neue Variable definiert sind, so ist das System von zwei simultanen Differentialgleichungen zweiter Ordnung

$$\left.\begin{aligned} &\varphi\left(t, x, y, \frac{dx}{dt}, \frac{dy}{dt}, \frac{d^2x}{dt^2}, \frac{d^2y}{dt^2}\right) = 0, \\ &\psi\left(t, x, y, \frac{dx}{dt}, \frac{dy}{dt}, \frac{d^2x}{dt^2}, \frac{d^2y}{dt^2}\right) = 0 \end{aligned}\right|$$

äquivalent dem System von vier simultanen Differentialgleichungen erster Ordnung

$$\left.\begin{aligned} &\varphi\left(t, x, y, x', y', \frac{dx'}{dt}, \frac{dy'}{dt}\right) = 0, \\ &\psi\left(t, x, y, x', y', \frac{dx'}{dt}, \frac{dy'}{dt}\right) = 0, \\ &x' = \frac{dx}{dt}, \\ &y' = \frac{dy}{dt} \end{aligned}\right|$$

zwischen der Unabhängigen t und den vier Abhängigen x, y, x' und y'.

10. Jedes Integral $F(x, y, z, \cdots) = C$ des Systems simultaner Differentialgleichungen

$$\frac{dx}{dt} = \varphi(t, x, y, z, \cdots),$$
$$\frac{dy}{dt} = \psi(t, x, y, z, \cdots),$$
$$\frac{dz}{dt} = \chi(t, x, y, z, \cdots),$$
$$\cdots\cdots\cdots$$

oder in anderer Darstellung

$$dt = \frac{dx}{\varphi(\,)} = \frac{dy}{\psi(\,)} = \frac{dz}{\chi(\,)} = \cdots,$$

befriedigt die partielle Differentialgleichung

$$\frac{\partial F}{\partial t} + \varphi \frac{\partial F}{\partial x} + \psi \frac{\partial F}{\partial y} + \chi \frac{\partial F}{\partial z} + \cdots.$$

11. **Geometrische Deutung** des Systems

$$\left.\begin{array}{l} \Phi(x, y, z, y', z') = 0, \\ \Psi(x, y, z, y', z') = 0, \end{array}\right\} \cdots\; y' = \frac{dy}{dx}, \quad z' = \frac{dz}{dx},$$

mit x als der Unabhängigen und y und z als Abhängigen. Man definiert als **Linienelement** im Raum eine unendlich kleine Strecke von bestimmter Fortschreitungsrichtung. Zur Darstellung des Linienelementes hat man fünf Zahlenangaben notwendig, x, y, z, um den Ort, die Lage desselben anzugeben, y' und z', um seine Richtung zu bestimmen; y' und z' sind die Richtungsfaktoren der Projektionen des Linienelementes auf die z- bezw. y-Ebene.

Das Linienelement im Raum hat fünf Freiheitsgrade, in einem bestimmten Punkt zwei. Im Raum gibt es $\infty^5$ Linienelemente, in einem Punkt $\infty^2$. Das Simultansystem $\Phi = 0$ mit $\Psi = 0$ definiert $\infty^3$ Linienelemente: in jedem Punkte also eine endliche Anzahl. Durch das System $\Phi = 0$ und $\Psi = 0$ wird jedem Raumpunkt eine bestimmte Richtung (oder mehrere) zugewiesen, im Raum also ein System von $\infty^2$ Raumkurven definiert (siehe hierzu Krümmungselemente § 133). Das

System dieser $\infty^2$ Kurven nennt man eine **Kurvenkongruenz.** Durch jeden Punkt geht dann eine bestimmte Kurve (oder mehrere), eine **partikuläre Integralkurve.**

Die Kurvenkongruenz findet ihre analytische Darstellung in dem Integralsystem zu $\Phi = 0$ und $\Psi = 0$

$$\left.\begin{aligned} F(x, y, z, C_1, C_2) = 0, \\ G(x, y, z, C_1, C_2) = 0. \end{aligned}\right\}$$

## § 140. Lösung von simultanen Differentialgleichungen.

1. Sind die n Gleichungen

$$\left.\begin{aligned} \Phi_1(t, x, y, z, \cdots x', y', z', \cdots) = 0 \\ \cdots\cdots\cdots\cdots\cdots\cdots \\ \Phi_n(t, x, y, z, \cdots x', y', z', \cdots) = 0 \end{aligned}\right\} \quad (1)$$

in den n Variablen x, y,$\cdots$ und deren Ableitungen $x' = \frac{dx}{dt}$, $y' = \frac{dy}{dt}, \cdots$ **linear**, so kann man nach $x', y', \cdots$ auflösen,

$$\left.\begin{aligned} x' = \varphi_1(t, x, y, z, \cdots), \\ y' = \varphi_2(t, x, y, z, \cdots), \\ \cdots\cdots\cdots\cdots \end{aligned}\right\} \quad (2).$$

Man differenziert die erste Gleichung nach t,

$$x'' = \frac{\partial \varphi_1}{\partial t} + \frac{\partial \varphi_1}{\partial x} x' + \frac{\partial \varphi_1}{\partial y} y' + \cdots,$$

und substituiert für die $x', y', \cdots$ die Werte aus dem System (2). Die Ableitung wiederholt man noch $n-2$ mal. Man hat dann n Gleichungen

$$\left.\begin{aligned} x' &= \varphi_1(t, x, y, z, \cdots), \\ x'' &= \psi(t, x, y, z, \cdots) = \frac{dx'}{dt}, \\ x''' &= \chi(t, x, y, z, \cdots) = \frac{dx''}{dt}, \\ &\cdots\cdots\cdots\cdots\cdots \end{aligned}\right\} \quad (3).$$

Das Eliminationsresultat der $n-1$ Variablen y, z,$\cdots$ liefert eine lineare gewöhnliche Differentialgleichung $n^{ter}$ Ordnung zwischen x und t,

$$\Psi(t, x, x', x'', \cdots x^{(n)}) = 0, \qquad (4)$$

dessen Lösung

$$x = f(t, C_1, C_2, \cdots C_n)$$

nebst den Ableitungen $x', x'', \cdots x^{(n)}$ in (3) substituiert, die vollständige Lösung

$$\begin{aligned} x &= f(t, C_1, C_2, \cdots C_n), \\ y &= g(t, C_1, C_2, \cdots C_n), \qquad (5) \\ &\dots\dots\dots\dots \end{aligned}$$

liefert.

2. Ist die Darstellung (2) nicht möglich, so wird man die Gleichungen (1) jede n — 1 mal differenzieren, aus den $n^2$ vorhandenen Gleichungen die n — 1 Variabeln y, z,$\cdots$ nebst ihren Ableitungen irgendwie eliminieren und damit eine Differentialgleichung $n^{ter}$ Ordnung

$$\Psi(t, x, x', x'', \cdots x^{(n)}) = 0 \qquad (6)$$

erhalten, deren Lösung

$$x = f(t, C_1, C_2, \cdots C_n)$$

nebst den Ableitungen $x', x'', \cdots x^{(n)}$ und den gegebenen oder durch Differenzieren erhaltenen Gleichungen hinreicht, um die andern Funktionen y, z,$\cdots$ zu bestimmen.

3. Hat man speziell das System

$$\left.\begin{aligned} \Phi(t, x, y, x', y') = 0, \\ \Psi(t, x, y, x', y') = 0, \end{aligned}\right\} \qquad (7)$$

und kann man nach x' und y' auflösen,

$$\left.\begin{aligned} x' = \varphi(t, x, y), \\ y' = \psi(t, x, y), \end{aligned}\right\} \qquad (8)$$

so bildet man

$$x'' = \frac{\partial \varphi}{\partial t} + \frac{\partial \varphi}{\partial x} x' + \frac{\partial \varphi}{\partial y} y' \qquad (9)$$

und eliminiert aus den letzten drei Gleichungen y und y'; man erhält eine Differentialgleichung zweiter Ordnung (linear, wenn das gegebene System in x und y und deren Ableitungen linear war)

$$u(t, x, x', x'') = 0,$$

deren Lösung ist

$$x = v(t, C_1, C_2).$$

Die erste Ableitung $x'$ davon in $x' = \varphi(t, x, y)$ des Systems (8) substituiert gibt dann noch

$$y = w(t, C_1, C_2).$$

4. Kann man aber nicht nach $x'$ und $y'$ auflösen, so bildet man die Ableitungen der Gleichungen (7) nach t und hat dann das System

$$\left.\begin{array}{l} \Phi(t, x, y, x', y') = 0, \\ \Psi(t, x, y, x', y') = 0, \\ \Phi_1(t, x, y, x', y', x'', y'') = 0, \\ \Psi_1(t, x, y, x', y', x'', y'') = 0. \end{array}\right|$$

Das Resultat der Elimination von $y$, $y'$, $y''$ aus ihnen gibt dann eine Differentialgleichung zweiter Ordnung zwischen $x$ und $t$ wie oben,

$$u(t, x, x', x'') = 0.$$

Von da ab Lösung entsprechend wie oben.

Natürlich kann man auch $x$, $x'$, $x''$ eliminieren, um eine Gleichung

$$U(t, y, y', y'') = 0$$

zu erhalten.

## § 141. Partielle Differentialgleichungen.

1. Jede Gleichung zwischen n unabhängigen Variabeln, beliebig vielen Funktionen derselben und deren partiellen Ableitungen nach diesen Unabhängigen, heißt eine **partielle Differentialgleichung.**

Eingehender sind nur diejenigen partiellen Differentialgleichungen untersucht, die nur eine (erst noch zu bestimmende) Funktion der Unabhängigen enthalten.

2. Bezeichnet man die Unabhängigen mit $x_i$, die Abhängige mit $y$, deren erste partielle Ableitungen nach den Unabhängigen

mit $p_i$, die zweiten mit $p_{ik}$, so ist die Form der partiellen Differentialgleichung erster und zweiter Ordnung

$$\Phi(x_1, x_2, \cdots x_n, y, p_1, p_2, \cdots p_n) = 0$$

bezw. $$\Phi(x_1, x_2, \cdots x_n, y, p_1, p_2, \cdots p_n, p_{11}, \cdots p_{nn}) = 0.$$

3. Die am meisten untersuchte partielle Differentialgleichung ist diejenige zwischen zwei Unabhängigen x und y und einer Abhängigen z. Bezeichnet

$$p = \frac{\partial z}{\partial x}, \quad q = \frac{\partial z}{\partial y}, \quad r = \frac{\partial^2 z}{\partial x^2}, \quad s = \frac{\partial^2 z}{\partial x \partial y}, \quad t = \frac{\partial^2 z}{\partial y^2},$$

so ist die allgemeinste partielle Differentialgleichung erster Ordnung zwischen den Unabhängigen x und y und der Abhängigen z

$$\Phi(x, y, z, p, q) = 0,$$

und diejenige zweiter Ordnung

$$\Phi(x, y, z, p, q, r, s, t) = 0.$$

4. Das **allgemeine Integral** einer partiellen Differentialgleichung $n^{\text{ter}}$ Ordnung enthält n willkürliche Funktionen.

5. Eine partielle Differentialgleichung gilt als **wesentlich gelöst,** wenn man ihre Lösung auf diejenige einer gewöhnlichen Differentialgleichung oder auf ein System von simultanen gewöhnlichen Differentialgleichungen zurückgeführt hat.

6. Bezüglich der Lösung teilt man die partiellen Differentialgleichungen ein in lineare und nichtlineare. Die partielle Differentialgleichung heißt **linear,** wenn sie die Ableitungen der gesuchten Funktion linear enthält.

7. **Vollständiges Integral** einer partiellen Differentialgleichung $\Phi(x_1, x_2, \cdots x_n, y, p_1, p_2, \cdots p_n)$ heißt man eine Gleichung $F(x_1, \cdots x_n, y, C_1, \cdots C_n) = 0$ derart, daß man aus ihr und den n partiellen Ableitungen von y als Eliminationsresultat der Konstanten wieder die gegebene Differentialgleichung erhält.

8. **Geometrische Deutung** von $\Phi(x, y, z, p, q) = 0$. Man definiert als **Flächenelement** im Punkt $P_0 = x_0|y_0|z_0$ ein unendliches kleines Ebenenstück mit bestimmten Richtungskoeffizienten. Zur Darstellung des Flächenelementes hat man fünf Zahlen notwendig, x, y, z, um den Ort, die Lage desselben anzugeben, p und q, um seine Richtung festzulegen. Das Flächen-

element hat fünf Freiheitsgrade im Raum, zwei in einem bestimmten Punkt. Im Raum gibt es $\infty^5$ Flächenelemente, in jedem Punkt $\infty^2$.

Die Gleichung $\Phi = 0$ definiert $\infty^4$ Flächenelemente, weist also jedem Punkt $\infty^1$ zu.

9. Das vollständige Integral von $\Phi(x, y, z, p, q) = 0$ ist von der Form

$$F(x, y, z, C_1, C_2) = 0.$$

10. Das allgemeine Integral von $\Phi = 0$ erhält man aus dem vollständigen $F(x, y, z, C_1, C_2) = 0$ als Eliminationsresultat von $C_1$ aus den beiden Gleichungen

$$\left.\begin{aligned} F[x, y, z, C_1, f(C_1)] &= 0, \\ \frac{\partial F[\,]}{\partial C_1} &= 0, \end{aligned}\right|$$

wo $f(C_1)$ eine willkürliche Funktion von $C_1$ ist.

11. Für jede einzelne bestimmte Wahl dieser Funktion f wird das allgemeine Integral zum **partikulären Integral**. Für eine solche bestimmte Wahl stellt dann die Gleichung

$$F[x, y, z, C_1, f(C_1)] = 0$$

ein Flächensystem, und das Eliminationsresultat von $C_1$ aus dem obigen Gleichungspaar 10 — das partikuläre Integral — die Enveloppe der Flächen $F = 0$, eine **Integralfläche**, dar. Das allgemeine Integral ist dann durch ein Flächensystem dargestellt.

12. Das Eliminationsresultat von $C_1$ und $C_2$ aus

$$F(x, y, z, C_1, C_2) = 0, \quad \frac{\partial F}{\partial C_1} = 0, \quad \frac{\partial F}{\partial C_2} = 0$$

gibt das **singuläre Integral** der gegebenen partiellen Differentialgleichung, die singuläre Integralfläche.

## § 142. Lösung der partiellen Differentialgleichung erster Ordnung.

### I. Lineare Differentialgleichungen.

1. **Allgemeinste lineare partielle Differentialgleichung** zwischen n Unabhängigen $x_i$ und der Abhängigen y

$$X_1 p_1 + X_2 p_2 + \cdots + X_n p_n = X,$$

wo die $X_1, X_2, \cdots X_n$, X Funktionen von $x_1, x_2, \cdots x_n$, y sind. Wenn das System der n simultanen Differentialgleichungen

$$\frac{dx_1}{X_1} = \frac{dx_2}{X_2} = \cdots = \frac{dx_n}{X_n} = \frac{dy}{X}$$

als vollständiges Integralsystem

$$\left.\begin{array}{l} u_1(x_1, x_2, \cdots x_n, y) = C_1, \\ u_2(x_1, x_2, \cdots x_n, y) = C_2, \\ \cdots\cdots\cdots \\ u_n(x_1, x_2, \cdots x_n, y) = C_n \end{array}\right|$$

hat, so stellt $F(C_1, C_2, \cdots C_n) = 0$ das **allgemeine Integral** der gegebenen partiellen Differentialgleichung vor, solange F eine willkürliche Funktion ist.

2. **Allgemeinste lineare partielle Differentialgleichung** zwischen den Unabhängigen x, y und der Abhängigen z

$$Pp + Qq = R \quad \text{oder} \quad P\frac{\partial z}{\partial x} + Q\frac{\partial z}{\partial y} = R,$$

wo P, Q und R Funktionen von x, y und z sind.

Man sucht das vollständige Integral des Simultansystems

$$\frac{dx}{P} = \frac{dy}{Q} = \frac{dz}{R}.$$

Sei dasselbe
$$\left.\begin{array}{l} f_1(x, y, z) = C_1, \\ f_2(x, y, z) = C_2, \end{array}\right|$$

so ist jede einzelne willkürliche Funktion von $C_1$ und $C_2$ ein **partikuläres Integral**; das **allgemeine Integral** der gegebenen Differentialgleichung aber

$$F[C_1, C_2] = 0 \quad \text{oder} \quad F[f_1(x, y, z), f_2(x, y, z)] = 0$$

oder $f_1 = U(f_2)$, wo F bezw. U willkürliche Funktionen sind.

Die Raumkurven $f_1 = C_1$ mit $f_2 = C_2$ heißen die **Charakteristiken** der partiellen Differentialgleichung.

3. Jede einzelne willkürlich bestimmte Funktion $F = 0$ ist eine **Integralfläche.** Eine solche bestimmte Fläche, ein partikuläres Integral, erhält man durch Anfangsbedingungen, hier **Anfangskurven.** Die durch die gegebene Anfangskurve

$\left.\begin{array}{l} y = g(x) \\ z = h(x) \end{array}\right\}$ hindurchgehende Integralfläche ist das Eliminationsresultat von x, y und z aus den vier Gleichungen

$$y = g(x), \quad z = h(x), \quad f_1 = C_1, \quad f_2 = C_2.$$

Die für $C_1$ und $C_2$ verbleibende Relation

$$K(C_1, C_2) = 0 \quad \text{oder} \quad K[f_1, f_2] = 0$$

ist die gesuchte Integralfläche, das gesuchte partikuläre Integral.

4. **$Xp + Yq = Z$** oder $X\frac{\partial z}{\partial x} + Y\frac{\partial z}{\partial y} = Z$, wo X bezw. Y, Z Funktionen nur von x bezw. y, z sind.

Vollständige Lösung des Simultansystems:

$$\int\frac{dx}{X} - \int\frac{dz}{Z} = C_1, \quad \int\frac{dy}{Y} - \int\frac{dz}{Z} = C_2.$$

Das allgemeine Integral von $Xp + Yq = Z$ ist

$$F[C_1, C_2] = 0 \quad \text{oder} \quad F\left[\int\frac{dx}{X} - \int\frac{dz}{Z}, \int\frac{dy}{Y} - \int\frac{dz}{Z}\right] = 0.$$

5. **$ap + bq = 1$.**

Spezialfall von 4; $X = a$, $Y = b$, $Z = 1$.

Das allgemeine Integral

$$F[C_1, C_2] = 0 \quad \text{oder} \quad F[x - az, y - bz] = 0$$

ist die Gleichung aller **Zylinderflächen.**

6. **$(x - x_0)p + (y - y_0)q = z - z_0$.**

Spezialfall von 4; $X = x - x_0$, $Y = y - y_0$, $Z = z - z_0$.

Das allgemeine Integral

$$F[C_1, C_2] = 0 \quad \text{oder} \quad F\left[\frac{x - x_0}{z - z_0}, \frac{y - y_0}{z - z_0}\right] = 0$$

ist die Gleichung aller **Kegelflächen** mit gemeinsamem Scheitel $x_0|y_0|z_0$.

7. **$xp + yq = 0$.**

Spezialfall von 4; $X = x$, $Y = y$, $Z = 0$.

Das allgemeine Integral

$$F[C_1, C_2] = 0 \quad \text{oder} \quad F\left[z, \frac{y}{x}\right] = 0 \quad \text{oder} \quad z = f\left(\frac{y}{x}\right)$$

ist die Gleichung aller **Konoidflächen** mit der z-Axe als Leitgeraden und der z-Ebene als Leitebene (siehe § 112 Konoidflächen).

8. $\mathbf{yp - xq = 0}$.

Vollständige Lösung des Simultansystems:

$$x^2 + y^2 = C_1, \qquad z = C_2.$$

Das allgemeine Integral

$$F[C_1, C_2] = 0 \quad \text{oder} \quad F[x^2 + y^2, z] = 0$$

ist die Gleichung aller **Rotationsflächen** um die z-Axe als Drehaxe.

9. $\mathbf{p + z\varphi(x, y) = \Phi(x, y)}$.

Vollständige Lösung des Simultansystems:

$$\left.\begin{aligned} z e^{\int\varphi dx} - \int \Phi e^{\int\varphi dx} dx &= C_1 \\ y &= C_2 \end{aligned}\right\}.$$

Allgemeines Integral:

$$F[C_1, C_2] = 0 \quad \text{oder} \quad z = \left[\int \Phi e^{\int\varphi dx} dx + f(y)\right] e^{-\int\varphi dx},$$

wo f(y) eine willkürliche Funktion von y ist.

10. $\mathbf{q + z\varphi(x, y) = \Phi(x, y)}$.

Vollständige Lösung des Simultansystems:

$$\left.\begin{aligned} x &= C_1 \\ z e^{\int\varphi dy} - \int \Phi e^{\int\varphi dy} dy &= C_2 \end{aligned}\right\}.$$

Allgemeines Integral:

$$F[C_1, C_2] = 0 \quad \text{oder} \quad z = \left[\int \Phi e^{\int\varphi dy} dy + f(x)\right] e^{-\int\varphi dy},$$

wo f(x) eine willkürliche Funktion von x ist.

11. $\mathbf{xp + yq = z - \varphi(x, y)}$.

Vollständige Lösung des Simultansystems:

$$\left.\begin{aligned} \frac{y}{x} &= C_1 \\ \frac{z}{x} + \int \frac{\varphi(x, C_1 x)}{x^2} dx &= C_2 \end{aligned}\right\}.$$

Wenn das Integral $\Phi(x, C_1 x)$ gibt, so ist die allgemeine Lösung

$$F[C_1, C_2] = 0 \quad \text{oder} \quad z = x f\left(\frac{y}{x}\right) - x\,\Phi(x, y),$$

wo $f\left(\frac{y}{x}\right)$ eine beliebige Funktion von $\frac{y}{x}$ ist.

## II. Nichtlineare Differentialgleichungen.

12. $z = \Phi(p, q)$.

Vollständiges Integral:

$$F(z, u) = 0, \quad \text{wo} \quad u = x + cy.$$

Die Funktion $F(z, u) = 0$ ist die Lösung der gewöhnlichen Differentialgleichung

$$z = \Phi\left[\frac{dz}{du}, c\frac{dz}{du}\right].$$

13. $\Phi(p, q) = 0$ oder $p = \varphi(q)$.

Vollständiges Integral:

$$z = C_1 x + C_2 + y\varphi(C_1).$$

Das allgemeine Integral ermittelt man aus dem vollständigen nach § 141, 10.

14. $\Phi_1(x, p) = \Phi_2(y, q)$.

Man setzt

$$\Phi_1(x, p) = C_1 \quad \text{oder} \quad p = \varphi_1(x, C_1),$$
$$\Phi_2(y, q) = C_1 \quad \text{oder} \quad q = \varphi_2(y, C_1),$$

und erhält als vollständiges Integral

$$z = \int \varphi_1 dx + \int \varphi_2 dy + C_2.$$

Daraus wie bei 13 das allgemeine Integral.

15. Die **Clairautsche Differentialgleichung**

$$z = px + qy + \varphi(p, q).$$

Das vollständige Integral

$$z = C_1 x + C_2 y + \varphi(C_1, C_2)$$

stellt $\infty^2$ Ebenen dar.

Das allgemeine Integral, das man wie bei 13 erhält, stellt $\infty^1$ abwickelbare Flächen dar, die Enveloppen dieser $\infty^2$ Ebenen; das singuläre Integral, das man nach § 141, 12 erhält, ist eine bestimmte, von den $\infty^2$ Ebenen des vollständigen Integrals und den $\infty^1$ Flächen des allgemeinen Integrals berührte Fläche.

## § 143. Lösung von partiellen Differentialgleichungen höherer Ordnung.

### I. Lineare partielle Differentialgleichungen.

**1. Allgemeine Form**

$$a_0 z + \left[b_0 \frac{\partial z}{\partial x} + b_1 \frac{\partial z}{\partial y}\right] + \left[c_0 \frac{\partial^2 z}{\partial x^2} + c_1 \frac{\partial^2 z}{\partial x \partial y} + c_2 \frac{\partial^2 z}{\partial y^2}\right] + \cdots = 0.$$

Für jedes Paar Zahlen $\alpha_i$ und $\beta_i$, welche der charakteristischen Gleichung

$$a_0 + [b_0 \alpha + b_1 \beta] + [c_0 \alpha^2 + c_1 \alpha\beta + c_2 \beta] + \cdots = 0$$

Genüge leisten, erhält man eine partikuläre Lösung

$$z = C_i e^{\alpha_i x + \beta_i y},$$

wo $C_i$ eine willkürliche Konstante.

Allgemeinere Lösung:

$$z = \sum C_i e^{\alpha_i x + \beta_i y} \ldots . i = 1 \text{ bis } \infty.$$

**2.** $c_0 r + c_1 s + c_2 t = 0$ od. $c_0 \frac{\partial^2 z}{\partial x^2} + c_1 \frac{\partial^2 z}{\partial x \partial y} + c_2 \frac{\partial^2 z}{\partial y^2} = 0$.

Wenn das Paar $\alpha_i | \beta_i$ der charakteristischen Gleichung

$$c_0 \alpha^2 + c_1 \alpha\beta + c_2 \beta^2 = 0$$

Genüge leistet, ist

$$z = C_i e^{\alpha_i x + \beta_i y}$$

eine partikuläre Lösung. Für $\beta = m\alpha$ wird die charakteristische Gleichung

$$c_0 + c_1 m + c_2 m^2 = 0,$$

mit den beiden Wurzeln $m_1$ und $m_2$. Dann ist die allgemeinere Lösung

$$z = \sum C_i e^{(x + m_1 y) \alpha_i} + \sum C'_i e^{(x + m_2 y) \alpha_i}$$

$i = 1$ bis $\infty$; oder wenn F und G zwei willkürliche Funktionen sind,

$$z = F(x + m_1 y) + G(x + m_2 y).$$

**3. Gleichung für schwingende Saiten** (Bernoulli). Spezialfall von 2, wenn $c_1 = 0$.

$$\frac{\partial^2 y}{\partial t^2} = a^2 \frac{\partial^2 y}{\partial x^2}.$$

Charakteristische Gleichung: $\beta^2 = a^2 \alpha^2$,

also $m_1 = a, \quad m_2 = -a.$

Lösung $y = F(x + at) + G(x - at)$.

4. **Gleichung der Wärmeleitung** $\frac{\partial u}{\partial t} = a^2 \frac{\partial^2 u}{\partial x^2}$.

Charakteristische Gleichung: $\beta = a^2 \alpha^2$.

Lösung $u = \sum C_i e^{\alpha_i x} e^{a^2 \alpha_i^2 t} \ldots i = 1$ bis $\infty$.

5. **Kontinuitätsbedingung** für inkompressible Flüssigkeiten (U ist das Geschwindigkeitspotential)

$$\frac{\partial^2 U}{\partial x^2} + \frac{\partial^2 U}{\partial y^2} = 0.$$

(Strömung in der Ebene), Spezialfall von 2. Charakteristische Gleichung:

$$\beta^2 + \alpha^2 = 0,$$

also $m_1 = i, \quad m_2 = -i.$

Lösung $U = F(x + iy) + G(x - iy)$
$= U_1 + iU_2$ (siehe § 36).

## II. Nichtlineare partielle Differentialgleichungen.

6. **Gleichung der abwickelbaren Flächen**

$$rt - s^2 = 0 \text{ oder } \frac{\partial^2 z}{\partial x^2} \cdot \frac{\partial^2 z}{\partial y^2} - \left(\frac{\partial^2 z}{\partial x \partial y}\right)^2 = 0.$$

Allgemeines Integral durch Elimination von C aus

$$\left.\begin{aligned} z &= Cx + y\, f(C) + g(C) \\ 0 &= x + y\, f'(C) + g'(C) \end{aligned}\right\}.$$

f(C) und g(C) sind zwei willkürliche Funktionen.

# XII. Elemente der Vektorenrechnung.

## § 144. Definition und Darstellung der Vektoren.

1. **Ungerichtete** oder **skalare Größen** sind solche Größen, denen nur ein (durch eine einzige Zahl in umkehrbarer Weise eindeutig darstellbarer) Mengenbegriff innewohnt, z. B. Zeit, Masse, Wärme usw.

2. **Gerichtete** oder **vektorielle Größen (Vektoren)** sind solche, denen neben dem Mengenbegriff noch eine Richtung zukommt, z. B. Weg, Geschwindigkeit, Kraft usw.

3. Skalare sollen mit lateinischen Buchstaben, Vektoren mit fetten deutschen bezeichnet werden, z. B. $\mathfrak{s}$, $\mathfrak{v}$, $\mathfrak{P}$.

4. Die Darstellung oder das Bild eines Vektors ist eine Strecke, versehen mit Pfeil. Die Maßzahl der Strecke ist unter Berücksichtigung des Darstellungsmaßstabes dieselbe wie die des Vektors, die Richtung der Strecke soll die Richtung des Vektors darstellen und der Pfeil den Richtungs*sinn*. Die *Lage* des Vektors im Raum wird durch sein Bild, die mit Pfeil versehene Strecke, *nicht* zur Darstellung gebracht.

5. Der Vektor kann ebenso wie die Skalare eine benannte oder unbenannte Zahl sein.

6. **Einheitsvektoren** sind Vektoren, deren Zahlenwert 1 ist.

7. Trägt man alle Einheitsvektoren der Ebene bezw. des Raumes von einem festen Punkt aus ab, so bilden die Endpunkte einen Kreis bezw. eine Kugelfläche mit dem Radius 1. (In Fig. 55 sind $\mathfrak{a}'$, $\mathfrak{b}'$, $\mathfrak{c}'$, $\mathfrak{d}'$ beliebig ausgewählte Einheitsvektoren.)

8. Jeder Vektor ist das Vielfache eines Einheitsvektors; z. B. ist nach Fig. 55

$$\mathfrak{A} = 3\mathfrak{a}, \quad \mathfrak{B} = 1{,}2\,\mathfrak{b}, \quad \mathfrak{C} = {}^5/_4\,\mathfrak{c}.$$

9. Die Zahl, welche angibt, wie viel mal so groß der Vektor ist als der mit ihm parallele Einheitsvektor, heißt der **Tensor** des Vektors. (In Fig. 55 sind $\mathfrak{C}$ und $\mathfrak{c}$ parallel, sie haben gleichen Richtungssinn. Der Tensor von $\mathfrak{C}$ ist $C = {}^{5}/_{4}$).

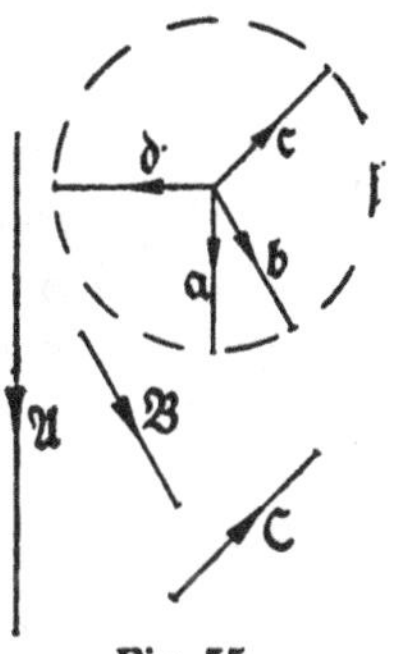

Fig. 55.

10. Jeder Vektor ist gleich Tensor mal Einheitsvektor,

$$\mathfrak{A} = A\mathfrak{a}.$$

11. Zwei Vektoren $\mathfrak{U} = U\mathfrak{u}$ und $\mathfrak{B} = V\mathfrak{v}$ können gemeinsam haben

a) den Tensor, also $U = V$,

b) den Einheitsvektor, also $\mathfrak{u} = \mathfrak{v}$,

c) Tensor und Einheitsvektor, also $U = V$, $\mathfrak{u} = \mathfrak{v}$. In diesem Fall heißt man die Vektoren gleich und schreibt

$$\mathfrak{U} = \mathfrak{B}.$$

12. Nimmt man in der Ebene zwei zueinander senkrechte Richtungen an und hält sie für die Dauer der Untersuchung fest, so sollen die Einheitsvektoren in diesen zwei ausgezeichneten Richtungen als **Grundvektoren** bezeichnet werden: $\mathfrak{i}$ und $\mathfrak{j}$.

Entsprechend hat man im Raum drei Grundvektoren $\mathfrak{i}$, $\mathfrak{j}$ und $\mathfrak{k}$ in der X-, Y- und Z-Richtung eines räumlichen Koordinatensystems. Die Reihenfolge der Grundvektoren $\mathfrak{i}$, $\mathfrak{j}$ und $\mathfrak{k}$ bildet ein Rechtssystem (§ 106, 7).

Fig. 56.

13. Entgegengesetzt gleiche Vektoren haben entgegengesetzt gleiche Tensoren und gleiche Einheitsvektoren, oder gleiche Tensoren und entgegengesetzt gleiche Einheitsvektoren.

Wenn $\mathfrak{U} = -\mathfrak{B}$, so kann sein $U = -V$ und $\mathfrak{u} = \mathfrak{v}$, oder $U = V$ und $\mathfrak{u} = -\mathfrak{v}$.

14. Durch Angabe eines variablen Vektors ist eine ebene oder räumliche Kurve als geometrischer Ort der Vektor-Enden definiert. (Siehe Kurvendiskussion: Zykloide usw.)

15. Die elementaren Rechnungsoperationen mit Vektoren bezwecken eine möglichst sinnfällige Darstellung von wichtigen Größen der Mechanik und von diesen hergeleiteten Größen: Resultante, Arbeit, Moment usw. Durch diese Absicht erklären sich die in den folgenden Zeilen eingeführten Definitionen von Summe oder Produkt zweier Vektoren.

## § 145. Summe $\mathfrak{A}+\mathfrak{B}$.

1. Definition. Man bildet die **Summe** $\mathfrak{A}+\mathfrak{B}$ (meist sagt man geometrische oder graphische Summe), indem man von einem beliebigen Punkt O aus zuerst den einen Vektor $\mathfrak{A}$ anträgt, von dessen Endpunkt aus den zweiten Vektor $\mathfrak{B}$, und den Anfangspunkt O mit dem Endpunkt E verbindet. Der Vektor von O nach E ist als die Summe $\mathfrak{A}+\mathfrak{B}$ definiert, Fig. 57.

Fig. 57.

2. $\mathfrak{A}+\mathfrak{B}=\mathfrak{B}+\mathfrak{A}$, d. h. die Reihenfolge der Summanden ist belanglos.

$$(\mathfrak{A}+\mathfrak{B})+\mathfrak{C}=\mathfrak{A}+(\mathfrak{B}+\mathfrak{C}).$$

3. Jeder Summensatz wird durch ein Polygon dargestellt. Umgekehrt ist jedes (ebene oder räumliche) Polygon als Bild eines Summensatzes zu betrachten. Das Polygon der Fig. 58 z. B. ist zu lesen

$$\mathfrak{A}+\mathfrak{B}+\mathfrak{C}=\mathfrak{D}$$

oder $$\mathfrak{A}+\mathfrak{B}+\mathfrak{C}-\mathfrak{D}=0.$$

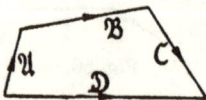

Fig. 58.

4. **Zerlegen von Vektoren in Komponenten.** Wie man aus zwei oder mehreren Vektoren durch geometrische Summierung einen einzigen erhält, so kann man umgekehrt einen Vektor in zwei oder mehrere andere zerlegen. Die so neu entstandenen Vektoren heißen die **Komponenten** des gegebenen Vektors (Fig. 59).

Z. B. $\mathfrak{a} = \mathfrak{c} + \mathfrak{d}$,

oder $\mathfrak{a} = \mathfrak{e} + \mathfrak{f} + \mathfrak{g}$,

oder $\mathfrak{a} + \mathfrak{h} + \mathfrak{m} = 0$,

d. h. $\mathfrak{a} = -\mathfrak{h} - \mathfrak{m}$.

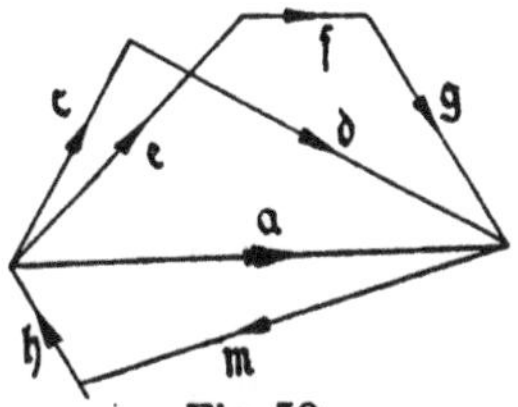


Fig. 59.

Meist zerlegt man einen Vektor derart, daß die einzelnen Komponenten in die Richtung der Grundvektoren fallen.

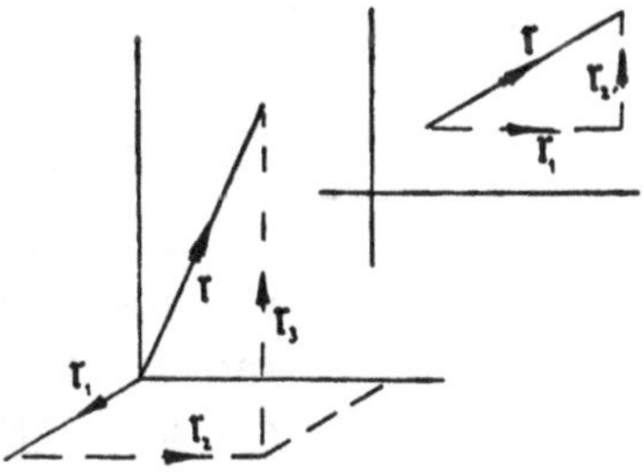

Fig. 60.

Sind $r_1$, $r_2$ die Projektionen des Vektors $\mathfrak{r}$ auf die zwei Koordinatenaxen der Ebene, also $P = r_1|r_2$ der Endpunkt des Vektors $\mathfrak{r}$ — im Raum sind $r_1$, $r_2$, $r_3$ die drei Projektionen auf die Koordinatenaxen oder Grundvektoren, $P = r_1|r_2|r_3$ der Endpunkt des Vektors $\mathfrak{r}$ — so sind die Komponenten nach den Grundrichtungen: $r_1\mathfrak{i}$, $r_2\mathfrak{j}$ in der Ebene, bezw. $r_1\mathfrak{i}$, $r_2\mathfrak{j}$, $r_3\mathfrak{k}$ im Raum, also (Fig. 60)

$$\mathfrak{r} = r_1\mathfrak{i} + r_2\mathfrak{j} = \mathfrak{r}_1 + \mathfrak{r}_2$$

bezw. $$\mathfrak{r} = r_1\mathfrak{i} + r_2\mathfrak{j} + r_3\mathfrak{k} = \mathfrak{r}_1 + \mathfrak{r}_2 + \mathfrak{r}_3.$$

5. **Projektionssatz.** Projiziert man ein geschlossenes (ebenes oder räumliches) Polygon auf eine Ebene oder eine Gerade, so wird im projizierten Polygon die Reihenfolge der Pfeile, d. i. der Richtungssinn der Vektoren, nicht geändert. Wenn also im Originalpolygon gilt

$$\mathfrak{S} = \mathfrak{A} + \mathfrak{B} + \mathfrak{C},$$

dann gilt auch bei Projektion auf eine beliebige Ebene

$$\mathfrak{S}' = \mathfrak{A}' + \mathfrak{B}' + \mathfrak{C}',$$

und bei Projektion auf eine Gerade

$$S'' = A'' + B'' + C'',$$

wenn $\mathfrak{S}'$, $\mathfrak{A}'$, usw. die projizierten Vektoren sind.

Jeder Summensatz wird durch ein geschlossenes Polygon dargestellt, also gilt: Ein Summensatz bleibt erhalten, wenn man alle Summanden gleichzeitig auf eine Ebene oder auf eine Gerade projiziert.

## § 146. Elementares Produkt $m\mathfrak{A}$.

1. **Definition.** $m\mathfrak{A}$ heißt, der Vektor $\mathfrak{A}$ soll m mal addiert werden. Der neue Vektor $m\mathfrak{A}$ hat die gleiche Richtung wie $\mathfrak{A}$.

2. Sätze. $A\mathfrak{B} = \mathfrak{B}A$.

$(A + B)\mathfrak{C} = A\mathfrak{C} + B\mathfrak{C}$.

$(\mathfrak{A} + \mathfrak{B})C = \mathfrak{A}C + \mathfrak{B}C$.

3. Für das elementare Produkt $m\mathfrak{A}$ gelten dieselben Regeln wie für das algebraische Produkt $ab$.

## § 147. Skalares Produkt $\mathfrak{A}\mathfrak{B}$.

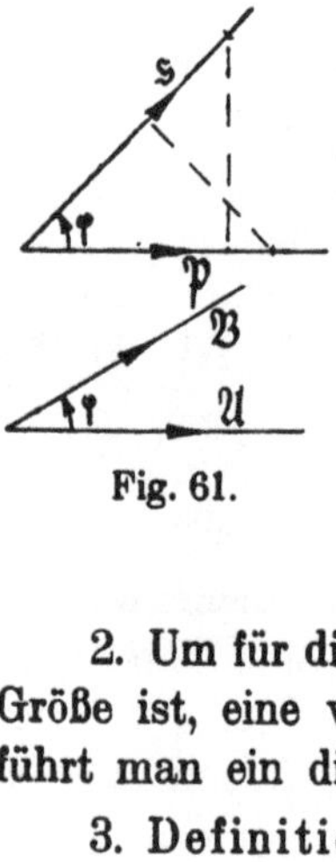

Fig. 61.

1. Legt der Angriffspunkt der nach Größe und Richtung konstanten Kraft P den Weg s zurück, so ist, wenn der Winkel von P nach s mit $\varphi$, die Projektion von s auf P mit s', die Projektion von P auf s mit P' bezeichnet wird, die Arbeit der Kraft P auf dem Weg s

$$\textbf{Arbeit} = Ps\cos\varphi = Ps' = P's$$

(= Kraft mal Weg mal Kosinus Zwischenwinkel
= Kraft mal Wegprojektion
= Weg mal Kraftprojektion).

2. Um für die physikalische Größe Arbeit, die eine skalare Größe ist, eine vektoranalytisch verwertbare Form zu erhalten, führt man ein die

3. Definition: **Skalares Produkt** (oder **inneres Produkt**)

$$\mathfrak{A}\mathfrak{B} = AB\cos\varphi$$

(= Tensor A mal Tensor B mal Kosinus Zwischenwinkel).

4. Sätze. $\mathfrak{A}\mathfrak{B} = \mathfrak{B}\mathfrak{A}$.

$$(\mathfrak{A} + \mathfrak{B})\mathfrak{C} = \mathfrak{A}\mathfrak{C} + \mathfrak{B}\mathfrak{C}.$$

$$(\mathfrak{A} + \mathfrak{B})(\mathfrak{C} + \mathfrak{D}) = \mathfrak{A}\mathfrak{C} + \mathfrak{A}\mathfrak{D} + \mathfrak{B}\mathfrak{C} + \mathfrak{B}\mathfrak{D}.$$

$$\mathfrak{A}\mathfrak{A} = A^2.$$

$$\mathfrak{i}\mathfrak{i} = \mathfrak{j}\mathfrak{j} = \mathfrak{k}\mathfrak{k} = 1.$$

$$\mathfrak{i}\mathfrak{j} = \mathfrak{j}\mathfrak{k} = \mathfrak{k}\mathfrak{i} = 0.$$

$$\mathfrak{A}\mathfrak{B} = A_1B_1 + A_2B_2 + A_3B_3,$$

wenn $A_1, A_2, A_3, B_1, B_2, B_3$ die Projektionen von $\mathfrak{A}$ bezw. $\mathfrak{B}$ auf die drei Grundrichtungen sind.

5. Die Arbeit der Kraft $\mathfrak{P}$ auf dem Weg $\mathfrak{s}$ ist $\mathfrak{P}\mathfrak{s}$.

## § 148. Vektorprodukt $[\mathfrak{A}\mathfrak{B}]$.

1. Greift die Kraft P an dem materiellen Punkt A an, den man sich durch eine gewichtslose starre Stange mit dem Punkt 0 fest verbunden denkt, so ist die Drehwirkung (= **Moment**) von P für ein im Punkt 0 gedachtes Kugelgelenk hinreichend charakterisiert, wenn man angibt

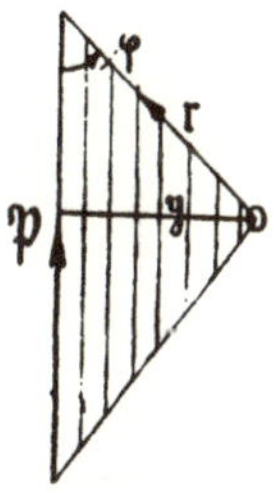

Fig. 62.

a) Größe des Momentes $M = Py$, d. i. das in Fig. 62 schraffierte Dreieck (= **Momentendreieck**), doppelt gezählt;

b) Richtung der Drehaxe, d. i. eine in 0 senkrecht zum Momentendreieck stehende Axe;

c) Richtungssinn der Drehung, d. i. in Fig. 62 der Uhrzeigersinn.

2. Um für die physikalische Größe Moment, die eine gerichtete Größe ist, eine vektoranalytisch verwertbare Form zu erhalten, definiert man

3. **Vektorprodukt** (oder **äußeres Produkt**)

$$[\mathfrak{A}\mathfrak{B}] = \mathfrak{B}$$

ist ein Vektor, dessen Tensor

$$V = AB \sin\varphi,$$

$\varphi$ von $\mathfrak{A}$ nach $\mathfrak{B}$ gezählt; $\mathfrak{B}$ steht senkrecht zu $\mathfrak{A}$ und $\mathfrak{B}$; $\mathfrak{A}$, $\mathfrak{B}$ und $\mathfrak{B}$ müssen in dieser Reihenfolge ein Rechtssystem bilden.

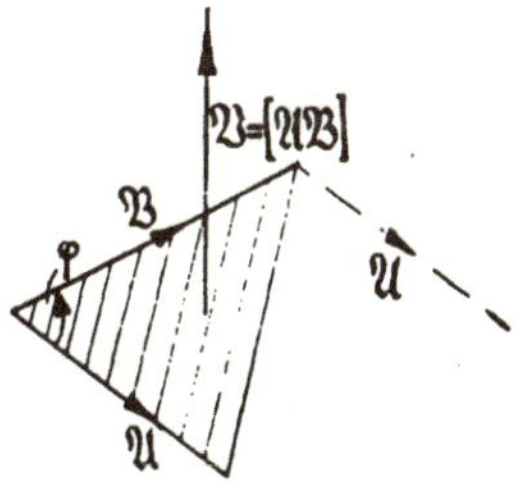

Fig. 63.

Oder (Fig. 63): Der Tensor des Vektorproduktes ist gegeben durch das doppelte aus $\mathfrak{A}$ und $\mathfrak{B}$ gebildete Vektordreieck; $\mathfrak{B}$ steht senkrecht zum Vektordreieck und zwar so gerichtet, daß $\mathfrak{A}$

an (dem als Hebelarm gedachten) $\mathfrak{B}$ angreifend eine Uhrzeigerbewegung hervorruft, falls der Pfeil von $\mathfrak{B}$ zum Beobachter geht.

4. Sätze. $[\mathfrak{A}\mathfrak{B}] = -[\mathfrak{B}\mathfrak{A}]$.

$$[(\mathfrak{A}+\mathfrak{B})\mathfrak{C}] = [\mathfrak{A}\mathfrak{C}] + [\mathfrak{B}\mathfrak{C}].$$

$$[(\mathfrak{A}+\mathfrak{B})(\mathfrak{C}+\mathfrak{D})] = [\mathfrak{A}\mathfrak{C}] + [\mathfrak{A}\mathfrak{D}] + [\mathfrak{B}\mathfrak{C}] + [\mathfrak{B}\mathfrak{D}].$$

$$[\mathfrak{A}\mathfrak{A}] = 0.$$

$$[\mathfrak{i}\mathfrak{i}] = [\mathfrak{j}\mathfrak{j}] = [\mathfrak{k}\mathfrak{k}] = 0.$$

$$[\mathfrak{i}\mathfrak{j}] = \mathfrak{k}, \quad [\mathfrak{j}\mathfrak{k}] = \mathfrak{i}, \quad [\mathfrak{k}\mathfrak{i}] = \mathfrak{j}.$$

$$[\mathfrak{A}\mathfrak{B}] = \begin{vmatrix} \mathfrak{i} & \mathfrak{j} & \mathfrak{k} \\ A_1 & A_2 & A_3 \\ B_1 & B_2 & B_3 \end{vmatrix},$$

wenn $A_1, A_2, A_3$, $B_1, B_2, B_3$ die Projektionen von $\mathfrak{A}$ bezw. $\mathfrak{B}$ auf die drei Grundrichtungen sind.

$$\mathfrak{A}[\mathfrak{B}\mathfrak{C}] = \mathfrak{B}[\mathfrak{C}\mathfrak{A}] = \mathfrak{C}[\mathfrak{A}\mathfrak{B}]$$

$$[\mathfrak{A}[\mathfrak{B}\mathfrak{C}]] = \mathfrak{B}\cdot\mathfrak{A}\mathfrak{C} - \mathfrak{C}\cdot\mathfrak{A}\mathfrak{B}.$$

## § 149. Differentialquotient der Elementaroperationen.

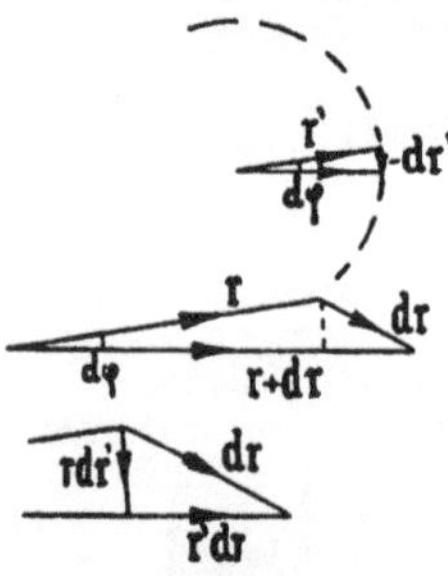

Fig. 64.

1. Schließen der Vektor $\mathfrak{r}$ und der ihm unendlich benachbarte $\mathfrak{r} + d\mathfrak{r}$ den Winkel $d\varphi$ ein, dann auch die beiden entsprechenden unendlich benachbarten Einheitsvektoren $\mathfrak{r}'$ und $\mathfrak{r}' + d\mathfrak{r}'$ (Fig. 64).

2. Das **Differential** $d\mathfrak{r}'$ eines Einheitsvektors $\mathfrak{r}'$ steht senkrecht zu diesem Einheitsvektor.

Der Tensor dieses Differentials ist $d\varphi$.

3. Das Differential $d\mathfrak{r}$ des Vektors $\mathfrak{r} = r\mathfrak{r}'$ ist mit dem Differential $dr$ des Tensors von $\mathfrak{r}$ und mit dem Differential $d\mathfrak{r}'$ des Einheitsvektors von $\mathfrak{r}$ verknüpft durch die Relation (Fig. 64)

$$d\mathfrak{r} = r\,d\mathfrak{r}' + \mathfrak{r}'\,dr.$$

$r\,d\mathfrak{r}'$ steht senkrecht zu $\mathfrak{r}$, $\mathfrak{r}'\,dr$ ist gleichgerichtet mit $\mathfrak{r}$.

4. Ist $\mathfrak{r} = r\mathfrak{r}'$ variabel und als vom Parameter t abhängig vorausgesetzt, so ist

$$\frac{dr}{dt} = \lim_{\Delta t = 0} \frac{r(t + \Delta t) - r(t)}{\Delta t}.$$

$$\frac{d\mathfrak{r}'}{dt} = \lim_{\Delta t = 0} \frac{\mathfrak{r}'(t + \Delta t) - \mathfrak{r}'(t)}{\Delta t}.$$

$$\frac{d\mathfrak{r}}{dt} = \frac{d(r\mathfrak{r}')}{dt} = r\frac{d\mathfrak{r}'}{dt} + \mathfrak{r}'\frac{dr}{dt}.$$

5. Sind $\mathfrak{U}$ und $\mathfrak{B}$ variabel und als vom Parameter t abhängig vorausgesetzt, so ist

$$\frac{d(\mathfrak{U}\mathfrak{B})}{dt} = \mathfrak{U}\frac{d\mathfrak{B}}{dt} + \mathfrak{B}\frac{d\mathfrak{U}}{dt}$$

$$\frac{d[\mathfrak{U}\mathfrak{B}]}{dt} = \left[\mathfrak{U}\frac{d\mathfrak{B}}{dt}\right] + \left[\frac{d\mathfrak{U}}{dt}\mathfrak{B}\right].$$

| n | $n^2$ | $n^3$ | $\sqrt{n}$ | $\sqrt[3]{n}$ | log n | $1000 \cdot \frac{1}{n}$ | $\pi n$ | $\frac{\pi n^2}{4}$ | n |
|---|---|---|---|---|---|---|---|---|---|
| 1 | 1 | 1 | 1,0000 | 1,0000 | 0,00000 | 1000,000 | 3,142 | 0,7854 | 1 |
| 2 | 4 | 8 | 1,4142 | 1,2599 | 0,30103 | 500,000 | 6,283 | 3,1416 | 2 |
| 3 | 9 | 27 | 1,7321 | 1,4422 | 0,47712 | 333,333 | 9,425 | 7,0686 | 3 |
| 4 | 16 | 64 | 2,0000 | 1,5874 | 0,60206 | 250,000 | 12,566 | 12,5664 | 4 |
| 5 | 25 | 125 | 2,2361 | 1,7100 | 0,69897 | 200,000 | 15,708 | 19,6350 | 5 |
| 6 | 36 | 216 | 2,4495 | 1,8171 | 0,77815 | 166,667 | 18,850 | 28,2743 | 6 |
| 7 | 49 | 343 | 2,6458 | 1,9129 | 0,84510 | 142,857 | 21,991 | 38,4845 | 7 |
| 8 | 64 | 512 | 2,8284 | 2,0000 | 0,90309 | 125,000 | 25,133 | 50,2655 | 8 |
| 9 | 81 | 729 | 3,0000 | 2,0801 | 0,95424 | 111,111 | 28,274 | 63,6173 | 9 |
| **10** | 100 | 1000 | 3,1623 | 2,1544 | 1,00000 | 100,000 | 31,416 | 78,5398 | **10** |
| 11 | 121 | 1331 | 3,3166 | 2,2240 | 1,04139 | 90,9091 | 34,558 | 95,0332 | 11 |
| 12 | 144 | 1728 | 3,4641 | 2,2894 | 1,07918 | 83,3333 | 37,699 | 113,097 | 12 |
| 13 | 169 | 2197 | 3,6056 | 2,3513 | 1,11394 | 76,9231 | 40,841 | 132,732 | 13 |
| 14 | 196 | 2744 | 3,7417 | 2,4101 | 1,14613 | 71,4286 | 43,982 | 153,938 | 14 |
| 15 | 225 | 3375 | 3,8730 | 2,4662 | 1,17609 | 66,6667 | 47,124 | 176,715 | 15 |
| 16 | 256 | 4096 | 4,0000 | 2,5198 | 1,20412 | 62,5000 | 50,265 | 201,062 | 16 |
| 17 | 289 | 4913 | 4,1231 | 2,5713 | 1,23045 | 58,8235 | 53,407 | 226,980 | 17 |
| 18 | 324 | 5832 | 4,2426 | 2,6207 | 1,25527 | 55,5556 | 56,549 | 254,469 | 18 |
| 19 | 361 | 6859 | 4,3589 | 2,6684 | 1,27875 | 52,6316 | 59,690 | 283,529 | 19 |
| **20** | 400 | 8000 | 4,4721 | 2,7144 | 1,30103 | 50,0000 | 62,832 | 314,159 | **20** |
| 21 | 441 | 9261 | 4,5826 | 2,7589 | 1,32222 | 47,6190 | 65,973 | 346,361 | 21 |
| 22 | 484 | 10648 | 4,6904 | 2,8020 | 1,34242 | 45,4545 | 69,115 | 380,133 | 22 |
| 23 | 529 | 12167 | 4,7958 | 2,8439 | 1,36173 | 43,4783 | 72,257 | 415,476 | 23 |
| 24 | 576 | 13824 | 4,8990 | 2,8845 | 1,38021 | 41,6667 | 75,398 | 452,389 | 24 |
| 25 | 625 | 15625 | 5,0000 | 2,9240 | 1,39794 | 40,0000 | 78,540 | 490,874 | 25 |
| 26 | 676 | 17576 | 5,0990 | 2,9625 | 1,41497 | 38,4615 | 81,681 | 530,929 | 26 |
| 27 | 729 | 19683 | 5,1962 | 3,0000 | 1,43136 | 37,0370 | 84,823 | 572,555 | 27 |
| 28 | 784 | 21952 | 5,2915 | 3,0366 | 1,44716 | 35,7143 | 87,965 | 615,752 | 28 |
| 29 | 841 | 24389 | 5,3852 | 3,0723 | 1,46240 | 34,4828 | 91,106 | 660,520 | 29 |
| **30** | 900 | 27000 | 5,4772 | 3,1072 | 1,47712 | 33,3333 | 94,248 | 706,858 | **30** |
| 31 | 961 | 29791 | 5,5678 | 3,1414 | 1,49136 | 32,2581 | 97,389 | 754,768 | 31 |
| 32 | 1024 | 32768 | 5,6569 | 3,1748 | 1,50515 | 31,2500 | 100,531 | 804,248 | 32 |
| 33 | 1089 | 35937 | 5,7446 | 3,2075 | 1,51851 | 30,3030 | 103,673 | 855,299 | 33 |
| 34 | 1156 | 39304 | 5,8310 | 3,2396 | 1,53148 | 29,4118 | 106,814 | 907,920 | 34 |
| 35 | 1225 | 42875 | 5,9161 | 3,2711 | 1,54407 | 28,5714 | 109,956 | 962,113 | 35 |
| 36 | 1296 | 46656 | 6,0000 | 3,3019 | 1,55630 | 27,7778 | 113,097 | 1017,88 | 36 |
| 37 | 1369 | 50653 | 6,0828 | 3,3322 | 1,56820 | 27,0270 | 116,239 | 1075,21 | 37 |
| 38 | 1444 | 54872 | 6,1644 | 3,3620 | 1,57978 | 26,3158 | 119,381 | 1134,11 | 38 |
| 39 | 1521 | 59319 | 6,2450 | 3,3912 | 1,59106 | 25,6410 | 122,522 | 1194,59 | 39 |
| **40** | 1600 | 64000 | 6,3246 | 3,4200 | 1,60206 | 25,0000 | 125,66 | 1256,64 | **40** |
| 41 | 1681 | 68921 | 6,4031 | 3,4482 | 1,61278 | 24,3902 | 128,81 | 1320,25 | 41 |
| 42 | 1764 | 74088 | 6,4807 | 3,4760 | 1,62325 | 23,8095 | 131,95 | 1385,44 | 42 |
| 43 | 1849 | 79507 | 6,5574 | 3,5034 | 1,63347 | 23,2558 | 135,09 | 1452,20 | 43 |
| 44 | 1936 | 85184 | 6,6332 | 3,5303 | 1,64345 | 22,7273 | 138,23 | 1520,53 | 44 |
| 45 | 2025 | 91125 | 6,7082 | 3,5569 | 1,65321 | 22,2222 | 141,37 | 1590,43 | 45 |
| 46 | 2116 | 97336 | 6,7823 | 3,5830 | 1,66276 | 21,7391 | 144,51 | 1661,90 | 46 |
| 47 | 2209 | 103823 | 6,8557 | 3,6088 | 1,67210 | 21,2766 | 147,65 | 1734,94 | 47 |
| 48 | 2304 | 110592 | 6,9282 | 3,6342 | 1,68124 | 20,8333 | 150,80 | 1809,56 | 48 |
| 49 | 2401 | 117649 | 7,0000 | 3,6593 | 1,69020 | 20,4082 | 153,94 | 1885,74 | 49 |
| **50** | 2500 | 125000 | 7,0711 | 3,6840 | 1,69897 | 20,0000 | 157,08 | 1963,50 | **50** |

| n | $n^2$ | $n^3$ | $\sqrt{n}$ | $\sqrt[3]{n}$ | log n | $1000 \cdot \frac{1}{n}$ | $\pi n$ | $\frac{\pi n^2}{4}$ | n |
|---|---|---|---|---|---|---|---|---|---|
| **50** | 2500 | 125000 | 7,0711 | 3,6840 | 1,69897 | 20,0000 | 157,08 | 1963,50 | **50** |
| 51 | 2601 | 132651 | 7,1414 | 3,7084 | 1,70757 | 19,6078 | 160,22 | 2042,82 | 51 |
| 52 | 2704 | 140608 | 7,2111 | 3,7325 | 1,71600 | 19,2308 | 163,36 | 2123,72 | 52 |
| 53 | 2809 | 148877 | 7,2801 | 3,7563 | 1,72428 | 18,8679 | 166,50 | 2206,18 | 53 |
| 54 | 2916 | 157464 | 7,3485 | 3,7798 | 1,73239 | 18,5185 | 169,65 | 2290,22 | 54 |
| 55 | 3025 | 166375 | 7,4162 | 3,8030 | 1,74036 | 18,1818 | 172,79 | 2375,83 | 55 |
| 56 | 3136 | 175616 | 7,4833 | 3,8259 | 1,74819 | 17,8571 | 175,93 | 2463,01 | 56 |
| 57 | 3249 | 185193 | 7,5498 | 3,8485 | 1,75587 | 17,5439 | 179,07 | 2551,76 | 57 |
| 58 | 3364 | 195112 | 7,6158 | 3,8709 | 1,76343 | 17,2414 | 182,21 | 2642,08 | 58 |
| 59 | 3481 | 205379 | 7,6811 | 3,8930 | 1,77085 | 16,9492 | 185,35 | 2733,97 | 59 |
| **60** | 3600 | 216000 | 7,7460 | 3,9149 | 1,77815 | 16,6667 | 188,50 | 2827,43 | **60** |
| 61 | 3721 | 226981 | 7,8102 | 3,9365 | 1,78533 | 16,3934 | 191,64 | 2922,47 | 61 |
| 62 | 3844 | 238328 | 7,8740 | 3,9579 | 1,79239 | 16,1290 | 194,78 | 3019,07 | 62 |
| 63 | 3969 | 250047 | 7,9373 | 3,9791 | 1,79934 | 15,8730 | 197,92 | 3117,25 | 63 |
| 64 | 4096 | 262144 | 8,0000 | 4,0000 | 1,80618 | 15,6250 | 201,06 | 3216,99 | 64 |
| 65 | 4225 | 274625 | 8,0623 | 4,0207 | 1,81291 | 15,3846 | 204,20 | 3318,31 | 65 |
| 66 | 4356 | 287496 | 8,1240 | 4,0412 | 1,81954 | 15,1515 | 207,35 | 3421,19 | 66 |
| 67 | 4489 | 300763 | 8,1854 | 4,0615 | 1,82607 | 14,9254 | 210,49 | 3525,65 | 67 |
| 68 | 4624 | 314432 | 8,2462 | 4,0817 | 1,83251 | 14,7059 | 213,63 | 3631,68 | 68 |
| 69 | 4761 | 328509 | 8,3066 | 4,1016 | 1,83885 | 14,4928 | 216,77 | 3739,28 | 69 |
| **70** | 4900 | 343000 | 8,3666 | 4,1213 | 1,84510 | 14,2857 | 219,91 | 3848,45 | **70** |
| 71 | 5041 | 357911 | 8,4261 | 4,1408 | 1,85126 | 14,0845 | 223,05 | 3959,19 | 71 |
| 72 | 5184 | 373248 | 8,4853 | 4,1602 | 1,85733 | 13,8889 | 226,19 | 4071,50 | 72 |
| 73 | 5329 | 389017 | 8,5440 | 4,1793 | 1,86332 | 13,6986 | 229,34 | 4185,39 | 73 |
| 74 | 5476 | 405224 | 8,6023 | 4,1983 | 1,86923 | 13,5135 | 232,48 | 4300,84 | 74 |
| 75 | 5625 | 421875 | 8,6603 | 4,2172 | 1,87506 | 13,3333 | 235,62 | 4417,86 | 75 |
| 76 | 5776 | 438976 | 8,7178 | 4,2358 | 1,88081 | 13,1579 | 238,76 | 4536,46 | 76 |
| 77 | 5929 | 456533 | 8,7750 | 4,2543 | 1,88649 | 12,9870 | 241,90 | 4656,63 | 77 |
| 78 | 6084 | 474552 | 8,8318 | 4,2727 | 1,89209 | 12,8205 | 245,04 | 4778,36 | 78 |
| 79 | 6241 | 493039 | 8,8882 | 4,2908 | 1,89763 | 12,6582 | 248,19 | 4901,67 | 79 |
| **80** | 6400 | 512000 | 8,9443 | 4,3089 | 1,90309 | 12,5000 | 251,33 | 5026,55 | **80** |
| 81 | 6561 | 531441 | 9,0000 | 4,3267 | 1,90849 | 12,3457 | 254,47 | 5153,00 | 81 |
| 82 | 6724 | 551368 | 9,0554 | 4,3445 | 1,91381 | 12,1951 | 257,61 | 5281,02 | 82 |
| 83 | 6889 | 571787 | 9,1104 | 4,3621 | 1,91908 | 12,0482 | 260,75 | 5410,61 | 83 |
| 84 | 7056 | 592704 | 9,1652 | 4,3795 | 1,92428 | 11,9048 | 263,89 | 5541,77 | 84 |
| 85 | 7225 | 614125 | 9,2195 | 4,3968 | 1,92942 | 11,7647 | 267,04 | 5674,50 | 85 |
| 86 | 7396 | 636056 | 9,2736 | 4,4140 | 1,93450 | 11,6279 | 270,18 | 5808,80 | 86 |
| 87 | 7569 | 658503 | 9,3274 | 4,4310 | 1,93952 | 11,4943 | 273,32 | 5944,68 | 87 |
| 88 | 7744 | 681472 | 9,3808 | 4,4480 | 1,94448 | 11,3636 | 276,46 | 6082,12 | 88 |
| 89 | 7921 | 704969 | 9,4340 | 4,4647 | 1,94939 | 11,2360 | 279,60 | 6221,14 | 89 |
| **90** | 8100 | 729000 | 9,4868 | 4,4814 | 1,95424 | 11,1111 | 282,74 | 6361,73 | **90** |
| 91 | 8281 | 753571 | 9,5394 | 4,4979 | 1,95904 | 10,9890 | 285,88 | 6503,88 | 91 |
| 92 | 8464 | 778688 | 9,5917 | 4,5144 | 1,96379 | 10,8696 | 289,03 | 6647,61 | 92 |
| 93 | 8649 | 804357 | 9,6437 | 4,5307 | 1,96848 | 10,7527 | 292,17 | 6792,91 | 93 |
| 94 | 8836 | 830584 | 9,6954 | 4,5468 | 1,97313 | 10,6383 | 295,31 | 6939,78 | 94 |
| 95 | 9025 | 857375 | 9,7468 | 4,5629 | 1,97772 | 10,5263 | 298,45 | 7088,22 | 95 |
| 96 | 9216 | 884736 | 9,7980 | 4,5789 | 1,98227 | 10,4167 | 301,59 | 7238,23 | 96 |
| 97 | 9409 | 912673 | 9,8489 | 4,5947 | 1,98677 | 10,3093 | 304,73 | 7389,81 | 97 |
| 98 | 9604 | 941192 | 9,8995 | 4,6104 | 1,99123 | 10,2041 | 307,88 | 7542,96 | 98 |
| 99 | 9801 | 970299 | 9,9499 | 4,6261 | 1,99564 | 10,1010 | 311,02 | 7697,69 | 99 |
| **100** | 10000 | 1000000 | 10,0000 | 4,6416 | 2,00000 | 10,0000 | 314,16 | 7853,98 | **100** |

| n | $n^2$ | $n^3$ | $\sqrt{n}$ | $\sqrt[3]{n}$ | log n | $1000 \cdot \frac{1}{n}$ | $\pi n$ | $\frac{\pi n^2}{4}$ | n |
|---|---|---|---|---|---|---|---|---|---|
| **100** | 10000 | 1000000 | 10,0000 | 4,6416 | 2,00000 | 10,0000 | 314,16 | 7853,98 | **100** |
| 101 | 10201 | 1030301 | 10,0499 | 4,6570 | 2,00432 | 9,90099 | 317,30 | 8011,85 | 101 |
| 102 | 10404 | 1061208 | 10,0995 | 4,6723 | 2,00860 | 9,80392 | 320,44 | 8171,28 | 102 |
| 103 | 10609 | 1092727 | 10,1489 | 4,6875 | 2,01284 | 9,70874 | 323,58 | 8332,29 | 103 |
| 104 | 10816 | 1124864 | 10,1980 | 4,7027 | 2,01703 | 9,61538 | 326,73 | 8494,87 | 104 |
| 105 | 11025 | 1157625 | 10,2470 | 4,7177 | 2,02119 | 9,52381 | 329,87 | 8659,01 | 105 |
| 106 | 11236 | 1191016 | 10,2956 | 4,7326 | 2,02531 | 9,43396 | 333,01 | 8824,73 | 106 |
| 107 | 11449 | 1225043 | 10,3441 | 4,7475 | 2,02938 | 9,34579 | 336,15 | 8992,02 | 107 |
| 108 | 11664 | 1259712 | 10,3923 | 4,7622 | 2,03342 | 9,25926 | 339,29 | 9160,88 | 108 |
| 109 | 11881 | 1295029 | 10,4403 | 4,7769 | 2,03743 | 9,17431 | 342,43 | 9331,32 | 109 |
| **110** | 12100 | 1331000 | 10,4881 | 4,7914 | 2,04139 | 9,09091 | 345,58 | 9503,32 | **110** |
| 111 | 12321 | 1367631 | 10,5357 | 4,8059 | 2,04532 | 9,00901 | 348,72 | 9676,89 | 111 |
| 112 | 12544 | 1404928 | 10,5830 | 4,8203 | 2,04922 | 8,92857 | 351,86 | 9852,03 | 112 |
| 113 | 12769 | 1442897 | 10,6301 | 4,8346 | 2,05308 | 8,84956 | 355,00 | 10028,7 | 113 |
| 114 | 12996 | 1481544 | 10,6771 | 4,8488 | 2,05690 | 8,77193 | 358,14 | 10207,0 | 114 |
| 115 | 13225 | 1520875 | 10,7238 | 4,8629 | 2,06070 | 8,69565 | 361,28 | 10386,9 | 115 |
| 116 | 13456 | 1560896 | 10,7703 | 4,8770 | 2,06446 | 8,62069 | 364,42 | 10568,3 | 116 |
| 117 | 13689 | 1601613 | 10,8167 | 4,8910 | 2,06819 | 8,54701 | 367,57 | 10751,3 | 117 |
| 118 | 13924 | 1643032 | 10,8628 | 4,9049 | 2,07188 | 8,47458 | 370,71 | 10935,9 | 118 |
| 119 | 14161 | 1685159 | 10,9087 | 4,9187 | 2,07555 | 8,40336 | 373,85 | 11122,0 | 119 |
| **120** | 14400 | 1728000 | 10,9545 | 4,9324 | 2,07918 | 8,33333 | 376,99 | 11309,7 | **120** |
| 121 | 14641 | 1771561 | 11,0000 | 4,9461 | 2,08279 | 8,26446 | 380,13 | 11499,0 | 121 |
| 122 | 14884 | 1815848 | 11,0454 | 4,9597 | 2,08636 | 8,19672 | 383,27 | 11689,9 | 122 |
| 123 | 15129 | 1860867 | 11,0905 | 4,9732 | 2,08991 | 8,13008 | 386,42 | 11882,3 | 123 |
| 124 | 15376 | 1906624 | 11,1355 | 4,9866 | 2,09342 | 8,06452 | 389,56 | 12076,3 | 124 |
| 125 | 15625 | 1953125 | 11,1803 | 5,0000 | 2,09691 | 8,00000 | 392,70 | 12271,8 | 125 |
| 126 | 15876 | 2000376 | 11,2250 | 5,0133 | 2,10037 | 7,93651 | 395,84 | 12469,0 | 126 |
| 127 | 16129 | 2048383 | 11,2694 | 5,0265 | 2,10380 | 7,87402 | 398,98 | 12667,7 | 127 |
| 128 | 16384 | 2097152 | 11,3137 | 5,0397 | 2,10721 | 7,81250 | 402,12 | 12868,0 | 128 |
| 129 | 16641 | 2146689 | 11,3578 | 5,0528 | 2,11059 | 7,75194 | 405,27 | 13069,8 | 129 |
| **130** | 16900 | 2197000 | 11,4018 | 5,0658 | 2,11394 | 7,69231 | 408,41 | 13273,2 | **130** |
| 131 | 17161 | 2248091 | 11,4455 | 5,0788 | 2,11727 | 7,63359 | 411,55 | 13478,2 | 131 |
| 132 | 17424 | 2299968 | 11,4891 | 5,0916 | 2,12057 | 7,57576 | 414,69 | 13684,8 | 132 |
| 133 | 17689 | 2352637 | 11,5326 | 5,1045 | 2,12385 | 7,51880 | 417,83 | 13892,9 | 133 |
| 134 | 17956 | 2406104 | 11,5758 | 5,1172 | 2,12710 | 7,46269 | 420,97 | 14102,6 | 134 |
| 135 | 18225 | 2460375 | 11,6190 | 5,1299 | 2,13033 | 7,40741 | 424,12 | 14313,9 | 135 |
| 136 | 18496 | 2515456 | 11,6619 | 5,1426 | 2,13354 | 7,35294 | 427,26 | 14526,7 | 136 |
| 137 | 18769 | 2571353 | 11,7047 | 5,1551 | 2,13672 | 7,29927 | 430,40 | 14741,1 | 137 |
| 138 | 19044 | 2628072 | 11,7473 | 5,1676 | 2,13988 | 7,24638 | 433,54 | 14957,1 | 138 |
| 139 | 19321 | 2685619 | 11,7898 | 5,1801 | 2,14301 | 7,19424 | 436,68 | 15174,7 | 139 |
| **140** | 19600 | 2744000 | 11,8322 | 5,1925 | 2,14613 | 7,14286 | 439,82 | 15393,8 | **140** |
| 141 | 19881 | 2803221 | 11,8743 | 5,2048 | 2,14922 | 7,09220 | 442,96 | 15614,5 | 141 |
| 142 | 20164 | 2863288 | 11,9164 | 5,2171 | 2,15229 | 7,04225 | 446,11 | 15836,8 | 142 |
| 143 | 20449 | 2924207 | 11,9583 | 5,2293 | 2,15534 | 6,99301 | 449,25 | 16060,6 | 143 |
| 144 | 20736 | 2985984 | 12,0000 | 5,2415 | 2,15836 | 6,94444 | 452,39 | 16286,0 | 144 |
| 145 | 21025 | 3048625 | 12,0416 | 5,2536 | 2,16137 | 6,89655 | 455,53 | 16513,0 | 145 |
| 146 | 21316 | 3112136 | 12,0830 | 5,2656 | 2,16435 | 6,84932 | 458,67 | 16741,5 | 146 |
| 147 | 21609 | 3176523 | 12,1244 | 5,2776 | 2,16732 | 6,80272 | 461,81 | 16971,7 | 147 |
| 148 | 21904 | 3241792 | 12,1655 | 5,2896 | 2,17026 | 6,75676 | 464,96 | 17203,4 | 148 |
| 149 | 22201 | 3307949 | 12,2066 | 5,3015 | 2,17319 | 6,71141 | 468,10 | 17436,6 | 149 |
| **150** | 22500 | 3375000 | 12,2474 | 5,3133 | 2,17609 | 6,66667 | 471,24 | 17671,5 | **150** |

| n | $n^2$ | $n^3$ | $\sqrt{n}$ | $\sqrt[3]{n}$ | log n | $1000 \cdot \frac{1}{n}$ | $\pi n$ | $\frac{\pi n^2}{4}$ | n |
|---|---|---|---|---|---|---|---|---|---|
| **150** | 22500 | 3375000 | 12,2474 | 5,3133 | 2,17609 | 6,66667 | 471,24 | 17671,5 | **150** |
| 151 | 22801 | 3442951 | 12,2882 | 5,3251 | 2,17898 | 6,62252 | 474,38 | 17907,9 | 151 |
| 152 | 23104 | 3511808 | 12,3288 | 5,3368 | 2,18184 | 6,57895 | 477,52 | 18145,8 | 152 |
| 153 | 23409 | 3581577 | 12,3693 | 5,3485 | 2,18469 | 6,53595 | 480,66 | 18385,4 | 153 |
| 154 | 23716 | 3652264 | 12,4097 | 5,3601 | 2,18752 | 6,49351 | 483,81 | 18626,5 | 154 |
| 155 | 24025 | 3723875 | 12,4499 | 5,3717 | 2,19033 | 6,45161 | 486,95 | 18869,2 | 155 |
| 156 | 24336 | 3796416 | 12,4900 | 5,3832 | 2,19312 | 6,41026 | 490,09 | 19113,4 | 156 |
| 157 | 24649 | 3869893 | 12,5300 | 5,3947 | 2,19590 | 6,36943 | 493,23 | 19359,3 | 157 |
| 158 | 24964 | 3944312 | 12,5698 | 5,4061 | 2,19866 | 6,32911 | 496,37 | 19606,7 | 158 |
| 159 | 25281 | 4019679 | 12,6095 | 5,4175 | 2,20140 | 6,28931 | 499,51 | 19855,7 | 159 |
| **160** | 25600 | 4096000 | 12,6491 | 5,4288 | 2,20412 | 6,25000 | 502,65 | 20106,2 | **160** |
| 161 | 25921 | 4173281 | 12,6886 | 5,4401 | 2,20683 | 6,21118 | 505,80 | 20358,3 | 161 |
| 162 | 26244 | 4251528 | 12,7279 | 5,4514 | 2,20952 | 6,17284 | 508,94 | 20612,0 | 162 |
| 163 | 26569 | 4330747 | 12,7671 | 5,4626 | 2,21219 | 6,13497 | 512,08 | 20867,2 | 163 |
| 164 | 26896 | 4410944 | 12,8062 | 5.4737 | 2,21484 | 6,09756 | 515,22 | 21124,1 | 164 |
| 165 | 27225 | 4492125 | 12,8452 | 5,4848 | 2,21748 | 6,06061 | 518,36 | 21382,5 | 165 |
| 166 | 27556 | 4574296 | 12,8841 | 5,4959 | 2.22011 | 6,02410 | 521,50 | 21642,4 | 166 |
| 167 | 27889 | 4657463 | 12,9228 | 5,5069 | 2,22272 | 5,98802 | 524,65 | 21904,0 | 167 |
| 168 | 28224 | 4741632 | 12,9615 | 5,5178 | 2,22531 | 5,95238 | 527,79 | 22167,1 | 168 |
| 169 | 28561 | 4826809 | 13,0000 | 5,5288 | 2,22789 | 5,91716 | 530,93 | 22431,8 | 169 |
| **170** | 28900 | 4913000 | 13,0384 | 5,5397 | 2,23045 | 5,88235 | 534,07 | 22698,0 | **170** |
| 171 | 29241 | 5000211 | 13,0767 | 5,5505 | 2,23300 | 5,84795 | 537,21 | 22965,8 | 171 |
| 172 | 29584 | 5088448 | 13,1149 | 5,5613 | 2,23553 | 5,81395 | 540,35 | 23235,2 | 172 |
| 173 | 29929 | 5177717 | 13,1529 | 5,5721 | 2,23805 | 5,78035 | 543,50 | 23506,2 | 173 |
| 174 | 30276 | 5268024 | 13,1909 | 5,5828 | 2,24055 | 5,74713 | 546,64 | 23778,7 | 174 |
| 175 | 30625 | 5359375 | 13,2288 | 5,5934 | 2,24304 | 5,71429 | 549,78 | 24052,8 | 175 |
| 176 | 30976 | 5451776 | 13,2665 | 5,6041 | 2,24551 | 5,68182 | 552,92 | 24328,5 | 176 |
| 177 | 31329 | 5545233 | 13,3041 | 5,6147 | 2,24797 | 5,64972 | 556,06 | 24605,7 | 177 |
| 178 | 31684 | 5639752 | 13,3417 | 5,6252 | 2,25042 | 5,61798 | 559,20 | 24884,6 | 178 |
| 179 | 32041 | 5735339 | 13,3791 | 5,6357 | 2,25285 | 5,58659 | 562,35 | 25164,9 | 179 |
| **180** | 32400 | 5832000 | 13,4164 | 5,6462 | 2,25527 | 5,55556 | 565,49 | 25446,9 | **180** |
| 181 | 32761 | 5929741 | 13,4536 | 5,6567 | 2,25768 | 5,52486 | 568,63 | 25730,4 | 181 |
| 182 | 33124 | 6028568 | 13,4907 | 5,6671 | 2,26007 | 5,49451 | 571,77 | 26015,5 | 182 |
| 183 | 33489 | 6128487 | 13,5277 | 5,6774 | 2,26245 | 5,46448 | 574,91 | 26302,2 | 183 |
| 184 | 33856 | 6229504 | 13,5647 | 5,6877 | 2,26482 | 5,43478 | 578,05 | 26590,4 | 184 |
| 185 | 34225 | 6331625 | 13,6015 | 5,6980 | 2,26717 | 5,40541 | 581,19 | 26880,3 | 185 |
| 186 | 34596 | 6434856 | 13,6382 | 5,7083 | 2,26951 | 5,37634 | 584,34 | 27171,6 | 186 |
| 187 | 34969 | 6539203 | 13,6748 | 5,7185 | 2,27184 | 5,34759 | 587,48 | 27464,6 | 187 |
| 188 | 35344 | 6644672 | 13,7113 | 5,7287 | 2,27416 | 5,31915 | 590,62 | 27759,1 | 188 |
| 189 | 35721 | 6751269 | 13,7477 | 5,7388 | 2,27646 | 5,29101 | 593,76 | 28055,2 | 189 |
| **190** | 36100 | 6859000 | 13,7840 | 5,7489 | 2,27875 | 5,26316 | 596,90 | 28352,9 | **190** |
| 191 | 36481 | 6967871 | 13,8203 | 5,7590 | 2,28103 | 5,23560 | 600,04 | 28652,1 | 191 |
| 192 | 36864 | 7077888 | 13,8564 | 5,7690 | 2,28330 | 5,20833 | 603,19 | 28952,9 | 192 |
| 193 | 37249 | 7189057 | 13,8924 | 5,7790 | 2,28556 | 5,18135 | 606,33 | 29255,3 | 193 |
| 194 | 37636 | 7301384 | 13,9284 | 5,7890 | 2,28780 | 5,15464 | 609,47 | 29559,2 | 194 |
| 195 | 38025 | 7414875 | 13,9642 | 5,7989 | 2,29003 | 5,12821 | 612,61 | 29864,8 | 195 |
| 196 | 38416 | 7529536 | 14,0000 | 5,8088 | 2,29226 | 5,10204 | 615,75 | 30171,9 | 196 |
| 197 | 38809 | 7645373 | 14,0357 | 5,8186 | 2,29447 | 5,07614 | 618,89 | 30480,5 | 197 |
| 198 | 39204 | 7762392 | 14,0712 | 5,8285 | 2,29667 | 5,05051 | 622,04 | 30790,7 | 198 |
| 199 | 39601 | 7880599 | 14,1067 | 5,8383 | 2,29885 | 5,02513 | 625,18 | 31102,6 | 199 |
| **200** | 40000 | 8000000 | 14,1421 | 5,8480 | 2,30103 | 5,00000 | 628,32 | 31415,9 | **200** |

| n | $n^2$ | $n^3$ | $\sqrt{n}$ | $\sqrt[3]{n}$ | log n | $1000 \cdot \frac{1}{n}$ | $\pi n$ | $\frac{\pi n^2}{4}$ | n |
|---|---|---|---|---|---|---|---|---|---|
| **200** | 40000 | 8000000 | 14,1421 | 5,8480 | 2,30103 | 5,00000 | 628,32 | 31415,9 | **200** |
| 201 | 40401 | 8120601 | 14,1774 | 5,8578 | 2,30320 | 4,97512 | 631,46 | 31730,9 | 201 |
| 202 | 40804 | 8242408 | 14,2127 | 5,8675 | 2,30535 | 4,95050 | 634,60 | 32047,4 | 202 |
| 203 | 41209 | 8365427 | 14,2478 | 5,8771 | 2,30750 | 4,92611 | 637,74 | 32365,5 | 203 |
| 204 | 41616 | 8489664 | 14,2829 | 5,8868 | 2,30963 | 4,90196 | 640,88 | 32685,1 | 204 |
| 205 | 42025 | 8615125 | 14,3178 | 5,8964 | 2,31175 | 4,87805 | 644,03 | 33006,4 | 205 |
| 206 | 42436 | 8741816 | 14,3527 | 5,9059 | 2,31387 | 4,85437 | 647,17 | 33329,2 | 206 |
| 207 | 42849 | 8869743 | 14,3875 | 5,9155 | 2,31597 | 4,83092 | 650,31 | 33653,5 | 207 |
| 208 | 43264 | 8998912 | 14,4222 | 5,9250 | 2,31806 | 4,80769 | 653,45 | 33979,5 | 208 |
| 209 | 43681 | 9129329 | 14,4568 | 5,9345 | 2,32015 | 4,78469 | 656,59 | 34307,0 | 209 |
| **210** | 44100 | 9261000 | 14,4914 | 5,9439 | 2,32222 | 4,76190 | 659,73 | 34636,1 | **210** |
| 211 | 44521 | 9393931 | 14,5258 | 5,9533 | 2,32428 | 4,73934 | 662,88 | 34966,7 | 211 |
| 212 | 44944 | 9528128 | 14,5602 | 5,9627 | 2,32634 | 4,71698 | 666,02 | 35298,9 | 212 |
| 213 | 45369 | 9663597 | 14,5945 | 5,9721 | 2,32838 | 4,69484 | 669,16 | 35632,7 | 213 |
| 214 | 45796 | 9800344 | 14,6287 | 5,9814 | 2,33041 | 4,67290 | 672,30 | 35968,1 | 214 |
| 215 | 46225 | 9938375 | 14,6629 | 5,9907 | 2,33244 | 4,65116 | 675,44 | 36305,0 | 215 |
| 216 | 46656 | 10077696 | 14,6969 | 6,0000 | 2,33445 | 4,62963 | 678,58 | 36643,5 | 216 |
| 217 | 47089 | 10218313 | 14,7309 | 6,0092 | 2,33646 | 4,60829 | 681,73 | 36983,6 | 217 |
| 218 | 47524 | 10360232 | 14,7648 | 6,0185 | 2,33846 | 4,58716 | 684,87 | 37325,3 | 218 |
| 219 | 47961 | 10503459 | 14,7986 | 6,0277 | 2,34044 | 4,56621 | 688,01 | 37668,5 | 219 |
| **220** | 48400 | 10648000 | 14,8324 | 6,0368 | 2,34242 | 4,54545 | 691,15 | 38013,3 | **220** |
| 221 | 48841 | 10793861 | 14,8661 | 6,0459 | 2,34439 | 4,52489 | 694,29 | 38359,6 | 221 |
| 222 | 49284 | 10941048 | 14,8997 | 6,0550 | 2,34635 | 4,50450 | 697,43 | 38707,6 | 222 |
| 223 | 49729 | 11089567 | 14,9332 | 6,0641 | 2,34830 | 4,48430 | 700,58 | 39057,1 | 223 |
| 224 | 50176 | 11239424 | 14,9666 | 6,0732 | 2,35025 | 4,46429 | 703,72 | 39408,1 | 224 |
| 225 | 50625 | 11390625 | 15,0000 | 6,0822 | 2,35218 | 4,44444 | 706,86 | 39760,8 | 225 |
| 226 | 51076 | 11543176 | 15,0333 | 6,0912 | 2,35411 | 4,42478 | 710,00 | 40115,0 | 226 |
| 227 | 51529 | 11697083 | 15,0665 | 6,1002 | 2,35603 | 4,40529 | 713,14 | 40470,8 | 227 |
| 228 | 51984 | 11852352 | 15,0997 | 6,1091 | 2,35793 | 4,38596 | 716,28 | 40828,1 | 228 |
| 229 | 52441 | 12008989 | 15,1327 | 6,1180 | 2,35984 | 4,36681 | 719,42 | 41187,1 | 229 |
| **230** | 52900 | 12167000 | 15,1658 | 6,1269 | 2,36173 | 4,34783 | 722,57 | 41547,6 | **230** |
| 231 | 53361 | 12326391 | 15,1987 | 6,1358 | 2,36361 | 4,32900 | 725,71 | 41909,6 | 231 |
| 232 | 53824 | 12487168 | 15,2315 | 6,1446 | 2,36549 | 4,31034 | 728,85 | 42273,3 | 232 |
| 233 | 54289 | 12649337 | 15,2643 | 6,1534 | 2,36736 | 4,29185 | 731,99 | 42638,5 | 233 |
| 234 | 54756 | 12812904 | 15,2971 | 6,1622 | 2,36922 | 4,27350 | 735,13 | 43005,3 | 234 |
| 235 | 55225 | 12977875 | 15,3297 | 6,1710 | 2,37107 | 4,25532 | 738,27 | 43373,6 | 235 |
| 236 | 55696 | 13144256 | 15,3623 | 6,1797 | 2,37291 | 4,23729 | 741,42 | 43743,5 | 236 |
| 237 | 56169 | 13312053 | 15,3948 | 6,1885 | 2,37475 | 4,21941 | 744,56 | 44115,0 | 237 |
| 238 | 56644 | 13481272 | 15,4272 | 6,1972 | 2,37658 | 4,20168 | 747,70 | 44488,1 | 238 |
| 239 | 57121 | 13651919 | 15,4596 | 6,2058 | 2,37840 | 4,18410 | 750,84 | 44862,7 | 239 |
| **240** | 57600 | 13824000 | 15,4919 | 6,2145 | 2,38021 | 4,16667 | 753,98 | 45238,9 | **240** |
| 241 | 58081 | 13997521 | 15,5242 | 6,2231 | 2,38202 | 4,14938 | 757,12 | 45616,7 | 241 |
| 242 | 58564 | 14172488 | 15,5563 | 6,2317 | 2,38382 | 4,13223 | 760,27 | 45996,1 | 242 |
| 243 | 59049 | 14348907 | 15,5885 | 6,2403 | 2,38561 | 4,11523 | 763,41 | 46377,0 | 243 |
| 244 | 59536 | 14526784 | 15,6205 | 6,2488 | 2,38739 | 4,09836 | 766,55 | 46759,5 | 244 |
| 245 | 60025 | 14706125 | 15,6525 | 6,2573 | 2,38917 | 4,08163 | 769,69 | 47143,5 | 245 |
| 246 | 60516 | 14886936 | 15,6844 | 6,2658 | 2,39094 | 4,06504 | 772,83 | 47529,2 | 246 |
| 247 | 61009 | 15069223 | 15,7162 | 6,2743 | 2,39270 | 4,04858 | 775,97 | 47916,4 | 247 |
| 248 | 61504 | 15252992 | 15,7480 | 6,2828 | 2,39445 | 4,03226 | 779,11 | 48305,1 | 248 |
| 249 | 62001 | 15438249 | 15,7797 | 6,2912 | 2,39620 | 4,01606 | 782,26 | 48695,5 | 249 |
| **250** | 62500 | 15625000 | 15,8114 | 6,2996 | 2,39794 | 4,00000 | 785,40 | 49087,4 | **250** |

| n | $n^2$ | $n^3$ | $\sqrt{n}$ | $\sqrt[3]{n}$ | log n | $1000 \cdot \frac{1}{n}$ | $\pi n$ | $\frac{\pi n^2}{4}$ | n |
|---|---|---|---|---|---|---|---|---|---|
| **250** | 62500 | 15625000 | 15,8114 | 6,2996 | 2,39794 | 4,00000 | 785,40 | 49087,4 | **250** |
| 251 | 63001 | 15813251 | 15,8430 | 6,3080 | 2,39967 | 3,98406 | 788,54 | 49480,9 | 251 |
| 252 | 63504 | 16003008 | 15,8745 | 6,3164 | 2,40140 | 3,96825 | 791,68 | 49875,9 | 252 |
| 253 | 64009 | 16194277 | 15,9060 | 6,3247 | 2,40312 | 3,95257 | 794,82 | 50272,6 | 253 |
| 254 | 64516 | 16387064 | 15,9374 | 6,3330 | 2,40483 | 3,93701 | 797,96 | 50670,7 | 254 |
| 255 | 65025 | 16581375 | 15,9687 | 6,3413 | 2,40654 | 3,92157 | 801,11 | 51070,5 | 255 |
| 256 | 65536 | 16777216 | 16,0000 | 6,3496 | 2,40824 | 3,90625 | 804,25 | 51471,9 | 256 |
| 257 | 66049 | 16974593 | 16,0312 | 6,3579 | 2,40993 | 3,89105 | 807,39 | 51874,8 | 257 |
| 258 | 66564 | 17173512 | 16,0624 | 6,3661 | 2,41162 | 3,87597 | 810,53 | 52279,2 | 258 |
| 259 | 67081 | 17373979 | 16,0935 | 6,3743 | 2,41330 | 3,86100 | 813,67 | 52685,3 | 259 |
| **260** | 67600 | 17576000 | 16,1245 | 6,3825 | 2,41497 | 3,84615 | 816,81 | 53092,9 | **260** |
| 261 | 68121 | 17779581 | 16,1555 | 6,3907 | 2,41664 | 3,83142 | 819,96 | 53502,1 | 261 |
| 262 | 68644 | 17984728 | 16,1864 | 6,3988 | 2,41830 | 3,81679 | 823,10 | 53912,9 | 262 |
| 263 | 69169 | 18191447 | 16,2173 | 6,4070 | 2,41996 | 3,80228 | 826,24 | 54325,2 | 263 |
| 264 | 69696 | 18399744 | 16,2481 | 6,4151 | 2,42160 | 3,78788 | 829,38 | 54739,1 | 264 |
| 265 | 70225 | 18609625 | 16,2788 | 6,4232 | 2,42325 | 3,77358 | 832,52 | 55154,6 | 265 |
| 266 | 70756 | 18821096 | 16,3095 | 6,4312 | 2,42488 | 3,75940 | 835,66 | 55571,6 | 266 |
| 267 | 71289 | 19034163 | 16,3401 | 6,4393 | 2,42651 | 3,74532 | 838,81 | 55990,3 | 267 |
| 268 | 71824 | 19248832 | 16,3707 | 6,4473 | 2,42813 | 3,73134 | 841,95 | 56410,4 | 268 |
| 269 | 72361 | 19465109 | 16,4012 | 6,4553 | 2,42975 | 3,71747 | 845,09 | 56832,2 | 269 |
| **270** | 72900 | 19683000 | 16,4317 | 6,4633 | 2,43136 | 3,70370 | 848,23 | 57255,5 | **270** |
| 271 | 73441 | 19902511 | 16,4621 | 6,4713 | 2,43297 | 3,69004 | 851,37 | 57680,4 | 271 |
| 272 | 73984 | 20123648 | 16,4924 | 6,4792 | 2,43457 | 3,67647 | 854,51 | 58106,9 | 272 |
| 273 | 74529 | 20346417 | 16,5227 | 6,4872 | 2,43616 | 3,66300 | 857,65 | 58534,9 | 273 |
| 274 | 75076 | 20570824 | 16,5529 | 6,4951 | 2,43775 | 3,64964 | 860,80 | 58964,6 | 274 |
| 275 | 75625 | 20796875 | 16,5831 | 6,5030 | 2,43933 | 3,63636 | 863,94 | 59395,7 | 275 |
| 276 | 76176 | 21024576 | 16,6132 | 6,5108 | 2,44091 | 3,62319 | 867,08 | 59828,5 | 276 |
| 277 | 76729 | 21253933 | 16,6433 | 6,5187 | 2,44248 | 3,61011 | 870,22 | 60262,8 | 277 |
| 278 | 77284 | 21484952 | 16,6733 | 6,5265 | 2,44404 | 3,59712 | 873,36 | 60698,7 | 278 |
| 279 | 77841 | 21717639 | 16,7033 | 6,5343 | 2,44560 | 3,58423 | 876,50 | 61136,2 | 279 |
| **280** | 78400 | 21952000 | 16,7332 | 6,5421 | 2,44716 | 3,57143 | 879,65 | 61575,2 | **280** |
| 281 | 78961 | 22188041 | 16,7631 | 6,5499 | 2,44871 | 3,55872 | 882,79 | 62015,8 | 281 |
| 282 | 79524 | 22425768 | 16,7929 | 6,5577 | 2,45025 | 3,54610 | 885,93 | 62458,0 | 282 |
| 283 | 80089 | 22665187 | 16,8226 | 6,5654 | 2,45179 | 3,53357 | 889,07 | 62901,8 | 283 |
| 284 | 80656 | 22906304 | 16,8523 | 6,5731 | 2,45332 | 3,52113 | 892,21 | 63347,1 | 284 |
| 285 | 81225 | 23149125 | 16,8819 | 6,5808 | 2,45484 | 3,50877 | 895,35 | 63794,0 | 285 |
| 286 | 81796 | 23393656 | 16,9115 | 6,5885 | 2,45637 | 3,49650 | 898,50 | 64242,4 | 286 |
| 287 | 82369 | 23639903 | 16,9411 | 6,5962 | 2,45788 | 3,48432 | 901,64 | 64692,5 | 287 |
| 288 | 82944 | 23887872 | 16,9706 | 6,6039 | 2,45939 | 3,47222 | 904,78 | 65144,1 | 288 |
| 289 | 83521 | 24137569 | 17,0000 | 6,6115 | 2,46090 | 3,46021 | 907,92 | 65597,2 | 289 |
| **290** | 84100 | 24389000 | 17,0294 | 6,6191 | 2,46240 | 3,44828 | 911,06 | 66052,0 | **290** |
| 291 | 84681 | 24642171 | 17,0587 | 6,6267 | 2,46389 | 3,43643 | 914,20 | 66508,3 | 291 |
| 292 | 85264 | 24897088 | 17,0880 | 6,6343 | 2,46538 | 3,42466 | 917,35 | 66966,2 | 292 |
| 293 | 85849 | 25153757 | 17,1172 | 6,6419 | 2,46687 | 3,41297 | 920,49 | 67425,6 | 293 |
| 294 | 86436 | 25412184 | 17,1464 | 6,6494 | 2,46835 | 3,40136 | 923,63 | 67886,7 | 294 |
| 295 | 87025 | 25672375 | 17,1756 | 6,6569 | 2,46982 | 3,38983 | 926,77 | 68349,3 | 295 |
| 296 | 87616 | 25934336 | 17,2047 | 6,6644 | 2,47129 | 3,37838 | 929,91 | 68813,4 | 296 |
| 297 | 88209 | 26198073 | 17,2337 | 6,6719 | 2,47276 | 3,36700 | 933,05 | 69279,2 | 297 |
| 298 | 88804 | 26463592 | 17,2627 | 6,6794 | 2,47422 | 3,35570 | 936,19 | 69746,5 | 298 |
| 299 | 89401 | 26730899 | 17,2916 | 6,6869 | 2,47567 | 3,34448 | 939,34 | 70215,4 | 299 |
| **300** | 90000 | 27000000 | 17,3205 | 6,6943 | 2,47712 | 3,33333 | 942,48 | 70685,8 | **300** |

| n | $n^2$ | $n^3$ | $\sqrt{n}$ | $\sqrt[3]{n}$ | log n | $1000 \cdot \frac{1}{n}$ | $\pi n$ | $\frac{\pi n^2}{4}$ | n |
|---|---|---|---|---|---|---|---|---|---|
| **300** | 90000 | 27000000 | 17,3205 | 6,6943 | 2,47712 | 3,33333 | 942,48 | 70685,8 | **300** |
| 301 | 90601 | 27270901 | 17,3494 | 6,7018 | 2,47857 | 3,32226 | 945,62 | 71157,9 | 301 |
| 302 | 91204 | 27543608 | 17,3781 | 6,7092 | 2,48001 | 3,31126 | 948,76 | 71631,5 | 302 |
| 303 | 91809 | 27818127 | 17,4069 | 6,7166 | 2,48144 | 3,30033 | 951,90 | 72106,6 | 303 |
| 304 | 92416 | 28094464 | 17,4356 | 6,7240 | 2,48287 | 3,28947 | 955,04 | 72583,4 | 304 |
| 305 | 93025 | 28372625 | 17,4642 | 6,7313 | 2,48430 | 3,27869 | 958,19 | 73061,7 | 305 |
| 306 | 93636 | 28652616 | 17,4929 | 6,7387 | 2,48572 | 3,26797 | 961,33 | 73541,5 | 306 |
| 307 | 94249 | 28934443 | 17,5214 | 6,7460 | 2,48714 | 3,25733 | 964,47 | 74023,0 | 307 |
| 308 | 94864 | 29218112 | 17,5499 | 6,7533 | 2,48855 | 3,24675 | 967,61 | 74506,0 | 308 |
| 309 | 95481 | 29503629 | 17,5784 | 6,7606 | 2,48996 | 3,23625 | 970,75 | 74990,6 | 309 |
| **310** | 96100 | 29791000 | 17,6068 | 6,7679 | 2,49136 | 3,22581 | 973,89 | 75476,8 | **310** |
| 311 | 96721 | 30080231 | 17,6352 | 6,7752 | 2,49276 | 3,21543 | 977,04 | 75964,5 | 311 |
| 312 | 97344 | 30371328 | 17,6635 | 6,7824 | 2,49415 | 3,20513 | 980,18 | 76453,8 | 312 |
| 313 | 97969 | 30664297 | 17,6918 | 6,7897 | 2,49554 | 3,19489 | 983,32 | 76944,7 | 313 |
| 314 | 98596 | 30959144 | 17,7200 | 6,7969 | 2,49693 | 3,18471 | 986,46 | 77437,1 | 314 |
| 315 | 99225 | 31255875 | 17,7482 | 6,8041 | 2,49831 | 3,17460 | 989,60 | 77931,1 | 315 |
| 316 | 99856 | 31554496 | 17,7764 | 6,8113 | 2,49969 | 3,16456 | 992,74 | 78426,7 | 316 |
| 317 | 100489 | 31855013 | 17,8045 | 6,8185 | 2,50106 | 3,15457 | 995,88 | 78923,9 | 317 |
| 318 | 101124 | 32157432 | 17,8326 | 6,8256 | 2,50243 | 3,14465 | 999,03 | 79422,6 | 318 |
| 319 | 101761 | 32461759 | 17,8606 | 6,8328 | 2,50379 | 3,13480 | 1002,2 | 79922,9 | 319 |
| **320** | 102400 | 32768000 | 17,8885 | 6,8399 | 2,50515 | 3,12500 | 1005,3 | 80424,8 | **320** |
| 321 | 103041 | 33076161 | 17,9165 | 6,8470 | 2,50651 | 3,11526 | 1008,5 | 80928,2 | 321 |
| 322 | 103684 | 33386248 | 17,9444 | 6,8541 | 2,50786 | 3,10559 | 1011,6 | 81433,2 | 322 |
| 323 | 104329 | 33698267 | 17,9722 | 6,8612 | 2,50920 | 3,09598 | 1014,7 | 81939,8 | 323 |
| 324 | 104976 | 34012224 | 18,0000 | 6,8683 | 2,51055 | 3,08642 | 1017,9 | 82448,0 | 324 |
| 325 | 105625 | 34328125 | 18,0278 | 6,8753 | 2,51188 | 3,07692 | 1021,0 | 82957,7 | 325 |
| 326 | 106276 | 34645976 | 18,0555 | 6,8824 | 2,51322 | 3,06748 | 1024,2 | 83469,0 | 326 |
| 327 | 106929 | 34965783 | 18,0831 | 6,8894 | 2,51455 | 3,05810 | 1027,3 | 83981,8 | 327 |
| 328 | 107584 | 35287552 | 18,1108 | 6,8964 | 2,51587 | 3,04878 | 1030,4 | 84496,3 | 328 |
| 329 | 108241 | 35611289 | 18,1384 | 6,9034 | 2,51720 | 3,03951 | 1033,6 | 85012,3 | 329 |
| **330** | 108900 | 35937000 | 18,1659 | 6,9104 | 2,51851 | 3,03030 | 1036,7 | 85529,9 | **330** |
| 331 | 109561 | 36264691 | 18,1934 | 6,9174 | 2,51983 | 3,02115 | 1039,9 | 86049,0 | 331 |
| 332 | 110224 | 36594368 | 18,2209 | 6,9244 | 2,52114 | 3,01205 | 1043,0 | 86569,7 | 332 |
| 333 | 110889 | 36926037 | 18,2483 | 6,9313 | 2,52244 | 3,00300 | 1046,2 | 87092,0 | 333 |
| 334 | 111556 | 37259704 | 18,2757 | 6,9382 | 2,52375 | 2,99401 | 1049,3 | 87615,9 | 334 |
| 335 | 112225 | 37595375 | 18,3030 | 6,9451 | 2,52504 | 2,98507 | 1052,4 | 88141,3 | 335 |
| 336 | 112896 | 37933056 | 18,3303 | 6,9521 | 2,52634 | 2,97619 | 1055,6 | 88668,3 | 336 |
| 337 | 113569 | 38272753 | 18,3576 | 6,9589 | 2,52763 | 2,96736 | 1058,7 | 89196,9 | 337 |
| 338 | 114244 | 38614472 | 18,3848 | 6,9658 | 2,52892 | 2,95858 | 1061,9 | 89727,0 | 338 |
| 339 | 114921 | 38958219 | 18,4120 | 6,9727 | 2,53020 | 2,94985 | 1065,0 | 90258,7 | 339 |
| **340** | 115600 | 39304000 | 18,4391 | 6,9795 | 2,53148 | 2,94118 | 1068,1 | 90792,0 | **340** |
| 341 | 116281 | 39651821 | 18,4662 | 6,9864 | 2,53275 | 2,93255 | 1071,3 | 91326,9 | 341 |
| 342 | 116964 | 40001688 | 18,4932 | 6,9932 | 2,53403 | 2,92398 | 1074,4 | 91863,3 | 342 |
| 343 | 117649 | 40353607 | 18,5203 | 7,0000 | 2,53529 | 2,91545 | 1077,6 | 92401,3 | 343 |
| 344 | 118336 | 40707584 | 18,5472 | 7,0068 | 2,53656 | 2,90698 | 1080,7 | 92940,9 | 344 |
| 345 | 119025 | 41063625 | 18,5742 | 7,0136 | 2,53782 | 2,89855 | 1083,8 | 93482,0 | 345 |
| 346 | 119716 | 41421736 | 18,6011 | 7,0203 | 2,53908 | 2,89017 | 1087,0 | 94024,7 | 346 |
| 347 | 120409 | 41781923 | 18,6279 | 7,0271 | 2,54033 | 2,88184 | 1090,1 | 94569,0 | 347 |
| 348 | 121104 | 42144192 | 18,6548 | 7,0338 | 2,54158 | 2,87356 | 1093,3 | 95114,9 | 348 |
| 349 | 121801 | 42508549 | 18,6815 | 7,0406 | 2,54283 | 2,86533 | 1096,4 | 95662,3 | 349 |
| **350** | 122500 | 42875000 | 18,7083 | 7,0473 | 2,54407 | 2,85714 | 1099,6 | 96211,3 | **350** |

| n | $n^2$ | $n^3$ | $\sqrt{n}$ | $\sqrt[3]{n}$ | log n | $1000 \cdot \frac{1}{n}$ | $\pi n$ | $\frac{\pi n^2}{4}$ | n |
|---|---|---|---|---|---|---|---|---|---|
| **350** | 122500 | 42875000 | 18,7083 | 7,0473 | 2,54407 | 2,85714 | 1099,6 | 96211,3 | **350** |
| 351 | 123201 | 43243551 | 18,7350 | 7,0540 | 2,54531 | 2,84900 | 1102,7 | 96761,8 | 351 |
| 352 | 123904 | 43614208 | 18,7617 | 7,0607 | 2,54654 | 2,84091 | 1105,8 | 97314,0 | 352 |
| 353 | 124609 | 43986977 | 18,7883 | 7,0674 | 2,54777 | 2,83286 | 1109,0 | 97867,7 | 353 |
| 354 | 125316 | 44361864 | 18,8149 | 7,0740 | 2,54900 | 2,82486 | 1112,1 | 98423,0 | 354 |
| 355 | 126025 | 44738875 | 18,8414 | 7,0807 | 2,55023 | 2,81690 | 1115,3 | 98979,8 | 355 |
| 356 | 126736 | 45118016 | 18,8680 | 7,0873 | 2,55145 | 2,80899 | 1118,4 | 99538,2 | 356 |
| 357 | 127449 | 45499293 | 18,8944 | 7,0940 | 2,55267 | 2,80112 | 1121,5 | 100098 | 357 |
| 358 | 128164 | 45882712 | 18,9209 | 7,1006 | 2,55388 | 2,79330 | 1124,7 | 100660 | 358 |
| 359 | 128881 | 46268279 | 18,9473 | 7,1072 | 2,55509 | 2,78552 | 1127,8 | 101223 | 359 |
| **360** | 129600 | 46656000 | 18,9737 | 7,1138 | 2,55630 | 2,77778 | 1131,0 | 101788 | **360** |
| 361 | 130321 | 47045881 | 19,0000 | 7,1204 | 2,55751 | 2,77008 | 1134,1 | 102354 | 361 |
| 362 | 131044 | 47437928 | 19,0263 | 7,1269 | 2,55871 | 2,76243 | 1137,3 | 102922 | 362 |
| 363 | 131769 | 47832147 | 19,0526 | 7,1335 | 2,55991 | 2,75482 | 1140,4 | 103491 | 363 |
| 364 | 132496 | 48228544 | 19,0788 | 7,1400 | 2,56110 | 2,74725 | 1143,5 | 104062 | 364 |
| 365 | 133225 | 48627125 | 19,1050 | 7,1466 | 2,56229 | 2,73973 | 1146,7 | 104635 | 365 |
| 366 | 133956 | 49027896 | 19,1311 | 7,1531 | 2,56348 | 2,73224 | 1149,8 | 105209 | 366 |
| 367 | 134689 | 49430863 | 19,1572 | 7,1596 | 2,56467 | 2,72480 | 1153,0 | 105785 | 367 |
| 368 | 135424 | 49836032 | 19,1833 | 7,1661 | 2,56585 | 2,71739 | 1156,1 | 106362 | 368 |
| 369 | 136161 | 50243409 | 19,2094 | 7,1726 | 2,56703 | 2,71003 | 1159,2 | 106941 | 369 |
| **370** | 136900 | 50653000 | 19,2354 | 7,1791 | 2,56820 | 2,70270 | 1162,4 | 107521 | **370** |
| 371 | 137641 | 51064811 | 19,2614 | 7,1855 | 2,56937 | 2,69542 | 1165,5 | 108103 | 371 |
| 372 | 138384 | 51478848 | 19,2873 | 7,1920 | 2,57054 | 2,68817 | 1168,7 | 108687 | 372 |
| 373 | 139129 | 51895117 | 19,3132 | 7,1984 | 2,57171 | 2,68097 | 1171,8 | 109272 | 373 |
| 374 | 139876 | 52313624 | 19,3391 | 7,2048 | 2,57287 | 2,67380 | 1175,0 | 109858 | 374 |
| 375 | 140625 | 52734375 | 19,3649 | 7,2112 | 2,57403 | 2,66667 | 1178,1 | 110447 | 375 |
| 376 | 141376 | 53157376 | 19,3907 | 7,2177 | 2,57519 | 2,65957 | 1181,2 | 111036 | 376 |
| 377 | 142129 | 53582633 | 19,4165 | 7,2240 | 2,57634 | 2,65252 | 1184,4 | 111628 | 377 |
| 378 | 142884 | 54010152 | 19,4422 | 7,2304 | 2,57749 | 2,64550 | 1187,5 | 112221 | 378 |
| 379 | 143641 | 54439939 | 19,4679 | 7,2368 | 2,57864 | 2,63852 | 1190,7 | 112815 | 379 |
| **380** | 144400 | 54872000 | 19,4936 | 7,2432 | 2,57978 | 2,63158 | 1193,8 | 113411 | **380** |
| 381 | 145161 | 55306341 | 19,5192 | 7,2495 | 2,58092 | 2,62467 | 1196,9 | 114009 | 381 |
| 382 | 145924 | 55742968 | 19,5448 | 7,2558 | 2,58206 | 2,61780 | 1200,1 | 114608 | 382 |
| 383 | 146689 | 56181887 | 19,5704 | 7,2622 | 2,58320 | 2,61097 | 1203,2 | 115209 | 383 |
| 384 | 147456 | 56623104 | 19,5959 | 7,2685 | 2,58433 | 2,60417 | 1206,4 | 115812 | 384 |
| 385 | 148225 | 57066625 | 19,6214 | 7,2748 | 2,58546 | 2,59740 | 1209,5 | 116416 | 385 |
| 386 | 148996 | 57512456 | 19,6469 | 7,2811 | 2,58659 | 2,59067 | 1212,7 | 117021 | 386 |
| 387 | 149769 | 57960603 | 19,6723 | 7,2874 | 2,58771 | 2,58398 | 1215,8 | 117628 | 387 |
| 388 | 150544 | 58411072 | 19,6977 | 7,2936 | 2,58883 | 2,57732 | 1218,9 | 118237 | 388 |
| 389 | 151321 | 58863869 | 19,7231 | 7,2999 | 2,58995 | 2,57069 | 1222,1 | 118847 | 389 |
| **390** | 152100 | 59319000 | 19,7484 | 7,3061 | 2,59106 | 2,56410 | 1225,2 | 119459 | **390** |
| 391 | 152881 | 59776471 | 19,7737 | 7,3124 | 2,59218 | 2,55754 | 1228,4 | 120072 | 391 |
| 392 | 153664 | 60236288 | 19,7990 | 7,3186 | 2,59329 | 2,55102 | 1231,5 | 120687 | 392 |
| 393 | 154449 | 60698457 | 19,8242 | 7,3248 | 2,59439 | 2,54453 | 1234,6 | 121304 | 393 |
| 394 | 155236 | 61162984 | 19,8494 | 7,3310 | 2,59550 | 2,53807 | 1237,8 | 121922 | 394 |
| 395 | 156025 | 61629875 | 19,8746 | 7,3372 | 2,59660 | 2,53165 | 1240,9 | 122542 | 395 |
| 396 | 156816 | 62099136 | 19,8997 | 7,3434 | 2,59770 | 2,52525 | 1244,1 | 123163 | 396 |
| 397 | 157609 | 62570773 | 19,9249 | 7,3496 | 2,59879 | 2,51889 | 1247,2 | 123786 | 397 |
| 398 | 158404 | 63044792 | 19,9499 | 7,3558 | 2,59988 | 2,51256 | 1250,4 | 124410 | 398 |
| 399 | 159201 | 63521199 | 19,9750 | 7,3619 | 2,60097 | 2,50627 | 1253,5 | 125036 | 399 |
| **400** | 160000 | 64000000 | 20,0000 | 7,3681 | 2.60206 | 2,50000 | 1256,6 | 125664 | **400** |

| n | $n^2$ | $n^3$ | $\sqrt{n}$ | $\sqrt[3]{n}$ | log n | $1000 \cdot \frac{1}{n}$ | $\pi n$ | $\frac{\pi n^2}{4}$ | n |
|---|---|---|---|---|---|---|---|---|---|
| **400** | 160000 | 64000000 | 20,0000 | 7,3681 | 2,60206 | 2,50000 | 1256,6 | 125664 | **400** |
| 401 | 160801 | 64481201 | 20,0250 | 7,3742 | 2,60314 | 2,49377 | 1259,8 | 126293 | 401 |
| 402 | 161604 | 64964808 | 20,0499 | 7,3803 | 2,60423 | 2,48756 | 1262,9 | 126923 | 402 |
| 403 | 162409 | 65450827 | 20,0749 | 7,3864 | 2,60531 | 2,48139 | 1266,1 | 127556 | 403 |
| 404 | 163216 | 65939264 | 20,0998 | 7,3925 | 2,60638 | 2,47525 | 1269,2 | 128190 | 404 |
| 405 | 164025 | 66430125 | 20,1246 | 7,3986 | 2,60746 | 2,46914 | 1272,3 | 128825 | 405 |
| 406 | 164836 | 66923416 | 20,1494 | 7,4047 | 2,60853 | 2,46305 | 1275,5 | 129462 | 406 |
| 407 | 165649 | 67419143 | 20,1742 | 7,4108 | 2,60959 | 2,45700 | 1278,6 | 130100 | 407 |
| 408 | 166464 | 67917312 | 20,1990 | 7,4169 | 2,61066 | 2,45098 | 1281,8 | 130741 | 408 |
| 409 | 167281 | 68417929 | 20,2237 | 7,4229 | 2,61172 | 2,44499 | 1284,9 | 131382 | 409 |
| **410** | 168100 | 68921000 | 20,2485 | 7,4290 | 2,61278 | 2,43902 | 1288,1 | 132025 | **410** |
| 411 | 168921 | 69426531 | 20,2731 | 7,4350 | 2,61384 | 2,43309 | 1291,2 | 132670 | 411 |
| 412 | 169744 | 69934528 | 20,2978 | 7,4410 | 2,61490 | 2,42718 | 1294,3 | 133317 | 412 |
| 413 | 170569 | 70444997 | 20,3224 | 7,4470 | 2,61595 | 2,42131 | 1297,5 | 133965 | 413 |
| 414 | 171396 | 70957944 | 20,3470 | 7,4530 | 2,61700 | 2,41546 | 1300,6 | 134614 | 414 |
| 415 | 172225 | 71473375 | 20,3715 | 7,4590 | 2,61805 | 2,40964 | 1303,8 | 135265 | 415 |
| 416 | 173056 | 71991296 | 20,3961 | 7,4650 | 2,61909 | 2,40385 | 1306,9 | 135918 | 416 |
| 417 | 173889 | 72511713 | 20,4206 | 7,4710 | 2,62014 | 2,39808 | 1310,0 | 136572 | 417 |
| 418 | 174724 | 73034632 | 20,4450 | 7,4770 | 2,62118 | 2,39234 | 1313,2 | 137228 | 418 |
| 419 | 175561 | 73560059 | 20,4695 | 7,4829 | 2,62221 | 2,38663 | 1316,3 | 137885 | 419 |
| **420** | 176400 | 74088000 | 20,4939 | 7,4889 | 2,62325 | 2,38095 | 1319,5 | 138544 | **420** |
| 421 | 177241 | 74618461 | 20,5183 | 7,4948 | 2,62428 | 2,37530 | 1322,6 | 139205 | 421 |
| 422 | 178084 | 75151448 | 20,5426 | 7,5007 | 2,62531 | 2,36967 | 1325,8 | 139867 | 422 |
| 423 | 178929 | 75686967 | 20,5670 | 7,5067 | 2,62634 | 2,36407 | 1328,9 | 140531 | 423 |
| 424 | 179776 | 76225024 | 20,5913 | 7,5126 | 2,62737 | 2,35849 | 1332,0 | 141196 | 424 |
| 425 | 180625 | 76765625 | 20,6155 | 7,5185 | 2,62839 | 2,35294 | 1335,2 | 141863 | 425 |
| 426 | 181476 | 77308776 | 20,6398 | 7,5244 | 2,62941 | 2,34742 | 1338,3 | 142531 | 426 |
| 427 | 182329 | 77854483 | 20,6640 | 7,5302 | 2,63043 | 2,34192 | 1341,5 | 143201 | 427 |
| 428 | 183184 | 78402752 | 20,6882 | 7,5361 | 2,63144 | 2,33645 | 1344,6 | 143872 | 428 |
| 429 | 184041 | 78953589 | 20,7123 | 7,5420 | 2,63246 | 2,33100 | 1347,7 | 144545 | 429 |
| **430** | 184900 | 79507000 | 20,7364 | 7,5478 | 2,63347 | 2,32558 | 1350,9 | 145220 | **430** |
| 431 | 185761 | 80062991 | 20,7605 | 7,5537 | 2,63448 | 2,32019 | 1354,0 | 145896 | 431 |
| 432 | 186624 | 80621568 | 20,7846 | 7,5595 | 2,63548 | 2,31481 | 1357,2 | 146574 | 432 |
| 433 | 187489 | 81182737 | 20,8087 | 7,5654 | 2,63649 | 2,30947 | 1360,3 | 147254 | 433 |
| 434 | 188356 | 81746504 | 20,8327 | 7,5712 | 2,63749 | 2,30415 | 1363,5 | 147934 | 434 |
| 435 | 189225 | 82312875 | 20,8567 | 7,5770 | 2,63849 | 2,29885 | 1366,6 | 148617 | 435 |
| 436 | 190096 | 82881856 | 20,8806 | 7,5828 | 2,63949 | 2,29358 | 1369,7 | 149301 | 436 |
| 437 | 190969 | 83453453 | 20,9045 | 7,5886 | 2,64048 | 2,28833 | 1372,9 | 149987 | 437 |
| 438 | 191844 | 84027672 | 20,9284 | 7,5944 | 2,64147 | 2,28311 | 1376,0 | 150674 | 438 |
| 439 | 192721 | 84604519 | 20,9523 | 7,6001 | 2,64246 | 2,27790 | 1379,2 | 151363 | 439 |
| **440** | 193600 | 85184000 | 20,9762 | 7,6059 | 2,64345 | 2,27273 | 1382,3 | 152053 | **440** |
| 441 | 194481 | 85766121 | 21,0000 | 7,6117 | 2,64444 | 2,26757 | 1385,4 | 152745 | 441 |
| 442 | 195364 | 86350888 | 21,0238 | 7,6174 | 2,64542 | 2,26244 | 1388,6 | 153439 | 442 |
| 443 | 196249 | 86938307 | 21,0476 | 7,6232 | 2,64640 | 2,25734 | 1391,7 | 154134 | 443 |
| 444 | 197136 | 87528384 | 21,0713 | 7,6289 | 2,64738 | 2,25225 | 1394,9 | 154830 | 444 |
| 445 | 198025 | 88121125 | 21,0950 | 7,6346 | 2,64836 | 2,24719 | 1398,0 | 155528 | 445 |
| 446 | 198916 | 88716536 | 21,1187 | 7,6403 | 2,64933 | 2,24215 | 1401,2 | 156228 | 446 |
| 447 | 199809 | 89314623 | 21,1424 | 7,6460 | 2,65031 | 2,23714 | 1404,3 | 156930 | 447 |
| 448 | 200704 | 89915392 | 21,1660 | 7,6517 | 2,65128 | 2,23214 | 1407,4 | 157633 | 448 |
| 449 | 201601 | 90518849 | 21,1896 | 7,6574 | 2,65225 | 2,22717 | 1410,6 | 158337 | 449 |
| **450** | 202500 | 91125000 | 21,2132 | 7,6631 | 2.65321 | 2,22222 | 1413,7 | 159043 | **450** |

| n | $n^2$ | $n^3$ | $\sqrt{n}$ | $\sqrt[3]{n}$ | log n | $1000 \cdot \frac{1}{n}$ | $\pi n$ | $\frac{\pi n^2}{4}$ | n |
|---|---|---|---|---|---|---|---|---|---|
| **450** | 202500 | 91125000 | 21,2132 | 7,6631 | 2,65321 | 2,22222 | 1413,7 | 159043 | **450** |
| 451 | 203401 | 91733851 | 21,2368 | 7,6688 | 2,65418 | 2,21729 | 1416,9 | 159751 | 451 |
| 452 | 204304 | 92345408 | 21,2603 | 7,6744 | 2,65514 | 2,21239 | 1420,0 | 160460 | 452 |
| 453 | 205209 | 92959677 | 21,2838 | 7,6801 | 2,65610 | 2,20751 | 1423,1 | 161171 | 453 |
| 454 | 206116 | 93576664 | 21,3073 | 7,6857 | 2,65706 | 2,20264 | 1426,3 | 161883 | 454 |
| 455 | 207025 | 94196375 | 21,3307 | 7,6914 | 2,65801 | 2,19780 | 1429,4 | 162597 | 455 |
| 456 | 207936 | 94818816 | 21,3542 | 7,6970 | 2,65896 | 2,19298 | 1432,6 | 163313 | 456 |
| 457 | 208849 | 95443993 | 21,3776 | 7,7026 | 2,65992 | 2,18818 | 1435,7 | 164030 | 457 |
| 458 | 209764 | 96071912 | 21,4009 | 7,7082 | 2,66087 | 2,18341 | 1438,8 | 164748 | 458 |
| 459 | 210681 | 96702579 | 21,4243 | 7,7138 | 2,66181 | 2,17865 | 1442,0 | 165468 | 459 |
| **460** | 211600 | 97336000 | 21,4476 | 7,7194 | 2,66276 | 2,17391 | 1445,1 | 166190 | **460** |
| 461 | 212521 | 97972181 | 21,4709 | 7,7250 | 2,66370 | 2,16920 | 1448,3 | 166914 | 461 |
| 462 | 213444 | 98611128 | 21,4942 | 7,7306 | 2,66464 | 2,16450 | 1451,4 | 167639 | 462 |
| 463 | 214369 | 99252847 | 21,5174 | 7,7362 | 2,66558 | 2,15983 | 1454,6 | 168365 | 463 |
| 464 | 215296 | 99897344 | 21,5407 | 7,7418 | 2,66652 | 2,15517 | 1457,7 | 169093 | 464 |
| 465 | 216225 | 100544625 | 21,5639 | 7,7473 | 2,66745 | 2,15054 | 1460,8 | 169823 | 465 |
| 466 | 217156 | 101194696 | 21,5870 | 7,7529 | 2,66839 | 2,14592 | 1464,0 | 170554 | 466 |
| 467 | 218089 | 101847563 | 21,6102 | 7,7584 | 2,66932 | 2,14133 | 1467,1 | 171287 | 467 |
| 468 | 219024 | 102503232 | 21,6333 | 7,7639 | 2,67025 | 2,13675 | 1470,3 | 172021 | 468 |
| 469 | 219961 | 103161709 | 21,6564 | 7,7695 | 2,67117 | 2,13220 | 1473,4 | 172757 | 469 |
| **470** | 220900 | 103823000 | 21,6795 | 7,7750 | 2,67210 | 2,12766 | 1476,5 | 173494 | **470** |
| 471 | 221841 | 104487111 | 21,7025 | 7,7805 | 2,67302 | 2,12314 | 1479,7 | 174234 | 471 |
| 472 | 222784 | 105154048 | 21,7256 | 7,7860 | 2,67394 | 2,11864 | 1482,8 | 174974 | 472 |
| 473 | 223729 | 105823817 | 21,7486 | 7,7915 | 2,67486 | 2,11416 | 1486,0 | 175716 | 473 |
| 474 | 224676 | 106496424 | 21,7715 | 7,7970 | 2,67578 | 2,10970 | 1489,1 | 176460 | 474 |
| 475 | 225625 | 107171875 | 21,7945 | 7,8025 | 2,67669 | 2,10526 | 1492,3 | 177205 | 475 |
| 476 | 226576 | 107850176 | 21,8174 | 7,8079 | 2,67761 | 2,10084 | 1495,4 | 177952 | 476 |
| 477 | 227529 | 108531333 | 21,8403 | 7,8134 | 2,67852 | 2,09644 | 1498,5 | 178701 | 477 |
| 478 | 228484 | 109215352 | 21,8632 | 7,8188 | 2,67943 | 2,09205 | 1501,7 | 179451 | 478 |
| 479 | 229441 | 109902239 | 21,8861 | 7,8243 | 2,68034 | 2,08768 | 1504,8 | 180203 | 479 |
| **480** | 230400 | 110592000 | 21,9089 | 7,8297 | 2,68124 | 2,08333 | 1508,0 | 180956 | **480** |
| 481 | 231361 | 111284641 | 21,9317 | 7,8352 | 2,68215 | 2,07900 | 1511,1 | 181711 | 481 |
| 482 | 232324 | 111980168 | 21,9545 | 7,8406 | 2,68305 | 2,07469 | 1514,2 | 182467 | 482 |
| 483 | 233289 | 112678587 | 21,9773 | 7,8460 | 2,68395 | 2,07039 | 1517,4 | 183225 | 483 |
| 484 | 234256 | 113379904 | 22,0000 | 7,8514 | 2,68485 | 2,06612 | 1520,5 | 183984 | 484 |
| 485 | 235225 | 114084125 | 22,0227 | 7,8568 | 2,68574 | 2,06186 | 1523,7 | 184745 | 485 |
| 486 | 236196 | 114791256 | 22,0454 | 7,8622 | 2,68664 | 2,05761 | 1526,8 | 185508 | 486 |
| 487 | 237169 | 115501303 | 22,0681 | 7,8676 | 2,68753 | 2,05339 | 1530,0 | 186272 | 487 |
| 488 | 238144 | 116214272 | 22,0907 | 7,8730 | 2,68842 | 2,04918 | 1533,1 | 187038 | 488 |
| 489 | 239121 | 116930169 | 22,1133 | 7,8784 | 2,68931 | 2,04499 | 1536,2 | 187805 | 489 |
| **490** | 240100 | 117649000 | 22,1359 | 7,8837 | 2,69020 | 2,04082 | 1539,4 | 188574 | **490** |
| 491 | 241081 | 118370771 | 22,1585 | 7,8891 | 2,69108 | 2,03666 | 1542,5 | 189345 | 491 |
| 492 | 242064 | 119095488 | 22,1811 | 7,8944 | 2,69197 | 2,03252 | 1545,7 | 190117 | 492 |
| 493 | 243049 | 119823157 | 22,2036 | 7,8998 | 2,69285 | 2,02840 | 1548,8 | 190890 | 493 |
| 494 | 244036 | 120553784 | 22,2261 | 7,9051 | 2,69373 | 2,02429 | 1551,9 | 191665 | 494 |
| 495 | 245025 | 121287375 | 22,2486 | 7,9105 | 2,69461 | 2,02020 | 1555,1 | 192442 | 495 |
| 496 | 246016 | 122023936 | 22,2711 | 7,9158 | 2,69548 | 2,01613 | 1558,2 | 193221 | 496 |
| 497 | 247009 | 122763473 | 22,2935 | 7,9211 | 2,69636 | 2,01207 | 1561,4 | 194000 | 497 |
| 498 | 248004 | 123505992 | 22,3159 | 7,9264 | 2,69723 | 2,00803 | 1564,5 | 194782 | 498 |
| 499 | 249001 | 124251499 | 22,3383 | 7,9317 | 2,69810 | 2,00401 | 1567,7 | 195565 | 499 |
| **500** | 250000 | 125000000 | 22,3607 | 7,9370 | 2,69897 | 2,00000 | 1570,8 | 196350 | **500** |

| n | $n^2$ | $n^3$ | $\sqrt{n}$ | $\sqrt[3]{n}$ | log n | $1000 \cdot \frac{1}{n}$ | $\pi$ n | $\frac{\pi n^2}{4}$ | n |
|---|---|---|---|---|---|---|---|---|---|
| **500** | 250000 | 125000000 | 22,3607 | 7,9370 | 2,69897 | 2,00000 | 1570,8 | 196350 | **500** |
| 501 | 251001 | 125751501 | 22,3830 | 7,9423 | 2,69984 | 1,99601 | 1573,9 | 197136 | 501 |
| 502 | 252004 | 126506008 | 22,4054 | 7,9476 | 2,70070 | 1,99203 | 1577,1 | 197923 | 502 |
| 503 | 253009 | 127263527 | 22,4277 | 7,9528 | 2,70157 | 1,98807 | 1580,2 | 198713 | 503 |
| 504 | 254016 | 128024064 | 22,4499 | 7,9581 | 2,70243 | 1,98413 | 1583,4 | 199504 | 504 |
| 505 | 255025 | 128787625 | 22,4722 | 7,9634 | 2,70329 | 1,98020 | 1586,5 | 200296 | 505 |
| 506 | 256036 | 129554216 | 22,4944 | 7,9686 | 2,70415 | 1,97628 | 1589,6 | 201090 | 506 |
| 507 | 257049 | 130323843 | 22,5167 | 7,9739 | 2,70501 | 1,97239 | 1592,8 | 201886 | 507 |
| 508 | 258064 | 131096512 | 22,5389 | 7,9791 | 2,70586 | 1,96850 | 1595,0 | 202683 | 508 |
| 509 | 259081 | 131872229 | 22,5610 | 7,9843 | 2,70672 | 1,96464 | 1599,1 | 203482 | 509 |
| **510** | 260100 | 132651000 | 22,5832 | 7,9896 | 2,70757 | 1,96078 | 1602,2 | 204282 | **510** |
| 511 | 261121 | 133432831 | 22,6053 | 7,9948 | 2,70842 | 1,95695 | 1605,4 | 205084 | 511 |
| 512 | 262144 | 134217728 | 22,6274 | 8,0000 | 2,70927 | 1,95312 | 1608,5 | 205887 | 512 |
| 513 | 263169 | 135005697 | 22,6495 | 8,0052 | 2,71012 | 1,94932 | 1611,6 | 206692 | 513 |
| 514 | 264196 | 135796744 | 22,6716 | 8,0104 | 2,71096 | 1,94553 | 1614,8 | 207499 | 514 |
| 515 | 265225 | 136590875 | 22,6936 | 8,0156 | 2,71181 | 1,94175 | 1617,9 | 208307 | 515 |
| 516 | 266256 | 137388096 | 22,7156 | 8,0208 | 2,71265 | 1,93798 | 1621,1 | 209117 | 516 |
| 517 | 267289 | 138188413 | 22,7376 | 8,0260 | 2,71349 | 1,93424 | 1624,2 | 209928 | 517 |
| 518 | 268324 | 138991832 | 22,7596 | 8,0311 | 2,71433 | 1,93050 | 1627,3 | 210741 | 518 |
| 519 | 269361 | 139798359 | 22,7816 | 8,0363 | 2,71517 | 1,92678 | 1630,5 | 211556 | 519 |
| **520** | 270400 | 140608000 | 22,8035 | 8,0415 | 2,71600 | 1,92308 | 1633,6 | 212372 | **520** |
| 521 | 271441 | 141420761 | 22,8254 | 8,0466 | 2,71684 | 1,91939 | 1636,8 | 213189 | 521 |
| 522 | 272484 | 142236648 | 22,8473 | 8,0517 | 2,71767 | 1,91571 | 1639,9 | 214008 | 522 |
| 523 | 273529 | 143055667 | 22,8692 | 8,0569 | 2,71850 | 1,91205 | 1643,1 | 214829 | 523 |
| 524 | 274576 | 143877824 | 22,8910 | 8,0620 | 2,71933 | 1,90840 | 1646,2 | 215651 | 524 |
| 525 | 275625 | 144703125 | 22,9129 | 8,0671 | 2,72016 | 1,90476 | 1649,3 | 216475 | 525 |
| 526 | 276676 | 145531576 | 22,9347 | 8,0723 | 2,72099 | 1,90114 | 1652,5 | 217301 | 526 |
| 527 | 277729 | 146363183 | 22,9565 | 8,0774 | 2,72181 | 1,89753 | 1655,6 | 218128 | 527 |
| 528 | 278784 | 147197952 | 22,9783 | 8,0825 | 2,72263 | 1,89394 | 1658,8 | 218956 | 528 |
| 529 | 279841 | 148035889 | 23,0000 | 8,0876 | 2,72346 | 1,89036 | 1661,9 | 219787 | 529 |
| **530** | 280900 | 148877000 | 23,0217 | 8,0927 | 2,72428 | 1,88679 | 1665,0 | 220618 | **530** |
| 531 | 281961 | 149721291 | 23,0434 | 8,0978 | 2,72509 | 1,88324 | 1668,2 | 221452 | 531 |
| 532 | 283024 | 150568768 | 23,0651 | 8,1028 | 2,72591 | 1,87970 | 1671,3 | 222287 | 532 |
| 533 | 284089 | 151419437 | 23,0868 | 8,1079 | 2,72673 | 1,87617 | 1674,5 | 223123 | 533 |
| 534 | 285156 | 152273304 | 23,1084 | 8,1130 | 2,72754 | 1,87266 | 1677,6 | 223961 | 534 |
| 535 | 286225 | 153130375 | 23,1301 | 8,1180 | 2,72835 | 1,86916 | 1680,8 | 224801 | 535 |
| 536 | 287296 | 153990656 | 23,1517 | 8,1231 | 2,72916 | 1,86567 | 1683,9 | 225642 | 536 |
| 537 | 288369 | 154854153 | 23,1733 | 8,1281 | 2,72997 | 1,86220 | 1687,0 | 226484 | 537 |
| 538 | 289444 | 155720872 | 23,1948 | 8,1332 | 2,73078 | 1,85874 | 1690,2 | 227329 | 538 |
| 539 | 290521 | 156590819 | 23,2164 | 8,1382 | 2,73159 | 1,85529 | 1693,3 | 228175 | 539 |
| **540** | 291600 | 157464000 | 23,2379 | 8,1433 | 2,73239 | 1,85185 | 1696,5 | 229022 | **540** |
| 541 | 292681 | 158340421 | 23,2594 | 8,1483 | 2,73320 | 1,84843 | 1699,6 | 229871 | 541 |
| 542 | 293764 | 159220088 | 23,2809 | 8,1533 | 2,73400 | 1,84502 | 1702,7 | 230722 | 542 |
| 543 | 294849 | 160103007 | 23,3024 | 8,1583 | 2,73480 | 1,84162 | 1705,9 | 231574 | 543 |
| 544 | 295936 | 160989184 | 23,3238 | 8,1633 | 2,73560 | 1,83824 | 1709,0 | 232428 | 544 |
| 545 | 297025 | 161878625 | 23,3452 | 8,1683 | 2,73640 | 1,83486 | 1712,2 | 233283 | 545 |
| 546 | 298116 | 162771336 | 23,3666 | 8,1733 | 2,73719 | 1,83150 | 1715,3 | 234140 | 546 |
| 547 | 299209 | 163667323 | 23,3880 | 8,1783 | 2,73799 | 1,82815 | 1718,5 | 234998 | 547 |
| 548 | 300304 | 164566592 | 23,4094 | 8,1833 | 2,73878 | 1,82482 | 1721,6 | 235858 | 548 |
| 549 | 301401 | 165469149 | 23,4307 | 8,1882 | 2,73957 | 1,82149 | 1724,7 | 236720 | 549 |
| **550** | 302500 | 166375000 | 23,4521 | 8,1932 | 2,74036 | 1,81818 | 1727,9 | 237583 | **550** |

| n | $n^2$ | $n^3$ | $\sqrt{n}$ | $\sqrt[3]{n}$ | log n | $1000 \cdot \frac{1}{n}$ | $\pi n$ | $\frac{\pi n^2}{4}$ | n |
|---|---|---|---|---|---|---|---|---|---|
| **550** | 302500 | 166375000 | 23,4521 | 8,1932 | 2,74036 | 1,81818 | 1727,9 | 237583 | **550** |
| 551 | 303601 | 167284151 | 23,4734 | 8,1982 | 2,74115 | 1,81488 | 1731,0 | 238448 | 551 |
| 552 | 304704 | 168196608 | 23,4947 | 8,2031 | 2,74194 | 1,81159 | 1734,2 | 239314 | 552 |
| 553 | 305809 | 169112377 | 23,5160 | 8,2081 | 2,74273 | 1,80832 | 1737,3 | 240182 | 553 |
| 554 | 306916 | 170031464 | 23,5372 | 8,2130 | 2,74351 | 1,80505 | 1740,4 | 241051 | 554 |
| 555 | 308025 | 170953875 | 23,5584 | 8,2180 | 2,74429 | 1,80180 | 1743,6 | 241922 | 555 |
| 556 | 309136 | 171879616 | 23,5797 | 8,2229 | 2,74507 | 1,79856 | 1746,7 | 242795 | 556 |
| 557 | 310249 | 172808693 | 23,6008 | 8,2278 | 2,74586 | 1,79533 | 1749,9 | 243669 | 557 |
| 558 | 311364 | 173741112 | 23,6220 | 8,2327 | 2,74663 | 1,79211 | 1753,0 | 244545 | 558 |
| 559 | 312481 | 174676879 | 23,6432 | 8,2377 | 2,74741 | 1,78891 | 1756,2 | 245422 | 559 |
| **560** | 313600 | 175616000 | 23,6643 | 8,2426 | 2,74819 | 1,78571 | 1759,3 | 246301 | **560** |
| 561 | 314721 | 176558481 | 23,6854 | 8,2475 | 2,74896 | 1,78253 | 1762,4 | 247181 | 561 |
| 562 | 315844 | 177504328 | 23,7065 | 8,2524 | 2,74974 | 1,77936 | 1765,6 | 248063 | 562 |
| 563 | 316969 | 178453547 | 23,7276 | 8,2573 | 2,75051 | 1,77620 | 1768,7 | 248947 | 563 |
| 564 | 318096 | 179406144 | 23,7487 | 8,2621 | 2,75128 | 1,77305 | 1771,9 | 249832 | 564 |
| 565 | 319225 | 180362125 | 23,7697 | 8,2670 | 2,75205 | 1,76991 | 1775,0 | 250719 | 565 |
| 566 | 320356 | 181321496 | 23,7908 | 8,2719 | 2,75282 | 1,76678 | 1778,1 | 251607 | 566 |
| 567 | 321489 | 182284263 | 23,8118 | 8,2768 | 2,75358 | 1.76367 | 1781,3 | 252497 | 567 |
| 568 | 322624 | 183250432 | 23,8328 | 8,2816 | 2,75435 | 1,76056 | 1784,4 | 253388 | 568 |
| 569 | 323761 | 184220009 | 23,8537 | 8,2865 | 2,75511 | 1,75747 | 1787,6 | 254281 | 569 |
| **570** | 324900 | 185193000 | 23,8747 | 8,2913 | 2,75587 | 1,75439 | 1790,7 | 255176 | **570** |
| 571 | 326041 | 186169411 | 23,8956 | 8,2962 | 2,75664 | 1,75131 | 1793,8 | 256072 | 571 |
| 572 | 327184 | 187149248 | 23,9165 | 8,3010 | 2,75740 | 1,74825 | 1797,0 | 256970 | 572 |
| 573 | 328329 | 188132517 | 23,9374 | 8,3059 | 2,75815 | 1,74520 | 1800,1 | 257869 | 573 |
| 574 | 329476 | 189119224 | 23,9583 | 8,3107 | 2,75891 | 1,74216 | 1803,3 | 258770 | 574 |
| 575 | 330625 | 190109375 | 23,9792 | 8,3155 | 2,75967 | 1,73913 | 1806,4 | 259672 | 575 |
| 576 | 331776 | 191102976 | 24,0000 | 8,3203 | 2,76042 | 1,73611 | 1809,6 | 260576 | 576 |
| 577 | 332929 | 192100033 | 24,0208 | 8,3251 | 2,76118 | 1,73310 | 1812,7 | 261482 | 577 |
| 578 | 334084 | 193100552 | 24,0416 | 8,3300 | 2.76193 | 1,73010 | 1815,8 | 262389 | 578 |
| 579 | 335241 | 194104539 | 24,0624 | 8,3348 | 2,76268 | 1,72712 | 1819,0 | 263298 | 579 |
| **580** | 336400 | 195112000 | 24,0832 | 8,3396 | 2,76343 | 1,72414 | 1822,1 | 264208 | **580** |
| 581 | 337561 | 196122941 | 24,1039 | 8,3443 | 2,76418 | 1,72117 | 1825,3 | 265120 | 581 |
| 582 | 338724 | 197137368 | 24,1247 | 8,3491 | 2,76492 | 1,71821 | 1828,4 | 266033 | 582 |
| 583 | 339889 | 198155287 | 24,1454 | 8,3539 | 2,76567 | 1,71527 | 1831,6 | 266948 | 583 |
| 584 | 341056 | 199176704 | 24,1661 | 8,3587 | 2,76641 | 1,71233 | 1834,7 | 267865 | 584 |
| 585 | 342225 | 200201625 | 24,1868 | 8,3634 | 2,76716 | 1,70940 | 1837,8 | 268783 | 585 |
| 586 | 343396 | 201230056 | 24,2074 | 8,3682 | 2,76790 | 1,70648 | 1841,0 | 269703 | 586 |
| 587 | 344569 | 202262003 | 24,2281 | 8,3730 | 2,76864 | 1,70358 | 1844,1 | 270624 | 587 |
| 588 | 345744 | 203297472 | 24,2487 | 8,3777 | 2,76938 | 1,70068 | 1847,3 | 271547 | 588 |
| 589 | 346921 | 204336469 | 24,2693 | 8,3825 | 2,77012 | 1,69779 | 1850,4 | 272471 | 589 |
| **590** | 348100 | 205379000 | 24,2899 | 8,3872 | 2,77085 | 1,69492 | 1853,5 | 273397 | **590** |
| 591 | 349281 | 206425071 | 24,3105 | 8,3919 | 2,77159 | 1,69205 | 1856,7 | 274325 | 591 |
| 592 | 350464 | 207474688 | 24,3311 | 8,3967 | 2,77232 | 1,68919 | 1859,8 | 275254 | 592 |
| 593 | 351649 | 208527857 | 24,3516 | 8,4014 | 2,77305 | 1,68634 | 1863,0 | 276184 | 593 |
| 594 | 352836 | 209584584 | 24,3721 | 8,4061 | 2,77379 | 1,68350 | 1866,1 | 277117 | 594 |
| 595 | 354025 | 210644875 | 24,3926 | 8,4108 | 2,77452 | 1,68067 | 1869,2 | 278051 | 595 |
| 596 | 355216 | 211708736 | 24,4131 | 8,4155 | 2,77525 | 1,67785 | 1872,4 | 278986 | 596 |
| 597 | 356409 | 212776173 | 24,4336 | 8,4202 | 2,77597 | 1,67504 | 1875,5 | 279923 | 597 |
| 598 | 357604 | 213847192 | 24,4540 | 8,4249 | 2,77670 | 1,67224 | 1878,7 | 280862 | 598 |
| 599 | 358801 | 214921799 | 24,4745 | 8,4296 | 2,77743 | 1,66945 | 1881,8 | 281802 | 599 |
| **600** | 360000 | 216000000 | 24,4949 | 8,4343 | 2,77815 | 1,66667 | 1885,0 | 282743 | **600** |

| n | $n^2$ | $n^3$ | $\sqrt{n}$ | $\sqrt[3]{n}$ | log n | $1000 \cdot \frac{1}{n}$ | $\pi n$ | $\frac{\pi n^2}{4}$ | n |
|---|---|---|---|---|---|---|---|---|---|
| **600** | 360000 | 216000000 | 24,4949 | 8,4343 | 2,77815 | 1,66667 | 1885,0 | 282743 | **600** |
| 601 | 361201 | 217081801 | 24,5153 | 8,4390 | 2,77887 | 1,66389 | 1888,1 | 283687 | 601 |
| 602 | 362404 | 218167208 | 24,5357 | 8,4437 | 2,77960 | 1,66113 | 1891,2 | 284631 | 602 |
| 603 | 363609 | 219256227 | 24,5561 | 8,4484 | 2,78032 | 1,65837 | 1894,4 | 285578 | 603 |
| 604 | 364816 | 220348864 | 24,5764 | 8,4530 | 2,78104 | 1,65563 | 1897,5 | 286526 | 604 |
| 605 | 366025 | 221445125 | 24,5967 | 8,4577 | 2,78176 | 1,65289 | 1900,7 | 287475 | 605 |
| 606 | 367236 | 222545016 | 24,6171 | 8,4623 | 2,78247 | 1,65017 | 1903,8 | 288426 | 606 |
| 607 | 368449 | 223648543 | 24,6374 | 8,4670 | 2,78319 | 1,64745 | 1906,9 | 289379 | 607 |
| 608 | 369664 | 224755712 | 24,6577 | 8,4716 | 2,78390 | 1,64474 | 1910,1 | 290333 | 608 |
| 609 | 370881 | 225866529 | 24,6779 | 8,4763 | 2,78462 | 1,64204 | 1913,2 | 291289 | 609 |
| **610** | 372100 | 226981000 | 24,6982 | 8,4809 | 2,78533 | 1,63934 | 1916,4 | 292247 | **610** |
| 611 | 373321 | 228099131 | 24,7184 | 8,4856 | 2,78604 | 1,63666 | 1919,5 | 293206 | 611 |
| 612 | 374544 | 229220928 | 24,7386 | 8,4902 | 2,78675 | 1,63399 | 1922,7 | 294166 | 612 |
| 613 | 375769 | 230346397 | 24,7588 | 8,4948 | 2,78746 | 1,63132 | 1925,8 | 295128 | 613 |
| 614 | 376996 | 231475544 | 24,7790 | 8,4994 | 2,78817 | 1,62866 | 1928,9 | 296092 | 614 |
| 615 | 378225 | 232608375 | 24,7992 | 8,5040 | 2,78888 | 1,62602 | 1932,1 | 297057 | 615 |
| 616 | 379456 | 233744896 | 24,8193 | 8,5086 | 2,78958 | 1,62338 | 1935,2 | 298024 | 616 |
| 617 | 380689 | 234885113 | 24,8395 | 8,5132 | 2,79029 | 1,62075 | 1938,4 | 298992 | 617 |
| 618 | 381924 | 236029032 | 24,8596 | 8,5178 | 2,79099 | 1,61812 | 1941,5 | 299962 | 618 |
| 619 | 383161 | 237176659 | 24,8797 | 8,5224 | 2,79169 | 1,61551 | 1944,6 | 300934 | 619 |
| **620** | 384400 | 238328000 | 24,8998 | 8,5270 | 2,79239 | 1,61290 | 1947,8 | 301907 | **620** |
| 621 | 385641 | 239483061 | 24,9199 | 8,5316 | 2,79309 | 1,61031 | 1950,9 | 302882 | 621 |
| 622 | 386884 | 240641848 | 24,9399 | 8,5362 | 2,79379 | 1,60772 | 1954,1 | 303858 | 622 |
| 623 | 388129 | 241804367 | 24,9600 | 8,5408 | 2,79449 | 1,60514 | 1957,2 | 304836 | 623 |
| 624 | 389376 | 242970624 | 24,9800 | 8,5453 | 2,79518 | 1,60256 | 1960,4 | 305815 | 624 |
| 625 | 390625 | 244140625 | 25,0000 | 8,5499 | 2,79588 | 1,60000 | 1963,5 | 306796 | 625 |
| 626 | 391876 | 245314376 | 25,0200 | 8,5544 | 2,79657 | 1,59744 | 1966,6 | 307779 | 626 |
| 627 | 393129 | 246491883 | 25,0400 | 8,5590 | 2,79727 | 1,59490 | 1969,8 | 308763 | 627 |
| 628 | 394384 | 247673152 | 25,0599 | 8,5635 | 2,79796 | 1,59236 | 1972,9 | 309748 | 628 |
| 629 | 395641 | 248858189 | 25,0799 | 8,5681 | 2,79865 | 1,58983 | 1976,1 | 310736 | 629 |
| **630** | 396900 | 250047000 | 25,0998 | 8,5726 | 2,79934 | 1,58730 | 1979,2 | 311725 | **630** |
| 631 | 398161 | 251239591 | 25,1197 | 8,5772 | 2,80003 | 1,58479 | 1982,3 | 312715 | 631 |
| 632 | 399424 | 252435968 | 25,1396 | 8,5817 | 2,80072 | 1,58228 | 1985,5 | 313707 | 632 |
| 633 | 400689 | 253636137 | 25,1595 | 8,5862 | 2,80140 | 1,57978 | 1988,6 | 314700 | 633 |
| 634 | 401956 | 254840104 | 25,1794 | 8,5907 | 2,80209 | 1,57729 | 1991,8 | 315696 | 634 |
| 635 | 403225 | 256047875 | 25,1992 | 8,5952 | 2,80277 | 1,57480 | 1994,9 | 316692 | 635 |
| 636 | 404496 | 257259456 | 25,2190 | 8,5997 | 2,80346 | 1,57233 | 1998,1 | 317690 | 636 |
| 637 | 405769 | 258474853 | 25,2389 | 8,6043 | 2,80414 | 1,56986 | 2001,2 | 318690 | 637 |
| 638 | 407044 | 259694072 | 25,2587 | 8,6088 | 2,80482 | 1,56740 | 2004,3 | 319692 | 638 |
| 639 | 408321 | 260917119 | 25,2784 | 8,6132 | 2,80550 | 1,56495 | 2007,5 | 320695 | 639 |
| **640** | 409600 | 262144000 | 25,2982 | 8,6177 | 2,80618 | 1,56250 | 2010,6 | 321699 | **640** |
| 641 | 410881 | 263374721 | 25,3180 | 8,6222 | 2,80686 | 1,56006 | 2013,8 | 322705 | 641 |
| 642 | 412164 | 264609288 | 25,3377 | 8,6267 | 2,80754 | 1,55763 | 2016,9 | 323713 | 642 |
| 643 | 413449 | 265847707 | 25,3574 | 8,6312 | 2,80821 | 1,55521 | 2020,0 | 324722 | 643 |
| 644 | 414736 | 267089984 | 25,3772 | 8,6357 | 2,80889 | 1,55280 | 2023,2 | 325733 | 644 |
| 645 | 416025 | 268336125 | 25,3969 | 8,6401 | 2,80956 | 1,55039 | 2026,3 | 326745 | 645 |
| 646 | 417316 | 269586136 | 25,4165 | 8,6446 | 2,81023 | 1,54799 | 2029,5 | 327759 | 646 |
| 647 | 418609 | 270840023 | 25,4362 | 8,6490 | 2,81090 | 1,54560 | 2032,6 | 328775 | 647 |
| 648 | 419904 | 272097792 | 25,4558 | 8,6535 | 2,81158 | 1,54321 | 2035,8 | 329792 | 648 |
| 649 | 421201 | 273359449 | 25,4755 | 8,6579 | 2,81224 | 1,54083 | 2038,9 | 330810 | 649 |
| **650** | 422500 | 274625000 | 25,4951 | 8,6624 | 2,81291 | 1,53846 | 2042,0 | 331831 | **650** |

| n | $n^2$ | $n^3$ | $\sqrt{n}$ | $\sqrt[3]{n}$ | log n | $1000 \cdot \frac{1}{n}$ | $\pi n$ | $\frac{\pi n^2}{4}$ | n |
|---|---|---|---|---|---|---|---|---|---|
| **650** | 422500 | 274625000 | 25,4951 | 8,6624 | 2,81291 | 1,53846 | 2042,0 | 331831 | **650** |
| 651 | 423801 | 275894451 | 25,5147 | 8,6668 | 2,81358 | 1,53610 | 2045,2 | 332853 | 651 |
| 652 | 425104 | 277167808 | 25,5343 | 8,6713 | 2,81425 | 1,53374 | 2048,3 | 333876 | 652 |
| 653 | 426409 | 278445077 | 25,5539 | 8,6757 | 2,81491 | 1,53139 | 2051,5 | 334901 | 653 |
| 654 | 427716 | 279726264 | 25,5734 | 8,6801 | 2,81558 | 1,52905 | 2054,6 | 335927 | 654 |
| 655 | 429025 | 281011375 | 25,5930 | 8,6845 | 2,81624 | 1,52672 | 2057,7 | 336955 | 655 |
| 656 | 430336 | 282300416 | 25,6125 | 8,6890 | 2,81690 | 1,52439 | 2060,9 | 337985 | 656 |
| 657 | 431649 | 283593393 | 25,6320 | 8,6934 | 2,81757 | 1,52207 | 2064,0 | 339016 | 657 |
| 658 | 432964 | 284890312 | 25,6515 | 8,6978 | 2,81823 | 1,51976 | 2067,2 | 340049 | 658 |
| 659 | 434281 | 286191179 | 25,6710 | 8,7022 | 2,81889 | 1,51745 | 2070,3 | 341084 | 659 |
| **660** | 435600 | 287496000 | 25,6905 | 8,7066 | 2,81954 | 1,51515 | 2073,5 | 342119 | **660** |
| 661 | 436921 | 288804781 | 25,7099 | 8,7110 | 2,82020 | 1,51286 | 2076,6 | 343157 | 661 |
| 662 | 438244 | 290117528 | 25,7294 | 8,7154 | 2,82086 | 1,51057 | 2079,7 | 344196 | 662 |
| 663 | 439569 | 291434247 | 25,7488 | 8,7198 | 2,82151 | 1,50830 | 2082,9 | 345237 | 663 |
| 664 | 440896 | 292754944 | 25,7682 | 8,7241 | 2,82217 | 1,50602 | 2086,0 | 346279 | 664 |
| 665 | 442225 | 294079625 | 25,7876 | 8,7285 | 2,82282 | 1,50376 | 2089,2 | 347323 | 665 |
| 666 | 443556 | 295408296 | 25,8070 | 8,7329 | 2,82347 | 1,50150 | 2092,3 | 348368 | 666 |
| 667 | 444889 | 296740963 | 25,8263 | 8,7373 | 2,82413 | 1,49925 | 2095,4 | 349415 | 667 |
| 668 | 446224 | 298077632 | 25,8457 | 8,7416 | 2,82478 | 1,49701 | 2098,6 | 350464 | 668 |
| 669 | 447561 | 299418309 | 25,8650 | 8,7460 | 2,82543 | 1,49477 | 2101,7 | 351514 | 669 |
| **670** | 448900 | 300763000 | 25,8844 | 8,7503 | 2,82607 | 1,49254 | 2104,9 | 352565 | **670** |
| 671 | 450241 | 302111711 | 25,9037 | 8,7547 | 2,82672 | 1,49031 | 2108,0 | 353618 | 671 |
| 672 | 451584 | 303464448 | 25,9230 | 8,7590 | 2,82737 | 1,48810 | 2111,2 | 354673 | 672 |
| 673 | 452929 | 304821217 | 25,9422 | 8,7634 | 2,82802 | 1,48588 | 2114,3 | 355730 | 673 |
| 674 | 454276 | 306182024 | 25,9615 | 8,7677 | 2,82866 | 1,48368 | 2117,4 | 356788 | 674 |
| 675 | 455625 | 307546875 | 25,9808 | 8,7721 | 2,82930 | 1,48148 | 2120,6 | 357847 | 675 |
| 676 | 456976 | 308915776 | 26,0000 | 8,7764 | 2,82995 | 1,47929 | 2123,7 | 358908 | 676 |
| 677 | 458329 | 310288733 | 26,0192 | 8,7807 | 2,83059 | 1,47710 | 2126,9 | 359971 | 677 |
| 678 | 459684 | 311665752 | 26,0384 | 8,7850 | 2,83123 | 1,47493 | 2130,0 | 361035 | 678 |
| 679 | 461041 | 313046839 | 26,0576 | 8,7893 | 2,83187 | 1,47275 | 2133,1 | 362101 | 679 |
| **680** | 462400 | 314432000 | 26,0768 | 8,7937 | 2,83251 | 1,47059 | 2136,3 | 363168 | **680** |
| 681 | 463761 | 315821241 | 26,0960 | 8,7980 | 2,83315 | 1,46843 | 2139,4 | 364237 | 681 |
| 682 | 465124 | 317214568 | 26,1151 | 8,8023 | 2,83378 | 1,46628 | 2142,6 | 365308 | 682 |
| 683 | 466489 | 318611987 | 26,1343 | 8,8066 | 2,83442 | 1,46413 | 2145,7 | 366380 | 683 |
| 684 | 467856 | 320013504 | 26,1534 | 8,8109 | 2,83506 | 1,46199 | 2148,8 | 367453 | 684 |
| 685 | 469225 | 321419125 | 26,1725 | 8,8152 | 2,83569 | 1,45985 | 2152,0 | 368528 | 685 |
| 686 | 470596 | 322828856 | 26,1916 | 8,8194 | 2,83632 | 1,45773 | 2155,1 | 369605 | 686 |
| 687 | 471969 | 324242703 | 26,2107 | 8,8237 | 2,83696 | 1,45560 | 2158,3 | 370684 | 687 |
| 688 | 473344 | 325660672 | 26,2298 | 8,8280 | 2,83759 | 1,45349 | 2161,4 | 371764 | 688 |
| 689 | 474721 | 327082769 | 26,2488 | 8,8323 | 2,83822 | 1,45138 | 2164,6 | 372845 | 689 |
| **690** | 476100 | 328509000 | 26,2679 | 8,8366 | 2,83885 | 1,44928 | 2167,7 | 373928 | **690** |
| 691 | 477481 | 329939371 | 26,2869 | 8,8408 | 2,83948 | 1,44718 | 2170,8 | 375013 | 691 |
| 692 | 478864 | 331373888 | 26,3059 | 8,8451 | 2,84011 | 1,44509 | 2174,0 | 376099 | 692 |
| 693 | 480249 | 332812557 | 26,3249 | 8,8493 | 2.84073 | 1,44300 | 2177,1 | 377187 | 693 |
| 694 | 481636 | 334255384 | 26,3439 | 8,8536 | 2,84136 | 1,44092 | 2180,3 | 378276 | 694 |
| 695 | 483025 | 335702375 | 26,3629 | 8,8578 | 2,84198 | 1,43885 | 2183,4 | 379367 | 695 |
| 696 | 484416 | 337153536 | 26,3818 | 8,8621 | 2,84261 | 1,43678 | 2186,5 | 380459 | 696 |
| 697 | 485809 | 338608873 | 26,4008 | 8,8663 | 2,84323 | 1,43472 | 2189,7 | 381553 | 697 |
| 698 | 487204 | 340068392 | 26,4197 | 8,8706 | 2,84386 | 1,43266 | 2192,8 | 382649 | 698 |
| 699 | 488601 | 341532099 | 26,4386 | 8,8748 | 2,84448 | 1,43062 | 2196,0 | 383746 | 699 |
| **700** | 490000 | 343000000 | 26,4575 | 8,8790 | 2,84510 | 1,42857 | 2199,1 | 384845 | **700** |

| n | $n^2$ | $n^3$ | $\sqrt{n}$ | $\sqrt[3]{n}$ | log n | $1000 \cdot \frac{1}{n}$ | $\pi n$ | $\frac{\pi n^2}{4}$ | n |
|---|---|---|---|---|---|---|---|---|---|
| **700** | 490000 | 343000000 | 26,4575 | 8,8790 | 2,84510 | 1,42857 | 2199,1 | 384845 | **700** |
| 701 | 491401 | 344472101 | 26,4764 | 8,8833 | 2,84572 | 1,42653 | 2202,3 | 385945 | 701 |
| 702 | 492804 | 345948408 | 26,4953 | 8,8875 | 2,84634 | 1,42450 | 2205,4 | 387047 | 702 |
| 703 | 494209 | 347428927 | 26,5141 | 8,8917 | 2,84696 | 1,42248 | 2208,5 | 388151 | 703 |
| 704 | 495616 | 348913664 | 26,5330 | 8,8959 | 2,84757 | 1,42045 | 2211,7 | 389256 | 704 |
| 705 | 497025 | 350402625 | 26,5518 | 8,9001 | 2,84819 | 1,41844 | 2214,8 | 390363 | 705 |
| 706 | 498436 | 351895816 | 26,5707 | 8,9043 | 2,84880 | 1,41643 | 2218,0 | 391471 | 706 |
| 707 | 499849 | 353393243 | 26,5895 | 8,9085 | 2,84942 | 1,41443 | 2221,1 | 392580 | 707 |
| 708 | 501264 | 354894912 | 26,6083 | 8,9127 | 2,85003 | 1,41243 | 2224,2 | 393692 | 708 |
| 709 | 502681 | 356400829 | 26,6271 | 8,9169 | 2,85065 | 1,41044 | 2227,4 | 394805 | 709 |
| **710** | 504100 | 357911000 | 26,6458 | 8,9211 | 2,85126 | 1,40845 | 2230,5 | 395919 | **710** |
| 711 | 505521 | 359425431 | 26,6646 | 8,9253 | 2,85187 | 1,40647 | 2233,7 | 397035 | 711 |
| 712 | 506944 | 360944128 | 26,6833 | 8,9295 | 2,85248 | 1,40449 | 2236,8 | 398153 | 712 |
| 713 | 508369 | 362467097 | 26,7021 | 8,9337 | 2,85309 | 1,40252 | 2240,0 | 399272 | 713 |
| 714 | 509796 | 363994344 | 26,7208 | 8,9378 | 2,85370 | 1,40056 | 2243,1 | 400393 | 714 |
| 715 | 511225 | 365525875 | 26,7395 | 8,9420 | 2,85431 | 1,39860 | 2246,2 | 401515 | 715 |
| 716 | 512656 | 367061696 | 26,7582 | 8,9462 | 2,85491 | 1,39665 | 2249,4 | 402639 | 716 |
| 717 | 514089 | 368601813 | 26,7769 | 8,9503 | 2,85552 | 1,39470 | 2252,5 | 403765 | 717 |
| 718 | 515524 | 370146232 | 26,7955 | 8,9545 | 2,85612 | 1,39276 | 2255,7 | 404892 | 718 |
| 719 | 516961 | 371694959 | 26,8142 | 8,9587 | 2,85673 | 1,39082 | 2258,8 | 406020 | 719 |
| **720** | 518400 | 373248000 | 26,8328 | 8,9628 | 2,85733 | 1,38889 | 2261,9 | 407150 | **720** |
| 721 | 519841 | 374805361 | 26,8514 | 8,9670 | 2,85794 | 1,38696 | 2265,1 | 408282 | 721 |
| 722 | 521284 | 376367048 | 26,8701 | 8,9711 | 2,85854 | 1,38504 | 2268,2 | 409415 | 722 |
| 723 | 522729 | 377933067 | 26,8887 | 8,9752 | 2,85914 | 1,38313 | 2271,4 | 410550 | 723 |
| 724 | 524176 | 379503424 | 26,9072 | 8,9794 | 2,85974 | 1,38122 | 2274,5 | 411687 | 724 |
| 725 | 525625 | 381078125 | 26,9258 | 8,9835 | 2,86034 | 1,37931 | 2277,7 | 412825 | 725 |
| 726 | 527076 | 382657176 | 26,9444 | 8,9876 | 2,86094 | 1,37741 | 2280,8 | 413965 | 726 |
| 727 | 528529 | 384240583 | 26,9629 | 8,9918 | 2,86153 | 1,37552 | 2283,9 | 415106 | 727 |
| 728 | 529984 | 385828352 | 26,9815 | 8,9959 | 2,86213 | 1,37363 | 2287,1 | 416248 | 728 |
| 729 | 531441 | 387420489 | 27,0000 | 9,0000 | 2,86273 | 1,37174 | 2290,2 | 417393 | 729 |
| **730** | 532900 | 389017000 | 27,0185 | 9,0041 | 2,86332 | 1,36986 | 2293,4 | 418539 | **730** |
| 731 | 534361 | 390617891 | 27,0370 | 9,0082 | 2,86392 | 1,36799 | 2296,5 | 419686 | 731 |
| 732 | 535824 | 392223168 | 27,0555 | 9,0123 | 2,86451 | 1,36612 | 2299,6 | 420835 | 732 |
| 733 | 537289 | 393832837 | 27,0740 | 9,0164 | 2,86510 | 1,36426 | 2302,8 | 421986 | 733 |
| 734 | 538756 | 395446904 | 27,0924 | 9,0205 | 2,86570 | 1,36240 | 2305,9 | 423138 | 734 |
| 735 | 540225 | 397065375 | 27,1109 | 9,0246 | 2,86629 | 1,36054 | 2309,1 | 424293 | 735 |
| 736 | 541696 | 398688256 | 27,1293 | 9,0287 | 2,86688 | 1,35870 | 2312,2 | 425447 | 736 |
| 737 | 543169 | 400315553 | 27,1477 | 9,0328 | 2,86747 | 1,35685 | 2315,4 | 426604 | 737 |
| 738 | 544644 | 401947272 | 27,1662 | 9,0369 | 2,86806 | 1,35501 | 2318,5 | 427762 | 738 |
| 739 | 546121 | 403583419 | 27,1846 | 9,0410 | 2,86864 | 1,35318 | 2321,6 | 428922 | 739 |
| **740** | 547600 | 405224000 | 27,2029 | 9,0450 | 2,86923 | 1,35135 | 2324,8 | 430084 | **740** |
| 741 | 549081 | 406869021 | 27,2213 | 9,0491 | 2,86982 | 1,34953 | 2327,9 | 431247 | 741 |
| 742 | 550564 | 408518488 | 27,2397 | 9,0532 | 2,87040 | 1,34771 | 2331,1 | 432412 | 742 |
| 743 | 552049 | 410172407 | 27,2580 | 9,0572 | 2,87099 | 1,34590 | 2334,2 | 433578 | 743 |
| 744 | 553536 | 411830784 | 27,2764 | 9,0613 | 2,87157 | 1,34409 | 2337,3 | 434746 | 744 |
| 745 | 555025 | 413493625 | 27,2947 | 9,0654 | 2,87216 | 1,34228 | 2340,5 | 435916 | 745 |
| 746 | 556516 | 415160936 | 27,3130 | 9,0694 | 2,87274 | 1,34048 | 2343,6 | 437087 | 746 |
| 747 | 558009 | 416832723 | 27,3313 | 9,0735 | 2,87332 | 1,33869 | 2346,8 | 438259 | 747 |
| 748 | 559504 | 418508992 | 27,3496 | 9,0775 | 2,87390 | 1,33690 | 2349,9 | 439433 | 748 |
| 749 | 561001 | 420189749 | 27,3679 | 9,0816 | 2,87448 | 1,33511 | 2353,1 | 440609 | 749 |
| **750** | 562500 | 421875000 | 27,3861 | 9,0856 | 2,87506 | 1,33333 | 2356,2 | 441786 | **750** |

| n | $n^2$ | $n^3$ | $\sqrt{n}$ | $\sqrt[3]{n}$ | log n | $1000 \cdot \frac{1}{n}$ | $\pi n$ | $\frac{\pi n^2}{4}$ | n |
|---|---|---|---|---|---|---|---|---|---|
| **750** | 562500 | 421875000 | 27,3861 | 9,0856 | 2,87506 | 1,33333 | 2356,2 | 441786 | **750** |
| 751 | 564001 | 423564751 | 27,4044 | 9,0896 | 2,87564 | 1,33156 | 2359,3 | 442965 | 751 |
| 752 | 565504 | 425259008 | 27,4226 | 9,0937 | 2,87622 | 1,32979 | 2362,5 | 444146 | 752 |
| 753 | 567009 | 426957777 | 27,4408 | 9,0977 | 2,87679 | 1,32802 | 2365,6 | 445328 | 753 |
| 754 | 568516 | 428661064 | 27,4591 | 9,1017 | 2,87737 | 1,32626 | 2368,8 | 446511 | 754 |
| 755 | 570025 | 430368875 | 27,4773 | 9,1057 | 2,87795 | 1,32450 | 2371,9 | 447697 | 755 |
| 756 | 571536 | 432081216 | 27,4955 | 9,1098 | 2,87852 | 1,32275 | 2375,0 | 448883 | 756 |
| 757 | 573049 | 433798093 | 27,5136 | 9,1138 | 2,87910 | 1,32100 | 2378,2 | 450072 | 757 |
| 758 | 574564 | 435519512 | 27,5318 | 9,1178 | 2,87967 | 1,31926 | 2381,3 | 451262 | 758 |
| 759 | 576081 | 437245479 | 27,5500 | 9,1218 | 2,88024 | 1,31752 | 2384,5 | 452453 | 759 |
| **760** | 577600 | 438976000 | 27,5681 | 9,1258 | 2,88081 | 1,31579 | 2387,6 | 453646 | **760** |
| 761 | 579121 | 440711081 | 27,5862 | 9,1298 | 2,88138 | 1,31406 | 2390,8 | 454841 | 761 |
| 762 | 580644 | 442450728 | 27,6043 | 9,1338 | 2,88195 | 1,31234 | 2393,9 | 456037 | 762 |
| 763 | 582169 | 444194947 | 27,6225 | 9,1378 | 2,88252 | 1,31062 | 2397,0 | 457234 | 763 |
| 764 | 583696 | 445943744 | 27,6405 | 9,1418 | 2,88309 | 1,30890 | 2400,2 | 458434 | 764 |
| 765 | 585225 | 447697125 | 27,6586 | 9,1458 | 2,88366 | 1,30719 | 2403,3 | 459635 | 765 |
| 766 | 586756 | 449455096 | 27,6767 | 9,1498 | 2,88423 | 1,30548 | 2406,5 | 460837 | 766 |
| 767 | 588289 | 451217663 | 27,6948 | 9,1537 | 2,88480 | 1,30378 | 2409,6 | 462041 | 767 |
| 768 | 589824 | 452984832 | 27,7128 | 9,1577 | 2,88536 | 1,30208 | 2412,7 | 463247 | 768 |
| 769 | 591361 | 454756609 | 27,7308 | 9,1617 | 2,88593 | 1,30039 | 2415,9 | 464454 | 769 |
| **770** | 592900 | 456533000 | 27,7489 | 9,1657 | 2,88649 | 1,29870 | 2419,0 | 465663 | **770** |
| 771 | 594441 | 458314011 | 27,7669 | 9,1696 | 2,88705 | 1,29702 | 2422,2 | 466873 | 771 |
| 772 | 595984 | 460099648 | 27,7849 | 9,1736 | 2,88762 | 1,29534 | 2425,3 | 468085 | 772 |
| 773 | 597529 | 461889917 | 27,8029 | 9,1775 | 2,88818 | 1,29366 | 2428,5 | 469298 | 773 |
| 774 | 599076 | 463684824 | 27,8209 | 9,1815 | 2,88874 | 1,29199 | 2431,6 | 470513 | 774 |
| 775 | 600625 | 465484375 | 27,8388 | 9,1855 | 2,88930 | 1,29032 | 2434,7 | 471730 | 775 |
| 776 | 602176 | 467288576 | 27,8568 | 9,1894 | 2,88986 | 1,28866 | 2437,9 | 472948 | 776 |
| 777 | 603729 | 469097433 | 27,8747 | 9,1933 | 2,89042 | 1,28700 | 2441,0 | 474168 | 777 |
| 778 | 605284 | 470910952 | 27,8927 | 9,1973 | 2,89098 | 1,28535 | 2444,2 | 475389 | 778 |
| 779 | 606841 | 472729139 | 27,9106 | 9,2012 | 2,89154 | 1,28370 | 2447,3 | 476612 | 779 |
| **780** | 608400 | 474552000 | 27,9285 | 9,2052 | 2,89209 | 1,28205 | 2450,4 | 477836 | **780** |
| 781 | 609961 | 476379541 | 27,9464 | 9,2091 | 2,89265 | 1,28041 | 2453,6 | 479062 | 781 |
| 782 | 611524 | 478211768 | 27,9643 | 9,2130 | 2,89321 | 1,27877 | 2456,7 | 480290 | 782 |
| 783 | 613089 | 480048687 | 27,9821 | 9,2170 | 2,89376 | 1,27714 | 2459,9 | 481519 | 783 |
| 784 | 614656 | 481890304 | 28,0000 | 9,2209 | 2,89432 | 1,27551 | 2463,0 | 482750 | 784 |
| 785 | 616225 | 483736625 | 28,0179 | 9,2248 | 2,89487 | 1,27389 | 2466,2 | 483982 | 785 |
| 786 | 617796 | 485587656 | 28,0357 | 9,2287 | 2,89542 | 1,27226 | 2469,3 | 485216 | 786 |
| 787 | 619369 | 487443403 | 28,0535 | 9,2326 | 2,89597 | 1,27065 | 2472,4 | 486451 | 787 |
| 788 | 620944 | 489303872 | 28,0713 | 9,2365 | 2,89653 | 1,26904 | 2475,6 | 487688 | 788 |
| 789 | 622521 | 491169069 | 28,0891 | 9,2404 | 2,89708 | 1,26743 | 2478,7 | 488927 | 789 |
| **790** | 624100 | 493039000 | 28,1069 | 9,2443 | 2,89763 | 1,26582 | 2481,9 | 490167 | **790** |
| 791 | 625681 | 494913671 | 28,1247 | 9,2482 | 2,89818 | 1,26422 | 2485,0 | 491409 | 791 |
| 792 | 627264 | 496793088 | 28,1425 | 9,2521 | 2,89873 | 1,26263 | 2488,1 | 492652 | 792 |
| 793 | 628849 | 498677257 | 28,1603 | 9,2560 | 2,89927 | 1,26103 | 2491,3 | 493897 | 793 |
| 794 | 630436 | 500566184 | 28,1780 | 9,2599 | 2,89982 | 1,25945 | 2494,4 | 495143 | 794 |
| 795 | 632025 | 502459875 | 28,1957 | 9,2638 | 2,90037 | 1,25786 | 2497,6 | 496391 | 795 |
| 796 | 633616 | 504358336 | 28,2135 | 9,2677 | 2,90091 | 1,25628 | 2500,7 | 497641 | 796 |
| 797 | 635209 | 506261573 | 28,2312 | 9,2716 | 2,90146 | 1,25471 | 2503,8 | 498892 | 797 |
| 798 | 636804 | 508169592 | 28,2489 | 9,2754 | 2,90200 | 1,25313 | 2507,0 | 500145 | 798 |
| 799 | 638401 | 510082399 | 28,2666 | 9,2793 | 2,90255 | 1,25156 | 2510,1 | 501399 | 799 |
| **800** | 640000 | 512000000 | 28,2843 | 9,2832 | 2,90309 | 1,25000 | 2513,3 | 502655 | **800** |

| n | $n^2$ | $n^3$ | $\sqrt{n}$ | $\sqrt[3]{n}$ | log n | $1000 \cdot \frac{1}{n}$ | $\pi$ n | $\frac{\pi n^2}{4}$ | n |
|---|---|---|---|---|---|---|---|---|---|
| **800** | 640000 | 512000000 | 28,2843 | 9,2832 | 2,90309 | 1,25000 | 2513,3 | 502655 | **800** |
| 801 | 641601 | 513922401 | 28,3019 | 9,2870 | 2,90363 | 1,24844 | 2516,4 | 503912 | 801 |
| 802 | 643204 | 515849608 | 28,3196 | 9,2909 | 2,90417 | 1,24688 | 2519,6 | 505171 | 802 |
| 803 | 644809 | 517781627 | 28,3373 | 9,2948 | 2,90472 | 1,24533 | 2522,7 | 506432 | 803 |
| 804 | 646416 | 519718464 | 28,3549 | 9,2986 | 2,90526 | 1,24378 | 2525,8 | 507694 | 804 |
| 805 | 648025 | 521660125 | 28,3725 | 9,3025 | 2,90580 | 1,24224 | 2529,0 | 508958 | 805 |
| 806 | 649636 | 523606616 | 28,3901 | 9,3063 | 2,90634 | 1,24069 | 2532,1 | 510223 | 806 |
| 807 | 651249 | 525557943 | 28,4077 | 9,3102 | 2,90687 | 1,23916 | 2535,3 | 511490 | 807 |
| 808 | 652864 | 527514112 | 28,4253 | 9,3140 | 2,90741 | 1,23762 | 2538,4 | 512758 | 808 |
| 809 | 654481 | 529475129 | 28,4429 | 9,3179 | 2,90795 | 1,23609 | 2541,5 | 514028 | 809 |
| **810** | 656100 | 531441000 | 28,4605 | 9,3217 | 2,90849 | 1,23457 | 2544,7 | 515300 | **810** |
| 811 | 657721 | 533411731 | 28,4781 | 9,3255 | 2,90902 | 1,23305 | 2547,8 | 516573 | 811 |
| 812 | 659344 | 535387328 | 28,4956 | 9,3294 | 2,90956 | 1,23153 | 2551,0 | 517848 | 812 |
| 813 | 660969 | 537367797 | 28,5132 | 9,3332 | 2,91009 | 1,23001 | 2554,1 | 519124 | 813 |
| 814 | 662596 | 539353144 | 28,5307 | 9,3370 | 2,91062 | 1,22850 | 2557,3 | 520402 | 814 |
| 815 | 664225 | 541343375 | 28,5482 | 9,3408 | 2,91116 | 1,22699 | 2560,4 | 521681 | 815 |
| 816 | 665856 | 543338496 | 28,5657 | 9,3447 | 2,91169 | 1,22549 | 2563,5 | 522962 | 816 |
| 817 | 667489 | 545338513 | 28,5832 | 9,3485 | 2,91222 | 1,22399 | 2566,7 | 524245 | 817 |
| 818 | 669124 | 547343432 | 28,6007 | 9,3523 | 2,91275 | 1,22249 | 2569,8 | 525529 | 818 |
| 819 | 670761 | 549353259 | 28,6182 | 9,3561 | 2,91328 | 1,22100 | 2573,0 | 526814 | 819 |
| **820** | 672400 | 551368000 | 28,6356 | 9,3599 | 2,91381 | 1,21951 | 2576,1 | 528102 | **820** |
| 821 | 674041 | 553387661 | 28,6531 | 9,3637 | 2,91434 | 1,21803 | 2579,2 | 529391 | 821 |
| 822 | 675684 | 555412248 | 28,6705 | 9,3675 | 2,91487 | 1,21655 | 2582,4 | 530681 | 822 |
| 823 | 677329 | 557441767 | 28,6880 | 9,3713 | 2,91540 | 1,21507 | 2585,5 | 531973 | 823 |
| 824 | 678976 | 559476224 | 28,7054 | 9,3751 | 2,91593 | 1,21359 | 2588,7 | 533267 | 824 |
| 825 | 680625 | 561515625 | 28,7228 | 9,3789 | 2,91645 | 1,21212 | 2591,8 | 534562 | 825 |
| 826 | 682276 | 563559976 | 28,7402 | 9,3827 | 2,91698 | 1,21065 | 2595,0 | 535858 | 826 |
| 827 | 683929 | 565609283 | 28,7576 | 9,3865 | 2,91751 | 1,20919 | 2598,1 | 537157 | 827 |
| 828 | 685584 | 567663552 | 28,7750 | 9,3902 | 2,91803 | 1,20773 | 2601,2 | 538456 | 828 |
| 829 | 687241 | 569722789 | 28,7924 | 9,3940 | 2,91855 | 1,20627 | 2604,4 | 539758 | 829 |
| **830** | 688900 | 571787000 | 28,8097 | 9,3978 | 2,91908 | 1,20482 | 2607,5 | 541061 | **830** |
| 831 | 690561 | 573856191 | 28,8271 | 9,4016 | 2,91960 | 1,20337 | 2610,7 | 542365 | 831 |
| 832 | 692224 | 575930368 | 28,8444 | 9,4053 | 2,92012 | 1,20192 | 2613,8 | 543671 | 832 |
| 833 | 693889 | 578009537 | 28,8617 | 9,4091 | 2,92065 | 1,20048 | 2616,9 | 544979 | 833 |
| 834 | 695556 | 580093704 | 28,8791 | 9,4129 | 2,92117 | 1,19904 | 2620,1 | 546288 | 834 |
| 835 | 697225 | 582182875 | 28,8964 | 9,4166 | 2,92169 | 1,19760 | 2623,2 | 547599 | 835 |
| 836 | 698896 | 584277056 | 28,9137 | 9,4204 | 2,92221 | 1,19617 | 2626,4 | 548912 | 836 |
| 837 | 700569 | 586376253 | 28,9310 | 9,4241 | 2,92273 | 1,19474 | 2629,5 | 550226 | 837 |
| 838 | 702244 | 588480472 | 28,9482 | 9,4279 | 2,92324 | 1,19332 | 2632,7 | 551541 | 838 |
| 839 | 703921 | 590589719 | 28,9655 | 9,4316 | 2,92376 | 1,19190 | 2635,8 | 552858 | 839 |
| **840** | 705600 | 592704000 | 28,9828 | 9,4354 | 2,92428 | 1,19048 | 2638,9 | 554177 | **840** |
| 841 | 707281 | 594823321 | 29,0000 | 9,4391 | 2,92480 | 1,18906 | 2642,1 | 555497 | 841 |
| 842 | 708964 | 596947688 | 29,0172 | 9,4429 | 2,92531 | 1,18765 | 2645,2 | 556819 | 842 |
| 843 | 710649 | 599077107 | 29,0345 | 9,4466 | 2,92583 | 1,18624 | 2648,4 | 558142 | 843 |
| 844 | 712336 | 601211584 | 29,0517 | 9,4503 | 2,92634 | 1,18483 | 2651,5 | 559467 | 844 |
| 845 | 714025 | 603351125 | 29,0689 | 9,4541 | 2,92686 | 1,18343 | 2654,6 | 560794 | 845 |
| 846 | 715716 | 605495736 | 29,0861 | 9,4578 | 2,92737 | 1,18203 | 2657,8 | 562122 | 846 |
| 847 | 717409 | 607645423 | 29,1033 | 9,4615 | 2,92788 | 1,18064 | 2660,9 | 563452 | 847 |
| 848 | 719104 | 609800192 | 29,1204 | 9,4652 | 2,92840 | 1,17925 | 2664,1 | 564783 | 848 |
| 849 | 720801 | 611960049 | 29,1376 | 9,4690 | 2,92891 | 1,17786 | 2667,2 | 566116 | 849 |
| **850** | 722500 | 614125000 | 29,1548 | 9,4727 | 2,92942 | 1,17647 | 2670,4 | 567450 | **850** |

| n | $n^2$ | $n^3$ | $\sqrt{n}$ | $\sqrt[3]{n}$ | log n | $1000 \cdot \frac{1}{n}$ | $\pi n$ | $\frac{\pi n^2}{4}$ | n |
|---|---|---|---|---|---|---|---|---|---|
| **850** | 722500 | 614125000 | 29,1548 | 9,4727 | 2,92942 | 1,17647 | 2670,4 | 567450 | **850** |
| 851 | 724201 | 616295051 | 29,1719 | 9,4764 | 2,92993 | 1,17509 | 2673,5 | 568786 | 851 |
| 852 | 725904 | 618470208 | 29,1890 | 9,4801 | 2,93044 | 1,17371 | 2676,6 | 570124 | 852 |
| 853 | 727609 | 620650477 | 29,2062 | 9,4838 | 2,93095 | 1,17233 | 2679,8 | 571463 | 853 |
| 854 | 729316 | 622835864 | 29,2233 | 9,4875 | 2,93146 | 1,17096 | 2682,9 | 572803 | 854 |
| 855 | 731025 | 625026375 | 29,2404 | 9,4912 | 2,93197 | 1,16959 | 2686,1 | 574146 | 855 |
| 856 | 732736 | 627222016 | 29,2575 | 9,4949 | 2,93247 | 1,16822 | 2689,2 | 575490 | 856 |
| 857 | 734449 | 629422793 | 29,2746 | 9,4986 | 2,93298 | 1,16686 | 2692,3 | 576835 | 857 |
| 858 | 736164 | 631628712 | 29,2916 | 9,5023 | 2,93349 | 1,16550 | 2695,5 | 578182 | 858 |
| 859 | 737881 | 633839779 | 29,3087 | 9,5060 | 2,93399 | 1,16414 | 2698,6 | 579530 | 859 |
| **860** | 739600 | 636056000 | 29,3258 | 9,5097 | 2,93450 | 1,16279 | 2701,8 | 580880 | **860** |
| 861 | 741321 | 638277381 | 29,3428 | 9,5134 | 2,93500 | 1,16144 | 2704,9 | 582232 | 861 |
| 862 | 743044 | 640503928 | 29,3598 | 9,5171 | 2,93551 | 1,16009 | 2708,1 | 583585 | 862 |
| 863 | 744769 | 642735647 | 29,3769 | 9,5207 | 2,93601 | 1,15875 | 2711,2 | 584940 | 863 |
| 864 | 746496 | 644972544 | 29,3939 | 9,5244 | 2,93651 | 1,15741 | 2714,3 | 586297 | 864 |
| 865 | 748225 | 647214625 | 29,4109 | 9,5281 | 2,93702 | 1,15607 | 2717,5 | 587655 | 865 |
| 866 | 749956 | 649461896 | 29,4279 | 9,5317 | 2,93752 | 1,15473 | 2720,6 | 589014 | 866 |
| 867 | 751689 | 651714363 | 29,4449 | 9,5354 | 2,93802 | 1,15340 | 2723,8 | 590375 | 867 |
| 868 | 753424 | 653972032 | 29,4618 | 9,5391 | 2,93852 | 1,15207 | 2726,9 | 591738 | 868 |
| 869 | 755161 | 656234909 | 29,4788 | 9,5427 | 2,93902 | 1,15075 | 2730,0 | 593102 | 869 |
| **870** | 756900 | 658503000 | 29,4958 | 9,5464 | 2,93952 | 1,14943 | 2733,2 | 594468 | **870** |
| 871 | 758641 | 660776311 | 29,5127 | 9,5501 | 2,94002 | 1,14811 | 2736,3 | 595835 | 871 |
| 872 | 760384 | 663054848 | 29,5296 | 9,5537 | 2,94052 | 1,14679 | 2739,5 | 597204 | 872 |
| 873 | 762129 | 665338617 | 29,5466 | 9,5574 | 2,94101 | 1,14548 | 2742,6 | 598575 | 873 |
| 874 | 763876 | 667627624 | 29,5635 | 9,5610 | 2,94151 | 1,14416 | 2745,8 | 599947 | 874 |
| 875 | 765625 | 669921875 | 29,5804 | 9,5647 | 2,94201 | 1,14286 | 2748,9 | 601320 | 875 |
| 876 | 767376 | 672221376 | 29,5973 | 9,5683 | 2,94250 | 1,14155 | 2752,0 | 602696 | 876 |
| 877 | 769129 | 674526133 | 29,6142 | 9,5719 | 2,94300 | 1,14025 | 2755,2 | 604073 | 877 |
| 878 | 770884 | 676836152 | 29,6311 | 9,5756 | 2,94349 | 1,13895 | 2758,3 | 605451 | 878 |
| 879 | 772641 | 679151439 | 29,6479 | 9,5792 | 2,94399 | 1,13766 | 2761,5 | 606831 | 879 |
| **880** | 774400 | 681472000 | 29,6648 | 9,5828 | 2,94448 | 1,13636 | 2764,6 | 608212 | **880** |
| 881 | 776161 | 683797841 | 29,6816 | 9,5865 | 2,94498 | 1,13507 | 2767,7 | 609595 | 881 |
| 882 | 777924 | 686128968 | 29,6985 | 9,5901 | 2,94547 | 1,13379 | 2770,9 | 610980 | 882 |
| 883 | 779689 | 688465387 | 29,7153 | 9,5937 | 2,94596 | 1,13250 | 2774,0 | 612366 | 883 |
| 884 | 781456 | 690807104 | 29,7321 | 9,5973 | 2,94645 | 1,13122 | 2777,2 | 613754 | 884 |
| 885 | 783225 | 693154125 | 29,7489 | 9,6010 | 2,94694 | 1,12994 | 2780,3 | 615143 | 885 |
| 886 | 784996 | 695506456 | 29,7658 | 9,6046 | 2,94743 | 1,12867 | 2783,5 | 616534 | 886 |
| 887 | 786769 | 697864103 | 29,7825 | 9,6082 | 2,94792 | 1,12740 | 2786,6 | 617927 | 887 |
| 888 | 788544 | 700227072 | 29,7993 | 9,6118 | 2,94841 | 1,12613 | 2789,7 | 619321 | 888 |
| 889 | 790321 | 702595369 | 29,8161 | 9,6154 | 2,94890 | 1,12486 | 2792,9 | 620717 | 889 |
| **890** | 792100 | 704969000 | 29,8329 | 9,6190 | 2,94939 | 1,12360 | 2796,0 | 622114 | **890** |
| 891 | 793881 | 707347971 | 29,8496 | 9,6226 | 2,94988 | 1,12233 | 2799,2 | 623513 | 891 |
| 892 | 795664 | 709732288 | 29,8664 | 9,6262 | 2,95036 | 1,12108 | 2802,3 | 624913 | 892 |
| 893 | 797449 | 712121957 | 29,8831 | 9,6298 | 2,95085 | 1,11982 | 2805,4 | 626315 | 893 |
| 894 | 799236 | 714516984 | 29,8998 | 9,6334 | 2,95134 | 1,11857 | 2808,6 | 627718 | 894 |
| 895 | 801025 | 716917375 | 29,9166 | 9,6370 | 2,95182 | 1,11732 | 2811,7 | 629124 | 895 |
| 896 | 802816 | 719323136 | 29,9333 | 9,6406 | 2,95231 | 1,11607 | 2814,9 | 630530 | 896 |
| 897 | 804609 | 721734273 | 29,9500 | 9,6442 | 2,95279 | 1,11483 | 2818,0 | 631938 | 897 |
| 898 | 806404 | 724150792 | 29,9666 | 9,6477 | 2,95328 | 1,11359 | 2821,2 | 633348 | 898 |
| 899 | 808201 | 726572699 | 29,9833 | 9,6513 | 2,95376 | 1,11235 | 2824,3 | 634760 | 899 |
| **900** | 810000 | 729000000 | 30,0000 | 9,6549 | 2,95424 | 1,11111 | 2827,4 | 636173 | **900** |

| n | $n^2$ | $n^3$ | $\sqrt{n}$ | $\sqrt[3]{n}$ | log n | $1000 \cdot \frac{1}{n}$ | $\pi n$ | $\frac{\pi n^2}{4}$ | n |
|---|---|---|---|---|---|---|---|---|---|
| **900** | 810000 | 729000000 | 30,0000 | 9,6549 | 2,95424 | 1,11111 | 2827,4 | 636173 | **900** |
| 901 | 811801 | 731432701 | 30,0167 | 9,6585 | 2,95472 | 1,10988 | 2830,6 | 637587 | 901 |
| 902 | 813604 | 733870808 | 30,0333 | 9,6620 | 2,95521 | 1,10865 | 2833,7 | 639003 | 902 |
| 903 | 815409 | 736314327 | 30,0500 | 9,6656 | 2,95569 | 1,10742 | 2836,9 | 640421 | 903 |
| 904 | 817216 | 738763264 | 30,0666 | 9,6692 | 2,95617 | 1,10619 | 2840,0 | 641840 | 904 |
| 905 | 819025 | 741217625 | 30,0832 | 9,6727 | 2,95665 | 1,10497 | 2843,1 | 643261 | 905 |
| 906 | 820836 | 743677416 | 30,0998 | 9,6763 | 2,95713 | 1,10375 | 2846,3 | 644683 | 906 |
| 907 | 822649 | 746142643 | 30,1164 | 9,6799 | 2,95761 | 1,10254 | 2849,4 | 646107 | 907 |
| 908 | 824464 | 748613312 | 30,1330 | 9,6834 | 2,95809 | 1,10132 | 2852,6 | 647533 | 908 |
| 909 | 826281 | 751089429 | 30,1496 | 9,6870 | 2,95856 | 1,10011 | 2855,7 | 648960 | 909 |
| **910** | 828100 | 753571000 | 30,1662 | 9,6905 | 2,95904 | 1,09890 | 2858,8 | 650388 | **910** |
| 911 | 829921 | 756058031 | 30,1828 | 9,6941 | 2,95952 | 1,09769 | 2862,0 | 651818 | 911 |
| 912 | 831744 | 758550528 | 30,1993 | 9,6976 | 2,95999 | 1,09649 | 2865,1 | 653250 | 912 |
| 913 | 833569 | 761048497 | 30,2159 | 9,7012 | 2,96047 | 1,09529 | 2868,3 | 654684 | 913 |
| 914 | 835396 | 763551944 | 30,2324 | 9,7047 | 2,96095 | 1,09409 | 2871,4 | 656118 | 914 |
| 915 | 837225 | 766060875 | 30,2490 | 9,7082 | 2,96142 | 1,09290 | 2874,6 | 657555 | 915 |
| 916 | 839056 | 768575296 | 30,2655 | 9,7118 | 2,96190 | 1,09170 | 2877,7 | 658993 | 916 |
| 917 | 840889 | 771095213 | 30,2820 | 9,7153 | 2,96237 | 1,09051 | 2880,8 | 660433 | 917 |
| 918 | 842724 | 773620632 | 30,2985 | 9,7188 | 2,96284 | 1,08932 | 2884,0 | 661874 | 918 |
| 919 | 844561 | 776151559 | 30,3150 | 9,7224 | 2,96332 | 1,08814 | 2887,1 | 663317 | 919 |
| **920** | 846400 | 778688000 | 30,3315 | 9,7259 | 2,96379 | 1,08696 | 2890,3 | 664761 | **920** |
| 921 | 848241 | 781229961 | 30,3480 | 9,7294 | 2,96426 | 1,08578 | 2893,4 | 666207 | 921 |
| 922 | 850084 | 783777448 | 30,3645 | 9,7329 | 2,96473 | 1,08460 | 2896,5 | 667654 | 922 |
| 923 | 851929 | 786330467 | 30,3809 | 9,7364 | 2,96520 | 1,08342 | 2899,7 | 669103 | 923 |
| 924 | 853776 | 788889024 | 30,3974 | 9,7400 | 2,96567 | 1,08225 | 2902,8 | 670554 | 924 |
| 925 | 855625 | 791453125 | 30,4138 | 9,7435 | 2,96614 | 1,08108 | 2906,0 | 672006 | 925 |
| 926 | 857476 | 794022776 | 30,4302 | 9,7470 | 2,96661 | 1,07991 | 2909,1 | 673460 | 926 |
| 927 | 859329 | 796597983 | 30,4467 | 9,7505 | 2,96708 | 1,07875 | 2912,3 | 674915 | 927 |
| 928 | 861184 | 799178752 | 30,4631 | 9,7540 | 2,96755 | 1,07759 | 2915,4 | 676372 | 928 |
| 929 | 863041 | 801765089 | 30,4795 | 9,7575 | 2,96802 | 1,07643 | 2918,5 | 677831 | 929 |
| **930** | 864900 | 804357000 | 30,4959 | 9,7610 | 2,96848 | 1,07527 | 2921,7 | 679291 | **930** |
| 931 | 866761 | 806954491 | 30,5123 | 9,7645 | 2,96895 | 1,07411 | 2924,8 | 680752 | 931 |
| 932 | 868624 | 809557568 | 30,5287 | 9,7680 | 2,96942 | 1,07296 | 2928,0 | 682216 | 932 |
| 933 | 870489 | 812166237 | 30,5450 | 9,7715 | 2,96988 | 1,07181 | 2931,1 | 683680 | 933 |
| 934 | 872356 | 814780504 | 30,5614 | 9,7750 | 2,97035 | 1,07066 | 2934,2 | 685147 | 934 |
| 935 | 874225 | 817400375 | 30,5778 | 9,7785 | 2,97081 | 1,06952 | 2937,4 | 686615 | 935 |
| 936 | 876096 | 820025856 | 30,5941 | 9,7819 | 2,97128 | 1,06838 | 2940,5 | 688084 | 936 |
| 937 | 877969 | 822656953 | 30,6105 | 9,7854 | 2,97174 | 1,06724 | 2943,7 | 689555 | 937 |
| 938 | 879844 | 825293672 | 30,6268 | 9,7889 | 2,97220 | 1,06610 | 2946,8 | 691028 | 938 |
| 939 | 881721 | 827936019 | 30,6431 | 9,7924 | 2,97267 | 1,06496 | 2950,0 | 692502 | 939 |
| **940** | 883600 | 830584000 | 30,6594 | 9,7959 | 2,97313 | 1,06383 | 2953,1 | 693978 | **940** |
| 941 | 885481 | 833237621 | 30,6757 | 9,7993 | 2,97359 | 1,06270 | 2956,2 | 695455 | 941 |
| 942 | 887364 | 835896888 | 30,6920 | 9,8028 | 2,97405 | 1,06157 | 2959,4 | 696934 | 942 |
| 943 | 889249 | 838561807 | 30,7083 | 9,8063 | 2,97451 | 1,06045 | 2962,5 | 698415 | 943 |
| 944 | 891136 | 841232384 | 30,7246 | 9,8097 | 2,97497 | 1,05932 | 2965,7 | 699897 | 944 |
| 945 | 893025 | 843908625 | 30,7409 | 9,8132 | 2,97543 | 1,05820 | 2968,8 | 701380 | 945 |
| 946 | 894916 | 846590536 | 30,7571 | 9,8167 | 2,97589 | 1,05708 | 2971,9 | 702865 | 946 |
| 947 | 896809 | 849278123 | 30,7734 | 9,8201 | 2,97635 | 1,05597 | 2975,1 | 704352 | 947 |
| 948 | 898704 | 851971392 | 30,7896 | 9,8236 | 2,97681 | 1,05485 | 2978,2 | 705840 | 948 |
| 949 | 900601 | 854670349 | 30,8058 | 9,8270 | 2,97727 | 1,05374 | 2981,4 | 707330 | 949 |
| **950** | 902500 | 857375000 | 30,8221 | 9,8305 | 2,97772 | 1,05263 | 2984,5 | 708822 | **950** |

| n | $n^2$ | $n^3$ | $\sqrt{n}$ | $\sqrt[3]{n}$ | log n | $1000 \cdot \frac{1}{n}$ | $\pi n$ | $\frac{\pi n^2}{4}$ | n |
|---|---|---|---|---|---|---|---|---|---|
| **950** | 902500 | 857375000 | 30,8221 | 9,8305 | 2,97772 | 1,05263 | 2984,5 | 708822 | **950** |
| 951 | 904401 | 860085351 | 30,8383 | 9,8339 | 2,97818 | 1,05152 | 2987,7 | 710315 | 951 |
| 952 | 906304 | 862801408 | 30,8545 | 9,8374 | 2,97864 | 1,05042 | 2990,8 | 711809 | 952 |
| 953 | 908209 | 865523177 | 30,8707 | 9,8408 | 2,97909 | 1,04932 | 2993,9 | 713306 | 953 |
| 954 | 910116 | 868250664 | 30,8869 | 9,8443 | 2,97955 | 1,04822 | 2997,1 | 714803 | 954 |
| 955 | 912025 | 870983875 | 30,9031 | 9,8477 | 2,98000 | 1,04712 | 3000,2 | 716303 | 955 |
| 956 | 913936 | 873722816 | 30,9192 | 9,8511 | 2,98046 | 1,04603 | 3003,4 | 717804 | 956 |
| 957 | 915849 | 876467493 | 30,9354 | 9,8546 | 2,98091 | 1,04493 | 3006,5 | 719306 | 957 |
| 958 | 917764 | 879217912 | 30,9516 | 9,8580 | 2,98137 | 1,04384 | 3009,6 | 720810 | 958 |
| 959 | 919681 | 881974079 | 30,9677 | 9,8614 | 2,98182 | 1,04275 | 3012,8 | 722316 | 959 |
| **960** | 921600 | 884736000 | 30,9839 | 9,8648 | 2,98227 | 1,04167 | 3015,9 | 723823 | **960** |
| 961 | 923521 | 887503681 | 31,0000 | 9,8683 | 2,98272 | 1,04058 | 3019,1 | 725332 | 961 |
| 962 | 925444 | 890277128 | 31,0161 | 9,8717 | 2,98318 | 1,03950 | 3022,2 | 726842 | 962 |
| 963 | 927369 | 893056347 | 31,0322 | 9,8751 | 2,98363 | 1,03842 | 3025,4 | 728354 | 963 |
| 964 | 929296 | 895841344 | 31,0483 | 9,8785 | 2,98408 | 1,03734 | 3028,5 | 729867 | 964 |
| 965 | 931225 | 898632125 | 31,0644 | 9,8819 | 2,98453 | 1,03627 | 3031,6 | 731382 | 965 |
| 966 | 933156 | 901428696 | 31,0805 | 9,8854 | 2,98498 | 1,03520 | 3034,8 | 732899 | 966 |
| 967 | 935089 | 904231063 | 31,0966 | 9,8888 | 2,98543 | 1,03413 | 3037,9 | 734417 | 967 |
| 968 | 937024 | 907039232 | 31,1127 | 9,8922 | 2,98588 | 1,03306 | 3041,1 | 735937 | 968 |
| 969 | 938961 | 909853209 | 31,1288 | 9,8956 | 2,98632 | 1,03199 | 3044,2 | 737458 | 969 |
| **970** | 940900 | 912673000 | 31,1448 | 9,8990 | 2,98677 | 1,03093 | 3047,3 | 738981 | **970** |
| 971 | 942841 | 915498611 | 31,1609 | 9,9024 | 2,98722 | 1,02987 | 3050,5 | 740506 | 971 |
| 972 | 944784 | 918330048 | 31,1769 | 9,9058 | 2,98767 | 1,02881 | 3053,6 | 742032 | 972 |
| 973 | 946729 | 921167317 | 31,1929 | 9,9092 | 2,98811 | 1,02775 | 3056,8 | 743559 | 973 |
| 974 | 948676 | 924010424 | 31,2090 | 9,9126 | 2,98856 | 1,02669 | 3059,9 | 745088 | 974 |
| 975 | 950625 | 926859375 | 31,2250 | 9,9160 | 2,98900 | 1,02564 | 3063,1 | 746619 | 975 |
| 976 | 952576 | 929714176 | 31,2410 | 9,9194 | 2,98945 | 1,02459 | 3066,2 | 748151 | 976 |
| 977 | 954529 | 932574833 | 31,2570 | 9,9227 | 2,98989 | 1,02354 | 3069,3 | 749685 | 977 |
| 978 | 956484 | 935441352 | 31,2730 | 9,9261 | 2,99034 | 1,02249 | 3072,5 | 751221 | 978 |
| 979 | 958441 | 938313739 | 31,2890 | 9,9295 | 2,99078 | 1,02145 | 3075,6 | 752758 | 979 |
| **980** | 960400 | 941192000 | 31,3050 | 9,9329 | 2,99123 | 1,02041 | 3078,8 | 754296 | **980** |
| 981 | 962361 | 944076141 | 31,3209 | 9,9363 | 2,99167 | 1,01937 | 3081,9 | 755837 | 981 |
| 982 | 964324 | 946966168 | 31,3369 | 9,9396 | 2,99211 | 1,01833 | 3085,0 | 757378 | 982 |
| 983 | 966289 | 949862087 | 31,3528 | 9,9430 | 2,99255 | 1,01729 | 3088,2 | 758922 | 983 |
| 984 | 968256 | 952763904 | 31,3688 | 9,9464 | 2,99300 | 1,01626 | 3091,3 | 760466 | 984 |
| 985 | 970225 | 955671625 | 31,3847 | 9,9497 | 2,99344 | 1,01523 | 3094,5 | 762013 | 985 |
| 986 | 972196 | 958585256 | 31,4006 | 9,9531 | 2,99388 | 1,01420 | 3097,6 | 763561 | 986 |
| 987 | 974169 | 961504803 | 31,4166 | 9,9565 | 2,99432 | 1,01317 | 3100,8 | 765111 | 987 |
| 988 | 976144 | 964430272 | 31,4325 | 9,9598 | 2,99476 | 1,01215 | 3103,9 | 766662 | 988 |
| 989 | 978121 | 967361669 | 31,4484 | 9,9632 | 2,99520 | 1,01112 | 3107,0 | 768214 | 989 |
| **990** | 980100 | 970299000 | 31,4643 | 9,9666 | 2,99564 | 1,01010 | 3110,2 | 769769 | **990** |
| 991 | 982081 | 973242271 | 31,4802 | 9,9699 | 2,99607 | 1,00908 | 3113,3 | 771325 | 991 |
| 992 | 984064 | 976191488 | 31,4960 | 9,9733 | 2,99651 | 1,00806 | 3116,5 | 772882 | 992 |
| 993 | 986049 | 979146657 | 31,5119 | 9,9766 | 2,99695 | 1,00705 | 3119,6 | 774441 | 993 |
| 994 | 988036 | 982107784 | 31,5278 | 9,9800 | 2,99739 | 1,00604 | 3122,7 | 776002 | 994 |
| 995 | 990025 | 985074875 | 31,5436 | 9,9833 | 2,99782 | 1,00503 | 3125,9 | 777564 | 995 |
| 996 | 992016 | 988047936 | 31,5595 | 9,9866 | 2,99826 | 1,00402 | 3129,0 | 779128 | 996 |
| 997 | 994009 | 991026973 | 31,5753 | 9,9900 | 2,99870 | 1,00301 | 3132,2 | 780693 | 997 |
| 998 | 996004 | 994011992 | 31,5911 | 9,9933 | 2,99913 | 1,00200 | 3135,3 | 782260 | 998 |
| 999 | 998001 | 997002999 | 31,6070 | 9,9967 | 2,99957 | 1,00100 | 3138,5 | 783828 | 999 |

| N | 0 | 1 | 2 | 3 | 4 | 5 | 6 | 7 | 8 | 9 |
|---|---|---|---|---|---|---|---|---|---|---|
| **0** | — ∞ | 0,0000 | 0,6931 | 1,0986 | 1,3863 | 1,6094 | 1,7918 | 1,9459 | 2,0794 | 2,1972 |
| 10 | 2,3026 | 2,3979 | 2,4849 | 2,5649 | 2,6391 | 2,7081 | 2,7726 | 2,8332 | 2,8904 | 2,9444 |
| 20 | 2,9957 | 3,0445 | 3,0910 | 3,1355 | 3,1781 | 3,2189 | 3,2581 | 3,2958 | 3,3322 | 3,3673 |
| 30 | 3,4012 | 3,4340 | 3,4657 | 3,4965 | 3,5264 | 3,5553 | 3,5835 | 3,6109 | 3,6376 | 3,6636 |
| 40 | 3,6889 | 3,7136 | 3,7377 | 3,7612 | 3,7842 | 3,8067 | 3,8286 | 3,8501 | 3,8712 | 3,8918 |
| 50 | 3,9120 | 3,9318 | 3,9512 | 3,9703 | 3,9890 | 4,0073 | 4,0254 | 4,0431 | 4,0604 | 4,0775 |
| 60 | 4,0943 | 4,1109 | 4,1271 | 4,1431 | 4,1589 | 4,1744 | 4,1897 | 4,2047 | 4,2195 | 4,2341 |
| 70 | 4,2485 | 4,2627 | 4,2767 | 4,2905 | 4,3041 | 4,3175 | 4,3307 | 4,3438 | 4,3567 | 4,3694 |
| 80 | 4,3820 | 4,3944 | 4,4067 | 4,4188 | 4,4308 | 4,4427 | 4,4543 | 4,4659 | 4,4773 | 4,4886 |
| 90 | 4,4998 | 4,5109 | 4,5218 | 4,5326 | 4,5433 | 4,5539 | 4,5643 | 4,5747 | 4,5850 | 4,5951 |
| **100** | 4,6052 | 4,6151 | 4,6250 | 4,6347 | 4,6444 | 4,6540 | 4,6634 | 4,6728 | 4,6821 | 4,6913 |
| 110 | 4,7005 | 4,7095 | 4,7185 | 4,7274 | 4,7362 | 4,7449 | 4,7536 | 4,7622 | 4,7707 | 4,7791 |
| 120 | 4,7875 | 4,7958 | 4,8040 | 4,8122 | 4,8203 | 4,8283 | 4,8363 | 4,8442 | 4,8520 | 4,8598 |
| 130 | 4,8675 | 4,8752 | 4,8828 | 4,8903 | 4,8978 | 4,9053 | 4,9127 | 4,9200 | 4,9273 | 4,9345 |
| 140 | 4,9416 | 4,9488 | 4,9558 | 4,9628 | 4,9698 | 4,9767 | 4,9836 | 4,9904 | 4,9972 | 5,0039 |
| 150 | 5,0106 | 5,0173 | 5,0239 | 5,0304 | 5,0370 | 5,0434 | 5,0499 | 5,0562 | 5,0626 | 5,0689 |
| 160 | 5,0752 | 5,0814 | 5,0876 | 5,0938 | 5,0999 | 5,1059 | 5.1120 | 5,1180 | 5,1240 | 5,1299 |
| 170 | 5,1358 | 5,1417 | 5,1475 | 5,1533 | 5,1591 | 5,1648 | 5,1705 | 5,1761 | 5,1818 | 5,1874 |
| 180 | 5,1930 | 5,1985 | 5,2040 | 5,2095 | 5,2149 | 5,2204 | 5,2257 | 5,2311 | 5,2364 | 5,2417 |
| 190 | 5,2470 | 5,2523 | 5,2575 | 5,2627 | 5,2679 | 5,2730 | 5,2781 | 5,2832 | 5,2883 | 5,2933 |
| **200** | 5,2983 | 5,3033 | 5,3083 | 5,3132 | 5,3181 | 5,3230 | 5,3279 | 5,3327 | 5,3375 | 5,3423 |
| 210 | 5,3471 | 5,3519 | 5,3566 | 5,3613 | 5,3660 | 5,3706 | 5,3753 | 5,3799 | 5,3845 | 5,3891 |
| 220 | 5,3936 | 5,3982 | 5,4027 | 5,4072 | 5,4116 | 5,4161 | 5,4205 | 5,4250 | 5,4293 | 5,4337 |
| 230 | 5,4381 | 5,4424 | 5,4467 | 5,4510 | 5,4553 | 5,4596 | 5,4638 | 5,4681 | 5,4723 | 5,4765 |
| 240 | 5,4806 | 5,4848 | 5,4889 | 5,4931 | 5,4972 | 5,5013 | 5,5053 | 5,5094 | 5,5134 | 5,5175 |
| 250 | 5,5215 | 5,5255 | 5,5294 | 5,5334 | 5,5373 | 5,5413 | 5,5452 | 5,5491 | 5,5530 | 5,5568 |
| 260 | 5,5607 | 5,5645 | 5,5683 | 5,5722 | 5,5759 | 5,5797 | 5,5835 | 5,5872 | 5,5910 | 5,5947 |
| 270 | 5,5984 | 5,6021 | 5,6058 | 5,6095 | 5,6131 | 5,6168 | 5,6204 | 5,6240 | 5,6276 | 5,6312 |
| 280 | 5,6348 | 5,6384 | 5,6419 | 5,6454 | 5,6490 | 5,6525 | 5,6560 | 5,6595 | 5,6630 | 5,6664 |
| 290 | 5,6699 | 5,6733 | 5,6768 | 5,6802 | 5,6836 | 5,6870 | 5,6904 | 5,6937 | 5,6971 | 5,7004 |
| **300** | 5,7038 | 5,7071 | 5,7104 | 5,7137 | 5,7170 | 5,7203 | 5,7236 | 5,7268 | 5,7301 | 5,7333 |
| 310 | 5,7366 | 5,7398 | 5,7430 | 5,7462 | 5,7494 | 5,7526 | 5,7557 | 5,7589 | 5,7621 | 5,7652 |
| 320 | 5,7683 | 5,7714 | 5,7746 | 5,7777 | 5,7807 | 5,7838 | 5,7869 | 5,7900 | 5,7930 | 5,7961 |
| 330 | 5,7991 | 5,8021 | 5,8051 | 5,8081 | 5,8111 | 5,8141 | 5,8171 | 5,8201 | 5,8230 | 5,8260 |
| 340 | 5,8289 | 5,8319 | 5,8348 | 5,8377 | 5,8406 | 5,8435 | 5,8464 | 5,8493 | 5,8522 | 5,8551 |
| 350 | 5,8579 | 5,8608 | 5,8636 | 5,8665 | 5,8693 | 5,8721 | 5,8749 | 5,8777 | 5,8805 | 5,8833 |
| 360 | 5,8861 | 5,8889 | 5,8916 | 5,8944 | 5,8972 | 5,8999 | 5,9026 | 5,9054 | 5,9081 | 5,9011 |
| 370 | 5,9135 | 5,9162 | 5,9189 | 5,9216 | 5,9243 | 5,9269 | 5,9296 | 5,9322 | 5,9349 | 5,9375 |
| 380 | 5,9402 | 5,9428 | 5,9454 | 5,9480 | 5,9506 | 5,9532 | 5,9558 | 5,9584 | 5,9610 | 5,9636 |
| 390 | 5,9661 | 5,9687 | 5,9713 | 5,9738 | 5,9764 | 5,9789 | 5,9814 | 5,9839 | 5.9865 | 5,9890 |
| **400** | 5,9915 | 5,9940 | 5,9965 | 5,9989 | 6,0014 | 6,0039 | 6,0064 | 6,0088 | 6,0113 | 6,0137 |
| 410 | 6,0162 | 6,0186 | 6,0210 | 6,0234 | 6,0259 | 6,0283 | 6,0307 | 6,0331 | 6,0355 | 6,0379 |
| 420 | 6,0403 | 6,0426 | 6,0450 | 6,0474 | 6,0497 | 6,0521 | 6,0544 | 6,0568 | 6,0591 | 6,0615 |
| 430 | 6,0638 | 6,0661 | 6,0684 | 6,0707 | 6,0730 | 6,0753 | 6,0776 | 6,0799 | 6,0822 | 6,0845 |
| 440 | 6,0868 | 6,0890 | 6,0913 | 6,0936 | 6,0958 | 6,0981 | 6,1003 | 6,1026 | 6,1048 | 6,1070 |
| 450 | 6,1092 | 6,1115 | 6,1137 | 6,1159 | 6,1181 | 6,1203 | 6,1225 | 6,1247 | 6,1269 | 6,1291 |
| 460 | 6,1312 | 6,1334 | 6,1356 | 6,1377 | 6,1399 | 6,1420 | 6,1442 | 6,1463 | 6,1485 | 6,1506 |
| 470 | 6,1527 | 6,1549 | 6,1570 | 6,1591 | 6,1612 | 6,1633 | 6,1654 | 6,1675 | 6,1696 | 6,1717 |
| 480 | 6,1738 | 6,1759 | 6,1779 | 6,1800 | 6,1821 | 6,1841 | 6,1862 | 6,1883 | 6,1903 | 6,1924 |
| 490 | 6,1944 | 6,1964 | 6,1985 | 6,2005 | 6,2025 | 6,2046 | 6,2066 | 6,2086 | 6,2106 | 6,2126 |

| N | 0 | 1 | 2 | 3 | 4 | 5 | 6 | 7 | 8 | 9 |
|---|---|---|---|---|---|---|---|---|---|---|
| **500** | 6,2146 | 6,2166 | 6,2186 | 6,2206 | 6,2226 | 6,2246 | 6,2265 | 6,2285 | 6,2305 | 6,2324 |
| 510 | 6,2344 | 6,2364 | 6,2383 | 6,2403 | 6,2422 | 6,2442 | 6,2461 | 6,2480 | 6,2500 | 6,2519 |
| 520 | 6,2538 | 6,2558 | 6,2577 | 6,2596 | 6,2615 | 6,2634 | 6,2653 | 6,2672 | 6,2691 | 6,2710 |
| 530 | 6,2729 | 6,2748 | 6,2766 | 6,2785 | 6,2804 | 6,2823 | 6,2841 | 6,2860 | 6,2879 | 6,2897 |
| 540 | 6,2916 | 6,2934 | 6,2953 | 6,2971 | 6,2989 | 6,3008 | 6,3026 | 6,3044 | 6,3063 | 6,3081 |
| 550 | 6,3099 | 6,3117 | 6,3135 | 6,3154 | 6,3172 | 6,3190 | 6,3208 | 6,3226 | 6,3244 | 6,3261 |
| 560 | 6,3279 | 6,3297 | 6,3315 | 6,3333 | 6,3351 | 6,3368 | 6,3386 | 6,3404 | 6,3421 | 6,3439 |
| 570 | 6,3456 | 6,3474 | 6,3491 | 6,3509 | 6,3526 | 6,3544 | 6,3561 | 6,3578 | 6,3596 | 6,3613 |
| 580 | 6,3630 | 6,3648 | 6,3665 | 6,3682 | 6,3699 | 6,3716 | 6,3733 | 6,3750 | 6,3767 | 6,3784 |
| 590 | 6,3801 | 6,3818 | 6,3835 | 6,3852 | 6,3869 | 6,3886 | 6,3902 | 6,3919 | 6,3936 | 6,3953 |
| **600** | 6,3969 | 6,3986 | 6,4003 | 6,4019 | 6,4036 | 6,4052 | 6,4069 | 6,4085 | 6,4102 | 6,4118 |
| 610 | 6,4135 | 6,4151 | 6,4167 | 6,4184 | 6,4200 | 6,4216 | 6,4232 | 6,4249 | 6,4265 | 6,4281 |
| 620 | 6,4297 | 6,4313 | 6,4329 | 6,4345 | 6,4362 | 6,4378 | 6,4394 | 6,4409 | 6,4425 | 6,4441 |
| 630 | 6,4457 | 6,4473 | 6,4489 | 6,4505 | 6,4520 | 6,4536 | 6,4552 | 6,4568 | 6,4583 | 6,4599 |
| 640 | 6,4615 | 6,4630 | 6,4646 | 6,4661 | 6,4677 | 6,4693 | 6,4708 | 6,4723 | 6,4739 | 6,4754 |
| 650 | 6,4770 | 6,4785 | 6,4800 | 6,4816 | 6,4831 | 6,4846 | 6,4862 | 6,4877 | 6,4892 | 6,4907 |
| 660 | 6,4922 | 6,4938 | 6,4953 | 6,4968 | 6,4983 | 6,4998 | 6,5013 | 6,5028 | 6,5043 | 6,5058 |
| 670 | 6,5073 | 6,5088 | 6,5103 | 6,5117 | 6,5132 | 6,5147 | 6,5162 | 6,5177 | 6,5191 | 6,5206 |
| 680 | 6,5221 | 6,5236 | 6,5250 | 6,5265 | 6,5280 | 6,5294 | 6,5309 | 6,5323 | 6,5338 | 6,5352 |
| 690 | 6,5367 | 6,5381 | 6,5396 | 6,5410 | 6,5425 | 6,5439 | 6,5453 | 6,5468 | 6,5482 | 6,5497 |
| **700** | 6,5511 | 6,5525 | 6,5539 | 6,5554 | 6,5568 | 6,5582 | 6,5596 | 6,5610 | 6,5624 | 6,5639 |
| 710 | 6,5653 | 6,5667 | 6,5681 | 6,5695 | 6,5709 | 6,5723 | 6,5737 | 6,5751 | 6,5765 | 6,5779 |
| 720 | 6,5793 | 6,5806 | 6,5820 | 6,5834 | 6,5848 | 6,5862 | 6,5876 | 6,5889 | 6,5903 | 6,5917 |
| 730 | 6,5930 | 6,5944 | 6,5958 | 6,5971 | 6,5985 | 6,5999 | 6,6012 | 6,6026 | 6,6039 | 6,6053 |
| 740 | 6,6067 | 6,6080 | 6,6093 | 6,6107 | 6,6120 | 6,6134 | 6,6147 | 6,6161 | 6,6174 | 6,6187 |
| 750 | 6,6201 | 6,6214 | 6,6227 | 6,6241 | 6,6254 | 6,6267 | 6,6280 | 6,6294 | 6,6307 | 6,6320 |
| 760 | 6,6333 | 6,6346 | 6,6359 | 6,6373 | 6,6386 | 6,6399 | 6,6412 | 6,6425 | 6,6438 | 6,6451 |
| 770 | 6,6464 | 6,6477 | 6,6490 | 6,6503 | 6,6516 | 6,6529 | 6,6542 | 6,6554 | 6,6567 | 6,6580 |
| 780 | 6,6593 | 6,6606 | 6,6619 | 6,6631 | 6,6644 | 6,6657 | 6,6670 | 6,6682 | 6,6695 | 6,6708 |
| 790 | 6,6720 | 6,6733 | 6,6746 | 6,6758 | 6,6771 | 6,6783 | 6,6796 | 6,6809 | 6,6821 | 6,6834 |
| **800** | 6,6846 | 6,6859 | 6,6871 | 6,6884 | 6,6896 | 6,6908 | 6,6921 | 6,6933 | 6,6946 | 6,6958 |
| 810 | 6,6970 | 6,6983 | 6,6995 | 6,7007 | 6,7020 | 6,7032 | 6,7044 | 6,7056 | 6,7069 | 6,7081 |
| 820 | 6,7093 | 6,7105 | 6,7117 | 6,7130 | 6,7142 | 6,7154 | 6,7166 | 6,7178 | 6,7190 | 6,7202 |
| 830 | 6,7214 | 6,7226 | 6,7238 | 6,7250 | 6,7262 | 6,7274 | 6,7286 | 6,7298 | 6,7310 | 6,7322 |
| 840 | 6,7334 | 6,7346 | 6,7358 | 6,7370 | 6,7382 | 6,7393 | 6,7405 | 6,7417 | 6,7429 | 6,7441 |
| 850 | 6,7452 | 6,7464 | 6,7476 | 6,7488 | 6,7499 | 6,7511 | 6,7523 | 6,7534 | 6,7546 | 6,7558 |
| 860 | 6,7569 | 6,7581 | 6,7593 | 6,7604 | 6,7616 | 6,7627 | 6,7639 | 6,7650 | 6,7662 | 6,7673 |
| 870 | 6,7685 | 6,7696 | 6,7708 | 6,7719 | 6,7731 | 6,7742 | 6,7754 | 6,7765 | 6,7776 | 6,7788 |
| 880 | 6,7799 | 6,7811 | 6,7822 | 6,7833 | 6,7845 | 6,7856 | 6,7867 | 6,7878 | 6,7890 | 6,7901 |
| 890 | 6,7912 | 6,7923 | 6,7935 | 6,7946 | 6,7957 | 6,7968 | 6,7979 | 6,7991 | 6,8002 | 6,8013 |
| **900** | 6,8024 | 6,8035 | 6,8046 | 6,8057 | 6,8068 | 6,8079 | 6,8090 | 6,8101 | 6,8112 | 6,8123 |
| 910 | 6,8134 | 6,8145 | 6,8156 | 6,8167 | 6,8178 | 6,8189 | 6,8200 | 6,8211 | 6,8222 | 6,8233 |
| 920 | 6,8244 | 6,8255 | 6,8265 | 6,8276 | 6,8287 | 6,8298 | 6,8309 | 6,8320 | 6,8330 | 6,8341 |
| 930 | 6,8352 | 6,8363 | 6,8373 | 6,8384 | 6,8395 | 6,8405 | 6,8416 | 6,8427 | 6,8437 | 6,8448 |
| 940 | 6,8459 | 6,8469 | 6,8480 | 6,8491 | 6,8501 | 6,8512 | 6,8522 | 6,8533 | 6,8544 | 6,8554 |
| 950 | 6,8565 | 6,8575 | 6,8586 | 6,8596 | 6,8607 | 6,8617 | 6,8628 | 6,8638 | 6,8648 | 6,8659 |
| 960 | 6,8669 | 6,8680 | 6,8690 | 6,8701 | 6,8711 | 6,8721 | 6,8732 | 6,8742 | 6,8752 | 6,8763 |
| 970 | 6,8773 | 6,8783 | 6,8794 | 6,8804 | 6,8814 | 6,8824 | 6,8835 | 6,8845 | 6,8855 | 6,8865 |
| 980 | 6,8876 | 6,8886 | 6,8896 | 6,8906 | 6,8916 | 6,8926 | 6,8937 | 6,8947 | 6,8957 | 6,8967 |
| 990 | 6.8977 | 6,8987 | 6,8997 | 6,9007 | 6,9017 | 6,9027 | 6,9037 | 6,9047 | 6,9057 | 6,9068 |

## C. Trigonometrische

| Grad | Sinus 0′ | 10′ | 20′ | 30′ | 40′ | 50′ | 60′ | |
|---|---|---|---|---|---|---|---|---|
| **0** | 0,00000 | 0,00291 | 0,00582 | 0,00873 | 0,01164 | 0,01454 | 0,01745 | 89 |
| 1 | 0,01745 | 0,02036 | 0,02327 | 0,02618 | 0,02908 | 0,03199 | 0,03490 | 88 |
| 2 | 0,03490 | 0,03781 | 0,04071 | 0,04362 | 0,04653 | 0,04943 | 0,05234 | 87 |
| 3 | 0,05234 | 0,05524 | 0,05814 | 0,06105 | 0,06395 | 0,06685 | 0,06976 | 86 |
| 4 | 0,06976 | 0,07266 | 0,07556 | 0,07846 | 0,08136 | 0,08426 | 0,08716 | 85 |
| 5 | 0,08716 | 0,09005 | 0,09295 | 0,09585 | 0,09874 | 0,10164 | 0,10453 | 84 |
| 6 | 0,10453 | 0,10742 | 0,11031 | 0,11320 | 0,11609 | 0,11898 | 0,12187 | 83 |
| 7 | 0,12187 | 0,12476 | 0,12764 | 0,13053 | 0,13341 | 0,13629 | 0,13917 | 82 |
| 8 | 0,13917 | 0,14205 | 0,14493 | 0,14781 | 0,15069 | 0,15356 | 0,15643 | 81 |
| 9 | 0,15643 | 0,15931 | 0,16218 | 0,16505 | 0,16792 | 0,17078 | 0,17365 | **80** |
| **10** | 0,17365 | 0,17651 | 0,17937 | 0,18224 | 0,18509 | 0,18795 | 0,19081 | 79 |
| 11 | 0,19081 | 0,19366 | 0,19652 | 0,19937 | 0,20222 | 0,20507 | 0,20791 | 78 |
| 12 | 0,20791 | 0,21076 | 0,21360 | 0,21644 | 0,21928 | 0,22212 | 0,22495 | 77 |
| 13 | 0,22495 | 0,22778 | 0,23062 | 0,23345 | 0,23627 | 0,23910 | 0,24192 | 76 |
| 14 | 0,24192 | 0,24474 | 0,24756 | 0,25038 | 0,25320 | 0,25601 | 0,25882 | 75 |
| 15 | 0,25882 | 0,26163 | 0,26443 | 0,26724 | 0,27004 | 0,27284 | 0,27564 | 74 |
| 16 | 0,27564 | 0,27843 | 0,28123 | 0,28402 | 0,28680 | 0,28959 | 0,29237 | 73 |
| 17 | 0,29237 | 0,29515 | 0,29793 | 0,30071 | 0,30348 | 0,30625 | 0,30902 | 72 |
| 18 | 0,30902 | 0,31178 | 0,31454 | 0,31730 | 0,32006 | 0,32282 | 0,32557 | 71 |
| 19 | 0,32557 | 0,32832 | 0,33106 | 0,33381 | 0,33655 | 0,33929 | 0,34202 | **70** |
| **20** | 0,34202 | 0,34475 | 0,34748 | 0,35021 | 0,35293 | 0,35565 | 0,35837 | 69 |
| 21 | 0,35837 | 0,36108 | 0,36379 | 0,36650 | 0,36921 | 0,37191 | 0,37461 | 68 |
| 22 | 0,37461 | 0,37730 | 0,37999 | 0,38268 | 0,38537 | 0,38805 | 0,39073 | 67 |
| 23 | 0,39073 | 0,39341 | 0,39608 | 0,39875 | 0,40142 | 0,40408 | 0,40674 | 66 |
| 24 | 0,40674 | 0,40939 | 0,41204 | 0,41469 | 0,41734 | 0,41998 | 0,42262 | 65 |
| 25 | 0,42262 | 0,42525 | 0,42788 | 0,43051 | 0,43313 | 0,43575 | 0,43837 | 64 |
| 26 | 0,43837 | 0,44098 | 0,44359 | 0,44620 | 0,44880 | 0,45140 | 0,45399 | 63 |
| 27 | 0,45399 | 0,45658 | 0,45917 | 0,46175 | 0,46433 | 0,46690 | 0,46947 | 62 |
| 28 | 0,46947 | 0,47204 | 0,47460 | 0,47716 | 0,47971 | 0,48226 | 0,48481 | 61 |
| 29 | 0,48481 | 0,48735 | 0,48989 | 0,49242 | 0,49495 | 0,49748 | 0,50000 | **60** |
| **30** | 0,50000 | 0,50252 | 0,50503 | 0,50754 | 0,51004 | 0,51254 | 0,51504 | 59 |
| 31 | 0,51504 | 0,51753 | 0,52002 | 0,52250 | 0,52498 | 0,52745 | 0,52992 | 58 |
| 32 | 0,52992 | 0,53238 | 0,53484 | 0,53730 | 0,53975 | 0,54220 | 0,54464 | 57 |
| 33 | 0,54464 | 0,54708 | 0,54951 | 0,55194 | 0,55436 | 0,55678 | 0,55919 | 56 |
| 34 | 0,55919 | 0,56160 | 0,56401 | 0,56641 | 0,56880 | 0,57119 | 0,57358 | 55 |
| 35 | 0,57358 | 0,57596 | 0,57833 | 0,58070 | 0,58307 | 0,58543 | 0,58779 | 54 |
| 36 | 0,58779 | 0,59014 | 0,59248 | 0,59482 | 0,59716 | 0,59949 | 0,60182 | 53 |
| 37 | 0,60182 | 0,60414 | 0,60645 | 0,60876 | 0,61107 | 0,61337 | 0,61566 | 52 |
| 38 | 0,61566 | 0,61795 | 0,62024 | 0,62251 | 0,62479 | 0,62706 | 0,62932 | 51 |
| 39 | 0,62932 | 0,63158 | 0,63383 | 0,63608 | 0,63832 | 0,64056 | 0,64279 | **50** |
| **40** | 0,64279 | 0,64501 | 0,64723 | 0,64945 | 0,65166 | 0,65386 | 0,65606 | 49 |
| 41 | 0,65606 | 0,65825 | 0,66044 | 0,66262 | 0,66480 | 0,66697 | 0,66913 | 48 |
| 42 | 0,66913 | 0,67129 | 0,67344 | 0,67559 | 0,67773 | 0,67987 | 0,68200 | 47 |
| 43 | 0,68200 | 0,68412 | 0,68624 | 0,68835 | 0,69046 | 0,69256 | 0,69466 | 46 |
| 44 | 0.69466 | 0,69675 | 0,69883 | 0,70091 | 0,70298 | 0,70505 | 0,70711 | 45 |
| | 60′ | 50′ | 40′ | 30′ | 20′ | 10′ | 0′ | Grad |
| | Kosinus | | | | | | | |

| Grad | Kosinus 0′ | 10′ | 20′ | 30′ | 40′ | 50′ | 60′ | |
|---|---|---|---|---|---|---|---|---|
| **0** | 1,00000 | 1,00000 | 0,99998 | 0,99996 | 0,99993 | 0,99989 | 0,99985 | 89 |
| 1 | 0,99985 | 0,99979 | 0,99973 | 0,99966 | 0,99958 | 0,99949 | 0,99939 | 88 |
| 2 | 0,99939 | 0,99929 | 0,99917 | 0,99905 | 0,99892 | 0,99878 | 0,99863 | 87 |
| 3 | 0,99863 | 0,99847 | 0,99831 | 0,99813 | 0,99795 | 0,99776 | 0,99756 | 86 |
| 4 | 0,99756 | 0,99736 | 0,99714 | 0,99692 | 0,99668 | 0,99644 | 0,99619 | 85 |
| 5 | 0,99619 | 0,99594 | 0,99567 | 0,99540 | 0,99511 | 0,99482 | 0,99452 | 84 |
| 6 | 0,99452 | 0,99421 | 0,99390 | 0,99357 | 0,99324 | 0,99290 | 0,99255 | 83 |
| 7 | 0,99255 | 0,99219 | 0,99182 | 0,99144 | 0,99106 | 0,99067 | 0,99027 | 82 |
| 8 | 0,99027 | 0,98986 | 0,98944 | 0,98902 | 0,98858 | 0,98814 | 0,98769 | 81 |
| 9 | 0,98769 | 0,98723 | 0,98676 | 0,98629 | 0,98580 | 0,98531 | 0,98481 | **80** |
| **10** | 0,98481 | 0,98430 | 0,98378 | 0,98325 | 0,98272 | 0,98218 | 0,98163 | 79 |
| 11 | 0,98163 | 0,98107 | 0,98050 | 0,97992 | 0,97934 | 0,97875 | 0,97815 | 78 |
| 12 | 0,97815 | 0,97754 | 0,97692 | 0,97630 | 0,97566 | 0,97502 | 0,97437 | 77 |
| 13 | 0,97437 | 0,97371 | 0,97304 | 0,97237 | 0,97169 | 0,97100 | 0,97030 | 76 |
| 14 | 0,97030 | 0,96959 | 0,96887 | 0,96815 | 0,96742 | 0,96667 | 0,96593 | 75 |
| 15 | 0,96593 | 0,96517 | 0,96440 | 0,96363 | 0,96285 | 0,96206 | 0,96126 | 74 |
| 16 | 0,96126 | 0,96046 | 0,95964 | 0,95882 | 0,95799 | 0,95715 | 0,95630 | 73 |
| 17 | 0,95630 | 0,95545 | 0,95459 | 0,95372 | 0.95284 | 0,95195 | 0,95106 | 72 |
| 18 | 0,95106 | 0,95015 | 0,94924 | 0,94832 | 0,94740 | 0,94646 | 0,94552 | 71 |
| 19 | 0,94552 | 0,94457 | 0,94361 | 0,94264 | 0,94167 | 0,94068 | 0,93969 | **70** |
| **20** | 0,93969 | 0,93869 | 0,93769 | 0,93667 | 0,93565 | 0,93462 | 0,93358 | 69 |
| 21 | 0,93358 | 0,93253 | 0,93148 | 0,93042 | 0,92935 | 0,92827 | 0,92718 | 68 |
| 22 | 0,92718 | 0,92609 | 0,92499 | 0,92388 | 0,92276 | 0,92164 | 0,92050 | 67 |
| 23 | 0,92050 | 0,91936 | 0,91822 | 0,91706 | 0,91590 | 0,91472 | 0,91355 | 66 |
| 24 | 0,91355 | 0,91236 | 0,91116 | 0,90996 | 0,90875 | 0,90753 | 0,90631 | 65 |
| 25 | 0,90631 | 0,90507 | 0,90383 | 0,90259 | 0,90133 | 0,90007 | 0,89879 | 64 |
| 26 | 0,89879 | 0,89752 | 0,89623 | 0,89493 | 0,89363 | 0,89232 | 0,89101 | 63 |
| 27 | 0,89101 | 0,88968 | 0,88835 | 0,88701 | 0,88566 | 0,88431 | 0,88295 | 62 |
| 28 | 0,88295 | 0,88158 | 0,88020 | 0,87882 | 0,87743 | 0,87603 | 0,87462 | 61 |
| 29 | 0,87462 | 0,87321 | 0,87178 | 0,87036 | 0,86892 | 0,86748 | 0,86603 | **60** |
| **30** | 0,86603 | 0,86457 | 0,86310 | 0,86163 | 0,86015 | 0,85866 | 0,85717 | 59 |
| 31 | 0,85717 | 0,85567 | 0,85416 | 0,85264 | 0,85112 | 0,84959 | 0,84805 | 58 |
| 32 | 0,84805 | 0,84650 | 0,84495 | 0,84339 | 0,84182 | 0,84025 | 0,83867 | 57 |
| 33 | 0,83867 | 0,83708 | 0,83549 | 0,83389 | 0,83228 | 0,83066 | 0,82904 | 56 |
| 34 | 0,82904 | 0,82741 | 0,82577 | 0,82413 | 0,82248 | 0,82082 | 0,81915 | 55 |
| 35 | 0,81915 | 0,81748 | 0,81580 | 0,81412 | 0,81242 | 0,81072 | 0,80902 | 54 |
| 36 | 0,80902 | 0,80730 | 0,80558 | 0,80386 | 0,80212 | 0,80038 | 0,79864 | 53 |
| 37 | 0,79864 | 0,79688 | 0,79512 | 0,79335 | 0,79158 | 0,78980 | 0,78801 | 52 |
| 38 | 0,78801 | 0,78622 | 0,78442 | 0,78261 | 0,78079 | 0,77897 | 0,77715 | 51 |
| 39 | 0,77715 | 0,77531 | 0,77347 | 0,77162 | 0,76977 | 0,76791 | 0,76604 | **50** |
| **40** | 0,76604 | 0,76417 | 0,76229 | 0,76041 | 0,75851 | 0,75661 | 0,75471 | 49 |
| 41 | 0,75471 | 0,75280 | 0,75088 | 0,74896 | 0,74703 | 0,74509 | 0,74314 | 48 |
| 42 | 0,74314 | 0,74120 | 0,73924 | 0,73728 | 0,73531 | 0,73333 | 0,73135 | 47 |
| 43 | 0,73135 | 0,72937 | 0,72737 | 0,72537 | 0,72337 | 0,72136 | 0,71934 | 46 |
| 44 | 0,71934 | 0,71732 | 0,71529 | 0,71325 | 0,71121 | 0,70916 | 0,70711 | 45 |
| | 60′ | 50′ | 40′ | 30′ | 20′ | 10′ | 0′ | Grad |
| | Sinus | | | | | | | |

| Grad | Tangens | | | | | | | |
|---|---|---|---|---|---|---|---|---|
| | 0′ | 10′ | 20′ | 30′ | 40′ | 50′ | 60′ | |
| 0 | 0,00000 | 0,00291 | 0,00582 | 0,00873 | 0,01164 | 0,01455 | 0,01746 | 89 |
| 1 | 0,01746 | 0,02036 | 0,02328 | 0,02619 | 0,02910 | 0,03201 | 0,03492 | 88 |
| 2 | 0,03492 | 0,03783 | 0,04075 | 0,04366 | 0,04658 | 0,04949 | 0,05241 | 87 |
| 3 | 0,05241 | 0,05533 | 0,05824 | 0,06116 | 0,06408 | 0,06700 | 0,06993 | 86 |
| 4 | 0,06993 | 0,07285 | 0,07578 | 0,07870 | 0,08163 | 0,08456 | 0,08749 | 85 |
| 5 | 0,08749 | 0,09042 | 0,09335 | 0,09629 | 0,09923 | 0,10216 | 0,10510 | 84 |
| 6 | 0,10510 | 0,10805 | 0,11099 | 0,11394 | 0,11688 | 0,11983 | 0,12278 | 83 |
| 7 | 0,12278 | 0,12574 | 0,12869 | 0,13165 | 0,13461 | 0,13758 | 0,14054 | 82 |
| 8 | 0,14054 | 0,14351 | 0,14648 | 0,14945 | 0,15243 | 0,15540 | 0,15838 | 81 |
| 9 | 0,15838 | 0,16137 | 0,16435 | 0,16734 | 0,17033 | 0,17333 | 0,17633 | 80 |
| 10 | 0,17633 | 0,17933 | 0,18233 | 0,18534 | 0,18835 | 0,19136 | 0,19438 | 79 |
| 11 | 0,19438 | 0,19740 | 0,20042 | 0,20345 | 0,20648 | 0,20952 | 0,21256 | 78 |
| 12 | 0,21256 | 0,21560 | 0,21864 | 0,22169 | 0,22475 | 0,22781 | 0,23087 | 77 |
| 13 | 0,23087 | 0,23393 | 0,23700 | 0,24008 | 0,24316 | 0,24624 | 0,24933 | 76 |
| 14 | 0,24933 | 0,25242 | 0,25552 | 0,25862 | 0,26172 | 0,26483 | 0,26795 | 75 |
| 15 | 0,26795 | 0,27107 | 0,27419 | 0,27732 | 0,28046 | 0,28360 | 0,28675 | 74 |
| 16 | 0,28675 | 0,28990 | 0,29305 | 0,29621 | 0,29938 | 0,30255 | 0,30573 | 73 |
| 17 | 0,30573 | 0,30891 | 0,31210 | 0,31530 | 0,31850 | 0,32171 | 0,32492 | 72 |
| 18 | 0,32492 | 0,32814 | 0,33136 | 0,33460 | 0,33783 | 0,34108 | 0,34433 | 71 |
| 19 | 0,34433 | 0,34758 | 0,35085 | 0,35412 | 0,35740 | 0,36068 | 0,36397 | 70 |
| 20 | 0,36397 | 0,36727 | 0,37057 | 0,37388 | 0,37720 | 0,38053 | 0,38386 | 69 |
| 21 | 0,38386 | 0,38721 | 0,39055 | 0,39391 | 0,39727 | 0,40065 | 0,40403 | 68 |
| 22 | 0,40403 | 0,40741 | 0,41081 | 0,41421 | 0,41763 | 0,42105 | 0,42447 | 67 |
| 23 | 0,42447 | 0,42791 | 0,43136 | 0,43481 | 0,43828 | 0,44175 | 0,44523 | 66 |
| 24 | 0,44523 | 0,44872 | 0,45222 | 0,45573 | 0,45924 | 0,46277 | 0,46631 | 65 |
| 25 | 0,46631 | 0,46985 | 0,47341 | 0,47698 | 0,48055 | 0,48414 | 0,48773 | 64 |
| 26 | 0,48773 | 0,49134 | 0,49495 | 0,49858 | 0,50222 | 0,50587 | 0,50953 | 63 |
| 27 | 0,50953 | 0,51320 | 0,51688 | 0,52057 | 0,52427 | 0,52798 | 0,53171 | 62 |
| 28 | 0,53171 | 0,53545 | 0,53920 | 0,54296 | 0,54673 | 0,55051 | 0,55431 | 61 |
| 29 | 0,55431 | 0,55812 | 0,56194 | 0,56577 | 0,56962 | 0,57348 | 0,57735 | 60 |
| 30 | 0,57735 | 0,58124 | 0,58513 | 0,58905 | 0,59297 | 0,59691 | 0,60086 | 59 |
| 31 | 0,60086 | 0,60483 | 0,60881 | 0,61280 | 0,61681 | 0,62083 | 0,62487 | 58 |
| 32 | 0,62487 | 0,62892 | 0,63299 | 0,63707 | 0,64117 | 0,64528 | 0,64941 | 57 |
| 33 | 0,64941 | 0,65355 | 0,65771 | 0,66189 | 0,66608 | 0,67028 | 0,67451 | 56 |
| 34 | 0,67451 | 0,67875 | 0,68301 | 0,68728 | 0,69157 | 0,69588 | 0,70021 | 55 |
| 35 | 0,70021 | 0,70455 | 0,70891 | 0,71329 | 0,71769 | 0,72211 | 0,72654 | 54 |
| 36 | 0,72654 | 0,73100 | 0,73547 | 0,73996 | 0,74447 | 0,74900 | 0,75355 | 53 |
| 37 | 0,75355 | 0,75812 | 0,76272 | 0,76733 | 0,77196 | 0,77661 | 0,78129 | 52 |
| 38 | 0,78129 | 0,78598 | 0,79070 | 0,79544 | 0,80020 | 0,80498 | 0,80978 | 51 |
| 39 | 0,80978 | 0,81461 | 0,81946 | 0,82434 | 0,82923 | 0,83415 | 0,83910 | 50 |
| 40 | 0,83910 | 0,84407 | 0,84906 | 0,85408 | 0,85912 | 0,86419 | 0,86929 | 49 |
| 41 | 0,86929 | 0,87441 | 0,87955 | 0,88473 | 0,88992 | 0,89515 | 0,90040 | 48 |
| 42 | 0,90040 | 0,90569 | 0,91099 | 0,91633 | 0,92170 | 0,92709 | 0,93252 | 47 |
| 43 | 0,93252 | 0,93797 | 0,94345 | 0,94896 | 0,95451 | 0,96008 | 0,96569 | 46 |
| 44 | 0,96569 | 0,97133 | 0,97700 | 0,98270 | 0,98843 | 0,99420 | 1,00000 | 45 |
| | 60′ | 50′ | 40′ | 30′ | 20′ | 10′ | 0′ | Grad |
| | Kotangens | | | | | | | |

**Funktionen.**

| Grad | Kotangens | | | | | | | |
|---|---|---|---|---|---|---|---|---|
| | 0′ | 10′ | 20′ | 30′ | 40′ | 50′ | 60′ | |
| **0** | ∞ | 343,77371 | 171,88540 | 114,58865 | 85,93979 | 68,75009 | 57,28996 | 89 |
| 1 | 57,28996 | 49,10388 | 42,96408 | 38,18846 | 34,36777 | 31,24158 | 28,63625 | 88 |
| 2 | 28,63625 | 26,43160 | 24,54176 | 22,90377 | 21,47040 | 20,20555 | 19,08114 | 87 |
| 3 | 19,08114 | 18,07498 | 17,16934 | 16,34986 | 15,60478 | 14,92442 | 14,30067 | 86 |
| 4 | 14,30067 | 13,72674 | 13,19688 | 12,70621 | 12,25051 | 11,82617 | 11,43005 | 85 |
| 5 | 11,43005 | 11,05943 | 10,71191 | 10,38540 | 10,07803 | 9,78817 | 9,51436 | 84 |
| 6 | 9,51436 | 9,25530 | 9,00983 | 8,77689 | 8,55555 | 8,34496 | 8,14435 | 83 |
| 7 | 8,14435 | 7,95302 | 7,77035 | 7,59575 | 7,42871 | 7,26873 | 7,11537 | 82 |
| 8 | 7,11537 | 6,96823 | 6,82694 | 6,69116 | 6,56055 | 6,43484 | 6,31375 | 81 |
| 9 | 6,31375 | 6,19703 | 6,08444 | 5,97576 | 5,87080 | 5,76937 | 5,67128 | **80** |
| **10** | 5,67128 | 5,57638 | 5,48451 | 5,39552 | 5,30928 | 5,22566 | 5,14455 | 79 |
| 11 | 5,14455 | 5,06584 | 4,98940 | 4,91516 | 4,84300 | 4,77286 | 4,70463 | 78 |
| 12 | 4,70463 | 4,63825 | 4,57363 | 4,51071 | 4,44942 | 4,38969 | 4,33148 | 77 |
| 13 | 4,33148 | 4,27471 | 4,21933 | 4,16530 | 4,11256 | 4,06107 | 4,01078 | 76 |
| 14 | 4,01078 | 3,96165 | 3,91364 | 3,86671 | 3,82083 | 3,77595 | 3,73205 | 75 |
| 15 | 3,73205 | 3,68909 | 3,64705 | 3,60588 | 3,56557 | 3,52609 | 3,48741 | 74 |
| 16 | 3,48741 | 3,44951 | 3,41236 | 3,37594 | 3,34023 | 3,30521 | 3,27085 | 73 |
| 17 | 3,27085 | 3,23714 | 3,20406 | 3,17159 | 3,13972 | 3,10842 | 3,07768 | 72 |
| 18 | 3,07768 | 3,04749 | 3,01783 | 2,98869 | 2,96004 | 2,93189 | 2,90421 | 71 |
| 19 | 2,90421 | 2,87700 | 2,85023 | 2,82391 | 2,79802 | 2,77254 | 2,74748 | **70** |
| **20** | 2,74748 | 2,72281 | 2,69853 | 2,67462 | 2,65109 | 2,62791 | 2,60509 | 69 |
| 21 | 2,60509 | 2,58261 | 2,56046 | 2,53865 | 2,51715 | 2,49597 | 2,47509 | 68 |
| 22 | 2,47509 | 2,45451 | 2,43422 | 2,41421 | 2,39449 | 2,37504 | 2,35585 | 67 |
| 23 | 2,35585 | 2,33693 | 2,31826 | 2,29984 | 2,28167 | 2,26374 | 2,24604 | 66 |
| 24 | 2,24604 | 2,22857 | 2,21132 | 2,19430 | 2,17749 | 2,16090 | 2,14451 | 65 |
| 25 | 2,14451 | 2,12832 | 2,11233 | 2,09654 | 2,08094 | 2,06553 | 2,05030 | 64 |
| 26 | 2,05030 | 2,03526 | 2,02039 | 2,00569 | 1,99116 | 1,97680 | 1,96261 | 63 |
| 27 | 1,96261 | 1,94858 | 1,93470 | 1,92098 | 1,90741 | 1,89400 | 1,88073 | 62 |
| 28 | 1,88073 | 1,86760 | 1,85462 | 1,84177 | 1,82906 | 1,81649 | 1,80405 | 61 |
| 29 | 1,80405 | 1,79174 | 1,77955 | 1,76749 | 1,75556 | 1,74375 | 1,73205 | **60** |
| **30** | 1,73205 | 1,72047 | 1,70901 | 1,69766 | 1,68643 | 1,67530 | 1,66428 | 59 |
| 31 | 1,66428 | 1,65337 | 1,64256 | 1,63185 | 1,62125 | 1,61074 | 1,60033 | 58 |
| 32 | 1,60033 | 1,59002 | 1,57981 | 1,56969 | 1,55966 | 1,54972 | 1,53987 | 57 |
| 33 | 1,53987 | 1,53010 | 1,52043 | 1,51084 | 1,50133 | 1,49190 | 1,48256 | 56 |
| 34 | 1,48256 | 1,47330 | 1,46411 | 1,45501 | 1,44598 | 1,43703 | 1,42815 | 55 |
| 35 | 1,42815 | 1,41934 | 1,41061 | 1,40195 | 1,39336 | 1,38484 | 1,37638 | 54 |
| 36 | 1,37638 | 1,36800 | 1,35968 | 1,35142 | 1,34323 | 1,33511 | 1,32704 | 53 |
| 37 | 1,32704 | 1,31904 | 1,31110 | 1,30323 | 1,29541 | 1,28764 | 1,27994 | 52 |
| 38 | 1,27994 | 1,27230 | 1,26471 | 1,25717 | 1,24969 | 1,24227 | 1,23490 | 51 |
| 39 | 1,23490 | 1,22758 | 1,22031 | 1,21310 | 1,20593 | 1,19882 | 1,19175 | **50** |
| **40** | 1,19175 | 1,18474 | 1,17777 | 1,17085 | 1,16398 | 1,15715 | 1,15037 | 49 |
| 41 | 1,15037 | 1,14363 | 1,13694 | 1,13029 | 1,12369 | 1,11713 | 1,11061 | 48 |
| 42 | 1,11061 | 1,10414 | 1,09770 | 1,09131 | 1,08496 | 1,07864 | 1,07237 | 47 |
| 43 | 1,07237 | 1,06613 | 1,05994 | 1,05378 | 1,04766 | 1,04158 | 1,03553 | 46 |
| 44 | 1,03553 | 1,02952 | 1,02355 | 1,01761 | 1,01170 | 1,00583 | 1,00000 | 45 |
| | 60′ | 50′ | 40′ | 30′ | 20′ | 10′ | 0′ | Grad |
| | Tangens | | | | | | | |

## D. Bogenlängen, Bogenhöhen, Sehnenlängen

| Zentriwinkel in Grad | Bogenlänge | Bogenhöhe | Sehnenlänge | Inhalt des Kreisabschn. | Zentriwinkel in Grad | Bogenlänge | Bogenhöhe | Sehnenlänge | Inhalt des Kreisabschn. |
|---|---|---|---|---|---|---|---|---|---|
| 1 | 0,0175 | 0,0000 | 0,0175 | 0,00000 | 46 | 0,8029 | 0,0795 | 0,7815 | 0,04176 |
| 2 | 0,0349 | 0,0002 | 0,0349 | 0,00000 | 47 | 0,8203 | 0,0829 | 0,7975 | 0,04448 |
| 3 | 0,0524 | 0,0003 | 0,0524 | 0,00001 | 48 | 0,8378 | 0,0865 | 0,8135 | 0,04731 |
| 4 | 0,0698 | 0,0006 | 0,0698 | 0,00003 | 49 | 0,8552 | 0,0900 | 0,8294 | 0,05025 |
| 5 | 0,0873 | 0,0010 | 0,0872 | 0,00006 | **50** | 0,8727 | 0,0937 | 0,8452 | 0,05331 |
| 6 | 0,1047 | 0,0014 | 0,1047 | 0,00010 | 51 | 0,8901 | 0,0974 | 0,8610 | 0,05649 |
| 7 | 0,1222 | 0,0019 | 0,1221 | 0,00015 | 52 | 0,9076 | 0,1012 | 0,8767 | 0,05978 |
| 8 | 0,1396 | 0,0024 | 0,1395 | 0,00023 | 53 | 0,9250 | 0,1051 | 0,8924 | 0,06319 |
| 9 | 0,1571 | 0,0031 | 0,1569 | 0,00032 | 54 | 0,9425 | 0,1090 | 0,9080 | 0,06673 |
| **10** | 0,1745 | 0,0038 | 0,1743 | 0,00044 | 55 | 0,9599 | 0,1130 | 0,9235 | 0,07039 |
| 11 | 0,1920 | 0,0046 | 0,1917 | 0,00059 | 56 | 0,9774 | 0,1171 | 0,9389 | 0,07417 |
| 12 | 0,2094 | 0,0055 | 0,2091 | 0,00076 | 57 | 0,9948 | 0,1212 | 0,9543 | 0,07808 |
| 13 | 0,2269 | 0,0064 | 0,2264 | 0,00097 | 58 | 1,0123 | 0,1254 | 0,9696 | 0,08212 |
| 14 | 0,2443 | 0,0075 | 0,2437 | 0,00121 | 59 | 1,0297 | 0,1296 | 0,9848 | 0,08629 |
| 15 | 0,2618 | 0,0086 | 0,2611 | 0,00149 | **60** | 1,0472 | 0,1340 | 1,0000 | 0,09059 |
| 16 | 0,2793 | 0,0097 | 0,2783 | 0,00181 | 61 | 1,0647 | 0,1384 | 1,0151 | 0,09502 |
| 17 | 0,2967 | 0,0110 | 0,2956 | 0,00217 | 62 | 1,0821 | 0,1428 | 1,0301 | 0,09958 |
| 18 | 0,3142 | 0,0123 | 0,3129 | 0,00257 | 63 | 1,0996 | 0,1474 | 1,0450 | 0,10428 |
| 19 | 0,3316 | 0,0137 | 0,3301 | 0,00302 | 64 | 1,1170 | 0,1520 | 1,0598 | 0,10911 |
| **20** | 0,3491 | 0,0152 | 0,3473 | 0,00352 | 65 | 1,1345 | 0,1566 | 1,0746 | 0,11408 |
| 21 | 0,3665 | 0,0167 | 0,3645 | 0,00408 | 66 | 1,1519 | 0,1613 | 1,0893 | 0,11919 |
| 22 | 0,3840 | 0,0184 | 0,3816 | 0,00468 | 67 | 1,1694 | 0,1661 | 1,1039 | 0,12443 |
| 23 | 0,4014 | 0,0201 | 0,3987 | 0,00535 | 68 | 1,1868 | 0,1710 | 1,1184 | 0,12982 |
| 24 | 0,4189 | 0,0219 | 0,4158 | 0,00607 | 69 | 1,2043 | 0,1759 | 1,1328 | 0,13535 |
| 25 | 0,4363 | 0,0237 | 0,4329 | 0,00686 | **70** | 1,2217 | 0,1808 | 1,1472 | 0,14102 |
| 26 | 0,4538 | 0,0256 | 0,4499 | 0,00771 | 71 | 1,2392 | 0,1859 | 1,1614 | 0,14683 |
| 27 | 0,4712 | 0,0276 | 0,4669 | 0,00862 | 72 | 1,2566 | 0,1910 | 1,1756 | 0,15279 |
| 28 | 0,4887 | 0,0297 | 0,4838 | 0,00961 | 73 | 1,2741 | 0,1961 | 1,1896 | 0,15889 |
| 29 | 0,5061 | 0,0319 | 0,5008 | 0,01067 | 74 | 1,2915 | 0,2014 | 1,2036 | 0,16514 |
| **30** | 0,5236 | 0,0341 | 0,5176 | 0,01180 | 75 | 1,3090 | 0,2066 | 1,2175 | 0,17154 |
| 31 | 0,5411 | 0,0364 | 0,5345 | 0,01301 | 76 | 1,3265 | 0,2120 | 1,2313 | 0,17808 |
| 32 | 0,5585 | 0,0387 | 0,5512 | 0,01429 | 77 | 1,3439 | 0,2174 | 1,2450 | 0,18477 |
| 33 | 0,5760 | 0,0412 | 0,5680 | 0,01566 | 78 | 1,3614 | 0,2229 | 1,2586 | 0,19160 |
| 34 | 0,5934 | 0,0437 | 0,5847 | 0,01711 | 79 | 1,3788 | 0,2284 | 1,2722 | 0,19859 |
| 35 | 0,6109 | 0,0463 | 0,6014 | 0,01864 | **80** | 1,3963 | 0,2340 | 1,2856 | 0,20573 |
| 36 | 0,6283 | 0,0489 | 0,6180 | 0,02027 | 81 | 1,4137 | 0,2396 | 1,2989 | 0,21301 |
| 37 | 0,6458 | 0,0517 | 0,6346 | 0,02198 | 82 | 1,4312 | 0,2453 | 1,3121 | 0,22045 |
| 38 | 0,6632 | 0,0545 | 0,6511 | 0,02378 | 83 | 1,4486 | 0,2510 | 1,3252 | 0,22804 |
| 39 | 0,6807 | 0,0574 | 0,6676 | 0,02568 | 84 | 1,4661 | 0,2569 | 1,3383 | 0,23578 |
| **40** | 0,6981 | 0,0603 | 0,6840 | 0,02767 | 85 | 1,4835 | 0,2627 | 1,3512 | 0,24367 |
| 41 | 0,7156 | 0,0633 | 0,7004 | 0,02976 | 86 | 1,5010 | 0,2686 | 1,3640 | 0,25171 |
| 42 | 0,7330 | 0,0664 | 0,7167 | 0,03195 | 87 | 1,5184 | 0,2746 | 1,3767 | 0,25990 |
| 43 | 0,7505 | 0,0696 | 0,7330 | 0,03425 | 88 | 1,5359 | 0,2807 | 1,3893 | 0,26825 |
| 44 | 0,7679 | 0,0728 | 0,7492 | 0,03664 | 89 | 1,5533 | 0,2867 | 1,4018 | 0,27675 |
| 45 | 0,7854 | 0,0761 | 0,7654 | 0,03915 | **90** | 1,5708 | 0,2929 | 1,4142 | 0,28540 |

Ist r der Kreishalbmesser und $\varphi$ der Zentriwinkel in Grad, also $\operatorname{arc} \varphi = \varphi \frac{\pi}{180}$, so ergibt sich:

1. die Sehnenlänge: $s = 2 r \sin \frac{\varphi}{2}$;

2. die Bogenhöhe: $h = r\left(1 - \cos \frac{\varphi}{2}\right) = \frac{s}{2} \operatorname{tg} \frac{\varphi}{4} = 2 r \sin^2 \frac{\varphi}{4}$;

3. Die Bogenlänge: $l = r \operatorname{arc} \varphi = 0{,}017453\, r \varphi = \sqrt{s^2 + \frac{16}{3} h^2}$ (angenähert);

**und Kreisabschnitte für den Radius r = 1.**

| Zentriwinkel in Grad | Bogenlänge | Bogenhöhe | Sehnenlänge | Inhalt des Kreisabschn. | Zentriwinkel in Grad | Bogenlänge | Bogenhöhe | Sehnenlänge | Inhalt des Kreisabschn. |
|---|---|---|---|---|---|---|---|---|---|
| 91 | 1,5882 | 0,2991 | 1,4265 | 0,29420 | 136 | 2,3736 | 0,6254 | 1,8544 | 0,83949 |
| 92 | 1,6057 | 0,3053 | 1,4387 | 0,30316 | 137 | 2,3911 | 0,6335 | 1,8608 | 0,85455 |
| 93 | 1,6232 | 0,3116 | 1,4507 | 0,31226 | 138 | 2,4086 | 0,6416 | 1,8672 | 0,86971 |
| 94 | 1,6406 | 0,3180 | 1,4627 | 0,32152 | 139 | 2,4260 | 0,6498 | 1,8733 | 0,88497 |
| 95 | 1,6580 | 0,3244 | 1,4746 | 0,33093 | **140** | 2,4435 | 0,6580 | 1,8794 | 0,90034 |
| 96 | 1,6755 | 0,3309 | 1,4863 | 0,34050 | 141 | 2,4609 | 0,6662 | 1,8853 | 0,91580 |
| 97 | 1,6930 | 0,3374 | 1,4979 | 0,35021 | 142 | 2,4784 | 0,6744 | 1,8910 | 0,93135 |
| 98 | 1,7104 | 0,3439 | 1,5094 | 0,36008 | 143 | 2,4958 | 0,6827 | 1,8966 | 0,94700 |
| 99 | 1,7279 | 0,3506 | 1,5208 | 0,37009 | 144 | 2,5133 | 0,6910 | 1,9021 | 0,96274 |
| **100** | 1,7453 | 0,3572 | 1,5321 | 0,38026 | 145 | 2,5307 | 0,6993 | 1,9074 | 0,97858 |
| 101 | 1,7628 | 0,3639 | 1,5432 | 0,39058 | 146 | 2,5482 | 0,7076 | 1,9126 | 0,99449 |
| 102 | 1,7802 | 0,3707 | 1,5543 | 0,40104 | 147 | 2,5656 | 0,7160 | 1,9176 | 1,01050 |
| 103 | 1,7977 | 0,3775 | 1,5652 | 0,41166 | 148 | 2,5831 | 0,7244 | 1,9225 | 1,02658 |
| 104 | 1,8151 | 0,3843 | 1,5760 | 0,42242 | 149 | 2,6005 | 0,7328 | 1,9273 | 1,04275 |
| 105 | 1,8326 | 0,3912 | 1,5867 | 0,43333 | **150** | 2,6180 | 0,7412 | 1,9319 | 1,05900 |
| 106 | 1,8500 | 0,3982 | 1,5973 | 0,44439 | 151 | 2,6354 | 0,7496 | 1,9363 | 1,07532 |
| 107 | 1,8675 | 0,4052 | 1,6077 | 0,45560 | 152 | 2,6529 | 0,7581 | 1,9406 | 1,09171 |
| 108 | 1,8850 | 0,4122 | 1,6180 | 0,46695 | 153 | 2,6704 | 0,7666 | 1,9447 | 1,10818 |
| 109 | 1,9024 | 0,4193 | 1,6282 | 0,47844 | 154 | 2,6878 | 0,7750 | 1,9487 | 1,12472 |
| **110** | 1,9199 | 0,4264 | 1,6383 | 0,49008 | 155 | 2,7053 | 0,7836 | 1,9526 | 1,14132 |
| 111 | 1,9373 | 0,4336 | 1,6483 | 0,50187 | 156 | 2,7227 | 0,7921 | 1,9563 | 1,15799 |
| 112 | 1,9548 | 0,4408 | 1,6581 | 0,51379 | 157 | 2,7402 | 0,8006 | 1,9598 | 1,17472 |
| 113 | 1,9722 | 0,4481 | 1,6678 | 0,52586 | 158 | 2,7576 | 0,8092 | 1,9633 | 1,19151 |
| 114 | 1,9897 | 0,4554 | 1,6773 | 0,53807 | 159 | 2,7751 | 0,8178 | 1,9665 | 1,20835 |
| 115 | 2,0071 | 0,4627 | 1,6868 | 0,55041 | **160** | 2,7925 | 0,8264 | 1,9696 | 1,22525 |
| 116 | 2,0246 | 0,4701 | 1,6961 | 0,56289 | 161 | 2,8100 | 0,8350 | 1,9726 | 1,24221 |
| 117 | 2,0420 | 0,4775 | 1,7053 | 0,57551 | 162 | 2,8274 | 0,8436 | 1,9754 | 1,25921 |
| 118 | 2,0595 | 0,4850 | 1,7143 | 0,58827 | 163 | 2,8449 | 0,8522 | 1,9780 | 1,27626 |
| 119 | 2,0769 | 0,4925 | 1,7233 | 0,60116 | 164 | 2,8623 | 0,8608 | 1,9805 | 1,29335 |
| **120** | 2,0944 | 0,5000 | 1,7321 | 0,61418 | 165 | 2,8798 | 0,8695 | 1,9829 | 1,31049 |
| 121 | 2,1118 | 0,5076 | 1,7407 | 0,62734 | 166 | 2,8972 | 0,8781 | 1,9851 | 1,32766 |
| 122 | 2,1293 | 0,5152 | 1,7492 | 0,64063 | 167 | 2,9147 | 0,8868 | 1,9871 | 1,34487 |
| 123 | 2,1468 | 0,5228 | 1,7576 | 0,65404 | 168 | 2,9322 | 0,8955 | 1,9890 | 1,36212 |
| 124 | 2,1642 | 0,5305 | 1,7659 | 0,66759 | 169 | 2,9496 | 0,9042 | 1,9908 | 1,37940 |
| 125 | 2,1817 | 0,5383 | 1,7740 | 0,68125 | **170** | 2,9671 | 0,9128 | 1,9924 | 1,39671 |
| 126 | 2,1991 | 0,5460 | 1,7820 | 0,69505 | 171 | 2,9845 | 0,9215 | 1,9938 | 1,41404 |
| 127 | 2,2166 | 0,5538 | 1,7899 | 0,70897 | 172 | 3,0020 | 0,9302 | 1,9951 | 1,43140 |
| 128 | 2,2340 | 0,5616 | 1,7976 | 0,72301 | 173 | 3,0194 | 0,9390 | 1,9963 | 1,44878 |
| 129 | 2,2515 | 0,5695 | 1,8052 | 0,73716 | 174 | 3,0369 | 0,9477 | 1,9973 | 1,46617 |
| **130** | 2,2689 | 0,5774 | 1,8126 | 0,75144 | 175 | 3,0543 | 0,9564 | 1,9981 | 1,48359 |
| 131 | 2,2864 | 0,5853 | 1,8199 | 0,76584 | 176 | 3.0718 | 0,9651 | 1,9988 | 1,50101 |
| 132 | 2,3038 | 0,5933 | 1,8271 | 0,78034 | 177 | 3,0892 | 0,9738 | 1,9993 | 1,51845 |
| 133 | 2,3213 | 0,6013 | 1,8341 | 0,79497 | 178 | 3,1067 | 0,9825 | 1,9997 | 1,53589 |
| 134 | 2,3387 | 0,6093 | 1,8410 | 0,80970 | 179 | 3,1241 | 0,9913 | 1,9999 | 1,55334 |
| 135 | 2,3562 | 0,6173 | 1,8478 | 0,82454 | **180** | 3,1416 | 1,0000 | 2,0000 | 1,57080 |

4. der Inhalt des Kreisabschnittes $= \frac{r^2}{2}(\text{arc}\,\varphi - \sin\varphi)$;

5. „ „ „ Kreisausschnittes $= \frac{1}{2} r^2 \,\text{arc}\,\varphi = 0{,}00872665\,\varphi r^2$;

6. $l = r$ entspricht $\varphi = 57^0\,17'\,44{,}806'' = 57{,}2957795^0 = 206264{,}806''$;

7. $\text{arc}\,1^0 = \pi : 180 = 0{,}01745329252$; $\log \text{arc}\,1^0 = 0{,}2418773676 - 2$;

8. $\text{arc}\,1' = \pi : 10800 = 0{,}00029088821$; $\log \text{arc}\,1' = 0{,}4637261172 - 4$;

9. $\text{arc}\,1'' = \pi : 648000 = 0{,}00000484814$; $\log \text{arc}\,1'' = 0{,}6855748668 - 6$.

## E. Wichtige Zahlenwerte.

$\pi$: Ludolphsche Zahl = 3,141 592 653 589 793 . . . . . .,
g: Beschleunigung durch die Schwere, angenommen = 9,81 m/Sek.²
e: Grundzahl der natürl. Logarithmen = 2,718 281 828 459 045 2353 . . .

| Größe | n | log n | 1 : n | log (1 : n) |
|---|---|---|---|---|
| $\pi$ | 3,1415927 | 0,49715 | 0,3183099 | 0,50285—1 |
| $2\pi$ | 6,2831853 | 0,79818 | 0,1591549 | 0,20182—1 |
| $3\pi$ | 9,4247780 | 0,97427 | 0,1061033 | 0,02573—1 |
| $4\pi$ | 12,566371 | 1,09921 | 0,0795775 | 0,90079—2 |
| $5\pi$ | 15,707963 | 1,19612 | 0,0636620 | 0,80388—2 |
| $6\pi$ | 18,849556 | 1,27530 | 0,0530516 | 0,72470—2 |
| $7\pi$ | 21,991149 | 1,34225 | 0,0454728 | 0,65775—2 |
| $8\pi$ | 25,132741 | 1,40024 | 0,0397887 | 0,59976—2 |
| $9\pi$ | 28,274334 | 1,45139 | 0,0353678 | 0,54861—2 |
| $\pi : 2$ | 1,5707963 | 0,19612 | 0,6366198 | 0,80388—1 |
| $\pi : 3$ | 1,0471976 | 0,02003 | 0,9549297 | 0,97997—1 |
| $\pi : 4$ | 0,7853982 | 0,89509—1 | 1,2732395 | 0,10491 |
| $\pi : 5$ | 0,6283185 | 0,79818—1 | 1,5915494 | 0,20182 |
| $\pi : 6$ | 0,5235988 | 0,71900—1 | 1,9098593 | 0,28100 |
| $\pi : 7$ | 0,4487990 | 0,65205—1 | 2,2281692 | 0,34795 |
| $\pi : 8$ | 0,3926991 | 0,59406—1 | 2,5464791 | 0,40594 |
| $\pi : 9$ | 0,3490659 | 0,54291—1 | 2,8647890 | 0,45709 |
| $\pi : 12$ | 0,2617994 | 0,41797—1 | 3,8197186 | 0,58203 |
| $\pi : 16$ | 0,1963495 | 0,29303—1 | 5,0929582 | 0,70697 |
| $\pi : 32$ | 0,0981748 | 0,99200—2 | 10,185916 | 1,00800 |
| $\pi : 64$ | 0,0490874 | 0,69097—2 | 20,371833 | 1,30903 |
| $\pi : 108$ | 0,0290888 | 0,46373—2 | 34,377468 | 1,53627 |
| $\pi : 180$ | 0,0174533 | 0,24188—2 | 57,295780 | 1,75812 |
| $\pi^2$ | 9,8696044 | 0,99430 | 0,1013212 | 0,00570—1 |
| $\pi^3$ | 31,006277 | 1,49145 | 0,0322515 | 0,50855—2 |
| $\pi^4$ | 97,409091 | 1,98860 | 0,0102660 | 0,01140—2 |
| $\pi^5$ | 306,01969 | 2,48575 | 0,0032678 | 0,51425—3 |
| $\pi^6$ | 961,38919 | 2,98290 | 0,0010402 | 0,01710—3 |
| $\sqrt{\pi}$ | 1,7724539 | 0,24858 | 0,5641896 | 0,75143—1 |
| $\sqrt[3]{\pi}$ | 1,4645919 | 0,16572 | 0,6827841 | 0,83428—1 |
| $\sqrt[6]{\pi}$ | 1,2102032 | 0,08286 | 0,8263075 | 0,91714—1 |
| $\pi\sqrt{\pi}$ | 5,5683280 | 0,74572 | 0,1795871 | 0,25428—1 |
| $\pi\sqrt[3]{\pi}$ | 4,6011511 | 0,66287 | 0,2173352 | 0,33713—1 |
| $4\pi^2$ | 39,478418 | 1,59636 | 0,0253303 | 0,40364—2 |
| $\pi^2 : 4$ | 2,4674011 | 0,39224 | 0,4052847 | 0,60776—1 |
| $\pi\sqrt{2}$ | 4,4428829 | 0,64767 | 0,2250791 | 0,35234—1 |
| g | 9,81 | 0,99167 | 0,1019368 | 0,00833—1 |
| $g^2$ | 96,2361 | 1,98334 | 0,0103911 | 0,01666—2 |
| $\sqrt{g}$ | 3,1320919 | 0,49583 | 0,3192754 | 0,50417—1 |

| Größe | n | log n |
|---|---|---|
| $\pi : \sqrt{2}$ | 2,221441 | 0,34663 |
| $2\sqrt{\pi}$ | 3,544908 | 0,54961 |
| $\sqrt{2\pi}$ | 2,506628 | 0,39909 |
| $\sqrt{\pi : 2}$ | 1,253314 | 0,09806 |
| $\sqrt{2 : \pi}$ | 0,797885 | 0,90194—1 |
| $\sqrt{3 : \pi}$ | 0,977205 | 0,98998—1 |
| $\sqrt{90 : \pi}$ | 5,352372 | 0,72855 |
| $\sqrt[3]{2\pi}$ | 1,845261 | 0,26606 |
| $\sqrt[3]{\pi : 2}$ | 1,162447 | 0,06537 |
| $\sqrt[3]{\pi : 4}$ | 0,922635 | 0,96503—1 |
| $\sqrt[3]{2 : \pi}$ | 0,860254 | 0,93463—1 |
| $\sqrt[3]{3 : \pi}$ | 0,984745 | 0,99332—1 |
| $\sqrt[3]{6 : \pi}$ | 1,240701 | 0,09367 |
| $\sqrt[3]{\pi^2}$ | 2,145029 | 0,33144 |
| $\pi\sqrt[3]{\pi^2}$ | 6,738808 | 0,82859 |
| $1 : 2g$ | 0,050968 | 0,70730—2 |
| $2\sqrt{g}$ | 6,264184 | 0,79686 |
| $\sqrt{2g}$ | 4,429447 | 0,64635 |
| $\pi\sqrt{g}$ | 9,839757 | 0,99298 |
| $\pi\sqrt{2g}$ | 13,91536 | 1,14350 |
| $\pi : \sqrt{g}$ | 1,003033 | 0,00132 |
| $\pi : \sqrt{2g}$ | 0,709252 | 0,85080—1 |
| $\pi^2 : g$ | 1,006076 | 0,00263 |
| e | 2,718282 | 0,43429 |
| $e^2$ | 7,389056 | 0,86859 |
| $e^3$ | 20,08554 | 1,30288 |
| $e^4$ | 54,59815 | 1,73718 |
| $1 : e$ | 0,367879 | 0,56571—1 |
| $1 : e^2$ | 0,135335 | 0,13141—1 |
| $1 : e^3$ | 0,049787 | 0,69712—2 |
| $1 : e^4$ | 0,018316 | 0,26282—2 |
| $\sqrt{e}$ | 1,648721 | 0,21715 |
| $\sqrt[3]{e}$ | 1,395611 | 0,14476 |

1 Rhein. Fuß = 0,3139 m; 1 m = 3,1862 Rhein. Fuß;
1 Bayr. Fuß = 0,2919 m; 1 m = 3,4263 Bayr. Fuß;
1 Österr. Fuß = 0,3161 m; 1 m = 3,1637 Österr. Fuß;
1 Engl. Fuß = 0,3048 m; 1 m = 3,2809 Engl. Fuß;
1 Par. Fuß = 0,3248 m; 1 m = 3,0784 Par. Fuß.

1 Fuß = 12 Zoll = 144 Linien.

1 Faden engl. = 2 Yards = 6 Fuß = 1,828767 m;
1 Knoten engl. = 1 Seemeile = 1,85315 km.

1 Geogr. Meile = 7,42043854 km;
1 Äquatorgrad = 15 geogr. Meilen.

Große Halbaxe der Erde 6378,2 km;
Kleine Halbaxe der Erde 6356,5 km.

1 Hektar = 100 Ar zu 100 Qu. Meter
= 3,9166 rhein. od. preuß. Morgen (zu 180 Qu. Ruten zu $12^2$ Qu. Fuß);
= 2,9349 bayr. Tagwerk (zu 40 Qu. Ruten zu $10^2$ Qu. Fuß);
= 1,7377 Wiener Joch (zu 300 Qu. Ruten zu $6^2$ Qu. Fuß);
= 2,4711 engl. Acres (zu 160 Qu. Ruten zu $16,5^2$ Qu. Fuß).

Oberfläche des Erdsphäroids $509,95 \cdot 10^6$ km$^2$;
Volumen des Erdsphäroids $1082,84 \cdot 10^9$ km$^3$.

1 Deutsche (metrische) Tonne = 10 Doppelzentner = 20 Zentner = 1000 kg;
1 Englische Tonne = 1016,0475 kg.

1 Grammgewicht unter 45° Breite = 980,6 cm g sec$^{-2}$.
1 Metrische (neue) Atmosphäre = 1 kg/cm$^2$ = 10000 kg/m$^2$;
1 Alte Atmosphäre = 76 cm Quecksilber;

1 Metr. Atm. = 0,96778 alte Atm.; 1 alte Atm. = 1,0333 metr. Atm.

1 Bürg. Jahr = 365 Tage 5 Std. 48,8′;
1 Sterntag = 0,99727 mittl. Tag = 1 mittl. Tag — 3,9317′.

Buchdruckerei Robert Noske, Borna-Leipzig.

www.ingramcontent.com/pod-product-compliance
Lightning Source LLC
Chambersburg PA
CBHW031432180326
41458CB00002B/528
* 9 7 8 3 4 8 6 7 3 7 2 9 5 *